普通高等教育计算机规划教材

物联网概论

韩毅刚　王大鹏　李　琪　等编著

机　械　工　业　出　版　社

本书以物联网中的数据流动为主线描述了物联网的基本概念和体系结构，从物品信息编码到自动识别、从传感器到传感器网络、从局部网络到互联网、从终端设备到数据中心、从嵌入式系统到服务器集群、从数据融合到云计算、从设计思想到物联网标准，以广度为主，阐述了组建物联网的各种集成技术和所涉及的概念。

本书可作为物联网工程、计算机、通信工程、电子信息相关专业的本科生和研究生物联网课程的入门教材，也可作为工程技术人员了解物联网整体概况和具体技术实现的参考用书。

本书提供配套授课电子课件，需要的教师可登录 www. cmpedu. com 免费注册、审核通过后下载，或联系编辑索取（QQ：241151483，电话：010－88379753）。

图书在版编目(CIP)数据

物联网概论/韩毅刚，王大鹏，李琪等编著 .—北京：机械工业出版社，2012.9（2017.7重印）
普通高等教育计算机规划教材
ISBN 978-7-111-39540-9

Ⅰ. ①物… Ⅱ. ①韩… ②王… ③李… Ⅲ. ①互联网络－应用－高等学校－教材 ②智能技术－应用－高等学校－教材 Ⅳ. ①TP393.4 ②TP18

中国版本图书馆 CIP 数据核字（2012）第 198290 号

机械工业出版社(北京市百万庄大街 22 号　邮政编码 100037)
责任编辑：郝建伟　刘敬晗
责任印制：常天培
唐山三艺印务有限公司印刷

2017 年 7 月第 1 版 · 第 4 次印刷
184mm × 260mm · 21 印张 · 521 千字
6601-8100 册
标准书号：ISBN 978-7-111-39540-9
定价：45.00 元

凡购本书，如有缺页、倒页、脱页，由本社发行部调换

电话服务
社服务中心：（010）88361066
销售一部：（010）68326294
销售二部：（010）88379649
读者购书热线：（010）88379203

网络服务
教材网：http://www.cmpedu.com
机工官网：http://www.cmpbook.com
机工官博：http://weibo.com/cmp1952
封面无防伪标均为盗版

出版说明

信息技术是当今世界发展最快、渗透性最强、应用最广的关键技术，是推动经济增长和知识传播的重要引擎。在我国，随着国家信息化发展战略的贯彻实施，信息化建设已进入了全方位、多层次推进应用的新阶段。现在，掌握计算机技术已成为21世纪人才应具备的基础素质之一。

为了进一步推动计算机技术的发展，满足计算机学科教育的需求，机械工业出版社聘请了全国多所高等院校的一线教师，进行了充分的调研和讨论，针对计算机相关课程的特点，总结教学中的实践经验，组织出版了这套“普通高等教育计算机规划教材”。

本套教材具有以下特点：

1）反映计算机技术领域的新发展和新应用。

2）为了体现建设“立体化”精品教材的宗旨，本套教材为主干课程配备了电子教案、学习与上机指导、习题解答、多媒体光盘、课程设计和毕业设计指导等内容。

3）针对多数学生的学习特点，采用通俗易懂的方法讲解知识，逻辑性强、层次分明、叙述准确而精炼、图文并茂，使学生可以快速掌握，学以致用。

4）符合高等院校各专业人才的培养目标及课程体系的设置，注重培养学生的应用能力，强调知识、能力与素质的综合训练。

5）注重教材的实用性、通用性，适合各类高等院校、高等职业学校及相关院校的教学，也可作为各类培训班和自学用书。

希望计算机教育界的专家和老师能提出宝贵的意见和建议。衷心感谢计算机教育工作者和广大读者的支持与帮助！

机械工业出版社

前　言

顾名思义，物联网首先是一种通信网络，其次其属性是物－物通信。作为一种迅速发展的新概念，人们对物联网的理解自然是仁者见仁、智者见智，重要的是掌握物联网发展阶段中现实与理想的平衡度。

物联网目前并没有一个确定的概念，泛在网、泛在传感网、M2M、语义传感网、语义Web、信息物理融合系统CPS、下一代互联网等的目标都是信息世界与真实世界的融合、互动，各行业、各学科都在延伸自己的范围，试图把物联网的概念纳入自己的范畴。物联网概念的不确定性其实是一件好事，这可以把多种学科和行业引入物联网的研究和建设中，而不是把多种技术拒之门外。更重要的是，在科学技术快速发展的今天，一旦某种概念已经有了明确的定义，常常并不意味着成熟，而是意味着淘汰，这种情况从信息技术的循环演进中就可以看到。

物联网的状况与当初互联网的建设可有一比，只不过互联网强调的是开放、公开、自由。限于物联网的行业特点，完全开放是不可能的。例如，一个仓库存放了多少东西？这些东西存放在哪个位置？价格多少？对于这些信息，厂家或商家肯定是不愿意对大众公开的。因此，物联网的建设首先是针对特定的应用组建局部网络，然后通过互联网把各地的局部网络连接起来，实现远程的信息交互，对局部网络中的设备进行管理和监控，并对物联网中的信息进行筛选和鉴别，以决定哪些信息可以对互联网的用户公开。物联网目前涵盖的领域比较大，仅仅把互联网作为承载网络，试图将来一统物－物、人－物、人－人通信领域。就物联网和互联网的网络“性格”来看，保守的物联网恐怕难以抵御开放、自由的互联网，未来物联网的概念仅局限在局部网络范围内的可能性是很大的。

与传统的行业监控管理联网系统相比，物联网最大的不同体现在智能化上，智能交通、智能电网、智能物流、智能环保等，不一而足，各种系统纷纷冠以智能。何谓智能？虽然有图灵测试一说，但从技术的发展历史来看，早期只要设备中存在处理器或系统中存在计算机，人们就认为设备或系统是智能的，现在，只有安装了操作系统的手机才称之为智能手机。显然，随着处理器在各种设备中的普遍应用和处理性能的提高，人们对设备“智商”水平的要求会越来越高，智能的定义也会相应演进。如果物联网的概念今后有什么重大改变的话，估计就出现在对智能这一概念的理解上。

物联网的智能体现在物联网中的嵌入式系统。嵌入式设备的小型化推进了物联网概念的出现和发展。当传感器节点也具备数据处理能力时，人们获取的物品信息就不再仅仅是固定的静态信息了，而是可以大规模地获取物品的实时动态信息，这就极大拓展了物－物通信的应用范围，逐步形成了各种物联网产业。另一方面，嵌入式系统的处理能力也在迅速提高，估计在不久的将来，手机就能达到目前计算机的处理能力。可以想象，目前在计算机上才可以进行的工作，那时在手机上就可以完成了。随着物联网的发展，一部手机走天下不再是梦想。处处有计算机，而又处处不见其踪影，这将是物联网的理想形态。

物联网已经形成一个产业链，各行业都在争相“分一杯羹”。在物联网建设的初级阶段全面实现智能化和自动化是不现实的。物联网的建设离不开现有技术的支撑，其基础设施建设的重点是物联网局部网络的建设，目前把物联网的范围限制在基于互联网的区域性或行业性的物 - 物通信和人 - 物通信系统是比较切合实际的。

物联网体系结构可分为感知层、传输层、处理层和应用层，本书各章节也按这四层来组织。这种章节安排的好处是对物联网各层技术的划分比较清晰，数据从采集、传输、处理到应用的过程一目了然；缺点是前面的某些内容会用到后面才讲述的概念和技术，如位于感知层的定位方法可能会用到传输层的各种网络技术。

本书第 1 章介绍物联网的概念。第 2 ~ 5 章介绍编码、自动识别、WSN 等感知层技术。第 6 ~ 9 章介绍传输层使用的各种网络技术。第 10 章介绍云计算、数据库等处理层技术。第 11 章介绍物联网的安全与管理。第 12 章介绍物联网在各行业的应用。第 13 章列出了物联网各层次的主要技术标准，是对物联网发展状况的总结。各章节的顺序是按照物联网的数据流动和层次安排的，但内容上尽量追求独立成章。阅读和讲授时，可以把涉及其他技术较多的章节安排在后面，如定位技术涉及各种网络知识，可以安排在传输层各章节之后讲授。

本书另外提供了每章习题的参考答案和 PPT 课件。习题答案多为提示或答案要点。PPT 课件包含了很多书中限于篇幅而未描述的技术细节和图片，可根据授课情况进行适当裁剪。

本书由韩毅刚、王欢、李亚娜、张一帆、王大鹏、李琪、张洁、韩宏宇、刘剑、段鹏飞、冯文全、刘佳黛、翁明俊编写，全书由韩毅刚统稿。

物联网是一个较新的概念，涉及众多行业，其含义仍在演变之中，各种技术发展很快。限于作者的水平和时间，对物联网各种专业技术的理解难免存在偏差和疏忽之处，敬请读者不吝指正。

编　者

教学建议

章　　节	教学重点和要求	课时
第1章　物联网体系结构	了解物联网的发展背景 理解物联网的概念和定义 弄清物联网与传感网、泛在网、互联网等之间的关系 掌握物联网的层次体系结构 清楚物联网目前的建设状况和组网方式	3
第2章　物品信息编码	掌握EAN. UCC系统的物品编码体系 了解一维条码的种类和用途 弄清二维条码的编制方法和使用场合 掌握EPC编码体系	3
第3章　自动识别技术	理解自动识别的概念和应用场合 掌握RFID的原理和系统组成 了解NFC的原理及其与RFID的区别 了解其他自动识别技术及其应用	6
第4章　嵌入式系统	理解嵌入式系统与普通计算机系统的区别 了解嵌入式设备在实际生活中的应用状况 掌握嵌入式系统的体系结构 了解各种嵌入式操作系统的状况 弄清开发嵌入式应用的一般方法	3
第5章　定位技术	了解定位技术的分类和应用场合 掌握GPS定位原理 理解定位所用的一般技术和方法 了解LBS的概念和应用	3
第6章　传感器	掌握传感器的概念和组成结构 理解各种传感器的工作原理 了解MEMS技术及其应用	3
第7章　传感器网络	掌握无线传感器网络的组网结构和特征 理解无线传感器网络的MAC、路由和传输协议 掌握利用ZigBee技术组建无线传感器网络的方法 理解无线传感器网络的拓扑控制、时间同步和数据融合的原理和实现机制 了解现场总线构建的传感器网络结构	6
第8章　物联网的接入和承载	了解各种无线IP接入技术，掌握Wi－Fi组网技术 了解各种互联网有线接入技术，掌握以太网组网技术 弄清移动通信网的组成结构和工作原理 了解核心网的建设和应用 理解各种通信网络之间的关系	6
第9章　互联网	理解互联网的TCP/IP协议体系结构 了解TCP和UDP协议，理解端口的概念 掌握IP协议，了解IPv4与IPv6的不同之处 理解应用层协议的工作原理 了解移动互联网的组建和应用	6

（续）

章　　节	教学重点和要求	课时
第 10 章　物联网的数据处理	了解数据中心的建设和使用情况 理解数据库、搜索引擎、数据挖掘的概念和方法 弄清网络数据存储的不同方法 掌握云计算的概念和实现机制 了解普适计算的概念及其与物联网的关系	6
第 11 章　物联网的安全与管理	了解物联网的安全威胁与安全需求 了解物联网安全的解决方法及其核心技术 了解物联网的网络管理机制及其与目前网络管理的不同之处	3
第 12 章　物联网应用	了解物联网在实际生活中的具体应用情况 理解四网融合的概念 掌握智能家电的实现原理 了解 WAN、MAN、LAN、PAN、BAN 在物联网中的应用	3
第 13 章　物联网标准及发展	了解制订物联网标准的各种组织 了解物联网所涉及的各种技术内容 弄清物联网各种技术标准或名称之间的关系 根据物联网制订的标准系列了解物联网的发展状况	3
总学时	按每周 3 节课、每学期 18 周计	54

说明：

1）本书章节顺序是按物联网的层次体系结构和数据流向安排的，在讲述时可适当调整章节顺序。例如，第 5 章“定位技术”适宜放在第 8、9 章之后再讲述，而第 9 章“互联网”也可放在第 8 章“物联网的接入和承载”之前讲述。

2）课时安排可根据本专业情况进行调整。例如，侧重于应用研发的专业可增加第 2 章“物品信息编码”或第 4 章“嵌入式系统”的课时，相应缩减第 7 章“传感器网络”或第 8 章“物联网的接入和承载”的课时；侧重于了解物联网状况的专业可增加第 12 章“物联网应用”的课时。

3）本书对物联网的介绍比较宽泛，是按照读者第一次接触物联网各种技术的情况来叙述的，不同专业可根据本专业后续课程的内容对本书的讲述重点进行增删。

目　录

第1章　物联网体系结构

物联网（The Internet of Things，IOT）就是将所有物品通过自动识别、传感器等信息采集技术与互联网连接起来，实现物品的智能化管理。

物联网是信息技术发展到一定阶段后出现的集成技术，这种集成技术具有高度的聚合性和提升性，涉及的领域比较广泛，被认为是继计算机、互联网和移动通信技术之后信息产业最新的革命性发展。

1.1　物联网的发展背景

互联网技术的发展和移动通信网络的普及已经改变了人们的生活。短信取代了电报，网络会议减少了出差旅行，微博就像提供了一个个人广播电台，让人们进入了自媒体时代。互联网构造了一个虚拟的信息世界，人们在这个虚拟世界中可以随时随地交流各种信息。

互联网的缺点是不能实时提供真实世界的信息。当人们走进超市时，自然而然地想知道要买的商品位于哪个货架，价格是多少，这就需要人和物、物和物之间能够进行信息交流，于是，物联网应运而生。手机支付、高速公路的不停车收费、智能家居等正在走入人们的生活，而这些只不过是物联网应用的初级阶段。

1999年，美国麻省理工学院的自动识别（Auto－ID）中心（2003年改为实验室）在研究射频识别（Radio Frequency IDentification，RFID）时提出了物联网的概念雏形，最初是针对物流行业的自动监控和管理系统设计的，其设想是给每个物品都添上电子标签，通过自动扫描设备，在互联网的基础上，构造一个物－物通信的全球网络，目的是实现物品信息的实时共享。1999年，中国科学院启动传感网项目，开始了中国物联网的研究，以便利用传感器组成的网络采集真实环境中的物体信息。2003年，美国《技术评论》把传感网络技术评为未来改变人们生活的十大技术之首。

2005年，国际电信联盟（International Telecommunication Union，ITU）发布了《ITU互联网报告2005：物联网》，正式提出了物联网的概念。报告指出，世界上所有的物体从轮胎到牙刷、从房屋到纸巾都可以通过互联网主动进行信息交换。ITU扩展了物联网的定义和范围，使其不再只是基于RFID，而是利用嵌入到各种物品中的短距离移动收发器，把人与人的通信延伸到人与物、物与物的通信。

2009年，IBM公司提出智慧地球的概念，得到美国政府批准，计划投资新一代的智慧型基础设施。IBM认为信息技术（Information Technology，IT）产业下一阶段的任务是把新一代IT充分运用在各行各业中，具体说，就是把传感器嵌入到电网、铁路、桥梁、隧道、公路、建筑、供水系统、大坝、油气管道等各种物体中，并进行连接，形成物联网。

2009年，中国政府提出"感知中国"的战略，物联网被正式列为国家五大新兴战略性产业之一，写入"政府工作报告"。这使物联网在中国受到了全社会极大的关注，一些高等院校也开设了物联网工程专业。2011年正式颁布的中国"十二五"规划指出，在新兴战略性产业中，新一代信息技术产业的发展重点是物联网、云计算、三网融合、集成电路等。

目前，物联网的发展如火如荼，验证了 IBM 前首席执行官郭士纳（Louis V. Gerstner）提出的“十五年周期定律”，即计算模式每隔 15 年发生一次变革。该定律认为 1965 年前后发生的变革以大型机为标志，1980 年前后以个人计算机的普及为标志，而 1995 年前后则发生了互联网革命。这样看来，新的周期将以 2010 年前后物联网的兴起为标志。

2008 年，欧洲智能系统集成技术平台（缩写为 EPoSS，是一个行业驱动的政策计划）在其《2020 年的物联网》报告中，对物联网的发展做了分析预测，认为未来物联网的发展将经历四个阶段：2010 年之前 RFID 被广泛应用于物流、零售和制药领域，2010～2015 年物体互联，2015～2020 年物体进入半智能化，2020 年之后物体进入全智能化。

由此可见，物联网的发展最终将取决于智能技术的发展。要使物体具有一定的智能，至少要在每个物体中植入一个识别芯片。物体的种类、数量以及芯片的成本和处理能力等，都是限制物联网全球普及的因素，因此，真正步入理想的物联网时代还需要一个漫长的过程。

1.2 物联网的概念

物联网顾名思义就是物－物相连的互联网。这说明物联网首先是一种通信网络，其次它的重点是物与物之间的互联。物联网并不是简单地把物品连接起来，而是通过物－物之间、人－物之间的信息互动，使社会活动的管理更加有效、人类的生活更加舒适。

在物联网时代，人们可以做到一部手机走天下。出行预订、交通状况、身份验证、购物付款都可以在手机上实现。手机也可以作为万能遥控器，即使远在外地，也可以遥控家里的智能电器，而监视房屋安全的设备则会将报警信息自动送往手机。

物联网就是提供一个全球性的自动反映真实世界信息的通信网络，让人们可以无意识地享受真实世界提供的一切服务。

物联网基于大家都熟悉的互联网，此时的互联网终端除了人之外，还有大量的物品。在物联网时代，除了常见的人与人之间的数据流动，物与物之间也存在着数据流动，而且数据量更大、更为频繁，这些数据由物品通过对周围环境的感知自动产生，通过互联网传递给相应的应用程序进行处理。

1.2.1 物联网的定义

对于物联网这种具有明显集成特征的产物，其定义自然仁者见仁、智者见智，就连《ITU 互联网报告 2005：物联网》也没有给出明确的定义。物联网早期的定义是：通过各种信息传感设备，按约定的协议，把各种物品与互联网连接起来，进行信息交换和通信，以实现对物品的智能化识别、定位、跟踪、监控和管理的一种网络。这时的物联网关注的是各种传感器与互联网的相互衔接。

目前物联网的定义和范围已经发生了很大变化，不再只是指基于传感网或 RFID 技术的物－物通信网络，而是已经从技术层面上升到战略性产业。每个行业都会从自己的角度诠释物联网的概念，如图 1-1 所示。

政法部门关注的是物联网的发展规划和安全管理，制定物联网产业的政策和法规，认为物联网是一种新兴的战略性信息技术产业。中国政府 2011 年国家“十二五”规划就明确提出，物联网将会在智能电网、智能交通、智能物流、金融与服务业、国防军事等十大领域重点部署。各国政府也推出了自己的基于物联网的国家信息化战略，如美国的“智慧地球”、日本的 u-Japan、韩国的 u-Korea 和欧盟的“欧盟物联网行动计划”等。

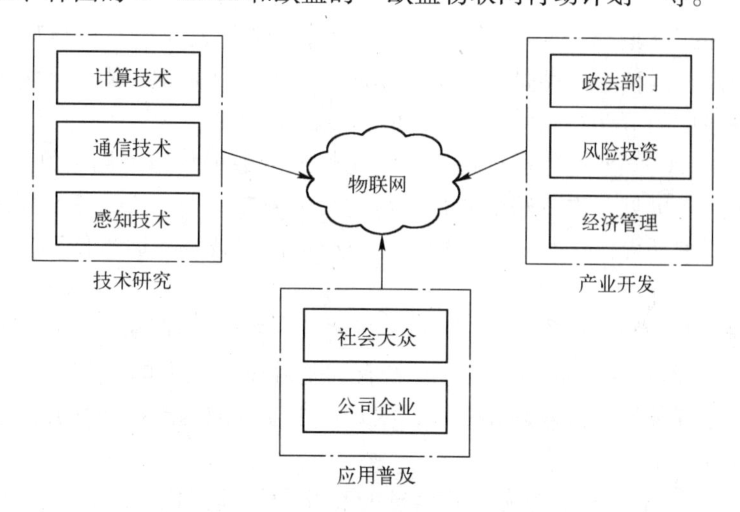

图 1-1　各领域对物联网的诠释

风险投资关注的是企业资质的获取、制造能力、物联网的运营能力，其中不少人认为物联网有炒作的嫌疑，例如股票市场对物联网概念股的炒作。一段时期，一些经营 RFID 业务、二维码识读产品、自动识别芯片、智能卡的上市公司的股价飙升。

经济管理关注的是物联网的成本和经济效益，认为物联网是一种概念经济，将会成为推进经济发展的又一个驱动器，为产业开拓了又一个潜力无穷的发展机会。据有关机构预测，物-物互联的业务是人-人通信业务的 30 倍。物联网普及后，用于动物、植物、机器、物品上的传感器、电子标签及其配套的接口装置的数量将大大超过手机的数量。

社会大众关注的是物联网对生活舒适度的提高，认为物联网是自互联网以来的又一次生活方式的改变。人们不仅可以从物联网中获取来自他人的信息，还可以获取来自物品的信息。《ITU 互联网报告 2005：物联网》中罗莎的例子很好地说明了这一点，该例子描述了学生罗莎在物联网时代一天的生活情景，涉及众多物联网技术的应用。

公司企业关注的是物联网的建设和实施，认为物联网是人类社会与物理系统的整合。智能电网、智能交通、智慧物流、精细农业、智能环保、智能家居等都是物联网的具体应用。

计算技术关注的是物联网的数据智能处理和服务交付模式，认为物联网是下一代互联网、是语义 Web（万维网）的一种应用形式，是互联网从面向人到面向物的延伸。

通信技术关注的是无线信号的传输和通信网络的建设，认为物联网是一个具有自组织能力的、动态的全球网络基础设施，物品通过标准协议和智能接口无缝连接到信息网络上。

感知技术关注的是物品信息的获取和识别，认为物联网就是基于感知技术建立起来的传感网，由包含传感器、RFID 等在内的一些嵌入式系统互连而组成。

综上所述，物联网就是现代信息技术发展到一定阶段后出现的一种应用与技术的聚合性提升，它将各种感知技术、现代网络技术、人工智能和自动化技术集成起来，使人与物进行智慧对话，创造一个智慧的世界。

物联网作为一个迅速发展的、众多行业参与的事物，其定义会随着行业的不同而不同，也会随着物联网的不同发展阶段而变化，没有一个公认的学术定义是正常的，其概念不外乎两个极端：从当前可实施的技术形态直至未来的理想形态。虽然物联网集成特征比较明显，但也不能认为物联网无所不包。物联网主要有如下3个本质特征。

1）物品信息的自动采集和相互通信。物联网包括物与人通信、物与物通信的不同通信模式。物品的信息有两种，一种是物品本身的属性，另一种是物品周围环境的属性。物品本身信息的采集一般使用RFID技术，物品这时需要具备如下几个条件：①唯一的物品编号；②足够的存储容量；③必要的数据处理能力；④畅通的数据传输通路；⑤专门的应用程序；⑥统一的通信协议。可见，物联网中的每一件物品都需要贴上电子标签，物品实际上指的是产品。采集物品周围环境信息时一般使用无线传感器网络技术，通过传感器直接采集真实世界的信息。

2）基于互联网。物联网广泛采用互联网协议、技术和服务，如网际协议（Internet Protocol，IP）、云计算等。物联网是建立在特有的基础设施之上的一系列新的独立系统，利用各种技术手段把各种物体接入到互联网，实现基于互联网的连接和交互。互联网为将来物联网的全球融合奠定了基础。

3）自动化和智能化。物联网为产品信息的交互和处理提供基础设施，但并不是把物品嵌入一些传感器、贴上RFID标签就组成了物联网，物联网应具有自动识别、自动处理、自我反馈与智能控制的特点。

1.2.2 物联网与各种网络之间的关系

与物联网联系比较紧密的网络概念有互联网、传感网和泛在网等。这几种网络之间的联系远远大于它们之间的区别。

1. 物联网与互联网的关系

互联网是把计算机连接起来为人们提供信息服务的全球通信网络。互联网的典型应用有网页浏览、电子邮件、微博、即时通信等，这些应用有一个共同的特点，就是所有的信息交流都是在人与人之间进行的。以网络购物为例，卖家出售商品时，需要把商品的照片、性能规格等信息放到网络服务器上供买家浏览。这说明在互联网中，人与物不能直接进行信息交流。人们想要了解某个东西，必须有人把这个东西的信息进行数字化后放到网上才行。如果能让物品自己把信息自动地传到网上，就能大幅度减轻人们的工作，这就是互联网向物联网的延伸。

物联网与互联网最大的区别在于数据源的不同。互联网的数据是由人工方式获取的，这些内容丰富的数据为人们提供了一个虚拟的信息世界，实现了人与人之间的信息共享。物联网的数据是通过自动感知方式获取的，这些海量的数据是由物品根据本身或周围环境的情况产生的，为人们提供的是真实世界的信息。在这个现实世界的信息空间中，实现了人与人、人与物、物与物的信息共享。

从互联网的角度看，物联网是互联网由人到物的自然延伸，是互联网接入技术的一种扩展。只要把传感网络、RFID系统等接入到互联网中，增加相应的应用程序和服务，物联网就成了互联网的一种新的应用类型。这种融合了物联网的互联网被看做是下一代互联网。下一代互联网不仅是从IPv4到IPv6的技术提升，也是从人到物的应用扩展。

从物联网角度看，所有的物品都要连接到互联网上，物品产生的一些信息也要送到互联网上进行处理。物联网需要一个全球性的网络，而这个网络非互联网莫属，物联网的实现是基于互联网的，采用的是互联网的通信协议。

物联网与互联网联系非常紧密，从长远发展的目标来看，二者不存在明确的界限，但从目前物联网的建设和使用来看，二者还是有些差别的。互联网的建设和使用是全球性的，物联网往往是行业性的或区域性的，要么组建自己的专用网，要么直接使用互联网中的虚拟专用网（Virtual Private Network，VPN）。另外，互联网有时不能满足物联网的要求，如智能电网对网络承载平台的可靠性要求很高。由于物联网以互联网为承载网络，并逐步趋向互联网所用的网络协议，二者最后将融为一个网络，从而实现从信息共享到信息智能服务的提升，彻底改变人们的生活方式。

2. 物联网与传感网的关系

传感网一般指的是无线传感器网络（Wireless Sensor Network，WSN）。WSN 就是把多个传感器用无线通信连接起来，以便协调处理所采集的信息。

传感网一度被一些人认为就是物联网，他们对传感网的涵盖范围进行延伸，把物联网纳入到传感网范畴，提出了泛在传感网或语义传感 Web 等概念。初看起来传感网与物联网确实有很多相同之处，例如，都需要对物体进行感知，都用到相同的技术，都要进行数据的传输。但实际上，物联网的概念要比传感网大得多。传感网主要探测的是自然界的环境参数，如温度、速度、压力等。物联网不仅能够处理这些数据，更强调物体的标识。物体属性包括动态和静态两种，动态属性需要由传感器实时探测，静态属性可以存储在标签中，然后用设备直接读取。因此，为物联网提供物体信息的系统除了传感网外，还有 RFID、定位系统等。实际上，GPS（全球定位系统）、语音识别、红外感应、激光扫描等所有能够实现自动识别与物 - 物通信的技术都可以成为物联网的信息采集技术。可见，传感网只是物联网的一部分，用于物体动态属性的采集，然后把数据通过各种接入技术，送往互联网进行处理。来自传感网的数据是物联网海量信息的主要来源。

传感网区域性比较强，物联网行业性比较强。在组网建设中，传感网不会使用基础网络设施，如公众通信网络、行业专网等。物联网则会利用现有的基础网络，最常见的就是利用现有的互联网基础设施，也可以建设新的专用于物联网的通信网。

3. 物联网与泛在网的关系

泛在网（Ubiquitous Network，UN）就是无所不在的网络，任何人无论何时何地都可以和任何物体进行联系。泛在网的概念出现得比物联网和无线传感网都要早。泛在网最早是想要开发一套理想的计算机结构和网络，满足全社会的需要。1991 年又提出“泛在计算”的思想，强调把计算机嵌入到环境或日常生活的常用工具中去，智能设备将遍布于周边环境，无所不在。

国际电信联盟电信分部（ITU - T）在 2009 年发布的 Y. 2002 标准提案中规划了泛在网的蓝图，指出泛在网的关键特征是“5C”和“5A”。5C 强调了泛在网无所不能的功能特性，分别是融合（Convergence）、内容（Contents）、计算（Computing）、通信（Communication）和连接（Connectivity）。5A 强调了泛在网的无所不在的覆盖特性，分别是任意时间（Any Time）、任意地点（AnyWhere）、任意服务（AnyService）、任意网络（AnyNetwork）和任意对象（AnyObject）。

泛在网的目标很理想，它的实现受到现有技术条件的限制，它的概念也随着具体技术的发展而具有不同的定义。在泛在网的实现中，机 - 机通信（Machine - to - Machine，M2M）业务可作为代表。M2M 体现了泛在概念的精髓，那就是把处理器（中央处理器 CPU 或微处理器 MPU）和通信模块植入到任何设备中，使设备具有通信和智能处理能力，以达到远程监测、控制的功能。现在 M2M 中的 M 也同时代表 Man（人），从而实现物与物、物与人、人与人的泛在通信，可见，M2M 与物联网的概念是一致的。

泛在网和物联网的终极目标是一样的，如日本的 U - Japan 物联网战略计划中的“U”指的就是泛在。ITU 在物联网报告中就提出物联网的发展目标是实现任何时刻、任何地点、任意物体之间的互联，实现无所不在的网络和无所不在的计算。从泛在网的角度来看，物联网是泛在网的初级阶段（泛在物联阶段），实现的是物与物、物与人的通信。到了泛在协同阶段，泛在网实现的是物与物、物与人、人与人的通信，这也正是物联网的理想形态。从目前的研究范围来看，泛在网比物联网的范围大，二者的研究重点也有些不同，物联网强调的是感知和识别，泛在网强调的是网络和智能，如多个异构网的互联。

4. 物联网、互联网、传感网和泛在网概念的覆盖范围

任何一种发展中的事物，通常都有两个目标：理想目标和现实目标。为了弥补现实与理想的差距，会逐渐把各种技术融合起来。想要坐在家中和远在北极的任意一头北极熊进行对话，现在还是一种幻想。对于世界上万事万物的互联这种理想目标而言，可以从不同的方向逐渐逼近。互联网从最初的计算机到计算机的互联发展到现在人与人的互联，进一步把物接入到互联网，就进入到物联网阶段。传感网强调的是物与物的互联，进一步考虑人与物的互联，就进入到物联网阶段。泛在网则是先给出理想目标，再从机器到机器的通信等外围入手，逐步纳入其他技术，就发展到物联网阶段。无论是传感网、互联网、泛在网，还是物联网，只是万事万物互联这个理想目标在不同方向上的发展阶段。至于这几种网络融合后，各种网络的名称是退守原领域还是被新名称所取代，则取决于技术的发展和市场的竞争，并且市场因素比技术优劣更重要。

从目前来看，物联网的建设专注于物与物、人与物的通信，还是一种行业性和区域性的网络。泛在传感网（Ubiquitous Sensor Network，USN）的提出，将传感网的概念延伸到了泛在网，尽管如此，传感网估计将退守到原领域（名至实归——传感器网络），成为物联网的一个子系统。互联网目前作为物联网数据传输的承载网络，并为物联网提供数据处理的支撑平台，鉴于其众多的应用技术和实例，从互联网延伸至物联网比从物联网向互联网延伸应该容易一些。物联网、互联网、传感网和泛在网之间的关系如图 1-2 所示。

5. 物联网与 CPS

与物联网概念比较接近的还有信息物理系统（Cyber Physical System，CPS）。CPS 是一个综合计算、网络和物理环境的复杂系统，通过 3C（Computation、Communication、Control）技术的有机融合与深度协作，实现现实世界与信息世界的相互作用，提供实施感知、动态控制和信息反馈等服务。简单来说，CPS 就是开放的嵌入式系统加上网络和控制功能。

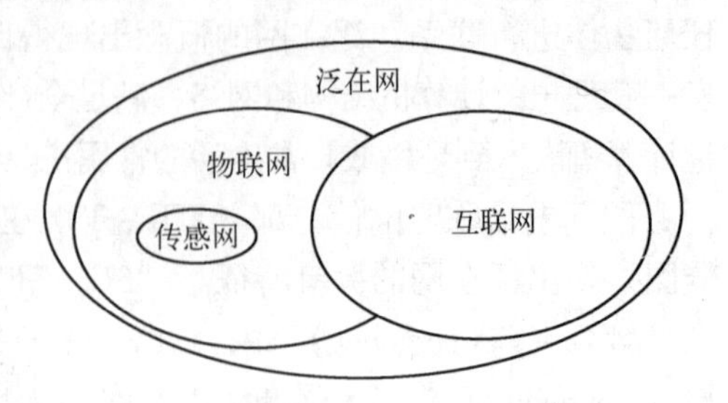

图 1-2　几种网络概念之间的关系

CPS 的具体实现是将处理器嵌入到设备中，通过传感器感知物的状态信息，通过执行器改变物的状态，通过网络连接各个设备，实现物 - 物相连和分布式计算。

CPS 无缝集成了传感器、网络、处理器和控制单元，是集计算、通信和控制于一体的下一代智能控制系统。通过计算过程和物理过程的统一，使真实的物理世界与虚拟的信息世界联系起来，形成一个闭环系统，从而有效地控制物理世界的事物或环境。

物联网和 CPS 的目标都是虚拟世界和现实世界融合，采用的基本技术也一样，因此，有人认为物联网和 CPS 是同一件事物的不同称呼，欧盟叫物联网，北美则叫 CPS。不过，二者的研究重点还是有些区别的：物联网强调应用，侧重物联网的外在表现形式，CPS 强调 3C 的融合，侧重技术内涵；物联网受工业界的关注较多，CPS 受学术界的关注较多；物联网强调网络的连通作用，CPS 强调网络的虚拟作用；物联网强调感知，CPS 强调感控。

1.3 物联网的体系结构

物联网是物理世界与信息空间的深度融合系统，涉及众多的技术领域和应用行业，需要对物联网中设备实体的功能、行为和角色进行梳理，从各种物联网的应用中总结出元件、组件、模块和功能的共性和区别，建立一种科学的物联网体系结构，以促进物联网标准的统一制定，规范和引领物联网产业的发展。

各种网络的体系结构都是按照分层的思想建立的，分层就是按照数据流动的关系对整个物联网进行切割，以便物联网的设计者、设备厂商和服务器提供商可以专注于本领域的工作，然后通过标准的接口进行互联。

按照物联网数据的产生、传输和处理的流动方向，物联网的体系结构可分为 3 层，从下到上分别是感知层、网络层和应用层。以地铁车票的手机支付为例，看一下物联网中的数据流动。当人经过验票口时，验票口的 RFID 阅读器会扫描到手机中嵌入的 RFID 电子标签，从中读取手机主人的信息，这些信息通过网络送到服务器，服务器上的应用程序根据这些信息，实现手机主人与地铁公司账户之间的消费转账。按照物联网体系结构的 3 层模型，手机支付的过程可以分为如下 3 个部分。

1）感知层负责识别经过验票口的是谁，而且识别过程是自动进行的，无需人的参与。这就要求人们的手机必须具备 RFID 电子标签，RFID 阅读器读取电子标签中的用户信息，然后把用户信息送到本地计算机上。

2）网络层负责在多个服务器之间传输数据。本地计算机会把用户信息送到相应的服务器。这里涉及多个服务器，如涉及客流量统计的地铁公司的服务器、涉及话费的电信公司的服务器、涉及转账的银行的服务器。每个行业的服务器也不止一个，这些服务器之间的传输就需要依靠各种通信网络。

3）应用层。数据之所以在各个服务器之间流动，是因为要把这些数据交付给服务器上的应用程序进行处理。这些应用程序最终实现的目的只有一个：把车票钱从用户银行账户或话费账户转到地铁公司的账户上。

物联网体系结构的 3 层模型体现了物联网的 3 个明显的特点：全面感知、可靠传输和智能处理。这种划分比较粗略，优点是能够迅速了解物联网的全貌，可以作为物联网的功能划分、组成划分或应用流程划分。缺点是把多种技术放在一层中，各种技术之间的集成关系不明确，这对以集成为特征的物联网而言是非常不利的。粗略的划分也造成一些技术无法归类，放在相邻层的哪一个层都可以，容易产生混淆，有些人就干脆再加层次，或者另起炉灶，按自己的观点定义物联网的体系结构。物联网目前还没有一个公认的体系结构层次模型。

欧盟第七发展框架的全球 RFID 运作及标准化协调支持行动工作组（CASAGRAS）给出了一个物联网的融合模型，有人据此把物联网层次体系架构分为 5 层，分别为边缘技术层、接入网关层、互联网层、中间件层和应用层。本书把物联网体系结构分为 4 层，从下到上分别为感知层、传输层、处理层和应用层，如图 1-3 所示。图中方框为每层涉及的一些常见术语或内容。4 层模型也是常见的一种分层模型，各层名称可能不一样，所包含的内容基本一致。

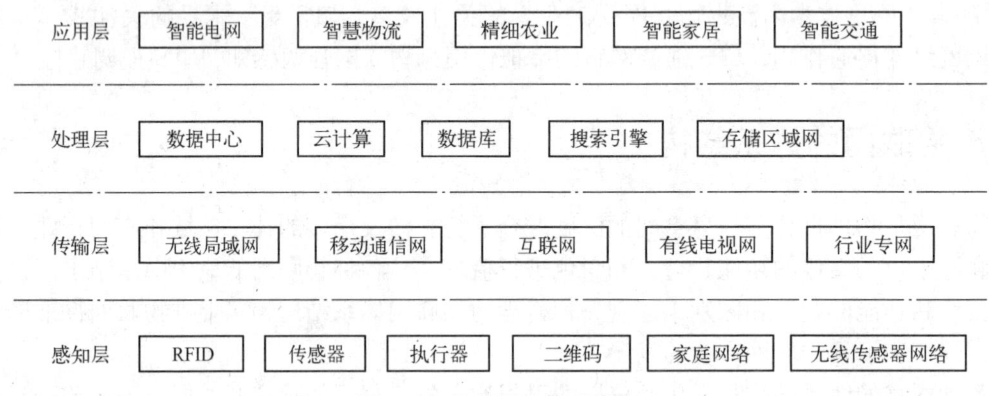

图 1-3　物联网的体系结构

1.3.1　感知层

感知层相当于人的神经末梢，负责物理世界与信息世界的衔接。感知层的功能是感知周围环境或自身的状态，并对获取的感知信息进行初步处理和判决，根据规则作出响应，并把中间结果或最终结果送往传输层。

感知层是物联网的前端，是物联网的基础，除了用来采集真实世界的信息外，也可以对物体进行控制，因此也称为感知互动层。

在建设物联网时，部署在感知层的设备有 RFID 标签和读写器、二维码标签和识读器、条码和扫描器、传感器、执行器、摄像头、IC 卡、光学标签、智能终端、红外感应器、GPS、手机、智能机器人、仪器仪表、内置移动通信模块的各种设备等。

感知层的设备通常会组成自己的局部网络，如无线传感器网络、家庭网络、身体传感器网络（Body Sensor Networks，BSN）、汽车网等，这些局部网络通过各自的网关设备接入到互联网中。嵌入有感知器件和射频标签的物体组成的无线局部网络就是无线传感网（WSN）。如图 1-4 所示为无线传感器网络的节点及其在停车场入口处的部署。

图 1-4　无线传感器网络的节点及其在停车场入口处的部署

目前常见的数据采集设备有二维码、RFID 标签、摄像头和传感器。二维码的应用比较普遍，例如在中国的实名制火车票上就印制着带有车次、身份证号码等信息的二维码。在手机支付中，二维码也可以作为电子车票保存在手机中。RFID 设备在物流行业中的使用已比较普遍。摄像头则常用在智能交通等方面。传感器是物联网的基础，部署的数量将会越来越多。如上海浦东国际机场的防入侵系统，机场铺设了三万多个传感节点，探测范围覆盖了地面、栅栏和低空，可以监测人员的翻越、偷渡、恐怖袭击等。

感知层建立的是物 - 物网络，与通常的公众通信网络差别较大，这也体现在物联网的基础设施建设（建造大楼、安装设备、铺设线路等）中。物联网基础设施的建设主要集中在感知层上，其他层次的基础设施建设可以充分利用现有的 IT 基础设施。

传统的 IT 基础设施建设只针对 IT 本身，而物联网基础设施的建设需要综合考虑 IT 基础设施和真实世界的物理基础设施，打破了以往把 IT 基础设施和物理基础设施截然分开的做法。例如，对于高速公路的不停车收费系统，在建设收费站时就要考虑哪些收费口是需要停车的，哪些是不需要停车的，并且安装相应的扫描识别设备。在一些监测系统中，传感器的安装是与系统本身的基础设施密不可分的，最好是在系统基础设施的建设过程中考虑传感器的安装、组网以及传感数据的传输。由于物联网中的传感器数量大或者位置不固定，不宜采用有线连接，因此，传感网络普遍采用无线传输技术来组网。

感知层是物联网发展和应用的基础，涉及的主要技术有物品信息编码技术、自动识别技术、定位技术、传感网络技术、嵌入式系统等。

物品编码技术包括一维条码、二维条码、光学标签编码、EPC 系统等内容。编码技术是自动识别技术的基础，能够提供物品的准确信息。

自动识别技术包括 RFID 系统、图像识别、语音识别等。

传感网技术包括传感网数据的存储、查询、分析、挖掘、理解以及基于感知数据决策和行为的理论和技术。

嵌入式系统包括嵌入式微处理器、嵌入式操作系统、嵌入式应用软件开发等。感知层的大量设备都属于嵌入式设备。

从物联网的建设来看，感知层存在的问题主要有两个。

1）传感器产业相对滞后。传感器产业的发展相对滞后于二维码、RFID 标签、摄像头等数据采集设备。未来物联网会铺设大量的传感器，而传感器的准确性、稳定性和供电问题成了物联网发展的瓶颈，影响了物联网的大规模普及。例如，一些 ZigBee 传感器网络节点，若不加以功率控制，2 ~4 天就能耗尽两节五号电池（每节 800 mAh），而 ZigBee 网络是以低功耗著称而广泛用于传感网建设的一种技术。

2）标准化进程滞后。不同的厂商采用不同的组网技术，例如 ZigBee 网络、Xmesh 无线网状网络、低功耗 Wi - Fi 网络、蓝牙或者有线等技术，这就使得运营商在部署物联网应用时必须采用同一个厂商生产的传感器设备。

1.3.2 传输层

传输层负责感知层与处理层之间的数据传输。感知层采集的数据需要经过通信网络传输到数据中心、控制系统等地方进行处理和存储，传输层就是利用互联网、传统电信网等信息承载体，提供一条信息通道，以便实现物联网让所有能够被独立寻址的普通物理对象实现互联互通的目的。

传输层面对的是各种通信网络。通信网络从运营商和应用的角度可以分为 3 大类：互联网、电信网和广播电视网。IPTV（网络电视）、手机上网已经司空见惯，说明这三种网络的实际部署和使用并不是相互独立的。三网融合在技术层面上已经不存在问题，从趋势上来说，三网将以互联网技术为基础进行融合。下一代互联网（NGI）、下一代电信网（NGN）和下一代广播电视网（NGB）将以IP技术为基础实现业务的融合。

传输层面临的最大问题是如何让众多的异构网络实现无缝的互联互通。通信网络按地理范围从小到大分为体域网（Body Area Network，BAN）、个域网（Personal Area Network，PAN）、局域网（Local Area Network，LAN）、城域网（Metropolitan Area Network，MAN）和广域网（Wide Area Network，WAN）。

体域网限制在人体上、人体内或人体周围，一般不超过10米。体域网技术可组成身体无线传感器网络（BSN）等。体域网标准由IEEE 802.15.6制定。

个域网范围一般在几十米，具体技术包括ZigBee、无线超宽带（Ultra Wideband，UWB）、蓝牙、无线千兆网（Wireless Gigabit，WiGig）、高性能个域网（High Performance PAN，HiperPAN）、红外数据（Infrared Data Association，IrDA）等。

局域网范围一般在几百米，具体技术包括有线的以太网、无线的Wi-Fi等。大多数情况下，局域网也充当传感器网络和互联网之间的接入网络。

城域网范围一般在几十千米，具体技术包括无线的Wi-Max、有线的弹性分组环（Resilient Packet Ring，RPR）等。

广域网一般用于长途通信，具体技术包括同步数字体系（Synchronous Digital Hierarchy，SDH）、光传送网（Optical Transport Network，OTN）、异步传输模式（Asynchronous Transfer Mode，ATM）、软交换等传输和交换技术。广域网是构成移动通信网和互联网的基础网络。

感知层一般采用体域网、个域网或局域网技术，传输层一般采用局域网、城域网和广域网技术。

从传输层的数据流动过程来看，可以把通信网络分为接入网络和互联网两部分。

接入网络为来自感知层的数据提供到互联网的接入手段。由于感知层的设备多种多样，所处环境也各异，所以会采用完全不同的接入技术把数据送到互联网上。接入技术分为无线接入和有线接入两大类。

常见的无线接入技术有Wi-Fi接入、GPRS接入、3G接入等。Wi-Fi是一种无线局域网，通过无线路由器（正式名称为AP，即接入点）连接到互联网上。GPRS是利用第二代移动通信网的设施连接到互联网上。3G接入是直接利用第三代移动通信网连接到互联网上。

常见的有线接入技术有非对称数字用户线（Asymmetric Digital Subscriber Line，ADSL）接入、以太网接入、光纤同轴电缆混合（Hybrid Fiber-Coax，HFC）接入等。ADSL是采用电话线通过固定电话网接入到互联网。以太网是采用双绞线通过计算机局域网接入到互联网。HFC是采用同轴电缆通过有线电视网接入到互联网。

由于传输层的网络种类较多，相应的接入技术也比较繁杂，而接入技术与其他网络的功能区别较为明显，因此，也有人把物联网的接入功能设置为单独的一层，称为接入层。

一些短距离的无线通信网络，既可以作为传输层中传输网的接入技术，也可以作为感知层传感网的组网技术。例如，低功耗Wi-Fi网络就可以用做无线传感网。无线传感网是由一些低功耗的短距离无线通信网络构建的，通常直接通过网关接入到互联网，因此，也有人把无线传感器网络归入物联网的接入网。

感知层的物体互联通常都是按区域性的局部网络组织的，传输层可以把这些局部网络连接起来，形成一个行业性的、全球性的网络，从而可以提供公共的数据处理平台，服务于各行各业的物联网应用。连接各个局部网络的任务主要由互联网来完成。

互联网就是利用各种各样的通信网络把计算机连接起来，以达到实现信息资源共享的目的。互联网把所有通信网络都看做是承载网络，由这些网络负责数据的传输，互联网本身则更多地关注信息资源的交互。

对于长途通信来说，互联网（包括移动通信网）是利用电信网中的核心传输网和核心交换网作为自己的承载网络的。核心传输网和核心交换网利用光纤、微波接力通信、卫星通信等建造了全国乃至全球的通信网络基础设施。如图 1-5 所示为电信运营商传输机房中核心传输网的传输设备。

在长距离通信的基础设施方面，互联网除了使用核心传输网、核心交换网、移动通信网等基础设施外，一些部门或行业也会利用交换机、路由器、光纤等设备建立自己独有的基础设施。电信行业不甘心自己沦为互联网的承载网络角色，一方面建设公用互联网，如中国公用计算机互联网 ChinaNet，另一方面也积极提供互联网的业务，如移动互联网业务。

图 1-5　电信运营商传输机房中核心传输网的传输设备

物联网目前的建设思路与互联网当初的建设思路非常相似。互联网是利用电信网的基础设施或有线电视网把世界各地的计算机或计算机局域网连接起来组成的网络。各单位关心的是本单位局域网的建设，局域网之间的互联依靠电信网。随着计算机所能提供的服务增多，尤其是 Web 服务的出现，逐渐形成了今天的互联网规模。

在物联网建设中，物联网则是把传感器（对应于计算机）连接成传感网（对应于计算机局域网），然后再通过现有的互联网（对应于电信网）相互连接起来，最后将构成一个全球性的网络。

从物联网的角度看，包括互联网在内的各种通信网络都是物联网的承载网络，为物联网的数据提供传输服务。目前物联网的建设具有行业性特点，某些行业专网的基础设施可以是独有的，如智能电网，也可以利用电信网或互联网的虚拟专网技术来建设自己的行业网络。

1.3.3　处理层

处理层为物联网的各种应用系统提供公共的数据存储和处理功能，在某些物联网应用系统中也称为支撑层或中间件层。处理层在高性能计算技术的支撑下，对网络内的海量信息进行实时高速处理，对数据进行智能化挖掘、管理、控制与存储，通过计算分析，将各种信息资源整合成一个大型的智能网络，为上层服务管理和大规模行业应用提供一个高效、可靠和可信的支撑技术平台。

处理层的设备包括超级计算机、服务器集群、海量网络存储设备等，这些设备通常放在数据中心里。数据中心也称为计算中心、互联网数据中心（Internet Data Center，IDC）或服务器农场等，其内部设施如图 1-6 所示。数据中心不仅包括计算机系统、存储设备和网络设备，还包含冷却设备、监控设备、安全装置以及一些冗余设备。

超级计算机就是把数量众多的处理器连接在一起，利用并行计算技术实现大型研究课题的计算机。运算速度曾排名世界第一的中国天河－1A超级计算机就使用了7000个图形处理芯片。超级计算机可以为物联网某些行业应用的海量数据处理提供高性能计算能力，例如，无锡物联网云计算中心就部署了曙光超级计算机。

图1-6　数据中心的设施

服务器集群就是共同为客户机提供网络资源的一组计算机系统。当其中一台服务器出现问题时，系统会将客户的请求转到其他服务器上进行处理，客户不必关心网络资源的具体位置，集群系统会自动完成。

海量网络存储设备包括硬盘、磁盘阵列、光盘、磁带等，这些设备为物联网的海量数据提供存储和数据共享服务。网络存储技术分为直附式存储、网附式存储和存储区域网（Storage Area Network，SAN）等几种类型。

处理层通过数据挖掘、模式识别等人工智能技术，提供数据分析、局势判断和控制决策等处理功能。

处理层大量使用互联网的现有技术，或者对现有技术进行提升，使之适应物联网应用的需要。因此，在不同的物联网层次体系结构中，也有人把处理层放在传输层中，统称为网络层。另一方面，处理层要为物联网的各行业的应用提供公共的数据处理平台和服务管理平台，因此，也有人把处理层的功能放在应用层。

1.3.4　应用层

应用层利用经过分析处理后的感知数据，构建面向各行业实际应用的管理平台和运行平台，为用户提供丰富的特定服务。

应用层是物联网与行业专业技术的深度融合。为了更好地提供准确的信息服务，必须结合不同行业的专业知识和业务模型，借助互联网技术、软件开发技术、系统集成技术等，开发各行业应用的解决方案，将物联网的优势与行业的生产经营、信息化管理、组织调度结合起来，以完成更加精细和准确的智能化信息管理。例如对自然灾害、环境污染等进行预测预警时，需要相关生态、环保等多学科领域的专门知识和行业专家的经验。

互联网技术可以使物联网的行业应用不受地域的限制，互联网也能提供众多的数据处理公共平台和业务模式。

软件开发技术用于各行业开发自己的物联网应用程序，实现支付、监控、安保、定位、盘点、预测等各行业的特定功能。

系统集成技术将不同的系统组合成一个一体化的、功能更加强大的新型系统。物联网是物理世界和信息世界的深度融合，行业跨度较大。利用设备系统集成和应用系统集成等技术，有效地集成现有技术和产品，给各行业的物联网建设提供一个切实可行的完整解决方案。

物联网广泛应用于经济、生活、国防等领域。物联网的应用可分为监控型、查询型、控制型和扫描型等几种类型。监控型的如物流监控、污染监控等，查询型如智能检索、远程抄表等，控制型如智能交通、智能家居、路灯控制等，扫描型如手机支付、高速公路不停车收费等。如图 1-7 所示为智能交通中的监控中心。

物联网应用的实现最终还是需要人进行操作和控制。应用层的设备包括人机交互的终端设备，如计算机、手机等。实际上，任何运行物联网应用程序的智能终端设备都可看做是应用层的设备，如可手持和佩戴的移动终端、可配备在运输工具上的终端等，通过这些终端，人们可以随时随地享受物联网提供的服务。

图 1-7　智能交通中的监控中心

以物联网城市停车收费管理系统的某解决方案为例，体会一下物联网的应用。该解决方案采用无线传感技术组建各种停车场的停车收费管理系统，整个系统由停车管理、停车检测、车辆导航、车辆查询、车位预约、终端显示发布、客户关怀、系统远程维护 8 个子系统组成，可实现交通信号控制、车辆检测、流量检测、反向寻车、车辆离站感知等功能，可以将整个停车场的车位占用状况实时地显示给各位车主，并且可以进行停车引导，从而节省车主的停车时间，提高车位利用率。

1.4　物联网的关键技术

按照物联网的层次体系结构，每一层都有自己的关键技术。感知层的关键技术是感知和自动识别技术。传输层的关键技术是无线传输网络技术和互联网技术。处理层的关键技术是数据库技术和云计算技术。应用层的关键技术是行业专用技术与物联网技术的集成。

还有一些技术是针对整个物联网各层次共性的，例如，如何建立一个准确的易于实现的物联网体系结构模型？如何建立一个可信、可靠和安全的物联网？如何保证物联网的服务质量？如何管理和运营整个物联网？

欧洲物联网项目总体协调组 2009 年发布了《物联网战略研究路线图》报告，2010 年发布了《物联网实现的展望和挑战》报告。在这两份报告中，将物联网的支撑技术分为如下几种：识别技术、物联网体系结构技术、通信技术、网络技术、网络发现、软件和算法、硬件、数据和信号处理技术、发现和搜索引擎技术、网络管理技术、功率和能量存储技术、安全和隐私技术、标准化。

本书把物联网技术分为自动识别技术、传感技术、网络技术和数据处理技术几类，简单介绍一下物联网的关键技术。

1.4.1　自动识别技术

最典型的自动识别技术就是超市的购物结账系统。收银台通过扫描商品上的条码，就能自动得知商品的种类、价格等信息。自动识别技术可以分为两类：一种是被识别物体不参与识别的通信过程，物体的标签信息或特征信息被动地被阅读器读取；另一种是物体参与识别过程，通过电子标签与阅读器之间的通信，电子标签把物体信息传送给阅读器。

除了指纹识别、语音识别等基于特征提取的自动识别技术外，其他自动识别技术通常都依赖贴在物体上的标签来给出物体信息，如条码、二维码、电子标签等。在物联网中，一是物品较多，二是物品常处于移动状态，因此，使用无线射频方式的非接触自动识别技术的 RFID 和近场通信（Near Field Communication，NFC）受到重视，被看做是物联网的核心技术之一。

RFID 技术的兴起直接导致了物联网的产生，是物联网概念的起源。RFID 系统通常由电子标签和读写器组成。电子标签由天线和电子芯片组成，芯片中保存有约定格式的编码数据，用以唯一标识标签所附着的物体。标签根据是否有电源分为有源标签、半有源标签和无源标签三种。阅读器是读取电子标签数据和写入数据到电子标签的收发器。阅读器通过无线射频通信读取标签中的物体信息，再通过接口线路把物体信息传送给计算机或网络。

与传统的识别方式相比，RFID 技术操作方便快捷，无需直接接触、无需光学可视、无需人工干预即可完成信息输入和处理，广泛应用于物流、军事、医疗、防伪、身份识别、仓储、交通、航空、安防等领域。

RFID 到目前为止，已历经四代。第一代 RFID 只具有最基本的功能。第二代 RFID 具有抗碰撞、可重写、外天线和识别功能。第三代为传感 RFID，具有半无源、传感、监控、数据处理、通信和功率管理功能。第四代为主动 RFID，具有有源设备、监控、传感器、数据处理、通信、功率管理和本地化功能。下一代将为交互 RFID，具有智能设备、监控、传感器、数据处理、网络通信、功率管理、本地化、定位以及与用户的交互功能，此时，RFID 与传感器的界限已很难区分。

自动识别技术的发展应该能够支持现有的和未来的识别方案，能够与万维网（World Wide Web，WWW，也简称为 Web，即互联网提供的网页浏览服务）所用的诸如统一资源识别符（Uniform Resource Identifier，URI）等结构所互通，未来需要研究全球识别方案、识别管理、识别编码/加密、匿名、认证、储存管理、寻址方案、全球查号业务和发现业务等。

1.4.2 传感技术

物联网是通过遍布在各处的传感器节点和传感网来感知世界的。烟雾警报器、自动门、电子秤等都是不同传感器的具体应用。在物联网中，由于传感器数量较多或者部署位置比较灵活等原因，常常使用无线传输网络技术组成无线传感器网络（WSN）。

WSN 是一种自组织网络，是集分布式数据采集、传输和处理技术于一体的网络系统，由节点、网关和软件组成。

WSN 网络节点由传感器模块、处理器模块、存储器模块、通信模块和电源模块组成，是一种典型的嵌入式系统。

网关是一个特殊的节点，用于把 WSN 连接到其他传输网络，如有线的以太网、无线的 Wi-Fi、3G 等。

每个节点都需要运行自己的软件，以便协同完成特定的任务。WSN 会对感知到的数据进行初步的融合、分析和处理等。

传感网在向多功能、智能化方向上发展，出现了无线多媒体传感器网络（Wireless Multimedia Sensor Networks，WMSN）、语义传感器网络等技术和概念。

无线多媒体传感网络就是在无线传感网中引入低功耗视频和音频传感器，使之具有音频、视频、图像等多媒体信息的感知功能。WMSN 被广泛应用于图像注册、分布式视频监控、环境监控以及目标跟踪等项目中。

语义传感器网络或语义传感器 Web 是在传感器网络中引入语义 Web 技术。越来越多的传感设备具有访问 Web 服务的能力，语义传感器网络就是利用语义 Web 技术，对传感数据进行分析和推理，从而获取对事件的认知能力和对复杂环境的完全感知能力。

1.4.3 网络技术

感知层的数据通过传输层的承载网络送到处理层进行处理。物联网把所有传输物联网数据的通信网络都看做是承载网络。实际上，互联网也是把所有的通信网络看做是自己的承载网络，并把采用 IP 技术的非主干网络看做是接入网络。从这一点看，互联网和物联网在各种网络的层次划分中属于同一层次，是彼此的延伸，将会殊途同归。尽管物联网的最终目的是利用互联网构建一个全球性的网络，但目前通信网络的种类繁多，性能不一，因此，不同类型的物联网需要采用合适的接入技术和通信网络。通信网络的融合发展也使他们彼此界限和层次关系不明确，其发展趋势是利用 IP 技术把各种异构网络无缝地连接起来。

由于物联网终端节点规模大、移动性强的特点，物联网对无线传输网络技术比较关注。IEEE 制定的一些无线传输网络技术标准有如下几个：Wi-Fi（基于 IEEE 802.11）、WiMax（IEEE 802.16）、蓝牙（IEEE 802.15.1）、UWB（IEEE 802.15.3a）、ZigBee（基于 IEEE 802.15.4）和 MBWA（IEEE 802.20）。

除了这些无线技术外，物联网中的节点也使用移动通信网、数字集群系统等进行互联。如果不把这些网络接入到互联网中，仅仅是一个个孤立的系统，那么也就不会出现物联网这个概念了。

互联网把所有的无线传输网络都看做是局部网络或者是连接到互联网的一种无线接入技术，只是在物联网时代连接的不仅有计算机，还有无线传感网、RFID 节点等。物联网的情况则复杂得多，有些无线传输网络可以用作无线传感网，如 ZigBee、UWB 等；有些无线网络则可以用作物联网的组网技术、承载技术或者是互联网的接入技术，如 Wi-Fi、GPRS、3G 等。

IP 技术是目前把众多异构网络连接在一起的唯一切实可行的方法。以 IP 整合物联网和互联网，可以对众多的通信网络有一个较为清晰的划分。已有的公众通信网基础设施可以作为物联网和互联网的基础网络，是物联网和互联网数据传输的承载网络。物联网可以通过各种接入技术连接到互联网上。

但 IP 技术正处于更新换代之际，IPv4 地址已经分配完毕，IPv6 网络仅仅部署在某些少数地方，这给物联网的统一规划和全面普及带来了问题。另外，物联网的大量数据要求实时传输，这对基于 IP 技术的互联网也是一个考验。

1.4.4 数据处理技术

物联网的智能体现在对数据处理的程度上。物联网数据处理的具体技术包括搜索引擎、数据库、数据挖掘等，计算模式包括网格计算、云计算、普适计算、框计算、海计算等。物联网目前最为关注的是云计算和普适计算。

搜索引擎是指根据一定的策略、运用特定的计算机程序从互联网上搜集信息，在对信息进行组织和处理后，为用户提供检索服务，将检索相关的信息展示给用户的系统。物联网的搜索将不再只是基于文字关键词的文档搜索，搜索引擎将走向多元化和智能化，从传统的文字搜索逐渐向图片、音频、视频、实时等领域扩展。

数据库是存储在一起的相关数据的集合，是一个计算机软件系统，通过对数据进行增、删、改或检索操作，实现数据的共享、管理和控制功能。物联网的数据是海量的，很多是实时的，这就要求物联网能够提供分布式数据库系统、实时数据库系统、分布式实时数据库系统等。

数据挖掘就是从数据库海量的数据中提取出有用的信息和知识。数据挖掘是知识发现的重要技术，数据挖掘并不是用规范的数据库查询语言（如SQL）进行查询，而是对查询的内容进行模式的总结和内在规律的搜索，从中发现隐藏的关系和模式，进而预测未来可能发生的行为。

云计算是一种基于互联网的计算模式，也是一种服务提供模式和技术。云计算使得整个互联网的运行方式就像电网一样，互联网中的软硬件资源就像电流一样，用户可以按需使用，按需付费，而不必关心它们的位置和它们是如何配置的。云计算通过虚拟化技术将物理资源转换成可伸缩的虚拟共享资源，按需分配给用户使用。

云计算是物联网的关键技术之一。企业在建设物联网时，可以不必建设自己的IT基础设施，数据处理所需的服务器、存储设备等可以向IT服务提供商租用。在云计算模式下，IT服务商提供的不是真实的设备，而是计算能力和存储能力。这样，企业就不用建设和维护自己的服务器机房。而这些只不过是云计算的一个方面。

普适计算（Pervasive Computing或者Ubiquitous Computing）就是把计算能力嵌入到各种物体中，构成一个无时不在、无处不在而又不可见的计算环境，从而实现信息空间与物理空间的透明融合。普适计算就是让每件物体都携带有计算机和通信功能，人们在生活、工作的现场就可以随时获得服务，而不必像现在需要对计算机进行操作。计算机无处不在，但却从人们的意识中消失了。物联网的发展使普适计算有了实现的条件和环境，普适计算又扩展了物联网的应用范围。

1.5 物联网的发展趋势和组网结构

物联网的组网结构取决于物联网的发展阶段。目前物联网处于初级阶段，不宜闭门造车，应该尽量把各行各业的技术和应用纳入到自己的产业链中，包括很多需要人工干预的行业管理系统。在初级阶段中，物联网的承载网络不宜仅限制在互联网，可以包含各种通信网络和通信技术，各行业可以组建自己的行业专网，因此，该阶段物联网的开放性会受到很大限制。初级阶段的物联网可以包罗万象，以便集思广益，探索物联网的内涵，加快物联网的建设速度，形成产业规模。

物联网的第二阶段可以定性为无人干预的全自动处理的局部网络系统和互联网的有机结合。这个阶段符合通常认定的物联网概念，所有的物联网系统通过互联网实现互联互通。在第二阶段，目前很多所谓的物联网系统和应用都将被排斥在物联网之外，如需要人工干预的条码和二维码系统、不通过互联网而直接使用其他通信网络的系统、仅单向获取互联网资源的智能家电等。

物联网的第三阶段是以智能处理为特征的理想形态，该阶段取决于智能技术的发展和对智能概念的定义。实际上，这也是所有网络和系统的终极发展形态。鉴于多种冠以智能的技术最终都很快成型而未能壮大的教训，物联网退守到由无线传感器网络和RFID构成的局部网络范围内的可能性还是比较大的。

一般来说，现阶段物联网的组成可以分为感知系统、传输系统和监控管理系统3部分，具体组网实例如图1-8所示。物联网应用系统目前的建设重点是感知系统和监控管理系统，两者之间通过传输系统连接起来。

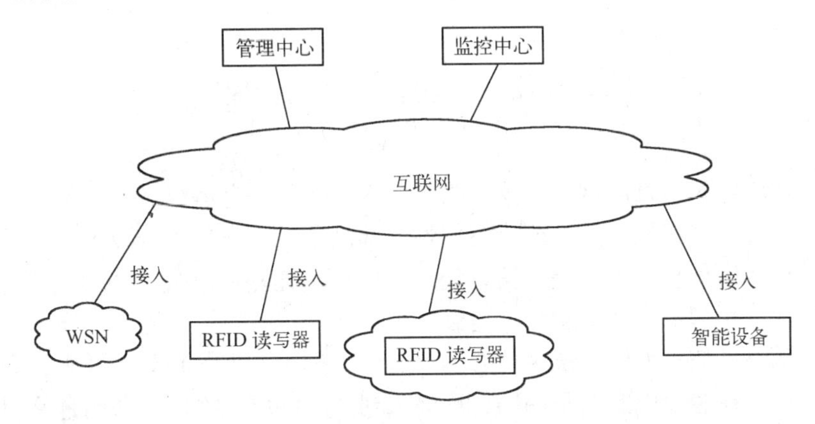

图 1-8　物联网的组网结构

感知系统包括感知层的所有设备，这些设备可以直接接入到传输系统，也可以利用短距离无线传输网络或有线网络把感知设备组成局部网络，再接入到传输系统。感知系统由公司、单位自己建设，实现特定的目标，区域特征或行业特征明显。

传输系统包括各种公用网络、专用网络、互联网等，这些网络提供远程的数据传输。传输系统一般使用现有的基础设施，典型的就是互联网。感知系统通过各种接入技术连接到传输系统上。

监控管理系统用于远程监控感知系统中的各种设备，通过对感知系统数据的智能处理，为管理和操作人员提供决策依据，侧重于数据处理和人机界面。

习题

1. 如何理解“互联网是一个虚拟的世界，物联网是一个真实的世界”？

2. 物联网产业链可以细分为标识、感知、处理和信息传送四个环节，对于每个环节，请举出一个具体的产品例子和一种技术例子。

3. 物联网为什么没有一个公认的定义？

4. 物联网与互联网的关系是什么？

5. 物联网体系结构分为几层？每层的主要功能是什么？试举出每层中实现该层功能的具体设备或设施的例子。

6. 物联网的关键技术有哪些？

7. 举出一些具体的物联网应用实例。

8. 物联网在本质上是将物体智能化，以实现人与物甚至物与物之间的交互对话，目前是如何实现物体智能化的？

9. 为什么物联网对无线传输网络关注较多？

10. 数据中心通常包含哪些设备？

11. 阅读《ITU 互联网报告 2005：物联网》中罗莎的例子部分，找出这个例子中数据流动的场合，解释这些数据是如何产生、传输和处理的。

12. 目前物联网处于哪个阶段？其特征是什么？

第2章　物品信息编码

物联网是传输物品信息的网络，这些物品信息由物品信息编码表示，物品信息编码指出了物品的种类、标识、特性等静态或动态属性。物品编码是自动识别技术的基础，通过编码的形式来表示事物或信息，可以提高信息处理的效率。建立一套完整的物品信息编码标准，对于全球范围内的物品识别和信息交互是必需的。

物联网中的物品信息编码系统主要有两大类，一类是一维条码和二维码，印刷在产品表面；另一类是存储在芯片中的电子编码，可嵌入到产品内部或外部。条码是使用最广泛的物品编码系统，目前物联网比较热门的EPC（产品电子代码）系统采用与条码系统一致的编码标准，并进行了扩充，增大了信息量。

2.1　物品的分类与编码

物联网中的“物”泛指各种产品、商品、物资和资产以及服务等的综合。物品编码是人类认识事物、管理事物的一种方法，通过对物品进行编码，实现了物品的数字化，从而能够实现物品种类、物品状态、物品地理位置和逻辑位置等的自动认知活动。

物品编码是物联网的基础，随着物联网概念的产生和广泛应用，作为物-物通信基础的物品编码，其重要性更加突出。建立统一的物联网物品编码体系对于实现各个行业、领域、部门的协同工作具有重要的意义。

2.1.1　物品的分类

为了提高物品编码的效率，降低编码的复杂性，首先需要对物品进行分类。在对物品进行分类与编码的过程中，建立集合的概念十分必要，物品分类与编码方法的原理与实现中都应用到了集合的概念、性质等理论。集合是数学中的一个基本概念，集合论的创立者康托尔认为，集合是人们无意中或思想中将一些确定的、彼此完全不同的客体的总和作为一个整体来考虑。

集合可以定义为具有某一特征的事物的整体。物品进行分类与编码也要有一定的依据，二者的概念在一定程度上是相似的。形成集合的依据是事物的“特征”或者称为事物的“共同属性”，而物品进行分类时也要按照物品的原料、功能和用途等进行划分，然后再根据物品的归属决定物品编码的方法，以符合物品的实际情况和应用需求。物品进行分类与编码时具有集合中的元素所具有的性质。物品按某一特征进行分类时，要么属于这一类，要么不属于这一类，即具有确定性；某类别的物品各不相同，即具有互异性；物品分类后的编码方式不同，且编码方法无主次之分，即具有无序性。物品分类时也会应用到集合的包含关系，即将物品先分成各个大类，再将各个大类划分为子类，接着再对子类进行划分，直至定位到某个具体的物品为止。此外，物品进行分类的各种方法并非互相孤立，实际当中根据需要可采用一种方法为主、另一种方法为辅的策略，而物品编码也可以将多种编码方法组合在一起形成复合码，以包含更多的物品信息。每一种物品分类与编码方法都有一定的使用范围和应用领域，多种方法互相补充才能完善整个物品分类与编码体系，这里应用了集合中补或差的概念。物品编码都预留一定的冗余容量，以适应产品频繁的更新换代需要。

物品分类时应遵循目的性、明确性、包容性、唯一性和逻辑性等基本原则，然后根据分类依据将所属范围内的物品集合科学地、系统地逐级划分为若干范围更小、特征更趋一致的子集合（如大类、品类、品种、细目或大类、中类、小类、细类或类、章、组、分组等），乃至最小的应用单元。如对常用的商品进行分类时，由于商品本身的多样性和复杂性，商品分类的依据也是多种多样的，如商品的用途、原材料、生产加工方法以及商品的主要成分或特殊成分等，都可以作为商品分类的依据。

2.1.2 物品编码及其载体

编码是指将事物或概念赋予一定规律性的易于人或机器识别和处理的符号、图形、颜色、缩减的文字等，是人们统一认识、统一观点、交换信息的一种技术手段。用一组有序的符号（数字、字母或其他符号）组合来标识不同类目物品的过程即为物品编码，这组有序的符号组合称为物品代码。

实际上，所有类型的信息都能够进行编码，如产品、人、国家、货币、程序和文件等，而编码的主要作用就是提供标识、分类和参照等功能。标识的作用是把编码对象彼此区分开，在编码对象的集合范围内，编码对象的代码值是其唯一的标志。分类的作用是给出信息的类型。参照的作用是根据代码值可以在不同的应用系统之间进行信息关联。

物品编码按编码的作用可分为物品分类编码、物品标识编码和物品属性编码。

1）物品分类编码用于信息处理和信息交换，是指从宏观上根据物品的特性在整体中的地位和作用对物品进行分层划分，目前国内外主要的物品分类编码体系有产品总分类（CPC）、商品名称及编码协调制度（HS）、全球标准化组织（GS1）编码体系、产品电子代码（EPC）和联合国标准产品与服务分类代码（UNSPSC）等。

2）物品标识编码一般作为查询或索引中的数据库关键字，是指对某一个、某一批次或某一品类物品分配的唯一性的编码。物品标识编码根据物品标识的精确度又可分为物品品类（物品编号/型号/图号）、物品批次（物品定单号/批次）和物品单品（物品流水序列号）编码。常见的商品代码属于物品品类编码，主要用于商品零售、批发等贸易结算和物流管理，也可以用于产品、服务、物资和零部件等所有可以计价或计量的物品品种管理。商品代码是我国目前商品代码体系的主要组成部分，在商品流通领域已得到了广泛的应用。物品批次编码一般由物品品类编码和物品定单号/批号组成，而物品单品编码则用于流通过程中需要单个跟踪管理的物品，主要包括物流单元代码、资产代码、服务关系代码和产品电子代码 EPC 等。

3）物品属性编码可分为固有属性编码和可变属性编码。物品固有属性编码是指对物品本身的固有特性进行描述，物品的固有特性在一段时间内相对不变，与物品的流动和交易等无关。物品可变属性编码是指对物品变化的特性进行描述，如物品的位置变化等。物品可变属性编码主要有位置码、国际贸易用计量单位代码、世界各国和地区名称代码、表示货币和资金的代码等。

代码可根据其是否具有含义而分为无含义代码和有含义代码两类。无含义代码是指代码本身无实际含义，只作为编码对象的唯一标识，用于代替编码对象名称，代码本身不提供任何有关编码对象的信息。有含义代码是指代码不仅能代表编码对象，其本身还具有一定的含义，表现出编码对象的一些特征，便于交流、传递、交换和编制。无含义代码和有含义代码的常用代码类型如图 2-1 所示。

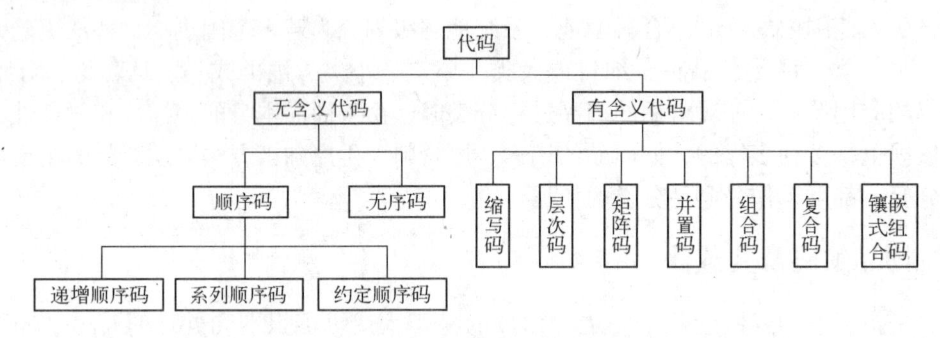

图 2-1　常用代码类型

由于代码用于标识物品，因此其正确性将直接影响系统的质量。为了验证输入代码的正确性，人们在代码本体的基础上添加了校验码。校验码是指可通过数学关系来验证代码正确性的附加字符。校验码的产生和正确性验证由校验系统来完成。包含校验码在内的代码由本体码和校验码组成，校验码是由本体码通过校验系统计算出的结果。当代码输入系统时，校验系统会利用校验程序对输入的本体码进行运算，再将得出的校验结果与输入代码的校验码进行对比，若二者一致则代码输入正确，若不一致则代码输入有误。

物品进行编码后需要相应的载体承载其代码，而物品编码不同，选择的载体也不同。物品编码的载体目前主要有条码标签、射频标签和卡 3 种。

条码标签用于承载条码符号，带有条码和人工可读字符，以印刷、贴附或吊牌的方式附着在物品上。条码标签按其制作工艺可分为覆隐条码标签、覆合条码标签、永久性标签、印刷标签、打印标签和印刷打印标签等。而在印刷打印标签中，按其应用领域的不同可分为商品条码标签、物流标签、生产控制标签、办公管理标签和票证标签等，按其所印刷的载体不同可分为纸质标签、合成纸与塑料标签和特种标签，按其信息表示维度又分为一维条码和二维码。

射频标签用于承载电子信息编码，通常被粘贴在需要识别或追踪的物品上，具有可非接触识别、可识别高速运动物体、抗恶劣环境、保密性强和可同时识别多个识别对象等特点，应用场合十分广泛。射频标签可按其技术特征进行分类，其技术特征主要包括射频识别系统的基本工作方式、数据量、可编程、数据载体、状态模式、能量供应、频率范围、射频标签到读写器的数据传输方式等。射频标签按其工作频率可分为低频（低于 135 kHz）、高频（13.56 MHz）、超高频（860 ~ 960 MHz）或微波标签，而按其形态材质不同又可分为标签类、注塑类和卡片类 3 种。

卡也是物品编码的一种载体，人们日常生活中使用的名片、身份证和银行卡等都属于这一范畴，用于承载与个人相关的信息。卡目前可分为半导体卡和非半导体卡两大类。非半导体卡有磁卡、聚对苯二甲酸二醇酯（polyethyleno telephtalate，PET）卡、光卡和凸字卡等。半导体卡有 IC 卡等。IC 卡又分为接触式 IC 卡和非接触式 IC 卡两种，同时还衍生出了双界面卡，即双接口卡，可在一张卡片上同时提供接触式和非接触式两种接口方式。

2.1.3 EAN. UCC 系统的物品编码

早在20世纪40年代，人们就开始研究物品编码，尝试使用条码来标识商品，而当时制定条码标准的组织主要有美国统一编码委员会（简称UCC）和欧洲物品编码协会（简称EAN）。UCC和EAN在之后都分别研究并发布了许多编码标准。随着条码类型的增多以及RFID等技术的加入，为了准确概括所有条码系统的现有内容，考虑到将来的发展问题，EAN和UCC将他们共同创立和推广的全球统一标识系统和通用商务标准命名为“EAN. UCC系统”。

EAN. UCC系统（又称全球统一标识系统）以对贸易项目、物流单元、位置、资产、服务关系等进行编码为核心，集条码、射频等自动数据采集、电子数据交换、全球产品分类、全球数据同步、产品电子代码（EPC）等系统为一体，是一个服务于物流供应链的开放性标准体系，目前广泛应用于全球商业流通、物流供应链管理以及电子商务过程中，具有系统性、科学性、全球统一性、可维护性和可扩展性等特点。

EAN. UCC编码体系包含了对流通领域的所有产品与服务的标识代码及附加属性代码，其中附加属性代码不能脱离标识代码而独立存在。EAN. UCC编码体系的结构如图2-2所示。

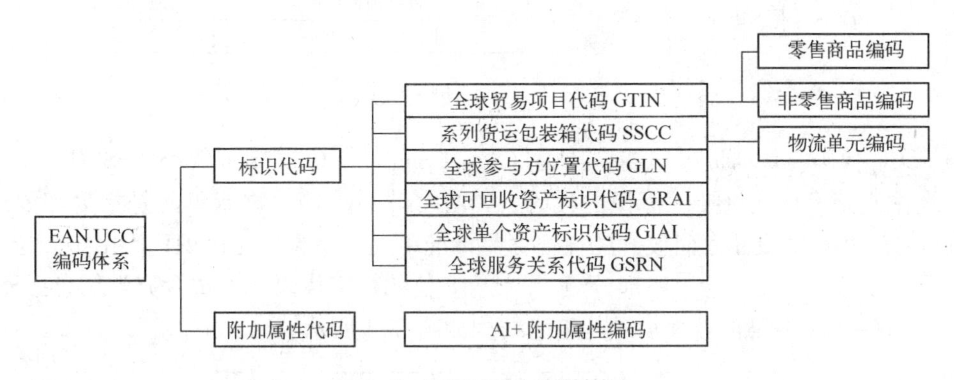

图2-2　EAN. UCC编码体系

EAN. UCC编码体系在编码过程中遵循唯一性、稳定性及无含义性原则。商品按照基本特征是否相同而分为相同商品和不同商品两种，而唯一性原则是指相同的商品应分配相同的商品代码，不同的商品必须分配不同的商品代码。稳定性原则是指商品标识代码一旦分配，只要商品的基本特征没有发生变化，就应保持不变。无含义性原则是指商品代码为无含义代码，代码中的每一位数字不表示任何与商品有关的特定信息，而对于一些需要在流通过程中了解其附加信息（如生产日期、有效期）的商品，可采用应用标识符（AI）来满足附加信息的标注要求。应用标识符由2~4位数字组成，用于标识其后数据的含义和格式。在上述原则的指导下对物品进行相应的编码，每种编码方法都有其特定的编码数据结构。EAN. UCC通过全球数据同步网络（Global Data Synchronization Network，GDSN）在全球范围内实现商品信息的交换。

1. EAN. UCC体系代码

EAN. UCC编码体系包括了GTIN、SSCC、GLN和GSRN等代码，这些代码分别用于不同行业，通常采用UCC/EAN-128条码符号表示。

1）GTIN 代码。全球贸易项目代码（Global Trade Item Number，GTIN）是为全球贸易项目提供唯一标识的一种代码，是 EAN. UCC 编码系统中应用最广泛的标识代码，其中的贸易项目是指一项产品或服务。GTIN 有 4 种不同的代码结构：GTIN－14、GTIN－13、GTIN－12 和 GTIN－8，后面的数字代表编码位数，具体结构如图 2-3 所示。CTIN 的这四种结构可以对不同包装形态的商品进行唯一编码，如 GTIN－14 主要用于非零售商品的标识。标识代码无论应用在哪个领域的贸易项目上，每一个标识代码必须以整体方式使用。完整的标识代码可以保证在相关的应用领域内全球唯一。对贸易项目进行编码和符号表示，能够实现商品零售、进货、存补货、销售分析及其他业务运作的自动化。

GTIN-14 代码结构

包装指示符	包装内含项目的 GTIN（不含校验码）	校验码
N_1	$N_2N_3N_4N_5N_6N_7N_8N_9N_{10}N_{11}N_{12}N_{13}$	N_{14}

GTIN-13 代码结构

厂商识别代码　商品项目代码	校验码
$N_1N_2N_3N_4N_5N_6N_7N_8N_9N_{10}N_{11}N_{12}$	N_{13}

GTIN-12 代码结构

厂商识别代码　商品项目代码	校验码
$N_1N_2N_3N_4N_5N_6N_7N_8N_9N_{10}N_{11}$	N_{12}

GTIN-8 代码结构

商品项目代码	校验码
$N_1N_2N_3N_4N_5N_6N_7$	N_8

图 2-3　GTIN 的四种代码结构

2）SSCC 代码。系列货运包装箱代码（Serial Shipping Container Code，SSCC）是为物流单元（运输或储藏）提供唯一标识的代码，具有全球唯一性。物流单元是指为需要通过供应链进行管理和运输或储存而设立的任何商品标准单元。物流单元标识代码由扩展位、厂商识别代码、参考代码和校验码四部分组成，是 18 位的数字代码，不包含分类信息。SSCC 采用 UCC/EAN－128 条码符号表示，其编码结构如图 2-4 所示。

结构种类	扩展位	厂商识别代码	参考代码	校验码
结构一	N_1	$N_2N_3N_4N_5N_6N_7N_8$	$N_9N_{10}N_{11}N_{12}N_{13}N_{14}N_{15}N_{16}N_{17}$	N_{18}
结构二	N_1	$N_2N_3N_4N_5N_6N_7N_8N_9$	$N_{10}N_{11}N_{12}N_{13}N_{14}N_{15}N_{16}N_{17}$	N_{18}
结构三	N_1	$N_2N_3N_4N_5N_6N_7N_8N_9N_{10}$	$N_{11}N_{12}N_{13}N_{14}N_{15}N_{16}N_{17}$	N_{18}
结构四	N_1	$N_2N_3N_4N_5N_6N_7N_8N_9N_{10}N_{11}$	$N_{12}N_{13}N_{14}N_{15}N_{16}N_{17}$	N_{18}

图 2-4　SSCC－18 的编码结构

3）GLN 代码。全球参与方位置代码（Global Location Number，GLN）又称全球位置码，是对参与供应链等活动的法律实体、功能实体和物理实体进行唯一标识的代码。法律实体是指合法存在的机构，如供应商、客户、承运商等；功能实体是指法律实体内的具体部门，如某公司的财务部；而物理实体则是指具体的位置，如仓库、交货地等。全球位置码由厂商识别代码、位置参考代码和校验码共 13 位数字组成。当用条码符号表示位置码时，GLN 代码应与应用标识符 AI 一起使用，如应用标识符 410＋GLN 表示交货地，414＋GLN 表示物理位置等。

4）GRAI 代码。全球可回收资产标识（Global Recyclable Assets Identification，GRAI）代码是对可回收资产进行标识的代码，这里的可回收资产是指具有一定价值、可再次使用的包装或运输设备。GRAI 的资产标识符由资产标识代码和一个可选择的系列号组成，同一种可回收资产的资产标识代码相同。资产标识符不能用作其他目的，且其唯一性应保持到有关的资产记录使用寿命终止后的一段时间。

5）GIAI 代码。全球单个资产标识（Global Individual Asset Identification，GIAI）代码是对一个特定厂商的财产部分的单个实体进行唯一标识的代码。全球单个资产被认为是具有任何特性的物理实体。GIAI 代码的典型应用是记录飞机零部件的生命周期，可从资产购置到其退役进行全过程跟踪。GIAI 与应用标识符 AI（8004）结合使用可表示单个资产更多的信息。

6）GSRN 代码。全球服务关系标识（Global Service Relation Number，GSRN）代码是对服务关系中的接受服务者进行标识的代码，可用于标识医院的病人、俱乐部会员等。

2. 全球数据同步网络（GDSN）

除上述 EAN. UCC 编码体系中的主要代码外，EAN. UCC 系统还涉及许多其他重要的概念，其中一个就是 GDSN。

全球数据同步网络（Global Data Synchronization Network，GDSN）是数据池系统和全球注册中心基于互联网组成的信息系统网络，其通过部署在全球不同地区的数据池系统，使得分布在世界各地的公司能和供应链上的贸易伙伴使用统一制定的 GS1 XML 消息标准交换贸易数据，实现商品信息的同步，保持信息的高度一致。GDSN 保证制造商和购买者能够分享最新、最准确的数据，并且传达双方合作的意愿，向贸易伙伴间提供了无障碍的对话平台，保证了商品数据的格式统一，确保供应商能够在正确的地方、正确的时间将正确数量的正确货物提供给正确的贸易伙伴，最终促使贸易伙伴间以微小投入完成合作。

GDSN 的概念由全球标准化组织物品编码协会 GS1（ Globe standard 1）和其他一些工业团体制定和发展而来，其主要目标就是帮助企业理顺供应链流程，降低供应链成本。GDSN 主要由数据池、全球注册中心和参与商品主数据同步的企业组成。数据池为企业提供数据保存和处理服务，由 GS1 各成员组织（MO）负责建立并管理，换言之，每个数据池的前端发布方是全球的供应商。全球注册中心作为全球范围内的商品信息目录，帮助企业准确定位商品信息所在的数据池，并且维护商品信息的同步关系，由 GS1 负责管理（目前由 GDSN Inc. 负责）。企业则主要包括供应商和零售商，在连接进入 GDSN 的数据池时需通过 GS1 的国际认证，贸易双方需采用共同的数据标准和数据交换格式。

由于 GDSN 基于互联网，因此全球的企业加入相应的数据池后，可按照全球统一的标准和自己的贸易伙伴通过互联网交换供应链数据。

GDSN 的技术实现过程如图 2-5 所示，图中 GDSN 帮助贸易双方经过 GDSN 认证数据池连接到 GS1 全球注册中心，并且为源数据提供者提供产品信息的发布及同步功能，为数据接收者提供产品信息的订阅及同步功能，数据在 AS2 加密方式下通过互联网进行传输。图中发布数据指卖方向本地数据池提交产品及企业信息，注册数据指数据被发送到 GS1 全球注册中心进行注册，订阅请求指买方通过本地数据池订阅卖方信息，而同步数据则指卖方数据池向买方数据池发送订阅信息。

由图 2-5 可以看出，在 GDSN 中，供应商和零售商、物流/仓储商不能直接和全球注册中心连接，必须通过数据池接入，且可以通过不同的数据池加入 GDSN。GDSN 中通过唯一的商品条码 GTIN + GLN 标识每一个贸易项目，而企业则通过 GLN 唯一标识。

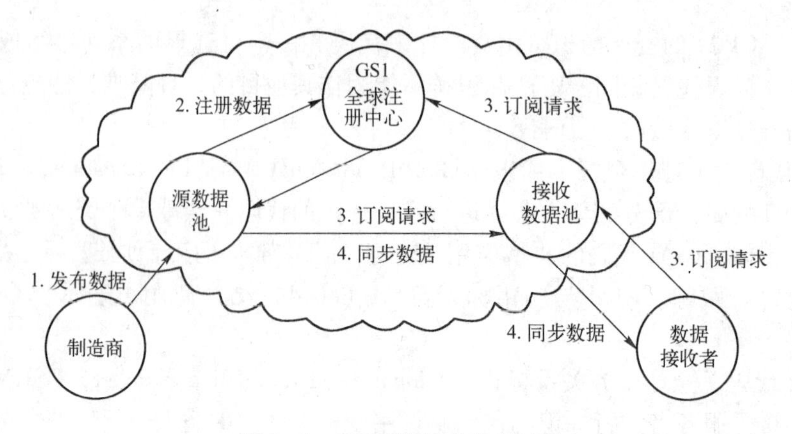

图 2-5　GDSN 的技术实现过程

GDSN 依托于网络技术和全球通用标准，为贸易双方提供了一个安全和持续同步精确数据的强大环境，可在全球范围内有效提高供应链效率，从而使得零售商和供应商都希望利用此技术来缩短产品投放市场的时间并且带来竞争优势，是未来供应链发展的必然趋势。

2011 年全球已有包括“中国商品信息服务平台”在内的 28 家数据池完成了认证。GS1 全球注册中心的产品信息数量多达 700 万种，超过 90 多个国家、400 多家零售商和20 000 多家供应商参与数据同步，其中 90% 的订阅者能够在数据池中查询到所需的信息。GDSN 在欧美的发展情况较好，而在亚洲目前还处于起步状况。

EAN. UCC 编码虽然可以对物品进行标识，但是无法精确到某个物品，只能到某类物品，为此人们引入 RFID 和互联网等技术，在 EAN. UCC 编码的基础上，开发出能够对单个物品进行全球唯一标识的产品电子代码 EPC 系统，从而揭开了物品信息编码的新篇章。有关 EPC 的内容将在本章 2. 4 节详细介绍。

2. 2　一维条码

条码（bar code）是人们使用最早且最广泛的物品信息编码之一，如今条码已成为商业自动化不可缺少的基本条件，也是物联网建设初期采集物品信息的主要选项之一。

条码可分为一维条码和二维条码两大类，目前在商品上的应用仍以一维条码为主，故一维条码又被称为商品条码，二维条码的功能较一维条码强，应用范围更加广泛。通常所称的条码指的是一维条码，而二维条码常称为二维码。一维条码的种类比较多，其应用场合与行业的相关性较强，例如，图书使用的 ISBN 条码，其实例在本书封底就可以看到。

2. 2. 1　一维条码的构成和分类

条码技术起源于 20 世纪 40 年代，现在世界各地都已普遍使用条码技术，其应用领域越来越广泛。1973 年 UCC 建立了 UPC 条码系统，实现了该码制的标准化。欧盟则成立了 EAN 组织，在 UPC - A 码的基础上制定出了欧洲物品编码 EAN - 13 码和 EAN - 8 码。日本于 1978 年制定出日本物品编码 JAN。1988 年，我国国家技术监督局成立了“中国物品编码中心”，并于 1991 年代表我国加入国际物品编码协会。

条码由条码符号及其对应字符组成，条码符号是一组黑白（或深浅色）相间、长短相同、宽窄不一、规则排列的平行线条，供扫描器识读，而其对应的字符则由数字、字母和特殊字符组成，供人工识读。辨识条码时，先用条码阅读机进行扫描，得到一组反射光信号，此信号经光电转换后变为一组与线条、空白相对应的电子信号，根据对应的编码规则（如EAN－8码）将其转换成相应的数字、字符信息，再由计算机系统进行数据处理与管理。

一个完整的条码通常由两侧空白区、起始符、数据符、校验符和终止符组成，如图2-6所示，其各部分的位置和基本作用如下。

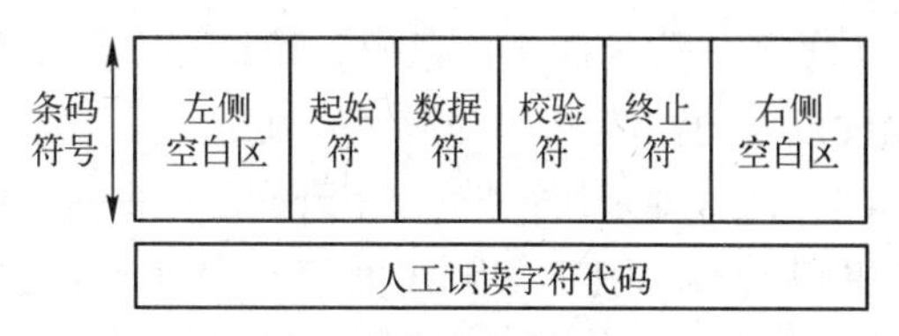

图2-6 典型一维条码的基本构成

1）空白区：位于条码两侧无任何符号及资讯的白色区域，用于提示扫描器准备扫描。

2）起始符：位于条码起始位置上的若干条与空，用于标识条码符号的开始，扫描器确认此字符存在后开始处理扫描脉冲。

3）数据符：位于起始符后面，用于标识条码符号的具体数值，允许双向扫描。

4）校验符：用于校验条码符号的正确性，判定此次阅读是否有效。校验符通常是一种算术运算的结果，扫描器读入条码进行解码时，先对读入信息进行运算，若运算结果与校验符相同，则判定此次阅读有效。

5）终止符：位于条码终止位置上的若干条与空，用于标识条码符号的结束。

条码中常用的基本术语及其释义如表2-1所示。

表2-1 条码常用基本术语及其释义

中文术语	英文术语	含 义
条	bar	条码中反射率较低的部分
空	space	条码中反射率较高的部分
保护框	bearer bar	围绕条码且与条反射率相同的边或框
中间分隔符	central seperating character	位于条码中间位置的若干条与空
条码填充符	filler character	不表示特定信息的条码字符
条高	bar height	构成条码字符的条的二维尺寸的纵向尺寸
条宽	bar width	构成条码字符的条的二维尺寸的横向尺寸
空宽	space width	构成条码字符的空的二维尺寸的横向尺寸
条宽比	bar width ratio	条码中最宽条与最窄条的宽度比
空宽比	space width ratio	条码中最宽空与最窄空的宽度比
条码长度	bar code length	从条码起始符前缘到终止符后缘的长度
长高比	length to height ratio	条码长度与条高的比
条码密度	bar code density	单位长度的条码所表示的字符个数
模块	module	组成条码的基本单位
条码字符间隔	bar code intrcharacte gap	相邻条码字符间不表示特定信息且与空的反射率相同的区域
单元	element	构成条码字符的条、空

表2-1中给出的模块是指条码中最窄的条或空，是构成条码的基本单位。模块的宽度通常以mm或mil（千分之一英寸）为单位。构成条码的一个条或空称为一个单元，一个单

元包含的模块数是由编码方式决定的，有些码制中（如 EAN 码）所有单元由一个或多个模块组成，而另一些码制（如 39 码）中所有单元只有两种宽度，即宽单元和窄单元，其中的窄单元即为一个模块。

另外条码还有一些参数需要注意，如密度、宽窄比和对比度等。条码的密度（Density）是指单位长度的条码所表示的字符个数。对于一种码制而言，密度主要由模块的尺寸决定，模块尺寸越小，密度越大，所以密度值通常以模块尺寸的值来表示（如 5 mil）。通常7. 5 mil 以下的条码称为高密度条码，15 mil 以上的条码称为低密度条码，条码密度越高，要求条码识读设备的性能（如分辨率）也越高。高密度的条码通常用于标识小的物体，如精密电子元件。低密度条码一般应用于远距离阅读的场合，如仓库管理。条码的宽窄比指在只有两种宽度单元的码制中的宽单元与窄单元的比值，宽窄比一般为 2 ~ 3 左右（常用的有 2∶1 和 3∶1）。宽窄比较大时，阅读设备更容易分辨宽单元和窄单元。条码的对比度是条码符号的光学指标，对比度的值越大则条码的光学特性越好。

条码的编码方法通常有两种，即宽度调节和色度调节。在宽度调节编码中，条码符号的构成是由宽、窄的条和空以及字符符号间隔组成的，宽的条和空逻辑上表示 1，窄的条和空逻辑上表示 0，宽单元通常是窄单元的 2 ~ 3 倍。在色度调节编码中，条码符号是利用条和空的反差来标识的，条逻辑上表示 1，而空逻辑上表示 0 。一般说来，宽度调节法编码，条码符号中每个字符符号之间有一定的字符符号间隔，所以此种条码符号印刷精度要求低。而色度调节编码的条码符号中每个字符符号之间无间隔，因此印刷精度要求高。

2. 2. 2　一维条码的种类

一维条码的种类有 25 码、交插 25 码（ITF 或 I 2/5）、库德巴码、39 码、EAN 码、UPC 码、UCC/EAN – 128 码、ISBN（国际标准书号）和 ISSN（国际标准丛刊号）等。

条码按有无字符符号间隔可分为连续型条码（如 EAN – 128 码）和非连续型条码（如 39 码、25 码和库德巴码）；按字符符号个数固定与否可分为定长条码（如 UPC 条码和 EAN 条码）和非定长条码（如 39 码和库德巴码）；按扫描起点可分为双向条码（如 39 码和库德巴码）和单向条码；按码制分，则世界上约有 225 种以上的一维条码，每种一维条码都有自己的一套编码规格，各自规定每个字符（文字或数字）由几个条和空组成以及字母的排列顺序等。

1. 39 码

39 码（三九码）是一种可供使用者双向扫描的非连续型条码，也就是说两个数据码之间必须包含一个不具任何意义的空白（或细白，其逻辑值为 0），但其具有支援文字的能力。39 码仅有两种单元宽度，分别为宽单元和窄单元。宽单元的宽度为窄单元的 1 ~ 3 倍，一般多选用 2 倍、2. 5 倍或 3 倍。39 码的每一个条码字符由 9 个单元（5 个条单元，4 个空单元）组成，其中有 3 个宽单元（用二进制“1”表示），其余是窄单元，因此称为 39 码。

标准的 39 码结构同样由两侧空白区、起始符、数据符、校验符和终止符构成，其中校验符可忽略。如图 2–7 所示为数据“1234ABCD”的 39 码实例。

39 码目前主要应用于工业产品、商业资料及医院的保健资料，它的最大优点是条码的长度没有强制的限定，可用大写英文字母码，且校验符可忽略不计。39 码在我国的国家标准是 GB/T 12908 – 2002。

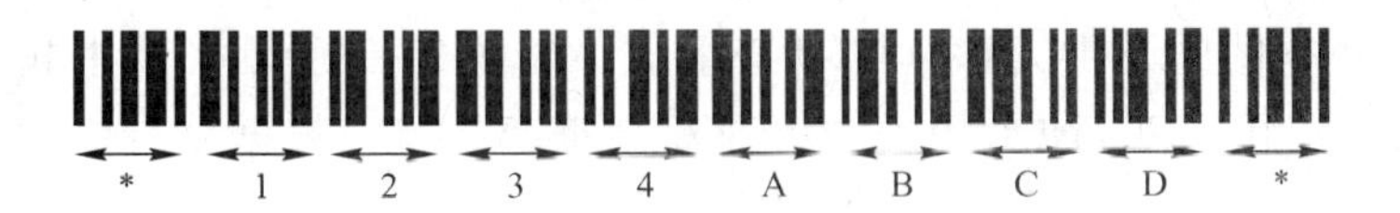

图 2-7　39 码图形及其代表的数据

2. EAN 条码

1977 年，欧洲按照通用产品码（Universal Product Code，UPC）的标准制定了欧洲物品编码 EAN 码。UPC 码是一种长度固定、连续型的条码，主要在美国和加拿大使用。EAN 码的字符编码结构与 UPC 码相同，是 UPC 码的超集。北美所有条码系统从 2005 年开始支持 EAN 码。EAN 码有 EAN－13 和 EAN－8 两种类型，分别称为 EAN 码标准版和缩短版。

EAN－13 码由左侧空白区、起始符、左侧数据符、中间分隔符、右侧数据符、校验符、终止符、右侧空白区 8 部分组成，EAN－13 码的尺寸为 37.29 mm × 26.26 mm，放大系数为 0.80～2.00，如图 2-8a 所示。起始符和终止符都为“101”。中间分隔符为“01010”。13 位数据由前缀码、厂商识别代码、商品项目代码和校验码组成。前缀码（2 位或 3 位）是国际 EAN 组织标识各会员组织的代码，表示产品的生产国家或地区；厂商识别代码（5 位或 4 位）是 EAN 编码组织在 EAN 分配的前缀码的基础上分配给厂商的代码，代表制造商；商品项目代码（5 位）由厂商自行编码，代表产品本身；校验码（1 位）用于校验条码的正确性。EAN 已分配给各编码组织的前缀码中，常见的有：00～13 对应美国和加拿大，471 对应中国台湾，489 对应中国香港，690～692 对应中国大陆，977 对应连续出版物（ISSN），978 对应图书及平装本（ISBN），979 对应图书、平装本（ISBN）及印刷的单页乐谱（ISMN）。

EAN－8 码的基本结构与 EAN－13 码相同，如图 2-8b 所示，只是没有制造厂商代码，仅有前缀码、商品项目代码和校验码。EAN－8 码的尺寸为 26.73 mm × 21.64 mm，放大系数为 0.80～2.00。EAN－8 码从空白区开始共 81 个模块，每个模块长 0.33 mm。EAN－8 码符号的前两位数代表此产品的生产国家或地区，接下去的五位数为产品代码，最后一位为校验符。当产品的包装面积小于 120 平方公分以下，无法使用标准码时，可以申请使用缩短码，而每一项需使用缩短码的产品均需逐一申请个别号码。

a)

b)

图 2-8　EAN－13 码和 EAN－8 码的实例
a）EAN－13 码　b）EAN－8 码

另外，在 EAN－13 码前加上指示符即可构成 EAN－14 码，即 ITF－14 码。ITF－14 码的指示符范围为 0～9，其中 0 用于单种单件商品等情况，1～8 用于指示定量商品的包装等级，9 用于变量贸易项目。ITF 条码是一种连续型、定长、具有自校验功能，且条、空都表示信息的双向条码，其条码字符集、条码字符的组成与交插 25 码相同。ITF－14 码只用于标识非零售的商品。

3. UCC/EAN－128 码

UCC/EAN－128 码为连续型、非定长的条码，由起始符、数据字符、校验符、终止符、左侧空白区、右侧空白区及供人识读的字符组成，如图 2-9 所示。其中起始符为由字符 START A（B 或 C）和字符 FNC1 构成的特殊双字符起始符；数据字符格式为应用标识符（AI）+数据+FNC1+AI+数据……，AI 为 2~4 位用于定义其后续数据的含义和格式的代码，AI 不同，其后的数据也不同，不同的数据间不需要分隔，既节省了空间，又为数据的自动采集创造了条件。图中的（02）、（17）、（37）和（10）即为 AI。UCC/EAN-128 的校验符为符号校验符，不属于条码字符的一部分，也区别于数据代码中的任何校验码。

图 2-9　UCC/EAN-128 码实例

UCC/EAN-128 条码每个字符由 3 个条和 3 个空组成，终止符由 4 个条和 3 个空组成，除了终止符由 13 个模块组成外，其他字符均由 11 个模块组成。UCC/EAN-128 码用以表示 GS1 系统应用标识符字符串，范围从 ASCII 0 到 ASCII 127 共 128 个字符，故称 128 码。该条码符号可编码的最大数据字数为 48 个，包括空白区在内的物理长度不能超过 165mm。UCC/EAN-128 条码用于标识物流单元，不用于零售结算。

2.3　二维码

二维码所含的信息量比较大，可以存储各种语言文字和图像信息，拓展了条码的应用领域。二维码的编码比较复杂，需要很多预处理的工作。二维码的种类也比较多，如 PDF417 码、QR 码和汉信码等。

2.3.1　二维码的特点和分类

一维条码只在水平方向上表达信息，在垂直方向上不能表达任何信息，图形具有一定的高度只是为了便于阅读器的对准。二维条码在水平和垂直两个方向组成的二维空间内存储信息，图形比较复杂。大多数二维条码的基本图形单元已脱离条形的束缚，因此，称为二维码比较名副其实。

1. 二维码研究现状

二维码技术的研究始于 20 世纪 80 年代末，常见的二维码码制有 PDF417、QR 码、Data Matrix、Aztec、Maxicode、49 码、Code 16K、Code One、Vericode、Ultracode、Philips Dot Code 和 Softstrip 等。在二维码标准化研究方面，国际自动识别制造商协会（AIM）和美国标准化协会（ANSI）已完成了 PDF417、QR 码、49 码、Code 16K 和 Code One 等码制的符号标准。国际标准化组织公布了 QR 码的国际标准，ISO/IEC 公布了 PDF417、Data Matrix 和 Maxicode 等二维码的标准。1997 年，中国物品编码中心发布了 GB/T 17172-1997《四一七条码》和 GB/T 18284-2000《快速响应矩阵码》两个二维码的国家标准。

二维码已经广泛应用于各行各业，公安、外交、军事等部门使用它管理各类证件，海关、税务等部门使用它管理各类报表、银行汇票和票据，商业、交通运输等部门使用它管理商品、货物运输、实名制火车票等。

2. 二维码的基本特点

二维码的密度是一维条码的几十到几百倍，可以存储更多的信息，实现对物品特征的描述，而且具有抗磨损、纠错等特点，可以表示包括中文、英文和数字在内的多种文字，也可以表示声音和图像信息，拓宽了条码的应用领域。

二维码还具有字节表示模式，一般语言文字和图像等在计算机中存储时都以机内码（字节码）的形式表示，因此可以将文字和图像先转换成字节流，然后再将字节流用二维码表示，故而二维码可以表示多种语言文字和图像数据（如照片、指纹等），而其凭借图案本身就可以起到数据通信的这项功能降低了其对于网络和数据库的依赖，因此二维码又被称为“便携式纸面数据库”。另外，二维码中还可引入加密机制，加强信息管理的安全性，防止各种证件、卡片等的伪造。

3. 二维码的分类

二维码按照不同的编码方法可分为行排式、矩阵式和邮政码 3 种类型。

行排式二维码又称堆积式或层叠式二维码，是在一维条码的基础上按需要将其堆积成两行或多行而成。常见的行排式二维码有 PDF417、49 码、Code 16K 条码等。

矩阵式二维码是在一个矩形空间通过黑、白像素在矩阵中的不同分布进行编码。在矩阵相应元素位置上，用点（方点、圆点或其他形状）的出现表示二进制“1”，点的不出现表示二进制“0”，由点的排列组合确定矩阵式二维码的意义。常见的矩阵式二维码有 Code One、Maxicode、QR 码、Data Matrix、Vericode 码、田字码、汉信码、龙贝码等。

邮政码是通过不同高度的条进行编码，主要用于邮件编码，如 Postnet、BPO 4 - State等。

2.3.2 PDF417 码

PDF417 码是一种行排式二维码，其中组成条码的每一个符号都是由 4 个条和 4 个空共 17 个模块构成，因此称为 417 码或 PDF417 码。PDF 的含义是便携式数据文件（Portable Data File）。

PDF417 码的结构如图 2-10 所示，符号的顶部和底部为空白区，上下空白区之间为多行结构，其中每一行都包括起始符、左行指示符号字符、数据符号字符、右行指示符号字符和终止符 5 个部分，每行的数据符号字符数相同，行与行左右对齐直接衔接。PDF417 码的每个黑白线条不能超过 6 个模块宽，行数（即一维条码的层数）为 3 ~ 90。

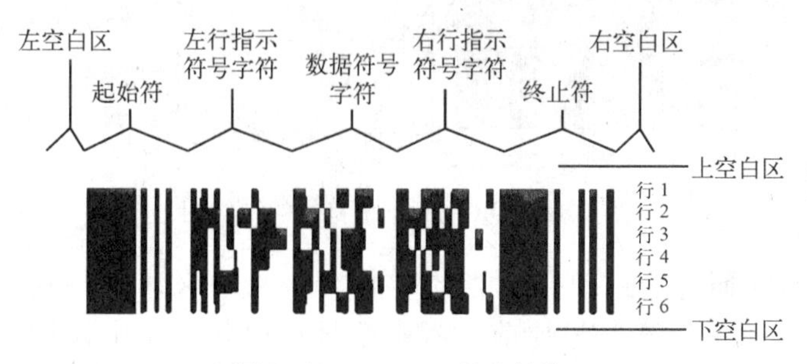

图 2-10　PDF417 码的结构

PDF417 条码具有信息容量大、纠错能力强及可用多种阅读设备阅读等特点。PDF417 码除可以表示字母、数字、ASCII 字符外，还能表示二进制数。PDF417 的一个重要特性是自动纠错的能力较强，不过其纠错能力与每个条码可存放的数据量有关。PDF417 码将错误复原为 9 个等级，其值为 0 ~ 8，级数愈高，纠错能力愈强，但可存放的数据量就愈少，一般建议编入至少 10% 的校验字码。PDF417 码可用多种阅读设备阅读，包括带光栅的激光阅读器、线性及面扫描的图像式阅读器等。

2.3.3 QR 码

QR 码是快速响应矩阵码（Quick Response Code）的缩写，它是由日本 Denso 公司于 1994 年研制的一种矩阵式二维码。

1. QR 码的特点

QR 码除了具有与二维码共同的特点外，还具有超高速识读、全方位识读和高效表示汉字等特点。

超高速识读是 QR 码区别于 PDF417、Data Matrix 等二维码的主要特性。假设令 QR 码、PDF417 码和 Data Matrix 矩阵码含有相同的 100 个字符信息，则一台 CCD 二维码识读设备每秒可识读 30 个 QR 码、3 个 PDF417 码或 2 ~ 3 个 Data Matrix 矩阵码。QR 码的超高速识读特性使它能够广泛应用于工业自动化生产线管理等领域。

QR 码的另一主要特点是可以全方位（360°）识读，大大超过了行排式二维码的识读方位角度，如 PDF417 码的识读方位角度仅为 ±10°。

QR 码用特定的数据压缩模式表示中国汉字和日本汉字，它仅用 13 bit 表示一个汉字，而 PDF417、Data Matrix 等二维码没有特定的汉字表示模式，表示一个汉字需用 16 bit（2 个字节），因此 QR 码在汉字表示方面十分高效。

2. 符号结构

QR 码符号是由正方形模块组成的一个正方形阵列，由编码区域和功能图形组成。功能图形是用于符号定位与特征识别的特定图形，不用于数据编码，它包括位置探测图形（寻像图形）、分隔符、定位图形和校正图形。符号的四周留有宽度至少为 4 个模块的空白区。如图 2-11 所示为 QR 码版本 7 符号的结构图。

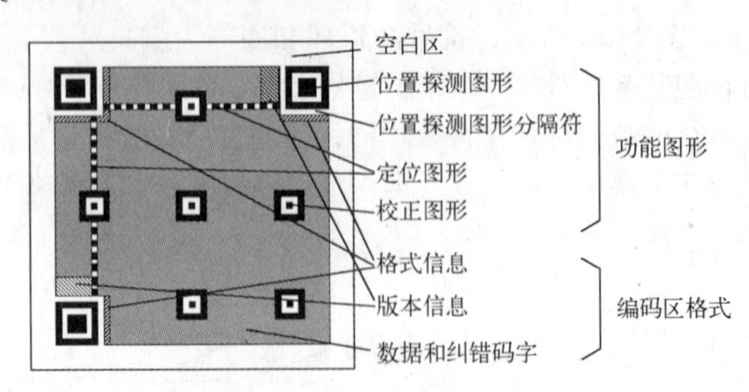

图 2-11　QR 码版本 7 符号的结构图

1）符号版本。QR 码符号共有 40 种版本，版本 1 为 21 × 21 个模块，版本 2 为 25 × 25 个模块，以此类推，每一版本符号比前一版本符号每边增加 4 个模块，直到版本 40，为 177 × 177 个模块。版本 1、2、6 的符号结构如图 2-12 所示。

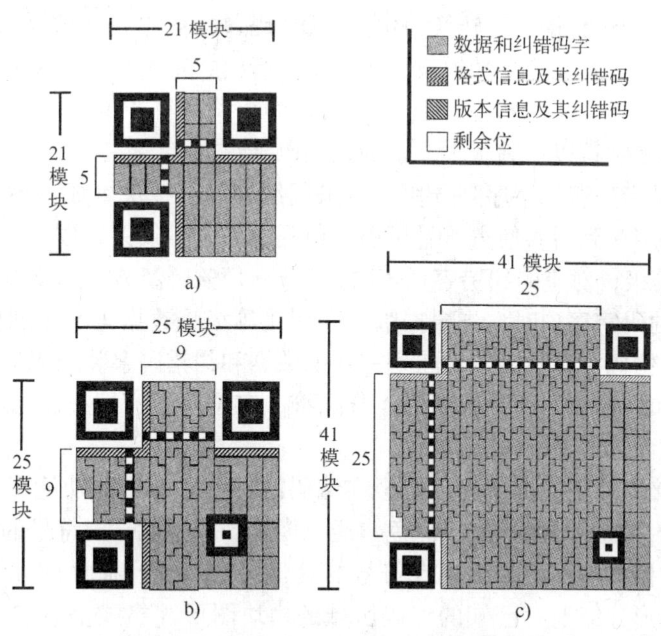

图 2-12　QR 码版本 1、2、6 的符号结构
a）版本 1　b）版本 2　c）版本 6

2）寻像图形。寻像图形用来识别 QR 码符号，并确定条码的位置和方向。寻像图形包括 3 个相同的位置探测图形，分别位于符号的左上角、右上角和左下角。每个位置探测图形由 3 个同心的正方形组成，分别为 7×7 个深色模块、5×5 个浅色模块和 3×3 个深色模块。位置探测图形的模块宽度比为 1:1:3:1:1。

3）分隔符。在每个位置探测图形和编码区域之间有宽度为 1 个模块的分隔符，它全部由浅色模块组成。

4）定位图形。水平和垂直定位图形分别为 1 个模块宽度，由深色与浅色模块交替组成的 1 行和 1 列图形，它们的位置分别位于第 6 行与第 6 列，作用为确定符号的密度和版本，为模块坐标位置作参考。

5）校正图形。每个校正图形可看做 3 个同心的正方形，由 5×5 深色模块、3×3 浅色模块和 1 个中心深色模块构成。校正图形的数量视版本而定，在模式 2 的符号中，版本 2 以上（含版本 2）的符号均有校正图形。

6）编码区域。编码区域包括表示数据码字、纠错码字、版本信息和格式信息的符号字符。

7）空白区。空白区为环绕在符号四周的 4 个模块宽的区域，其反射率应与浅色模块相同。

3. QR 码生成步骤

QR 码的编码就是一个将数字信息转换成图形信息的过程，整个过程分为数据分析、数据编码、纠错、构造最终信息、在矩阵中布置模块、掩模以及添加格式信息和版本信息等几个步骤。

1）数据分析是指分析所输入的数据流，确定要进行编码的字符的类型、纠错等级、符号版本等。

2）数据编码是指将数据字符转换为位流。QR 码包括数字、字母数字、8 位字节、中国汉字、日本汉字和混合模式等多种模式，当需要进行模式转换时，在新的模式段开始前加入模式指示符进行模式转换。在数据序列后面加入终止符。将产生的位流分为每 8 位一个码字。必要时加入填充字符以填满版本要求的数据码字数。

3）纠错编码是指先将码字序列分块，再采用纠错算法按块生成一系列纠错码字，然后将其添加在数据码字序列后，使得符号可以在遇到损坏时不致丢失数据。QR 码有 L、M、Q 和 H 共 4 个纠错等级，对应的纠错容量依次为 7%、15%、25% 和 30%。

4）构造最终的码字序列时，先根据版本和纠错等级将数据码字序列分为 n 块，对每一块计算相应块的纠错码字，然后依次将每一块的数据和纠错码字装配成最终的序列。

5）在矩阵中布置模块，将寻像图形、分隔符、定位图形、校正图形与码字模块一起放入矩阵。

6）掩模。直接对原始数据编码可能会在编码区域形成特定的功能图形，造成阅读器误判。为了可靠识别，最好均衡地安排深色与浅色模块。掩模就是使符号的灰度均匀分布，避免位置探测图形的位图 1011101 出现在符号的其他区域。进行掩模前，需要先选择掩模图形。用多个矩阵图形连续地对已知的编码区域的模块图形（格式信息和版本信息除外）进行 XOR（异或）操作。XOR 操作将模块图形依次放在每个掩模图形上，并将对应于掩模图形的深色模块的模块取反（深色变成浅色，或相反），然后对每个结果图形不合要求的部分记分，选择其中得分最低的图形作为掩模图形。依次将掩模图形用于符号的编码区域。掩模不用于功能图形。

7）最后将格式信息与版本信息加入符号当中即完成了 QR 码的编码过程。

4. QR 码的结构链接

QR 码可将多达 16 个 QR 码符号以一定的结构方式链接起来。QR 码的结构链接模式用于把一个数据文件分开表示为多个 QR 码符号的序列，要求所有的符号可以识读并且数据可以按正确的顺序重新建立。每个符号都要有一个结构链接头，以标识这个序列的长度及该符号在其中的位置，并且检验是否所有识读的符号属于同一个文件。

如图 2-13 所示，给出了 QR 码的结构链接的含义，图中第 2 ~ 5 个符号为一个结构链接，这 4 个符号与第一个 QR 符号表示相同的数据信息。

图 2-13　QR 码的结构链接

2.3.4　汉信码

汉信码是中国物品编码中心开发的二维码。2007 年，国家标准化委员会批准发布了 GB/T 21049－2007《汉信码》。汉信码是矩阵式二维码，除具有汉字编码能力强、抗污损、抗畸变、信息容量大等特点外，还支持 160 万个汉字信息字符，当对大量汉字信息进行编码时，相同信息内容的汉信码符号面积远远低于其他条码符号。汉信码对一切可以二进制化的信息进行编码，可以在纸张、卡片、PVC 甚至金属表面上印出，所增费用主要是油墨的费用。

汉信码具有独立定位功能，其数据表示法为：深色模块表示二进制 1，浅色模块表示二进制 0。汉信码的编码容量为：数字为 7827 个字符，字母型字符为 4350 个字符，常用一区汉字为 2174 个字符，常用二区汉字为 2174 个字符，二字节汉字为 1739 个字符，四字节汉字为 1044 个字符，二进制数据为 3261 个字节。汉信码可选择 4 种纠错等级，可恢复的码字比例分别为 8%、15%、23% 和 30%。

汉信码符号是由 n×n 个名义正方形模块构成的正方形阵列，该正方形阵列由信息编码区、功能信息区和功能图形区组成，其中功能图形区主要包括寻像图形、寻像图形分隔区、校正图形和辅助校正图形。汉信码码图符号的四周为不少于 3 模块宽的空白区。汉信码的寻像图形和汉信码实例如图 2-14 所示。

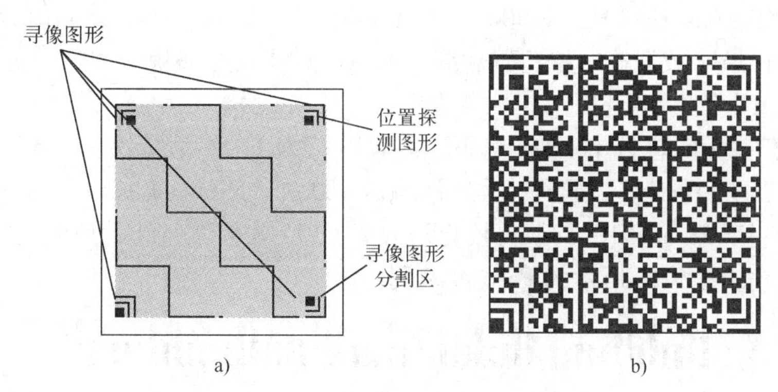

图 2-14　汉信码的寻像图形和汉信码实例

a）汉信码的寻像图形　b）汉信码实例

汉信码符号共有 84 个版本，版本 1 的规格为 23×23 模块，版本 2 为 25×25 模块，依此类推，每一版本符号比前一版本每边增加 2 个模块，直到版本 84，其规格为 189×189 模块。

2.3.5　其他二维码及复合码

除了行排式和矩阵式二维码外，还有一些其他类型的二维码以及各种类型的复合码。下面简单介绍彩码、邮政码以及复合码的概念。

1. 彩码

彩码又名彩色码、彩链、丽码、彩色域名等，它是在传统条码的基础上添加色彩元素而形成的，因此也称为三维码。彩码是以 4 种相关性最大的单一颜色红、绿、蓝和黑来表述信息的。如图 2-15 所示，给出了一个 6×6 规格的彩码样图，它是一种矩阵图，每个矩阵单位可由上述 4 色中的单一颜色来填充，矩阵的外框通过黑色线条封闭，并在外框黑边外留白。这里为黑白印刷，不同灰度代表不同颜色，实际中为彩图。

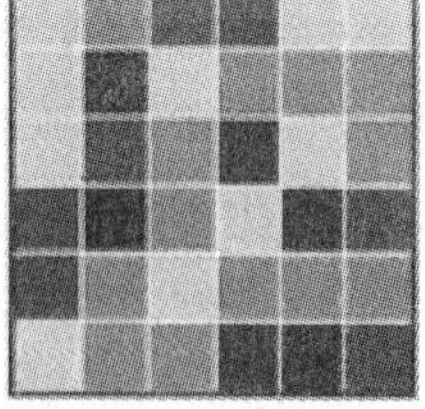

图 2-15　6×6 规格的彩码样图

彩码与一般条码的用法不同，它并非将所有信息加密后进行编码，而是存储一些类似于“指针”的信息，比如服务器地址等。用户在使用彩码时，要先从中获取“指针”，然后以此到服务器获取相关数据。彩码具有很强的纠错能力和抗畸变特性，因此它对于扫描终端的要求极低。使用彩码的具体过程为：用户先使用带有摄像功能的设备（如装有摄像设备的手机、计算机等）拍摄彩码，然后利用设备上安装的彩码识别软件识别彩码所包含的信息（一般为服务器地址、产品查询索引信息等)，根据解码所得信息连接内容服务器并向其发送查询请求，接下来内容服务器会将查询结果返回给用户设备，并在屏幕上显示给用户，从而完成用户想要的服务。

2. 邮政码

邮政码是利用不同高度的条把一维条码变为二维码。PostNet 是美国用于邮件快速分类和邮递的一种邮政码，主要印在信封和商业回函上。美国的邮政地址一般有 5 个数字压缩码（如 80122）、9 个数字压缩码（如 80122 - 1905）和 11 个数字压缩码（如 80122 - 1905 - 01）3 种形式，PostNet 可对这 3 种地址进行编码。

PostNet 以码的高度进行编码，其条码宽度相同，只有高度不同，不像其他条码那样以条码宽度和空进行编码。PostNet 进行编码时，以整条代表 1，半条代表 0，5 个条代表一个单个字符，如数字 0 对应符号“11000”，数字 8 对应“10010”等。该码由起始符（一个整条，编码为单个 1)、数据符、校验码和终止符（一个整条，编码为单个 1）组成，其中数据符为 5、9 或 11 个数字字符。

如对 80122 - 1905 进行 PostNet 编码，则起始符为 1，然后依次为“8”对应“10010”以及其他数据。接下来计算校验码，先将所有数字求和，8 +0 +1 +2 +2 +1 +9 +0 +5 =28，然后进行模 10 除，28 mod 10 =8，得校验码为 2（10 - 8 =2)。最后是终止符 1。这样就得到 80122 - 1905 如图 2-16 所示的 PostNet 编码。

图 2-16　80122 - 1905 的 PostNet 编码

3. 复合码

复合码是各种条码类型的组合，常见的有 EAN. UCC 系统复合码。EAN. UCC 系统复合码是将一维条码和二维码进行组合的一种码制，其中一维条码对项目的主要标识进行编码，相邻的二维码对附加数据如批号、有效日期等进行编码。EAN. UCC 复合码有 A、B 和 C 3 种类型，每种类型的编码规则各不相同。

EAN. UCC 复合码中二维码印刷在最上边，然后为分隔符，二者间最多允许 3 个模块宽的空，接下来是一维条码和供人识读的字符。

2. 3. 6　一维条码和二维码的应用

1998 年，我国原国家质量技术监督局颁布了中国第一个《商品条码管理办法》，2005 年 10 月又颁布了新的版本，对商品条码的注册、编码、设计及印刷、应用和管理、续展、变更和注销、法律责任等方面进行了详细规定，为企业实现条码的规范化和健全性管理提供制度性管理依据。

目前条码标识基本上覆盖了所有的产品，如商业销售点终端（Point of Sales，POS，即收款机)、物流中心、配送中心、大型商业城、连锁店及家庭商店等都实行了条码技术。世界各国把条码技术的发展重点推向生产自动化、交通运输现代化、金融贸易国际化、票证单据数字化、安全防盗防伪保密化等领域，大力推行各种条码，且除了将条码印刷在纸质介质上以外，还研究开发了金属条码、纤维织物条码、隐形条码等，扩大应用领域并保证条码标识在各个领域、各种工作环境的应用。条码的应用广泛，一维条码和二维码的实际应用举例如下。

（1）物流中的应用

将条码、扫描技术、POS 系统和电子数据交换（Electronic Data Interchange，EDI）集成起来，可以在供应链（由生产线直至付款柜台）之间建立一个无纸物流系统，以确保产品能不间断地由供应商流向最终客户，同时信息流能够在开放的供应链中循环流动，从而为客户提供最优质的产品和实时准确的信息。以条码为基础的仓储管理系统，能够实现动态库存信息的实时采集，实现货物自动化存取、分拣及配货、配装，进行出/入库管理、库存管理与控制等。在快递、制造商配送、零售商配送等交通运输中使用条码，使得信息传递准确及时，货物可以实时跟踪，收、发货作业更加便捷。国内各大商场、连锁店等已经普遍建设商业 POS 网络系统，通过条码系统结账，并为管理系统提供业务信息，管理者据此做出迅速、准确的决策。商品所伴随的信息流也可通过国际互联网或其他通信方式提前送达对方，用以核对所收商品的正确性。

（2）生产中的应用

条码可以使生产管理更加高效，产品的生产工艺在生产线上能及时、有效地反映出来，省却人工跟踪的劳动，并可显示产品的生产过程，使人们找到生产中的瓶颈，还可快速统计和查询生产数据，为生产调度、排单等提供依据。

（3）各行业业务自动化管理的应用

图书上的条码可以方便出版社、印刷厂、商店处理图书配送、库存管理和销售结算等，图书馆的图书入库、保管和借、还等可实现自动化管理。银行系统中的客户自动查询系统、银行排队系统和二维码防伪卡等。在邮政系统中，条码可以提高邮政分拣、配载和配送运输效率，实现包裹和邮件的及时跟踪查询。

（4）身份识别卡的应用

由于二维码可以把照片或指纹编在其中，有效地解决了证件的可机读及防伪等问题，因此，可广泛应用在各种身份证件上。

（5）资产跟踪应用

例如，在市政管道维护中，为了跟踪每根管子，可以将管子的编号、制造厂商、长度、等级、尺寸、厚度以及其他信息编成一个二维码，制成标签后贴在管子上。当管子移走或安装时，操作员扫描条码标签，及时更新数据库信息。另外，工厂可以采用二维码跟踪生产设备，医院和诊所也可以采用二维码标签跟踪设备、计算机及手术器械。

（6）手机二维码的应用

手机二维码是指将相关信息用二维码进行编码，使二维码信息以彩信的形式在手机里存储、阅读、传播，它是二维码与手机结合运用的产物。手机二维码在电子票务、新闻出版、数据录入、解码防伪和解码上网等方面都有重要的应用。

2.4　产品电子代码 EPC

产品电子代码 EPC 是 EAN. UCC 系统的一部分。与条码系统不同的是，EPC 可实现对单个商品的唯一标识，EPC 标签与阅读器之间可以通过无线通信自动进行数据交换，提高了产品处理的自动化程度。EPC 利用互联网技术，构造了一个覆盖世界上万事万物的实物互联网，由此产生了物联网的概念。

2.4.1 EPC 的产生与发展

EPC 系统基于物品编码、射频识别（RFID）和互联网等技术，对物品进行标识，通过物品信息在全球的即时传递，对物品的整个供应链进行自动追踪管理。

1. EPC 的产生

条码系统使用图像印刷标签，识别过程通常需要人工参与。如果使用电子标签代替图像标签，一是提高了识别的自动化程度，二是提高了标签的信息存储容量，更重要的是标签内的信息不再固定不变，可在识读过程中实时修改，从而为物联网的各种应用提供了技术支持。EPC 系统就是 EAN. UCC 条码系统向电子标签延伸的产物。

EPC 系统的最终目标是为每一单品建立全球的、开放的标识标准，即为世界上每一件物品都赋予一个唯一的编号，EPC 标签即为该编号的载体。EPC 标签是一个电子标签，用法与条码一样，只不过是由集成电路构成的，放置位置要比条码随意得多。当 EPC 标签贴在物品上或内嵌在物品中时，该物品与 EPC 标签中的唯一编号就建立起了一对一关系。当 EPC 标签通过射频识别系统时，电子标签识读器就读取 EPC 标签的内存信息，然后将信息送入互联网 EPC 体系中的 EPC 信息服务系统（EPCIS），实现物品信息的采集和追踪，接下来进一步利用 EPC 体系中的网络中间件等，对采集的 EPC 标签信息进行处理和应用。

EPC 的产生基于 RFID 技术的发展。早在 1996 年，EAN 和 UCC 就开始与国际标准组织 ISO 协同合作，陆续开发了无线接口通信等相关标准，为 RFID 的开发、生产及产品销售乃至系统应用提供了可遵循的标准。1999 年麻省理工学院成立 Auto - ID Center，致力于自动识别技术的开发和研究，其在 UCC 的支持下将 RFID 技术与互联网结合，提出了产品电子代码（EPC）的概念。EAN 与 UCC 又将全球统一标识编码体系（GS1）植入 EPC 概念当中，从而使 EPC 纳入全球统一标识系统。其后许多世界著名大学相继加入并参与 EPC 的研发工作，并得到了众多国际大公司的支持。

2003 年，国际物品编码协会（EAN/UCC）成立了 EPCglobal，正式接管了 EPC 在全球的推广应用工作，并将 Auto - ID Center 更名为 Auto - ID Lab，为 EPCglobal 提供技术支持。EPCglobal 授权 EAN/UCC 在各国的编码组织成员负责本国的 EPC 工作，包括管理 EPC 注册和标准化、在当地推广 EPC 系统、提供技术支持以及培训 EPC 系统用户等。在我国，EPCglobal 授权中国物品编码中心为负责 EPC 相关工作的唯一代表。

2. EPC 在国内外的发展状况

目前在全球共有一千多家终端用户和系统集成商进行 EPC 系统的研究和测试，各国也都纷纷制订本国的 EPC 相关规范标准以及实施计划。

美国物流与技术相关企业应用物联网的理念建立了 EPC 物联网的应用模型，对 EPC 相关的技术、标准、应用、测试以及相关知识产权和隐私安全等方面进行了大量的研究，为 EPC 的发展奠定了坚实的基础，在 EPC 系统的应用中处于全球领先地位。欧洲在物联网发展上也不甘落后，提供了 500 亿欧元用于物联网相关技术体系、公共信息安全、标准体系建设和应用试点的研究，在第六框架（FP6）和第七框架（FP7）项目（欧洲框架计划是为加强欧盟国与国之间的科研合作而专门制订的，是当今世界上最大的官方科技计划之一）中重点加强物联网技术和标准的研究，取得了一系列成果，制定了关键的技术标准，解决了物联网中识读率、准确性等许多关键问题。日本和韩国的 EPC 系统的研究和发展也十分迅速。

在日本的EPC系统国家发展战略中，要求将电子标签价格降至3~5日元，同时建立EPC系统标准体系，制定相关国家标准，并与ISO和EPCglobal接轨，建立技术产业联盟和行业试点。韩国设立了“IT839”计划，重点加强对EPC标签技术的研发。

我国对EPC也非常重视，中国物品编码中心、AIM CHINA、Auto-ID中国实验室等在EPC相关技术的研发方面做了大量的工作，已经取得了一些初步成果。1996年，中国物品编码中心开始研究EPC系统的关键技术——射频识别技术。2004年中国物品编码中心取得了国际物品编码协会的唯一授权，在北京成立了EPCglobal China，负责统一管理、注册、赋码和组织实施我国的EPC系统推广应用工作及EPC标准化研究工作。2006~2009年我国接连参与了EPCglobal物流试点项目和欧盟BRIDGE（构建全球环境的无线射频识别系统）项目，并相继开展了“物品识别网络标准体系研究”，提出了多系统兼容的物品识别网络（物联网）架构及标准体系。

目前第二代的EPCglobal标准（简称Gen2）是由RFID技术、互联网和EPC组成的EPCglobal网络的基础，包括标签数据转换（TDT）标准、标签数据（TDS）标准、空中接口协议标准、读写器协议标准和认证标准等。

2.4.2 EPC编码体系

EPC编码体系与EAN.UCC编码体系是兼容的，是EAN.UCC系统的拓展和延伸，是EPC系统的核心与关键。

1. EPC编码原则

EPC的编码原则包括唯一性、简单性、可扩展性和安全性4个方面。

EPC需要提供对实体对象的全球唯一标识，与实体对象间是一对一的关系，因此为了确保这种唯一性，EPCglobal采用了足够大的地址空间，拥有足够的编码容量，以便标识从世界人口总数（大约60亿人）到大米总粒数（粗略估计1亿亿粒）的所有实体对象。例如人口对应的EPC码的比特数是33，唯一编码数为6.0×10^{9}，而大米对应的比特数是54，唯一编码数为1.3×10^{16}/年。另外EPC编码的唯一性需要有组织保证，EPCglobal通过各国编码组织负责分配本国的EPC代码，防止产生冲突。EPC代码具有使用周期，一般实体对象的EPC代码使用周期和实体对象的生命周期一致，特殊产品具有永久的EPC代码使用周期。

EPC的编码十分简单且留有备用空间，以确保其可持续发展。EPC编码还与安全和加密技术相结合，具有高度的保密性和安全性。

2. EPC编码设计思想

EPC标识符包括纯标识层、编码层和物理实现层3个层次。

纯标识层用于标识一个特定的物理或逻辑实体而不依赖于任何具体的编码载体，如射频标签、条码或数据库等。纯标识是一个抽象的名字或号码，用于标识一个实体，它可能包括许多编码，如条码、各种标签编码和各种URI（统一资源标识符）编码。纯标识只包括特定实体的唯一标识信息，不包含其他内容。

编码层是由纯标识和附加信息组成的特定序列，纯标识的编码结构中除了统一编码中的附加数据外，还可能包含其他信息，编码方案需指明其包含的附加数据的内容。

物理实现层指具体的编码，可以通过某些机器读出。一个给定的编码可能有多种物理实现，如一个特定的射频标签或特定的数据库字段。

例如，对于一个完整的 EPC 标识符，EAN. UCC 系统中的 SSCC（系列货运包装箱代码）就是一个纯标识，其编码的一个实例是 EPC SSCC-96，将这 96 位编码写入射频标签中，则完成了物理实现。

3. EPC 编码结构

EPC 并不取代现行的条码标准，EPC 代码与 EAN/UPC 码兼容，现行的条码标准可逐渐过渡到 EPC 标准，或者在未来的供应链中二者共存。

EPC 标签编码的通用结构是一个比特串，由一个分层次、可变长度的标头以及一系列数字字段组成，如图 2-17 所示，其中标头值确定了码的总长、结构和功能（识别类型）。EPC 代码有 64 位和 96 位等结构，最初推出时为 64 位。96 位的 EPC 代码可以为 2.68 亿个公司提供唯一标识，并能使 EPC 标签的成本尽可能降低。

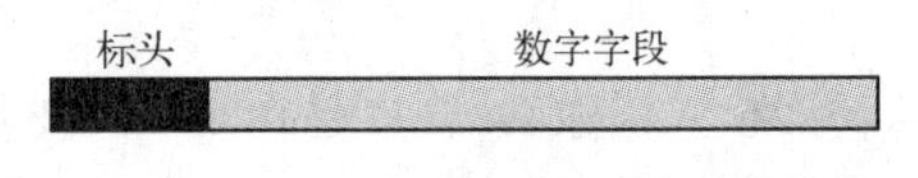

图 2-17 EPC 编码的通用结构

EPC 标签数据（TDS）标准 V1.1 中规定编码的标头为 2 位或者 8 位，2 位的标头有 3 个可能的值（01、10 和 11，不包括 00），8 位标头有 63 个可能的值（标头前两位必须是 00，而 0000 0000 保留以允许使用长度大于 8 位的标头）。8 位标头中有一些未定义，如 0000 0000～0000 01xx，而其他则对应相应的编码方案，如 0000 1000 对应 SSCC-64，0011 0000 对应 SGTIN-96，0011 0001 对应 SSCC-96 等，其中 64 和 96 指编码长度分别为 64 位和 96 位。当前已分配的标头如果前两位非 00 或前 5 位为 00001，则可以推断该标签是 64 位，否则该标签为 96 位。将来，未分配的标头可能会分配给现存或者其他长度的标签。

EPC 标签数据（TDS）标准定义了一种通用的标识类型，即通用标识符（General Identifier，GID），其中，GID-96 是 GID 的一种 EPC 代码，由标头、通用管理者代码、对象分类代码和序列代码组成。通用管理者代码用于标识一个组织实体，负责维护后继的对象分类代码和序列代码。EPCglobal 将通用管理者代码分配给实体，并确保其唯一性。对象分类代码用于识别物品的种类或类型，其在每个通用管理者代码之下必须是唯一的，如一个国家为管理实体，则对象分类代码包括消费性包装品的库存单元或高速公路系统的不同结构等。序列代码则在每个对象分类代码内是唯一的，也就是说，管理实体负责为每个对象分类代码分配唯一的、不重复的序列代码。

2.4.3 EPC 编码实例

EPC 标签数据（TDS）标准中还定义了 5 种来自于产品编码 EAN. UCC 系统的 EPC 标识类型，即系列化全球贸易标识代码（SGTIN）、系列化货运包装箱代码（SSCC）、系列化全球位置码（SGLN）、全球可回收资产标识符（GRAI）和全球单个资产标识符（GIAI）。

1. EAN. UCC 系统中编码的 EPC 标识类型

EAN. UCC 系统代码由厂商识别代码、商品项目代码和校验码组成，以条码作载体时被当做一个整体来处理，而 EPC 网络中则需要单独处理厂商识别代码和商品项目代码，因此在特定的 EAN. UCC 代码类型的 EPC 编码中，厂商识别代码和剩余位之间有清楚的划分。在转换成 EPC 编码时，需要了解 EPC 编码厂商识别代码的长度，然后将 EAN. UCC 系统代码的十进制数转换成二进制编码。另外，EPC 编码中不包含校验位，因此若从 EPC 编码转换成传统的十进制代码时，需要根据其他的位重新计算校验码。

以系列化全球贸易标识代码（Serialized Global Trade Identification Number，SGTIN）为例介绍 EPC 的编码方案。SGTIN 是一种基于 EAN. UCC 通用规范中的 GTIN 的新的标识类型。GTIN 标识一个特定的对象类，如特定产品，但不能唯一标识一个具体的物理对象，因此不符合 EPC 纯标识的定义。为了给单个对象创建一个唯一的标识符，GTIN 增加了一个序列代码，从而形成了系列化 GTIN（SGTIN）。

SGTIN 由厂商识别代码、项目代码和序列号组成，如图 2-18 所示。厂商识别代码由 EAN 或 UCC 分配给管理实体，与 GTIN 十进制编码中的厂商识别代码位相同。项目代码是由管理实体分配给一个特定对象的分类，可通过将 GTIN 的指示位和项目代码位连接成一个单一整数而获得。序列号由管理实体分配给一个单一对象，是 SGTIN 相较于 GTIN 新增加的部分。

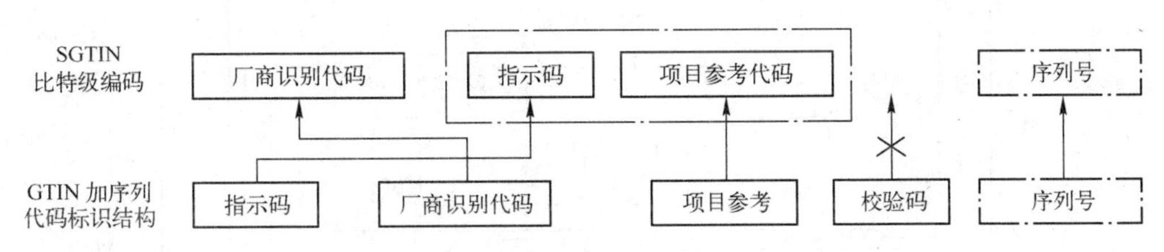

图 2-18　SGTIN 编码方案

2. EPC 编码转换

EPC 产品电子代码缩减了物品信息和分类的数量，取消了以国家编码来划分公司分类码的形式，弱化国家间的区别，直接面向全球。GTIN 体系结构中制造商编码与产品编码部分将以 EPC 管理者编码和 EPC 对象分类编码的形式保留在 EPC 产品电子代码中。如常规 UPC 编码（UPC-12）的企业编码和货品编码部分可直接与 EPC 的管理编码和对象分类编码部分相吻合，可直接进行转换。

下面给出 SGTIN-96 编码的一个实例，将 GTIN 1 0614141 00235 8 连同序列代码 8674734 转换为 EPC，步骤如下。

1）标头（8 位）为 0011 0000。

2）设置零售消费者贸易项目（3 位）为 000。

3）由于厂商识别代码是 7 位（0614141），所以分区值是 5（分区值规定了厂商识别代码与项目代码的定界位置，即厂商识别代码的位数），二进制（3 位）表示是 101。

4）0614141 转换为 EPC 管理者分区，二进制（24 位）表示为 0000 1001 0101 1110 1111 1101。

5）首位数字（指示码）和项目代码确定成 100235，二进制（20 位）表示为 0001 1000 0111 1000 1011，去掉校验码 8。

6）将 8674734 转换为序列号，二进制（38 位）表示为 0000 0000 0000 0010 0001 0001 0111 0110 1011 10。

7）按照 SGT1N-96 的格式“标头 滤值 分区值 厂商识别代码 指示码 项目代码 序列号”，串联以上数位为 96 位 EPC（SGTIN-96）：0011 0000 0001 0100 0010 0101 0111 1011 1111 0100 0110 0001 1110 0010 1100 0000 0000 0000 1000 0100 0101 1101 1010 1110。

常规的 UPC 代码可以直接转换为 EPC 代码，其中 UPC 的厂商识别代码与商品贸易项目代码分别和 EPC 的管理者代码和对象分类代码相对应，且十进制的 UPC 代码要转换成十六进制的 EPC 代码。如 UPC 代码为“002354 081565”，则厂商识别代码为“02354”，商品贸易项目代码为“08156”，对应 EPC 代码则分别为十六进制“932”和“1FDC”，则最终的 EPC 代码为“21 0000932 001FDC 000000000”。如将 EAN－8 码转换成 EPC 码，需先将其转换成 EAN－13 码，然后再进行转换。

2.4.4 EPC 系统

EPC 系统由 EPC 编码体系、EPC 射频识别系统及 EPC 信息网络系统组成，如图 2-19 所示。

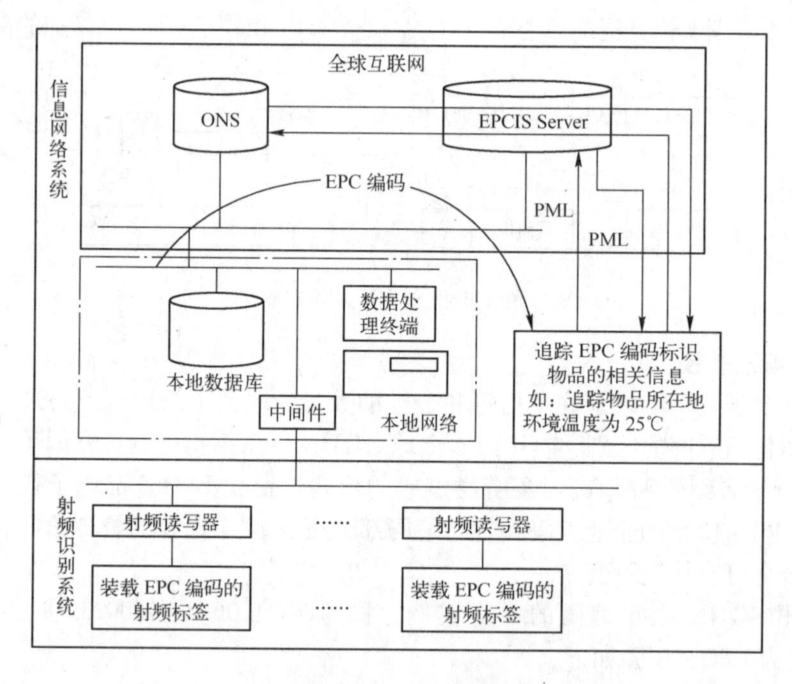

图 2-19 EPC 系统

EPC 编码体系用于标识物品，其基础是 EAN. UCC 系统代码。

EPC 射频识别系统由 EPC 标签和识读器（读写器）组成。标签用于承载 EPC 编码及其附加功能信息，贴在物品上或内嵌在物品中。识读器用于识读 EPC 标签，读取其中的代码信息。当 EPC 标签靠近 EPC 识读器时，二者之间就可自动进行数据交换。

EPC 信息网络系统主要由 EPC 中间件、对象名称解析服务（Object Naming Service，ONS）和 EPC 信息服务（EPC Information Service，EPCIS）组成。EPC 中间件用于加工和处理来自读写器的所有信息和事件流。ONS 负责将 EPC 编码转化成网络地址，从而将 EPC 信息映射到网络上。EPCIS 则对 EPC 信息进行存储和管理。

EPC 系统在实现时，先进行产品信息采集，然后通过互联网技术向全球供应链中的授权贸易伙伴分享该信息。EPC 系统的具体实现过程为：先将 EPC 标签粘贴在集装箱、托盘、箱子或物体上，然后利用分布在整个供应链各处的 EPC 识读器在标签经过时读取各个标签所承载的信息，将 EPC 编码和读取日期、时间和地点传输给 EPC 中间件，再由 EPC 中间件在各点对 EPC 标签、识读器和当地基础设施进行控制和集成，过滤冗余信息，利用对象名称解析服务（ONS）技术将采集到的 EPC 标签相关信息传输给产品电子代码信息服务（EPCIS），由 EPCIS 对 EPC 标签中相关数据的存取进行管理。这个过程中企业可通过 ONS 访问 EPCIS 获得 EPC 标签对应产品的相关信息，并指定哪些贸易伙伴有权访问这些信息，还可以通过中间件经过安全认证后访问企业伙伴的产品信息，从而最终形成包含并能实时显示各个产品移动情况的信息网络。EPC 系统中所有信息皆以物体标记语言（Physical Markup Language，PML）文件格式来传送，其中 PML 文件可能还包含一些实时的时间信息和传感器信息等。下面分别对 EPC 射频识别系统以及信息网络系统进行详细说明。

1. EPC 射频识别系统

EPC 射频识别系统是 EPC 系统的重要组成部分。EPC 标签的技术标准目前尚在开发研究当中，其要解决的主要问题有 EPC 标签存储信息的定义、标签内部状态转换及多标签读取的碰撞算法、标签与识读器之间的空中通信接口协议、标签灭活（KILL）命令以及标签与识读器半双工数据通信中采用的校验方法等，其中核心问题为标签与识读器间的空中通信接口协议。EPC 标签识读器是指遵循 EPC 规则的射频识别识读器，主要用于读取 EPC 标签内存的信息，通过 EPC 标签识读器在不同的配置点读取各单件物品上贴附的 EPC 标签中的 EPC 代码信息，实现 EPC 物联网对单件物品标识信息的采集。识读器还可以用于初始化 EPC 标签内存的信息，将 EPC 代码写入 EPC 标签的芯片存储区中，或者发布灭活（KILL）命令使 EPC 标签功能失效。

EPC 射频识别系统所涉及的技术属于自动识别技术范畴，相关的概念、软硬件的实现原理与方法，如 EPC 标签和识读器的具体构成、通信协议等内容详见第 3 章。

2. EPCglobal 网络与 GDSN

企业需要详细了解与其产品和供应链有关的信息，还需要与其他贸易伙伴分享这些信息，提高交易、商品及服务转移的能力，因此需要信息网络，即 GDSN 和 EPCglobal 网络。

信息有静态和动态两种类型。在全球商业环境中，静态信息可定义为与商业实体和产品、服务群体相关的高级核心数据信息，如商业实体的仓库、商店、配送中心等位置信息，产品与服务群体的贸易单元、销售单元和物品尺寸等信息。动态信息是指专门针对单个物品且因物品不同而相异的数据信息，其针对某一对象实例传输的数据有实例数据和历史数据两种类型。

静态信息是指特定对象类别的核心数据，适用于所有物品；而动态信息则是专门针对某一对象各事件的数据，即关于某种特定物品的信息。GDSN 和 EPCglobal 网络是专门针对这两种类型信息的各种需求建立起来的，GDSN 确保相关方和产品群体的静态信息质量，促进交易的协作性，EPCglobal 网络则主要用于收集和交流移动物品的动态信息。

GLN 和 GTIN 都是 GDSN 中的全球标识代码。虽然 EPCglobal 网络和 GDSN 旨在满足不同的信息需求，但是二者仍然存在一定的关联。目前，EPCglobal 网络和 GDSN 不维护重复的信息，而 GTIN 已被纳入 EPC 中，因此其提供了一个从 EPCglobal 网络到 GDSN 的信息链，使得用户可同时访问二者的信息。EPCglobal 网络和 GDSN 的组成如表 2-2 所示。

另外，数据同步化可以为 EPCglobal 网络提供有力的支持，若企业尝试采用全面协作模式，则可将 EPCglobal 和 GDSN 联合起来形成一种综合性的电子协作手段，从而完善复杂供应链中的全球贸易合作关系。

表 2-2　EPCglobal 网络和 GDSN 的组成

GDSN		EPCglobal	
构成元素	功　能	构成元素	功　能
GS1 全球注册中心	提供自动搜索目标服务，确定可以找到 GTIN 和（或）GLN 所在的数据库	发现服务中的 ONS	提供从 EPC 到 URL 的自动地址转换服务，计算机利用 URL 找到授权用户可以访问的 EPC 相关信息所在的位置
数据池	产品属性信息存储库，授权用户可由此发送和接收信息	EPCIS	EPC 数据传递和分配必需的信息服务，该服务使用了安全技术，包括认证、授权以及访问控制

3. 中间件

中间件（Middleware）是基础软件的一大类，为可复用软件，处于操作系统软件与用户的应用软件之间，用于为应用软件提供运行与开发的环境，帮助用户灵活、高效地开发和集成复杂的应用软件。EPC 中间件具有一系列特定属性的“程序模块”或“服务”，是连接识读器和企业应用程序的纽带。EPC 中间件主要负责对采集的 EPC 标签数据进行过滤、分组和计数，以减少发往信息网络系统的数据量，并防止错误识读、漏读和多读信息。

EPC 中间件的系统协议主要有 RFID 通信协议、应用事件管理（Application Level Event，ALE）协议等，其中 ALE 是 EPCgobal 的中间件标准，是识读器模块和客户应用程序之间的接口协议。ALE 定义了客户可以如何过滤和整合来自识读器的 EPC 标签信息，并面向不同的企业应用程序和识读器定义了统一的接口。

EPC 中间件是一种企业通用的管理 EPC 数据的架构，如图 2-20 所示，描述了 EPC 中间件组件与应用程序的通信情况。由图可以看出，不同的 EPC 中间件可以联合形成一个庞大的系统，该系统形成了一个树形结构，其叶节点用于采集实时 EPC 数据，而内部节点从叶节点中采集 EPC 数据并将它们进行合计。EPC 中间件主要由事件管理系统、实时内存事件数据库和任务管理系统组成，其中事件管理系统配置在叶节点，用于收集读到的标签信息，实时内存事件数据库是一个内存数据库，用于存储叶节点的事件信息，而任务管理系统用于代表用户负责

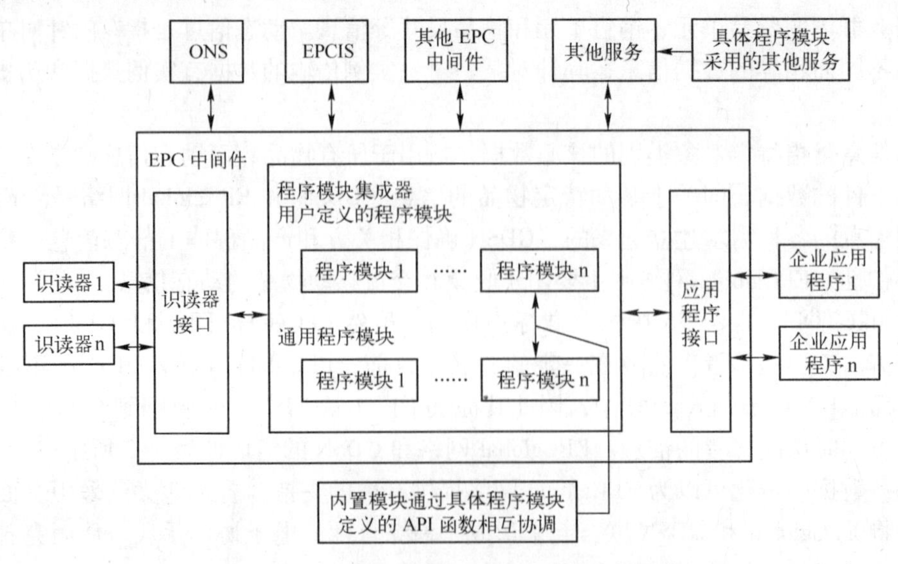

图 2-20　EPC 中间件组件与应用程序的通信

执行和维护运行在 EPC 中间件上的任务，以定制的任务来执行数据管理和数据监控。

4. ONS

对象名解析服务（Object Naming Service，ONS）是一种全球查询服务，可将 EPC 编码转换成一个或多个 Internet 地址 URL，然后通过 URL 访问 EPCIS 服务和与该货品相关的 Web 站点或网络资源。ONS 服务可用于定位特定 EPC 对应的 EPC 信息服务，是联系前台 EPC 中间件和后台 EPC 信息服务的网络枢纽，其设计与架构都基于互联网的域名解析服务 DNS。

EPC 标准中定义了 EPC 作为一种统一资源标识符（URI）的编码规范，包括适用于纯标识的 URI、代表具体标签编码的 URI、代表模式或 EPC 集合的 URI 和适用于原始标签信息的 URI 等 4 类 URI，这 4 类 URI 都表示为由 RFC2141 定义的 URN（统一参考名称）形式，URN 的名称空间为 EPC。其中纯标识的 URI 格式只包括用以区别对象的 EPC 字段，并为每个纯标识类型分配一个不同的 URN 名称空间。例如对于 EPC 通用标识符 GID，其纯标识 URI 表示为 urn:epc:id:gid:GeneralManagerNumber. ObjectClass. SerialNumber，其中后面的数据分别对应 GID 的通用管理者代码、对象分类代码和序列代码 3 个字段，每个字段表述为一个十进制整数，不带前导零（当字段值为 0 时例外，可用一个数位 0 来表示）。另外，EPC 标准也定义了 EAN. UCC 系统中编码的 EPC 标识类型对应的 URI 格式，如 SGTIN 的纯标识 URI 表示为 urn:epc:id:sgtin:CompanyPrefix. ItemReference. SerialNumber，后面的数据分别对应 SGTIN 的厂商识别代码、项目参考代码和序列号。

因此在进行 ONS 查询时，先要将 EPC 编码由二进制转换成 URI 格式，然后删除前端的 URN 名称空间字段，再删除序列号字段，接下来反向排列其余字段，添加 ONS 全球根域，如“. onsroot. org”，最后进行 DNS 查询，得到 EPC 编码对应的网址指针（NAPTR）。如图 2-21 所示给出了 ONS 查询的一个实例（为简化只设 URN 名称空间为 epc）。

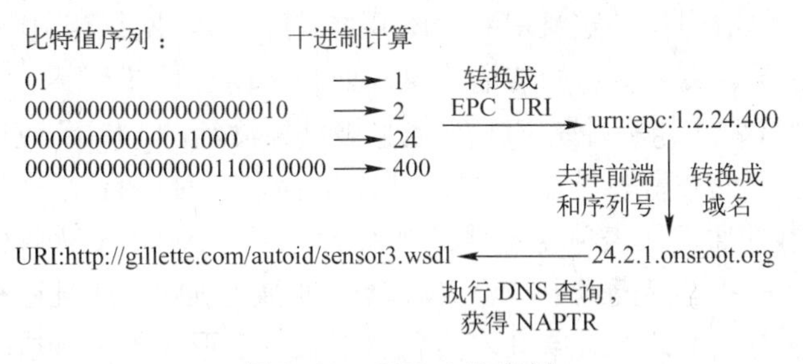

图 2-21　ONS 查询实例

ONS 提供静态 ONS 和动态 ONS 两种服务，其中静态 ONS 指向物品的制造商的信息，动态 ONS 指向一件物品在供应链中流动时所经过的不同的管理实体。静态 ONS 假定每个对象有一个数据库，提供指向相关制造商的指针，并且给定的 EPC 编码总是指向同一个 URL。静态 ONS 需要维持解析过程的安全性和一致性。动态 ONS 指向多个数据库。ONS 解析可以进行静态解析，即快速建立从一个 EPCIS 到下一个 EPCIS 的连接，同时支持反向连接；也可以进行动态解析，即通过动态 ONS 或 EPC 序列注册连接多个管理者的 EPCIS 服务。

目前，EPCglobal 正在考虑以数据发现服务（Data Discovery）来代替动态 ONS 的概念，以确保供应链上分布的各参与方数据可以共享，数据发现服务的详细标准和技术内容正在开发中。

ONS 服务是建立在域名系统（DNS）基础上的。先将 EPC 编码转换成 URI 格式，再由客户端转换成标准域名，接下来由 DNS 服务器经过解析，以 NAPTR 记录格式将结果返回给客户端，从而完成一次 ONS 解析服务。ONS 与 DNS 的主要区别在于其输入和输出的内容不同，ONS 的输入端为 EPC 编码，输出为 NAPTR 格式，而 DNS 输入为域名，输出为 IP 地址。

5. EPCIS

EPC 信息服务（EPC Informatica Service，EPCIS）的目的在于通过 EPC 相关数据的共享来平衡企业内外不同的应用，在整个 EPC 网络中的主要作用是提供一个接口来存储、管理与 EPC 相关的信息，如 EPC 的观测值（观测对象、时间、地点以及原因）、物品包装状态和信息源等。EPCIS 执行的任务有标签授权、牵制策略、观测和反观测等。标签授权就是将必需的信息写入标签，牵制策略即进行包装和解析数据，观测即观测标签对象的整个运动过程，而反观测则是记录下已被删除或者不再有效的数据。

在 EPC 系统中，网络信息存储、交换的标准格式是 PML 文件格式，而 EPCIS 旧时又被称为 PML 服务器，其内部存放了制造商生产的所有物品相关数据信息的 PML 文件。PML 是人及机器都可使用的自然物体的描述标准，是专门为物联网而设计的，主要由 PML 核心与 PML 扩展两部分组成。其中 PML 核心部分负责用统一的标准词汇将从 Auto - ID 基层设备中获取的信息（例如位置信息、成分信息和其他遥感信息等）分发出去，而 PML 扩展部分则用于将 Auto - ID 基层设备所不能产生的信息和其他来源的信息（例如产品相关信息、过程相关信息等）进行整合。PML 主要是在 XML（可扩展标记语言）的基础上发展起来的，因此只要是支持 XML 的应用系统都可以支持 PML。另外，这里提到的“PML”文件并非必须采用此种数据格式来实际存储数据，因为 PML 只是一种用在信息发送时对信息区分的方法，实际的内容可以用任意格式（例如一个 SQL 数据库、数据表或一个平面文件等）存放在服务器中，也就是说企业不必以 PML 格式来存储信息，只需以现有的格式和现有的程序来维护数据即可。

EPCIS 的框架分为信息模型层、服务层和绑定层 3 层。信息模型层指定了 EPCIS 包含的数据，包括数据的抽象结构及其定义等。服务层指定了 EPC 网络组件与 EPCIS 数据进行交互的实际接口。绑定层定义了信息的传输协议，如 SOAP 或 HTTP 等。

EPCIS 有两种运行模式，一种是 EPCIS 信息被已经激活的 EPCIS 应用程序直接应用，另一种是将 EPCIS 信息存储在资料档案库中，以备今后查询时进行检索。在前一种运行模式中，独立的 EPCIS 事件通常代表独立步骤，例如 EPC 标记对象 A 装入标记对象 B，并与一个交易码结合。而后一种运行模式中，不仅可以返回独立事件，而且还有连续事件的累积效应，例如对象 C 包含对象 B，而对象 B 本身包含对象 A，形成了一种嵌套式的效果。

2.4.5 EPC 应用举例

EPC 的应用范围十分广泛，其在各行各业尤其是供应链中的应用极大地推动了全球经济的快速发展。

世界上最大的连锁零售商沃尔玛百货有限公司 80 年代就开始使用条码以及 POS 识别系统，极大地提高了库存管理和供应链效率。从 2004 年开始，沃尔玛开始启动 RFID 试验，与众多供应商合作投入到 EPC 的应用与测试当中。目前沃尔玛已在 6500 家商店中的 1000 家应用了 RFID 技术，覆盖了 20 万件货品，涉及 600 家制造商。沃尔玛要求其供应商于 2010 年 1 月 30 日之前对所有发往美国山姆会员店分销中心的产品单品应用 EPC 标签，并于近期决定在亚洲地区选取约 100 家供应商开始 EPC 试点项目。我国的海尔公司作为沃尔玛的重要供应商合作伙伴，很早就开始研究 RFID 技术，且海尔在美国已应用 RFID 超高频标签标识冰箱和冰柜等产品。

对于采用 RFID 技术的零售业环境来说，如 RFID 智能试衣系统，可以使顾客在试穿和选购衣服时实时浏览和查找店内库存中的各种商品信息，但其 EPC 代码有可能会在整个运作过程中出错，如全球性配送、商品的供应商有多家、为其服务的机构也有多家以及商品的批量越来越大等都可能造成差错。为了确保商品代码的唯一性管理，可采用基于云计算技术的解决方案，使系统生成的独特序列 EPC 代码符合 EPCglobal 的要求，从而能够集中管理和消除代码重复的风险，并提供标准化界面接口，确保 EPC 代码可以在商品包装或者外表面上应用。

EPC 在医学方面的应用也十分广泛。利用无源的 EPC RFID 标签，EPC 系统可用于管理患者记录、监控患者流动并追踪在门诊部流动的资产，例如管理心脏起搏器、冠脉支架和去纤颤器的库存。还有一种骨科标签系统，将内嵌传感器的 RFID 标签附加到骨科仪器上，从而利用植入人体的标签来跟踪设备在体内的使用情况。

2.5 其他电子编码

每个 RFID 标签都有一个自身“呼叫代码”，专业术语称其为唯一标识符（Unique Identifier，UID）。顾名思义，唯一标识符至少在一个应用行业领域中具有唯一性，但是在用户量庞大的商品物流业，唯一标识符的数据格式标准分成了几大阵营，如 EPC、日本 UID、ISO、AIM、IP－X 等，而目前影响力较大的是欧美的产品电子编码 EPC 体系和日本的泛在中心（UID Center）体系，且二者互不兼容。

2.5.1 ISO 编码体系

国际标准组织 ISO 在 ISO/IEC 15693 标准中的唯一编码部分提出了 64 bit UID 方案。64 位编码方案如表 2-3 所示。其中第一段为固定标识“E0”；第二段占 8 bit，可定义 512 家标签生产厂家；第三段 IC 生产序列号中的后 32 bit 用于物品 ID 序列号，容量约 42 亿。

表 2-3　ISO 64 bit 编码方案

字　段	标签类标识“E0”	标签厂商代码	IC 生产序列号
位　数	8 bit	8 bit	48 bit

2.5.2 日本泛在中心（UID center）体系

日本在射频标签方面的发展始于 20 世纪 80 年代中期的实时操作系统（TRON），其核心体系架构为 T－Engine。在 T－Engine 论坛的领导下，泛在识别中心（UID Center）于 2003 年在东京大学成立，该中心得到了日本政府多家企业和研究机构的共同支持。

日本泛在识别中心自主开发了泛在识别码 ucode，该方案为 128 bit 的兼容型编码方案，提供了 340×1036 编码空间，并能够以 128 bit 为单元进一步扩展到 256 bit、384 bit 或 512 bit，可将 JIN、UPC、EAN、ISBN 甚至个人电话号码和 IP 地址等直接纳入基本编码中。ucode 128 bit 的编码方案由 3 部分组成：第一段 12 bit 为标签结构类别识别码；第二段 52 bit 为 JAN 代码领域段，可标识国别/厂商/产品等信息，也可将 JIN、UPC、EAN 等其他编码编入其中；第三段 64 bit 为物品 ID 序列号段。

日本泛在识别中心的泛在识别技术体系架构由泛在识别码、信息系统服务器、泛在通信器和 ucode 解析服务器 4 部分组成。除了识别对象，ucode 还具有位置概念等特征。泛在通信器主要由 IC 标签、读写器和无线广域通信设备等构成，用于将读取的 ucode 码传送到 ucode 解析服务器，获得附有该 ucode 码的物品相关信息的存储位置，即宽带通信网上的地址，然后利用泛在通信器检索对应地址，即可访问产品信息数据库，从而得到该物品的相关信息。信息系统服务器存储并提供与 ucode 相关的各种信息，同时采用 eTRON、VPN 等技术来保证通信安全性。ucode 解析服务器确定与 ucode 相关的信息存放在哪个信息系统服务器上，其通信协议为 ucode RP 和实体传输协议（EntityTransfer Protocol，eTP），其中 eTP 是密码认证通信协议。ucode 解析服务器是以 ucode 码为主要线索，对提供泛在识别相关信息服务的系统地址进行检索的分散型轻量级目录服务系统。

ucode 标准的主要特点包括确保厂商独立的可用性、确保安全的对策、确保 ucode 标识的可读性和使用频率不做强制性规定等。目前泛在识别技术已经在日本进行了多次实证试验，例如在日本的某个城市地面盲道上埋设 RFID 设备，让盲人使用特殊的拐杖，引导其行走；或者在动物园放置 RFID，用来给旅客做多国语言的介绍等。

习题

1. 物品信息编码分类都有哪些？
2. 对图 2-1 中的各种代码进行简单解释和说明。
3. EAN. UCC 系统都有哪些编码？
4. 说出如图 2-22 所示的一维条码类型。

图 2-22　各种一维条码实例

5. 二维码的分类有哪些？各举几个例子。

6. 说出如图 2-23 所示的二维码的类型。

图 2-23　各种二维码实例，其中图（6）为彩色图案

7. 二维码与一维条码相比较有什么优点？

8. 简述条码中应用标识符的作用和应用场合。

9. 简述 EPC 和日本 UID 的区别和联系。

10. QR 码和汉信码在结构上有什么共同点？

11. EPC 系统由哪些部分组成？

12. 将 SSCC“(00) 0 0614141 000999777 1”转换成 EPC。

13. 简单介绍 EPC 标准中的 EPC 标签数据转换（TDT）标准、EPC 标签数据（TDS）标准、识读器协议（RP）标准和 EPCglobal 认证标准。

14. 将 EPC 二进制码序列（010000000001100000010010 010010010000110010010001010101101100 10101）转换成域名。

15. 条码种类较多，试简要说明如何选择条码。

16. 举例说明手机二维码是如何实际应用的。

第3章　自动识别技术

物联网的宗旨是实现万物的互联与信息的方便传递，要实现人与人、人与物、物与物互联，首先要对物联网中的人或物进行识别。自动识别技术提供了物联网“物”与“网”连接的基本手段，它自动获取物品中的编码数据或特征信息，并把这些数据送入信息处理系统，是物联网自动化特征的关键环节。随着物联网领域的不断扩大和发展，条码、射频识别（RFID）、近场通信（NFC）、生物特征识别、卡识别等自动识别技术被广泛应用于物联网中。这些技术的应用，使物联网不但可以自动识别“物”，还可以自动识别“人”。

3.1　自动识别技术概述

自动识别技术是一种高度自动化的数据采集技术，它是以计算机技术和通信技术为基础的综合性科学技术，是信息数据自动识读、自动输入计算机的重要方法和手段。自动识别技术已经广泛应用于交通运输、物流、医疗卫生、生产自动化等领域，从而提高了人类的工作效率，也提高了机器的自动化和智能程度。

3.1.1　自动识别技术的概念

识别是人类社会活动的基本需求，对于人而言，识别就是辨别过程。在日常生活中，要识别周围的每一个事物，就需要采集并了解它们的信息，这些信息和数据的采集与分析对于生产或者生活决策来讲是十分重要的。

在早期的计算机信息系统中，相当部分的数据是手工采集的。手工采集数据必然带来实时性差、速度慢、周期长、可靠性低、传递性差等问题。为了解决这些问题，人们研究和开发了各种各样的自动识别技术，将人们从繁重、重复而又十分不精确的手工劳动中解放出来，提高了系统信息的实时性和准确性。

自动识别技术是一种机器自动数据采集技术。它应用一定的识别装置，通过对某些物理现象进行认定或通过被识别物品和识别装置之间的接近活动，自动地获取被识别物品的相关信息，并通过特殊设备传递给后续数据处理系统来完成相关处理。也就是说，自动识别就是用机器来实现类似人对各种事物或现象的检测与分析，并做出辨别的过程。这个过程需要人们把经验和标准告诉机器，以使它们按照一定的规则对事物进行数据的采集并正确分析。

自动识别技术的标准化工作主要由国际自动识别制造商协会（Association for Automatic Identification and Mobility，AIM Global）负责。AIM 是一个非盈利的全球性贸易组织，它在自动识别领域具有较高的权威。AIM 通过其下属的条码技术委员会、全球标准咨询组、射频识别专家组以及该产业在国际上的其他成员组织，积极推动自动识别标准的制定以及相关产品的生产和服务。

中国自动识别技术协会（AIM China）是中国本土的自动识别技术组织，该协会是 AIM Global 的成员之一，它是由从事自动识别技术研究、生产、销售和使用的企事业单位及个人自愿结成的全国性、行业性、非盈利性的社会团体。AIM China 的主要工作内容是负责中国地区自动识别有关技术标准和规范的制定，并对自动识别技术的科研成果、产品、应用系统等进行评审和鉴定。其业务领域涉及条码识别技术、卡识别技术、光字符号识别技术、语音识别技术、射频识别技术、视觉识别技术、生物特征识别技术、图像识别技术和其他自动识别技术。

3.1.2 自动识别技术的分类

随着条码识别技术的广泛应用、无线射频识别 RFID 的飞速发展和生物识别技术的悄然兴起，一个规模庞大、系统完整的自动识别产业正逐步形成。各种各样的自动识别技术已经在交通运输、物流、货物销售、生产自动化等领域得到快速的普及和发展。

按照被识别对象的特征，自动识别技术包括两大类，分别是数据采集技术和特征提取技术。

数据采集技术的基本特征是需要被识别物体具有特定的识别特征载体，如唯一性的标签、光学符号等。按存储数据的类型，数据采集技术可分为以下几种。

1）光存储，如条码、光标读写器、光学字符识别（OCR）。

2）磁存储，如磁条、非接触磁卡、磁光存储、微波。

3）电存储，如触摸式存储、射频识别、存储卡（IC 卡、非接触式 IC 卡）、视觉识别、能量扰动识别。

特征提取技术则根据被识别物体本身的生理或行为特征来完成数据的自动采集与分析，如语音识别和指纹识别等。按特征的类型，特征提取技术可分为以下两种。

1）动态特征，如声音（语音）、键盘敲击、其他感觉特征。

2）属性特征，如化学感觉特征、物理感觉特征、生物抗体病毒特征、联合感觉系统。

根据自动识别技术的应用领域和具体特征，本章将重点介绍条码识别、射频识别、NFC、磁卡与 IC 卡识别、语音识别、光学字符识别、生物识别等几种典型的自动识别技术。

3.1.3 自动识别系统的构成

自动识别系统具有信息自动获取和录入功能，无需手工方式即可将数据录入计算机中。自动识别系统的模型如图 3-1 所示。

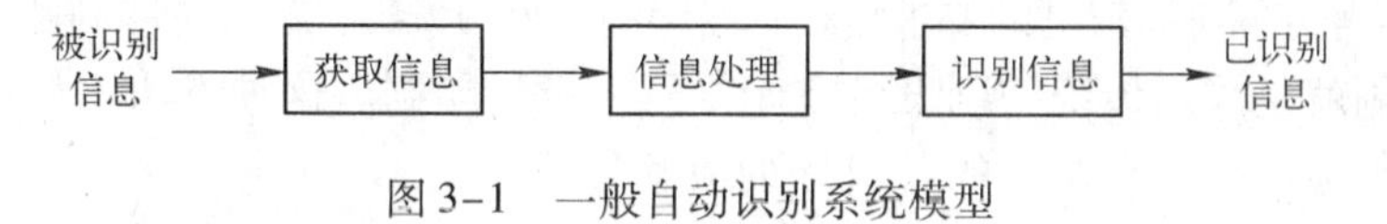

图 3-1　一般自动识别系统模型

图 3-1 中给出的是在抽象的层次上概括出来的自动识别系统模型。根据不同类别的输入信息，还可以将该模型具体化。对于有特定格式的输入信息，如条码、IC 卡，由于其信息格式固定且有量化的特征，因此其系统模型也较为简单，只需将系统中的信息处理模块对应为相关的译码工具即可。若输入信息为包含二维图像或一维波形等的图形图像类信息，如指纹、语音等，由于该类信息没有固定格式，且数据量较大，故其系统模型较为复杂，可抽象为如图 3-2 所示的模型。

图形图像类自动识别系统一般由数据采集单元、信息预处理单元、特征提取单元和分类决策单元构成。数据采集单元通常通过传感技术实现，通过传感器获取所需数据。信息预处理单元是指信息的预处理，目的是为了去除或抑制信号干扰。特征提取单元则是提取信息的特征，以便通过相关的判定准则或经验实行分类决策。

图 3-2　图形图像类信息的自动识别系统模型

3.2　条码识别

条码技术是最早应用的一种自动识别技术，属于图形识别技术。一个典型的条码系统处理流程如图 3-3 所示。无论是一维条码，还是二维码，其系统都是由编码、印刷、扫描识别和数据处理等几部分组成的。

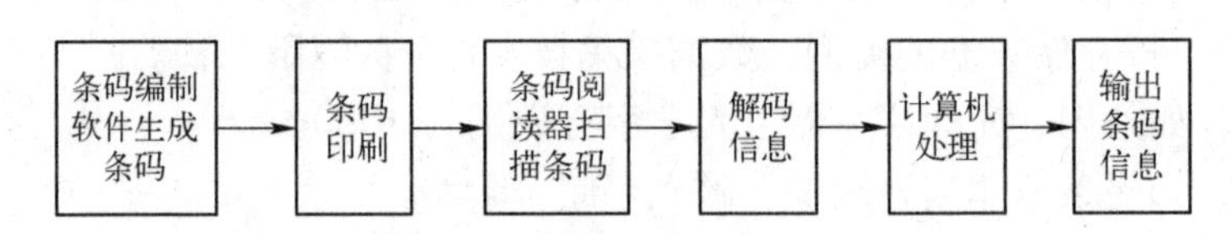

图 3-3　条码系统处理流程

3.2.1　条码的编制和印刷

条码是一种图形化的信息代码。一个具体条码符号的产生主要有两个环节，一个是条码符号的编制，另一个是条码符号的印刷。这两个环节涉及条码系统中的条码编制程序和条码打印机。

任何一种条码都有其相应的物品编码标准，从编码到条码的转化，可通过条码编制软件来实现。商业化的条码编制软件有 BarTender 和 CodeSoft 等，可以编制一维条码和二维码，让用户方便地制作各类风格不同的证卡、表格和标签，而且还能够实现图形压缩、双面排版、数据加密、打印预览和单个/批量制作等功能，生成各种码制的条码符号。

条码编制完成后，需要靠印刷技术来生成。因为条码是通过条码识读设备来识别的，这就要求条码必须符合条码扫描器的某些光学特性，所以条码在印制方法、印制工艺、印制设备、符号载体和印制涂料等方面都有较高的要求。条码的印刷分为两大类：非现场印刷和现场印刷。

非现场印刷就是采用传统印刷设备在印刷厂大批量印刷。这种方法比较适合代码结构稳定、标识相同或标记变化有规律的（如序列流水号等）条码。

现场印刷是指由专用设备在需要使用条码标识的地方即时生成所需的条码标识。现场印刷适合于印刷数量少、标识种类多或应急用的条码标识，店内码采用的就是现场印刷方式。

非现场印刷和现场印刷都有其各自的印刷技术和设备。如非现场印刷包括苯胺印刷、激光融刻、金属版印刷、照相排版印刷、离子沉淀和电子照相技术等多种印刷技术。而现场印刷的量较少，一般采用图文打印机和专用条码打印机来印刷条码符号。图文打印机主要有喷墨打印机和激光打印机两种。专用条码打印机主要有热敏式条码打印机和热转印式条码打印机两种。

3.2.2　条码阅读器

要将按照一定规则编制出来的条码转换成有意义的信息，需要经历扫描和译码两个过程，条码的扫描和译码需要光电条码阅读器来完成，其工作原理如图 3-4 所示。条码阅读器由光源、接收装置、光电转换部件、解码器和计算机接口等几部分组成。

物体的颜色是由其反射光的类型决定的，白色物体能反射各种波长的可见光，黑色物体则吸收各种波长的可见光，所以当条码阅读器光源发出的光在条码上反射后，反射光被条码阅读器接收到内部的光电转换部件上，光电转换部件根据强弱不同的反射光信号，将光信号转换成电子脉冲，解码器使用数学算法将电子脉冲转换成一种二进制码，然后将解码后的信息通过计算机接口传送给一部手持式终端机、控制器或计算机，从而完成条码识别的全过程。

条码阅读器按工作方式分为固定式和手持式两种，按光源分为发光二极管、激光和其他光源几种阅读器，按产品分为光笔阅读器、电子耦合器件（Change Coupled Device，CCD）阅读器和激光阅读器等。条码阅读器产品如图 3-5 所示。

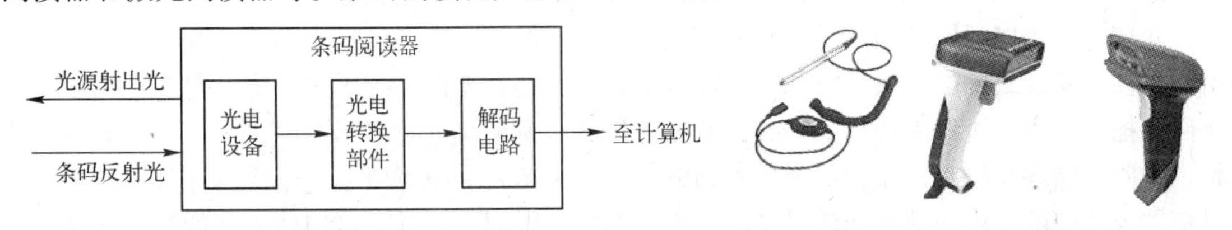

图 3-4　条码阅读器的工作原理　　　　图 3-5　条码阅读器实例

光笔阅读器是一种外形像笔的阅读器，它是最经济的一种接触式阅读器，使用时需要移动光笔去接触扫描物体上的条码。光笔阅读器必须接触阅读，当条码因保存不当而损坏，或者上面有一层保护膜时，光笔就不能使用。

CCD 阅读器可阅读一维条码和线性堆叠式二维码（如 PDF417），其原理是使用一个或多个发光二极管覆盖整个条码，再透过平面镜与光栅将条码符号映射到由光电二极管组成的探测器阵列上，经探测器完成光电转换，再由电路系统对探测器阵列中的每一个光电二极管依次采集信号，辨识出条码符号，完成扫描。与其他阅读器相比，CCD 阅读器的优点是操作方便，不直接接触条码也可识读，性能较可靠，寿命较长，且价格较激光阅读器便宜。

激光阅读器也可阅读一维条码和线性堆叠式二维码。它是利用激光二极管作为光源的单线式阅读器，主要有转镜式和颤镜式两种。转镜式采用高速马达带动一个棱镜组旋转，使二极管发出的单点激光变成一线。颤镜式的原理是光线经过条码反射后返回阅读器，由镜子采集、聚焦，通过光电转换器转换成电信号，再经过解码完成条码的识别。激光阅读器的扫描距离比光笔、CCD 远，是一种非接触式阅读器。由于激光阅读器采用了移动部件和镜子，掉落或强烈震动会导致阅读器不可用，因此耐用性较差，而且价格也比较高。

以上几种阅读器都有电源供电，与计算机之间通过电缆连接来传送数据，接口有 RS - 232 串口和 USB 等，属于在线式阅读器。在条码识别系统中，还有一些便携式阅读器，它们将条码扫描装置与数据终端一体化，由电池供电，并配有数据存储器，属于可离线操作的阅读器。这类便携式阅读器被称为数据采集器，也称盘点机或掌上电脑。

数据采集器可分为两种类型，批处理数据采集器和无线数据采集器。批处理数据采集器装有一个嵌入式操作系统，采集器带独立内置内存、显示屏及电源。当数据收集后，先存储起来，然后通过 USB 线或串口数据线与计算机进行通信，将条码信息转储于计算机。无线数据采集器比批处理数据采集器更先进，除了独立内置内存、显示屏及电源外，还内置蓝牙、Wi - Fi或 GSM/GPRS 等无线通信模块，能将现场采集到的条码数据通过无线网络实时传送给计算机进行处理。

3.2.3 条码数据处理

物品的条码信息通过条码阅读器扫描识别并译码后被传送至后台计算机应用管理程序。应用管理程序接收条码数据并将其输入数据库系统获取该物品的相关信息。数据库系统可与本地网络连接，实现本地物品的信息管理和流通，也可以与全球互联网相连，通过管理软件或系统实现全球性的数据交换。

条码数据的处理与应用密切相关，例如，在典型的手机二维码应用中，手机作为条码阅读器，在物流、交通、证件、娱乐等领域得到广泛的应用。手机二维码识别包括手机"主读"和"被读"两种方式。主读就是使用手机主动读取二维码，即通过手机拍照对二维码进行扫描，获取二维码中存储的信息，从而完成发送短信、拨号、资料交换等功能。读取二维码的手机需要预先安装易拍酷、快拍、我查查等应用软件，这类软件能把手机变成一台专业的多功能条码扫描仪，当手机对准商品条码时，商品的相关信息就会立刻显示在手机屏幕上。被读是指将二维码存储在手机中，作为一个条码凭证，比如火车票、电影票、电子优惠券等。条码凭证是把传统凭证的内容及持有者信息编码成为一个二维码图形，并通过短信、彩信等方式发送至用户的手机上。使用时，通过专用的读码设备对手机上显示的二维码图形进行识读验证即可。

3.3 RFID 技术及其分类

无线射频识别（Radio Frequency Identification，RFID）就是在产品中嵌入电子芯片（称为电子标签），然后通过射频信号自动将产品的信息发送给扫描器或读写器进行识别。射频是指频率范围在 300 kHz ~ 30 GHz 之间的电磁波，RFID 技术涉及射频信号的编码、调制、传输、解码等多个方面。

RFID 是 20 世纪 90 年代兴起的一种新型的、非接触式的自动识别技术，识别过程无需人工干预，可工作于各种恶劣环境，可识别高速运动物体，可同时识别多个标签，操作快捷方便。这些优点使 RFID 迅速成为了物联网的关键技术之一。

RFID 技术的种类繁多，不同的应用场合需要不同的 RFID 技术。依据不同系统的特征，可以对 RFID 系统进行以下分类。

1. 按工作方式划分

电子标签和读写器是 RFID 系统最重要的组成部分，为了在 RFID 系统中进行数据的交互，必须要在电子标签和读写器之间传递数据。按系统传递数据的工作方式划分，RFID 系统可分为 3 种：全双工系统、半双工系统和时序系统。

在全双工系统中，电子标签与读写器之间可在同一时刻双向传送信息。在半双工系统中，电子标签与读写器之间也可以双向传送信息，但在同一时刻只能向一个方向传送信息。

在全双工和半双工系统中，电子标签的响应是在读写器发出电磁场或电磁波的情况下发送出去的。与读写器本身的信号相比，电子标签的信号在接收天线上是很弱的，所以必须使用合适的传输方法，以便把电子标签的信号与读写器的信号区别开来。在实践中，尤其是针对无源射频标签系统，从电子标签到读写器的数据传输一般采用负载调制技术将电子标签数据加载到反射波上。负载调制技术就是利用负载的变动使电压源的电压产生变动，达到传输数据的目的。

全双工和半双工系统的共同点是从读写器到电子标签的能量传输是连续的，与数据传输的方向无关。时序系统则不同，读写器辐射出的电磁场短时间周期性地断开，这些间隔被电子标签识别出来，并被用于从电子标签到读写器的数据传输。其实，这是一种典型的雷达工作方式。时序系统的缺点是：在读写器发送间歇，电子标签的能量供应中断，必须通过装入足够大的辅助电容器或辅助电池进行能量补偿。

2. 按工作频率划分

工作频率是 RFID 系统最重要的特征。一般来说，RFID 系统中读写器发送数据时使用的工作频率被称为系统的工作频率。而且，在大多数情况下，系统中电子标签的频率与读写器的频率是差不多的，只是发射功率较低一点。系统的工作频率不仅决定着射频识别系统的工作原理和识别距离，还决定着电子标签及读写器实现的难易程度和设备的成本。根据系统工作频率的不同，RFID 系统可分为 4 种：低频系统、高频系统、超高频和微波系统。

1）低频系统的工作频率范围为 30 ~ 300 kHz，典型工作频率有 125 kHz 和 133 kHz。低频系统中的电子标签一般为无源标签，即内部不含电池的标签，其工作能量要通过电感耦合的方式从读写器电感线圈的辐射场获得，也就是说在读写器线圈和电子标签的线圈间存在着变压器耦合作用。电子标签与读写器之间传送数据时，需要位于读写器天线辐射的近场区内，标签与读写器之间的距离一般小于 1 m。低频标签芯片一般采用普通的 CMOS 工艺，具有省电、廉价的特点，而且工作频率不受无线电频率管制约束，适合近距离的、低速度的、数据量要求较少的识别应用。其典型应用有畜牧业的动物识别、汽车防盗类工具识别等。低频标签的劣势主要体现在：标签存贮数据量较少；只适合低速、近距离识别应用；与高频标签相比，标签天线匝数更多，成本更高一些。

2）高频系统的工作频率一般为 3 ~ 30 MHz，典型工作频率为 13.56 MHz 和 27.12 MHz。高频电子标签一般也采用无源方式，工作所需的电能通过电感或电磁耦合方式从读写器的辐射近场中获得，阅读距离一般情况下也小于 1 m。但由于高频系统的频率有所提高，因此可用于较高速率的数据传输，而且高频标签可以方便地制成卡状，所以高频系统常用于电子车票、电子身份证等领域。

3）超高频与微波系统的电子标签，简称为微波电子标签，其典型工作频率为 433.92 MHz，862（902） ~ 928 MHz，2.45 GHz 和 5.8 GHz。433.92 MHz，862（902） ~ 928 MHz 频段的标签多为无源标签，而 2.45 GHz 和 5.8 GHz 频段的标签则大多采用有源电子标签。工作时，电子标签位于读写器天线辐射场的远场区内，相应的射频识别系统阅读距离一般大于 1 m，典型情况为 4 ~ 7 m，最大可达 10 m 以上。

从技术及应用的角度来说，微波电子标签并不适合作为大量数据的载体，因此其功能并非用于存储数据，而是主要体现在标识物品并完成无接触的识别过程上。一般微波电子标签的数据存储容量都限定在 2 kbit 以内，典型的数据容量指标有 1 kbit、128 bit、64 bit 等。微波电子标签的典型应用包括：移动车辆识别、电子身份证、仓储物流、电子遥控门锁控制器等。

3. 按距离划分

根据作用距离，射频识别系统可分为密耦合、遥耦合和远距离 3 种系统。

1）密耦合系统是作用距离很小的 RFID 系统，典型的距离为 0 ~ 1 cm，使用时必须把电子标签插入读写器或者放置在读写器设定的表面上。电子标签和读写器之间的紧密耦合能够提供较大的能量，可为电子标签中功耗较大的微处理器供电，以便执行较为复杂的加密算法等，因此，密耦合系统常用于安全性要求较高且对距离不做要求的设备中。

2）遥耦合系统读写的距离增至1m，电子标签和读写器之间要通过电磁耦合进行通信。大部分RFID系统都属于遥耦合系统。由于作用距离的增大，传输能量的减少，遥耦合系统只能用于耗电量较小的设备中。

3）远距离系统的读写距离为1～10m，有时更远。所有远距离系统都是超高频或微波系统，一般用于数据存储量较小的设备中。

3.4 RFID系统的构成

在实际的应用中，RFID系统的组成可能会因为应用场合和应用目的而不同。但无论是简单的RFID系统还是复杂的RFID系统，都包含一些基本的组件，包括电子标签、读写器、中间件和应用系统等，如图3-6所示。

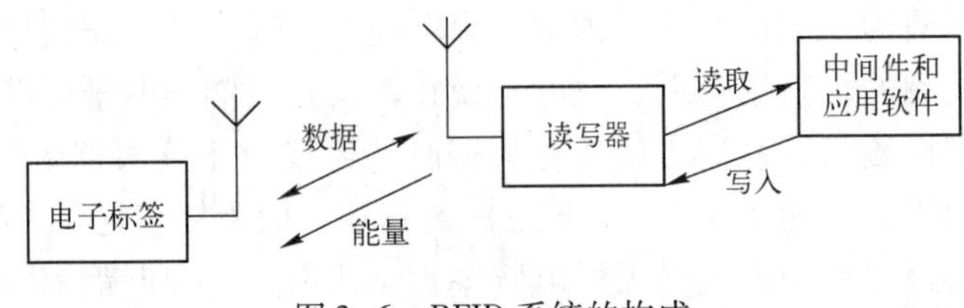

图3-6　RFID系统的构成

3.4.1 电子标签

电子标签也称为应答器、射频标签，它粘贴或固定在被识别对象上，一般由耦合元件及芯片组成。每个芯片含有唯一的识别码，保存有特定格式的电子数据，当读写器查询时它会发射数据给读写器，实现信息的交换。标签中有内置天线，用于与读写器进行通信。电子标签有卡状、环状、钮扣状、笔状等形状，如图3-7所示是标准卡（左）、异形卡（右上）和一元硬币（右下）的实物对比图。

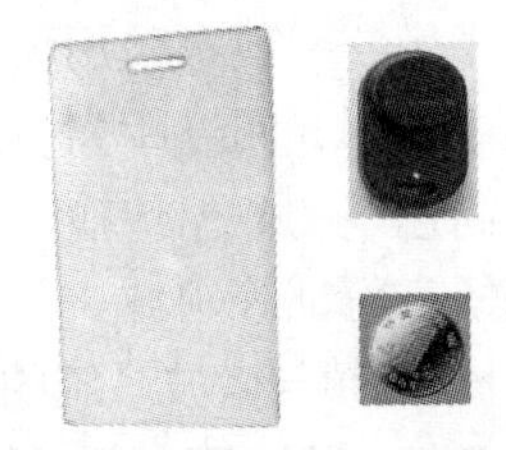

图3-7　RFID实卡与硬币对比图

1. 电子标签信息

电子标签中存储了物品的信息，这些信息主要包括全球唯一标识符UID、标签的生产信息以及用户数据等。以典型的超高频电子标签ISO18000－6B为例，其内部一般具有8～255个字节的存储空间，存储格式如表3-1所示。电子标签能够自动或在外力的作用下把存储的信息发送出去。

表3-1　电子标签ISO18000－6B的一般存储格式

字节地址	域　名	写入者	锁定者
0～7	全球唯一标识符（UID）	制造商	制造商
8，9	标签生产厂	制造商	制造商
10，11	标签硬件类型	制造商	制造商
12～17	存储区格式	制造商或用户	根据应用的具体要求
18及以上	用户数据	用户	根据具体要求

2. 电子标签原理

电子标签的种类因其应用目的而异，依据作用原理，电子标签可分为以集成电路为基础的电子标签和利用物理效应的电子标签。

1）以集成电路为基础的电子标签。此类标签主要包括 4 个功能块：天线、高频接口、地址和安全逻辑单元、存储单元，其基本结构如图 3-8 所示。

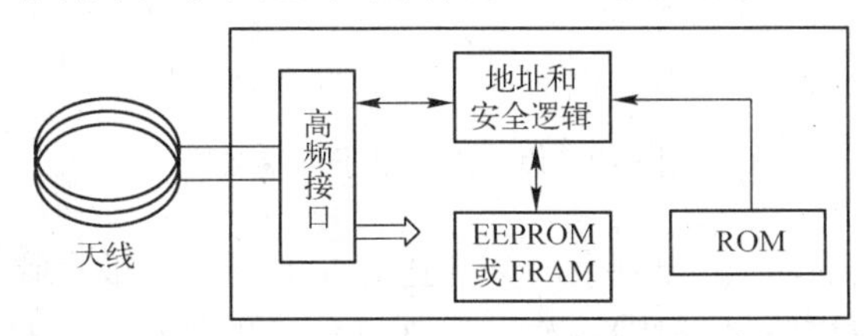

图 3-8　以集成电路为基础的电子标签结构

天线是在电子标签和读写器之间传输射频信号的发射与接收装置。它接收读写器的射频能量和相关的指令信息，并把存储在电子标签中的信息发射出去。

高频接口是标签天线与标签内部电路之间联系的通道，它将天线接收的读写器信号进行解调并提供给地址和安全逻辑模块进行再处理。当需要发送数据至读写器时，高频接口通过副载波调制或反向散射调制等方法对数据进行调制，之后再通过天线发送。

地址和安全逻辑单元是电子标签的核心，控制着芯片上的所有操作。如典型的“电源开启”逻辑，它能保证电子标签在得到充足的电能时进入预定的状态；“I/O 逻辑”能控制标签与读写器之间的数据交换；安全逻辑则能执行数据加密等保密操作。

存储单元包括只读存储器、可读写存储器以及带有密码保护的存储器等。只读存储器存储着电子标签的序列号等需要永久保存的数据，而可读写存储器则通过芯片内的地址和数据总线与地址和安全逻辑单元相连。

另外，部分以集成电路为基础的电子标签除了以上几个部分之外，还包含一个微处理器。具有微处理器的电子标签包含有自己的操作系统，操作系统的任务包括对标签数据进行存储操作、对命令序列进行控制、管理文件以及执行加密算法等。

2）利用物理效应的电子标签。这类电子标签的典型代表是声表面波标签，它是综合电子学、声学、半导体平面工艺技术和雷达及信号处理技术制成的。所谓声表面波（Surface Acoustic Wave，SAW）就是指传播于压电晶体表面的声波，其速率仅为电磁波速率的十万分之一，传播损耗很小。SAW 元件是基于声表面波的物理特性和压电效应支撑的传感元件。在 RFID 系统中，声表面波电子标签的工作频率目前主要为 2.45 GHz，多采用时序法进行数据传输。

声表面波电子标签的基本结构如图 3-9 所示，长条状的压电晶体基片的端部有叉指换能器。基片通常采用石英铌酸锂或钽酸锂等压电材料制作。利用基片材料的压电效应，叉指换能器将电信号转换成声信号，并局限在基片表面传播。然后，输出叉指换能器再将声信号恢复成电信号，实现电－声－电的变换过程，完成电信号处理。在压电基片的导电板上附有偶极子天线，其工作频率和读写器的发送频率一致。在电子标签的剩余长度上安装了反射器，反射器的反射带通常由铝制成。

SAW 电子标签的工作机制为：读写器的天线周期性地发送高频询问脉冲，在电子标签偶极子天线的接收范围内，接收到的高频脉冲被馈送至导电板，加载到导电板上的脉冲引起压电晶体基片的机械形变，这种形变以声表面波的形式向两个方向传播。一部分表面波被分

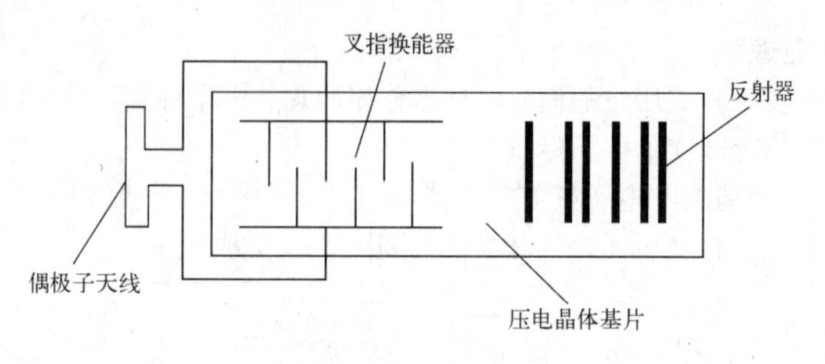

图 3-9　声表面波电子标签结构

布在基片上的每个反射器反射，而剩余部分到达基片的终端后被吸收。反射的声表面波返回到叉指换能器，在那里被转换成射频脉冲序列电信号（即将声波变换为电信号），并被偶极子天线传送至读写器。读写器接收到的脉冲数量与基片上的反射带数量相符，单个脉冲之间的时间间隔与基片上反射带的空间间隔成比例，从而通过反射的空间布局可以表示一个二进制的数字序列。如果将反射器组按某种特定的规律设计，使其反射信号表示规定的编码信息，那么阅读器接收到的反射高频电脉冲串就带有该物品的特定编码。再通过解调与处理，就能达到自动识别的目的。

3. 电子标签分类

电子标签有多种类型，随应用目的和场合的不同而有所不同。按照不同的分类标准，电子标签可以有许多不同的分类。

1）按供电方式分为无源标签和有源标签两类。无源标签内部不带电池，要靠读写器提供能量才能正常工作。当标签进入系统的工作区域时，标签天线接收到读写器发送的电磁波，此时天线线圈就会产生感应电流，再经过整流电路给标签供电。典型的电感耦合无源电子标签的电路如图 3-10 所示。

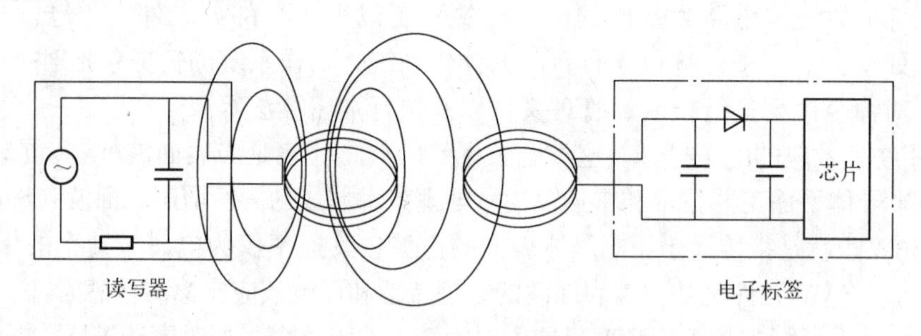

图 3-10　无源电子标签电路图

无源标签具有永久的使用期，常常用在标签信息需要频繁读写的地方。无源标签的缺点是数据传输的距离要比有源标签短。但由于它们的成本很低，因此被大量应用于电子钥匙、电子防盗系统等。而且无源标签中永久编程的代码具有唯一性，所以可防止伪造，外人无法进行修改或删除。

有源标签内部装有板载电源，工作可靠性高，信号传送距离远。有源标签的主要缺点是标签的使用寿命受到电池寿命的限制，随着标签内电池电力的消耗，数据传输的距离会越来越短。有源标签成本较高，常用于实时跟踪系统、目标资产管理等场合。

2）根据工作方式的不同可分为主动式、被动式和半被动式电子标签。

被动式电子标签通常为无源电子标签，它与读写器之间的通信要由读写器发起，标签进行响应。被动式电子标签的传输距离较短，但是由于其构造相比主动式标签简单，而且价格低廉，寿命较长，于是被广泛应用于各种场合，如门禁系统、交通系统、身份证或消费卡等。

主动式电子标签通常为有源电子标签。主动式电子标签的板载电路包括微处理器、传感器、I/O 端口和电源电路等，因此主动式电子标签系统能用自身的射频能量主动发送数据给读写器，而不需要读写器来激活数据传输。主动式电子标签与读写器之间的通信是由电子标签主动发起的，不管读写器是否存在，电子标签都能持续发送数据。而且，此类标签可以接收读写器发来的休眠命令或唤醒命令，从而调整自己发送数据的频率或进入低功耗状态，以节省电能。

半被动式电子标签也包含板载电源，但电源仅仅为标签的运算操作提供能量，其发送信号的能量仍由读写器提供。标签与读写器之间的通信由读写器发起，标签为响应方。其与被动式电子标签的区别是，它不需要读写器来激活，可以读取更远距离的读写器信号，距离一般在 30m 以内。由于无需读写器激活，标签能有充足的时间被读写器读写数据，即使标签处于高速移动状态，仍能被可靠地读写。

3）根据内部使用存储器的不同电子标签可分成只读标签和可读写标签。

只读标签内部包含只读存储器 ROM（Read Only Memory）、随机存储器 RAM（Random Access Memory）和缓冲存储器。ROM 用于存储操作系统和安全性要求较高的数据。一般来说，ROM 存放的标识信息可以由制造商写入，也可以在标签开始使用时由使用者根据特定的应用目的写入，但这些信息都是无重复的序列码，因此，每个电子标签都具有唯一性，这样电子标签就具有了防伪的功能。RAM 则用于存储标签响应和数据传输过程中临时产生的数据。而缓冲存储器则用于暂时存储调制之后等待天线发送的信息。只读标签的容量一般较小，可以用作标识标签。标识标签中存储的只是物品的标识号码，物品的详细信息还要根据标识号码到与系统连接的数据库中去查找。

可读写标签内部除了包含 ROM、RAM 和缓冲存储器外，还包含有可编程存储器。可编程存储器允许多次写入数据。可读写标签存储的数据一般较多，标签中存储的数据不仅有标识信息，还包括大量其他信息，如防伪校验等。

3.4.2 RFID 读写器

读写器是一个捕捉和处理 RFID 电子标签数据的设备，它能够读取电子标签中的数据，也可以将数据写到标签中。常见的几种读写器如图 3-11 所示。

从支持的功能角度来说，读写器的复杂程度明显不同，名称也各不一样，一般把单纯实现无接触读取电子标签信息的设备称为阅读器、读出装置或扫描器，把实现向射频标签内存中写入信息的设备称为编程器或写入器，综合具有无接触读取与写入射频标签内存信息的设备称为读写器或通信器。如图 3-12 所示显示了一个典型的 RFID 读写器内部包含的全向读写器模块。

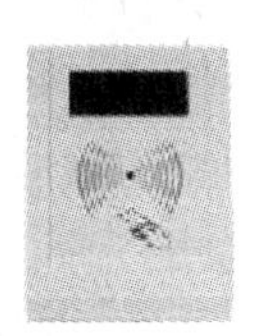

图 3-11　常见的几种读写器

图 3-12　典型的 RFID 读写器内部模块实物图

1. 阅读器

在 RFID 系统中，阅读器收到应用软件的指令后，指挥电子标签做出相应的动作。相对于电子标签来说，阅读器是命令的主动方。阅读器一方面与电子标签通信获取信息，另一方面通过网络将信息传送到数据交换与管理系统。

阅读器通常由高频模块、控制单元、存储器、通信接口、天线以及电源等部件组成，如图 3-13 所示。

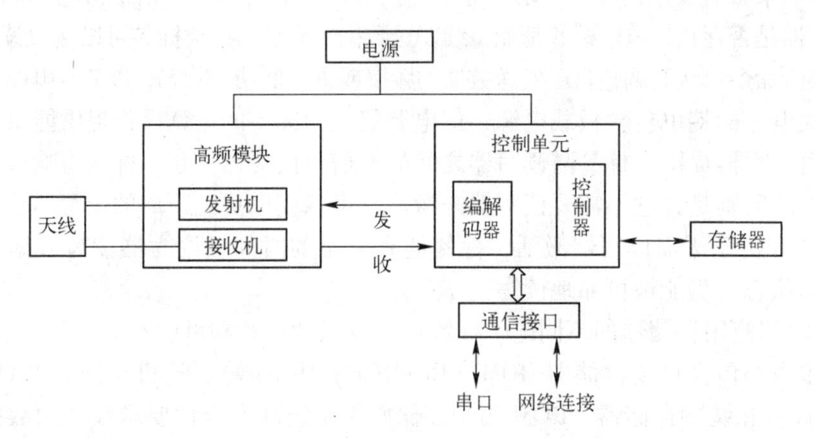

图 3-13 阅读器组成示意图

1）高频模块。高频模块连接阅读器天线和内部电路，含有发射机和接收机两个部分，一般有两个分隔开的信号通道。发射机的功能为对要发射的信号进行调制，在阅读器的作用范围内发送电磁波信号，将数据传送给标签；接收机则接收标签返回给阅读器的数据信号，并进行解调，提取出标签回送的数据，再传递给微处理器。若标签为无源标签，发射机则产生高频的发射功率，帮助启动电子标签并为它提供能量。高频模块同天线直接连接，目前有的阅读器高频模块可以同时连接多个天线。

2）控制单元。控制单元的核心部件是微处理器 MPU，它是阅读器芯片有序工作的指挥中心。通过编制相应的 MPU 控制程序可以实现收发信号以及与应用程序之间的接口（API）。具体功能包括以下几个方面：与应用系统软件进行通信；执行从应用系统软件发来的命令；控制与标签的通信过程；信号的编解码。对于一些中高档的 RFID 系统来说，控制单元还有一些附加功能，如执行防碰撞算法；对键盘、显示设备等其他外设的控制；对电子标签和阅读器之间要传送的数据进行加密和解密；进行电子标签和阅读器之间的身份验证等。

3）存储器。存储器一般使用 RAM，用来存储阅读器的配置参数和阅读标签的列表。

4）通信接口。通信接口用于连接计算机或网络，一般分为串行通信接口和网络接口两种。串行通信接口是目前阅读器普遍采用的接口方式，阅读器同计算机通过串口 RS-232 或 RS-485 连接。串行通信的缺点是通信受电缆长度的限制，通信速率较低，更新维护的成本较高。网络接口通过有线或无线方式连接网络阅读器和主机。其优点是同主机的连接不受电缆的限制，维护更新容易；缺点是网络连接可靠性不如串行接口，一旦网络连接失败，就无法读取标签数据。随着物联网技术的发展，网络接口将会逐渐取代串行通信接口。

5）阅读器天线。阅读器天线发射射频载波，并接收从标签反射回来的射频载波。对于不同工作频段的 RFID 系统，天线的原理和设计有着根本上的不同。阅读器天线的增益和阻抗特性会对 RFID 系统的作用距离等产生影响；反之，RFID 系统的工作频段又对天线尺寸以及辐射损耗有一定要求。所以阅读器天线设计的好坏关系到整个 RFID 系统的成功与否。常见的天线类型主要有偶极子天线、微带贴片天线、线圈天线等。偶极子天线辐射能力强、制造工艺简单、成本低，具有全向方向性，通常用于远距离 RFID 系统。微带贴片天线是定向的，但工艺较复杂，成本较高。线圈天线用于电感耦合方式，适合近距离的 RFID 系统。

2. 编程器

编程器是向电子标签写入数据的设备，只有可读写的电子标签才需要编程器。对电子标签的写操作必须在一定的授权控制之下进行。标签信息的写入方式可分为以下两种。

1）电子标签信息的写入采用有线接触方式实现。这种方式通常具有多次改写的能力，例如，目前在用的铁路货车电子标签信息的写入即为有线接触方式。标签在完成信息写入后，通常需将写入口密闭起来，以满足防潮、防水、防污等要求。

2）电子标签在出厂后，允许用户通过专用设备以无接触的方式向电子标签写入数据。具有无线写入功能的电子标签通常具有其唯一的不可改写的 UID。这种功能的电子标签趋向于一种通用电子标签，应用中，可根据实际需要仅对其 UID 进行识读或仅对指定的电子标签内存单元进行读写。

3.4.3 应用系统

应用系统主要完成数据信息的存储、管理以及对电子标签的读写控制。RFID 系统的应用系统可以是各种大小不一的数据库或供应链系统，也可以是面向特定行业的、高度专业化的库存管理数据库，或者是继承了 RFID 管理模块的大型 ERP 数据库的一部分。ERP（企业资源计划）是一种集成化的企业信息管理软件系统。

应用系统通过串口或网络接口与读写器连接，由硬件和软件两大部分组成。硬件部分主要为计算机，软件部分则包括各种应用程序和数据库等。数据库用于储存所有与标签相关的数据，供应用程序使用。

3.4.4 RFID 系统中间件

随着 RFID 技术得到越来越广泛的应用，各种各样新式的 RFID 读写器设备也应运而生。面对这些新的设备，使用者们常提的一个问题就是：如何将现有的系统与这些新的 RFID 读写器连接起来？这个问题的本质是应用系统与硬件接口的问题。RFID 中间件为解决这一问题做出了重要贡献，成为 RFID 技术应用的核心解决方案。

RFID 中间件是一种独立的系统软件或服务程序，介于前端读写器硬件模块与后端数据库、应用软件之间，它是 RFID 读写器和应用系统之间的中介。应用软件使用中间件提供的通用应用程序接口（API），连接到各种各样新式的 RFID 读写器设备，从而读取 RFID 标签数据。RFID 中间件屏蔽了 RFID 设备的多样性和复杂性，能够为后台业务系统提供强大的支撑，从而推动更广泛、更丰富的 RFID 应用。

目前，国内外许多 IT 公司已先后推出了自己的 RFID 中间件产品，例如，IBM 和 Oracle 的中间件基于 Java，遵循 J2EE 企业架构；而微软公司的 RFID 中间件则基于 SQL 数据库和 Windows操作系统。

中间件作为一个软、硬件集成的桥梁，一方面负责与RFID硬件以及配套设备的信息交互与管理，另一方面负责与上层应用软件的信息交换。因此，大多数中间件由读写器适配器、事件管理器和应用程序接口3个组件组成。

读写器适配器提供读写器和后端软件之间的通信接口，并支持多种读写器，消除不同读写器与API之间的差别，避免每个应用程序都要编写适应于不同类型读写器的API程序的麻烦，也解决了多对多连接的维护复杂性问题。

事件管理器的功能主要包括如下几个方面：观察所有读写器的状态；提供产品电子代码EPC和非EPC转化的功能；提供管理读写器的功能，如新增、删除、停用、群组等；去重或过滤读写器接收的大量未经处理的数据，取得有效数据。

应用程序接口的作用是提供一个基于标准的服务接口。它连接企业内部现有的数据库，使外部程序可以通过中间件取得EPC或非EPC信息。

3.5 RFID系统的能量传输和防碰撞机制

在RFID系统中，当无源电子标签进入读写器的磁场后，接收读写器发出的射频信号，然后凭借感应电流所获得的能量把存储在芯片中的产品信息发送出去。如果是有源标签，则会主动发送某一频率的信号。读写器读取信息并解码后，送至应用系统进行相关数据处理。在这个过程中，RFID系统需要解决读写器与电子标签之间的能量传输和多个标签的碰撞问题。

3.5.1 能量传输方式

读写器及电子标签之间能量感应方式大致上可以分成两种类型：电感耦合及电磁反向散射耦合。一般低频的RFID系统大都采用电感耦合，而高频的大多采用电磁反向散射耦合。

耦合就是两个或两个以上电路构成一个网络，其中某一电路的电流或电压发生变化时，影响其他电路发生相应变化的现象。通过耦合的作用，能将某一电路的能量（或信息）传输到其他电路中。电感耦合是通过高频交变磁场实现的，依据的是电磁感应定律。电磁反向散射耦合也就是雷达模型，发射出去的电磁波碰到目标后反射，反射波携带回目标的信息，这个过程依据的是电磁波的空间传播规律。

1. 电感耦合

电感耦合即当一个电路中的电流或电压发生波动时，该电路中的线圈（称为初级线圈）内便产生磁场，在同一个磁场中的另外一组或几组线圈（称为次级线圈）上就会产生相应比例的磁场（与初级线圈和次级线圈的匝数有关），磁场的变化又会导致电流或电压的变化，因此便可以进行能量传输。

电感耦合系统的电子标签通常由芯片和作为天线的大面积线圈构成，大多为无源标签，芯片工作所需的全部能量必须由读写器提供。读写器发射磁场的一部分磁感线穿过电子标签的天线线圈时，电子标签的天线线圈就会产生一个电压，将其整流后便能作为电子标签的工作能量。

电感耦合方式一般适合于中、低频工作的近距离RFID系统，典型的工作频率有125 kHz、225 kHz和13.56 MHz，识别作用距离一般小于1 m。

2. 电磁反向散射耦合

当电磁波在传播过程中遇到空间目标时，其能量的一部分会被目标吸收，另一部分以不同强度散射到各个方向。在散射的能量中，一小部分携带目标信息反射回发射天线，并被天线接收。对接收的信号进行放大和处理，即可得到目标的相关信息。读写器发射的电磁波遇到目标后会发生反射，遇到电子标签时也是如此。

由于目标的反射性通常随着频率的升高而增强，所以电磁反向散射耦合方式一般适合于高频、微波工作的远距离射频识别系统，典型的工作频率有 433 MHz、915 MHz、2. 45 GHz 和 5. 8 GHz。识别作用距离大于 1 m，典型作用距离为 3 ~ 10 m。

3. 5. 2 RFID 系统的防碰撞机制

在 RFID 系统的应用中，会发生多个读写器和多个电子标签同时工作的情况，这就会造成读写器和电子标签之间的相互干扰，无法读取信息，这种现象称为碰撞。碰撞可分为两种，即电子标签的碰撞和读写器的碰撞。

电子标签的碰撞是指一个读写器的读写范围内有多个电子标签，当读写器发出识别命令后，处于读写器范围内的各个标签都将做出应答，当出现两个或多个标签在同一时刻应答时，标签之间就出现干扰，造成读写器无法正常读取。

读写器的碰撞情况比较多，包括读写器间的频率干扰和多读写器 - 标签干扰。读写器间的频率干扰是指读写器为了保证信号覆盖范围，一般具有较大的发射功率，当频率相近、距离很近的两个读写器一个处于发送状态、一个处于接收状态时，读写器的发射信号会对另一个读写器的接收信号造成很大干扰。多读写器 - 标签干扰是指当一个标签同时位于两个或多个读写器的读写区域内时，多个读写器会同时与该标签进行通信，此时标签接收到的信号为多个读写器信号的矢量和，导致电子标签无法判断接收的信号属于哪个读写器，也就不能进行正确应答。

在 RFID 系统中，会采用一定的策略或算法来避免碰撞现象的发生，其中常采用的防碰撞方法有空分多址法、频分多址法和时分多址法。

1）空分多址法是在分离的空间范围内重新使用频率资源的技术。实现方法有两种，一种是将读写器和天线的作用距离按空间区域进行划分，把多个读写器和天线放置在一起形成阵列，这样，联合读写器的信道容量就能重复获得；另一种方式是在读写器上采用一个相控阵天线，该天线的方向对准某个电子标签，不同的电子标签可以根据其在读写器作用范围内的角度位置被区分开来。空分多址方法的缺点是天线系统复杂度较高，且费用昂贵，因此一般用于某些特殊应用的场合。

2）频分多址法是把若干个不同载波频率的传输通路同时供给用户使用的技术。一般情况下，从读写器到电子标签的传输频率是固定的，用于能量供应和命令数据传输。而电子标签向读写器传输数据时，电子标签可以采用不同的、独立的副载波进行数据传输。频分多址法的缺点是读写器成本较高，因此这种方法通常也用于特殊场合。

3）时分多址法是把整个可供使用的通信时间分配给多个用户使用的技术，它是 RFID 系统中最常使用的一种防碰撞方法。时分多址法可分为标签控制法和读写器控制法。标签控制法通常采用 ALOHA 算法，也就是电子标签可以随时发送数据，直至发送成功或放弃。读写器控制法就是由读写器观察和控制所有的电子标签，通过轮询算法或二分搜索算法，选择一个标签进行通信。轮询算法就是按照顺序对所有的标签依次进行通信。二分搜索算法由读写器判断是否发生碰撞，如果发生碰撞，则把标签范围缩小一半，再进一步搜索，最终确定与之通信的标签。

3.6 NFC

近场通信（Near Field Communication，NFC）由 RFID 及网络技术整合演变而来，并向下兼容 RFID。电磁辐射源产生的交变电磁场可分为性质不同的两部分，其中一部分电磁场能量在辐射源周围空间及辐射源之间周期性地来回流动，不向外发射，称为感应场（近场）；另一部分电磁场能量脱离辐射体，以电磁波的形式向外发射，称为辐射场（远场）。近场和远场的划分比较复杂，一般来讲，近场是指电磁波场源中心 3 个波长范围内的区域，而 3 个波长之外的空间范围则称为远场。在近场区内，磁场强度较大，可用于短距离通信。因此，近场通信也就是一种短距离的高频无线通信技术，它允许电子设备之间进行非接触式的点对点数据传输。

3.6.1 NFC 的技术特点

NFC 的通信频带为 13.56 MHz，最大通信距离 10 cm 左右，目前的数据传输速率为 106 kbit/s、212 kbit/s 和 424 kbit/s。NFC 由 RFID 技术演变而来，与 RFID 相比，NFC 有如下特点。

1）NFC 将非接触式读卡器、非接触卡和点对点功能整合进一块芯片，而 RFID 必须由阅读器和电子标签组成。RFID 只能实现信息的读取以及判定，而 NFC 技术则强调的是信息交互。通俗地说 NFC 就是 RFID 的演进版本，NFC 通信双方可以近距离交换信息。例如，内置 NFC 芯片的 NFC 手机既可以作为 RFID 无源标签使用，进行费用支付，也可以当做 RFID 读写器，用于数据交换与采集，还可以进行 NFC 手机之间的数据通信。

2）NFC 传输范围比 RFID 小。RFID 的传输范围可以达到几米、甚至几十米，但由于 NFC 采取了独特的信号衰减技术，相对于 RFID 来说，NFC 具有距离近、带宽高、能耗低等特点。而且，NFC 的近距离传输也为其提供了较高的安全性。

3）应用方向不同。目前来看 NFC 主要针对电子设备间的相互通信，而 RFID 则更擅长于长距离识别。RFID 广泛应用在生产、物流、跟踪、资产管理上，而 NFC 则在门禁、公交、手机支付等领域内发挥着巨大的作用。

与其他无线通信方式相比，如红外和蓝牙，NFC 也有其独特的优势。作为一种近距离的通信机制，NFC 比红外通信建立时间短、能耗低、操作简单、安全性高，红外通信时设备必须严格对准才能传输数据。与蓝牙相比，虽然 NFC 在传输速率与距离上比不上蓝牙，但 NFC 不需要复杂的设置程序，可以创建快速安全的连接，从 NFC 移动设备检测、身份确认到数据存取只需要约 0.1 s 的时间即可完成，且能完全自动地建立连接，不需电源。NFC 可以和蓝牙互为补充，共同存在。

3.6.2 NFC 系统工作原理

作为一种新兴的近距离无线通信技术，NFC 被广泛应用于多个电子设备之间的无线连接，进而实现数据交换和服务。根据应用需求不同，NFC 芯片可以集成在 SIM 卡、SD 卡或其他芯片上。

1. NFC 系统的组成

NFC 系统由两部分组成：NFC 模拟前端和安全单元。模拟前端包括 NFC 控制器与天线。NFC 控制器是 NFC 的核心，它主要由模拟电路（包括输出驱动、调制解调、编解码、模式检测、RF 检测等功能）、收发传输器、处理器、缓存器和主机接口等几部分构成。NFC 安全单元则协助管理控制应用和数据的安全读写。NFC 手机通常使用单线协议（Single Wire Protocol，SWP）连接 SIM 卡和 NFC 芯片，连接方案如图 3-14 所示。SIM 卡就是手机所用的用户身份识别卡。SWP 是 ETSI（欧洲电信标准协会）制定的 SIM 卡与 NFC 芯片之间的通信接口标准。图中 VCC 表示电源线，GND 表示地线，CLK 表示时钟，RST 表示复位。

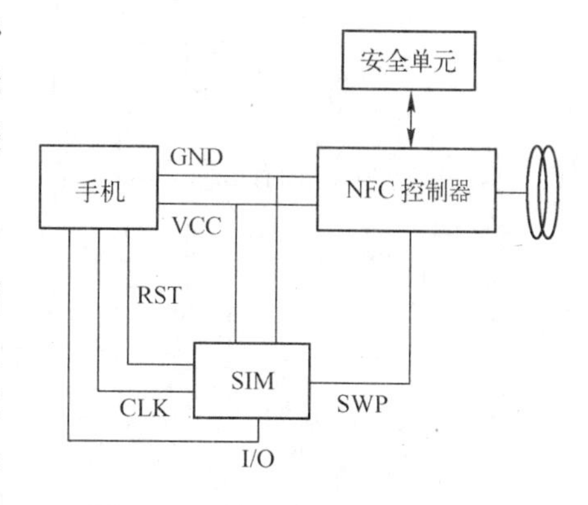

图 3-14　基于 SWP 的 NFC 方案

2. NFC 的使用模式

对于使用 NFC 进行通信的两个设备来说，必须有一个充当 NFC 读写器，另一个充当 NFC 标签，通过读写器对标签进行读写。但相比 RFID 系统，NFC 的一个优势在于，NFC 终端通信模式的选择并不是绝对的。例如具备 NFC 终端的手机，其存储的信息既能够被读写器读取，同时手机本身也能作为读写器，还能实现两个手机间的点对点近距离通信。一般来说，NFC 的使用模式分为以下 3 种。

1）卡模式。这种模式其实相当于一张采用 RFID 技术的射频卡。在该模式中，NFC 设备作为被读设备，其信息被 NFC 识读设备采集，然后通过无线功能将数据发送到应用处理系统进行处理。另外，这种方式有一个极大的优点，那就是 NFC 卡片通过非接触读卡器的射频场来供电，即便是被读设备（如手机）没电也可以工作。在卡模式中，NFC 设备可以作为信用卡、借记卡、标识卡或门票使用，实现“移动钱包”的功能。

2）读写模式。在读写模式中，NFC 设备作为非接触读卡器使用，可以读取标签，比如从海报或者展览信息电子标签上读取相关信息，这与条码扫描的工作原理类似。基于该模式的典型应用有：本地支付、电子票应用。例如，可以使用手机上的应用程序扫描 NFC 标签获取相关信息，再通过无线传送给应用系统。

3）点对点模式（P2P 模式）。在 P2P 模式中，NFC 设备之间可以交换信息，实现数据点对点传输，如下载音乐、交换图片或者同步设备地址薄等。这个模式和红外差不多，可用于数据交换，只是传输距离比较短，但是传输建立时间很短，且传输速度也快，功耗也低。

3. NFC 的工作模式

NFC 工作于 13.56 MHz 频段，支持主动和被动两种工作模式和多种传输数据速率。

在主动模式下，每台设备在向其他设备发送数据时，必须先产生自己的射频场，即主叫和被叫都需要各自发出射频场来激活通信，该工作模式可以获得非常快速的连接设置。主动通信模式如图 3-15 所示。

在被动模式下，NFC 终端像 RFID 标签一样作为一个被动设备，其工作能量从通信发起者传输的磁场中获得。被动通信模式如图 3-16 所示。NFC 发起设备可以选择 106 kbit/s、212 kbit/s 或 424 kbit/s 中的一种传输速度，将数据发送到另一台设备。NFC 终端使用负载调制技术，从发起设备的射频场获取能量，再以相同的速率将数据传回发起设备。此通信机制与基于 ISO14443A、MIFARE 和 FeliCa 的非接触式 IC 卡兼容，因此，NFC 发起设备在被动模式下，可以用相同的连接和初始化过程检测非接触式 IC 卡或 NFC 目标设备，并与之建立联系。在被动通信模式中，NFC 设备不需要产生射频场，可以大幅降低功耗，从而储备电量用于其他操作。

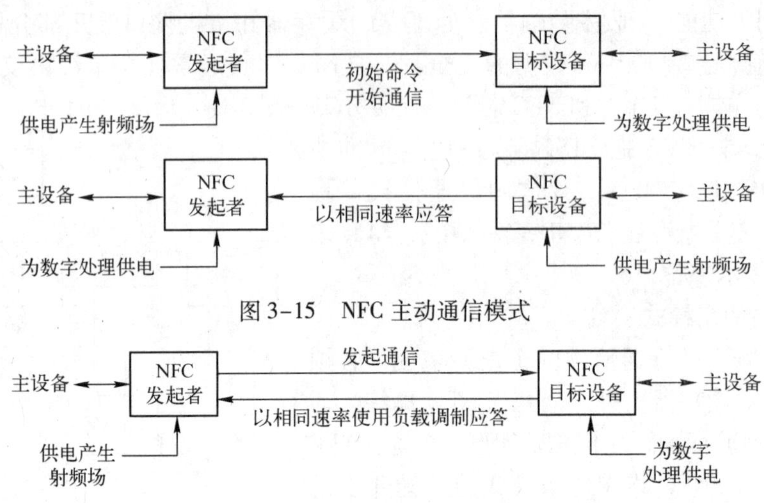

图 3-15　NFC 主动通信模式

图 3-16　NFC 被动通信模式

一般来说，在卡模式下，NFC 终端与其他设备通信时采用被动通信模式，NFC 终端为被动设备，其他读卡器是主动设备，产生射频场。在读卡器模式下，NFC 终端是主动设备，属于主动通信模式，NFC 终端具有非接触式 IC 卡阅读器功能，可以读取采用相同标准的外部非接触式 IC 卡。在点对点模式下，NFC 终端在与其他设备通信时，工作的双方都分别可作为主动设备或被动设备，进行点对点的数据传输，因此既可以采用被动通信模式，也可以采用主动通信模式。

在实际的通信中，为了防止干扰正在工作的其他 NFC 设备（包括工作在此频段的其他电子设备），NFC 标准规定任何 NFC 设备在呼叫前都要进行系统初始化以检测周围的射频场。当周围 NFC 频段的射频场小于规定的门限值（0. 1875 A/m）时，该 NFC 设备才能呼叫。NFC 设备建立通信以后，就需要进行数据交换，交换的数据信息中包括两个字节的数据交换请求与响应指令、一个字节的传输控制信息、一个字节的设备识别码、一个字节的数据交换节点地址。在数据交换完成后，主叫可以利用数据交换协议进行拆线。一旦拆线成功，主叫和被叫都回到了初始化状态。

3. 7　其他自动识别技术

条码识别、RFID、NFC 等识别技术是目前物联网应用比较广泛的自动识别技术，除此之外，磁卡识别、IC 卡识别、语音识别、光学字符识别、生物识别等也在人们的日常生活中占据着重要的地位。

3. 7. 1　卡识别

卡识别技术是一种常见的自动识别技术，比较典型的是磁卡识别和 IC 卡识别技术。其中，磁卡属于磁存储器识别技术，IC 卡属于电存储器识别技术。

1. 磁卡识别技术

磁卡是利用磁性载体记录信息，用来标识身份或其他用途的卡片，它出现于 20 世纪 70 年代，伴随着 ATM 机的出现而首先被应用于银行业。磁卡的信息读写相对简单容易，使用方便成本低，从而使它较早地获得了发展，并进入银行业以外的多个应用领域，如证券、零售业、电话系统、航空机票和预付款消费等。

磁卡的类型有很多种，常见的类型是磁条型和全涂磁型。根据磁卡的抗磁性，磁条型磁卡分为一般抗磁力卜和高抗磁力卡，全涂磁型磁卡分为低抗磁力卡和高抗磁力卡。如常见的银行信用卡属于一般抗磁力磁条型磁卡，电话卡则属于高抗磁力全涂磁型磁卡。

磁条型磁卡由磁条和基片组成。磁条是磁卡的信息载体，其主要成分是一层薄薄的磁性材料，将它们用树脂粘合在一起并粘在一些高强度、耐高温的塑料或纸质非磁性基片上，就组成了磁卡。而全涂磁型磁卡则是将磁性材料涂满整个基片。

一个完整的磁卡识别系统的配置除磁卡外，还包括磁卡读写装置和计算机信息分析处理平台。根据不同的磁卡读取和磁卡写入的功能，磁卡读写装置可分为磁卡读取器和磁卡读写器。磁卡读取器是用于磁卡信息读取的设备。磁卡读写器是用于读取磁卡信息并向磁卡写入信息的设备。磁卡读写装置与计算机之间通过控制器接口相连，接口类型可以是键盘口、串口或USB口。

一般磁卡读写器的构成包括一个物理外壳，内部固定一个磁头、一个电磁体（称为消磁器)、编码解码电路、指示灯等几个部件。读写器在向磁卡写入信息时，磁卡的磁性面需要以一定的速度划过磁卡读写器的磁头的空隙。磁头由带空隙的环形铁芯和绕在铁芯上的线圈构成。磁头的线圈一旦通上电流，铁芯的空隙处就产生与电流成比例的磁场，于是磁卡与空隙接触部分的磁性体就被磁化。如果记录信号电流随时间而变化，则当磁卡上的磁体通过空隙时，便随着电流的变化而不同程度地被磁化。磁卡被磁化之后，离开空隙的磁卡磁性层就留下相对于电流变化的剩余磁感应强度，剩余磁感应强度的大小就反映了输入信号的情况。

读写器读取磁卡信息的过程与写入信息的过程相反。磁卡上面的剩余磁感应强度在磁卡工作过程中起着决定性的作用。磁卡以一定的速度通过装有线圈的工作磁头，磁卡的外部磁感线切割线圈，在线圈中便产生感应电动势，从而传输了被记录的信号。解码器识读到这种磁性变换，并将它们转换回字母和数字的形式，再通过读写器与计算机接口将信号传输给计算机处理。

磁条技术的优点是数据可读写，即具有现场改写数据的能力。磁条的数据存储量能满足大多数需求，便于使用、成本低廉，还具有一定的数据安全性。磁条能粘附于许多不同规格和形式的基材上。这些优点使之在很多领域得到了广泛应用，如信用卡、银行ATM卡、机票、公共汽车票、自动售货卡、会员卡、现金卡（如电话磁卡）等。但磁卡识别技术属于接触式识别，缺点就是灵活性太差，而且磁卡容易磨损，磁条不能折叠、撕裂。

2. IC卡识别技术

IC（Integrated Card）卡也称智能卡，IC卡中的集成电路芯片是IC卡的核心部分，芯片中包括存储器、译码电路、接口驱动电路、逻辑加密控制电路甚至微处理器单元等各种功能电路。人们接触得比较多的有电话IC卡、购电（气）卡、手机SIM卡等。IC卡的种类很多，根据不同的标准，IC卡可以有以下两种分类方式。

1）根据卡中所镶嵌的集成电路芯片的不同，IC卡可以分成3大类，分别是存储器卡、逻辑加密卡和CPU卡。

存储器卡采用存储器芯片作为卡芯，卡中集成电路为EEPROM（电可擦除可编程只读存储器）或者闪存，它们不能处理信息，只能作为简单的存储设备。存储器卡功能简单，没有或很少有安全保护逻辑，但价格低廉、开发使用简便，因此多用于某些简单的、内部信息无需保密或不允许加密的场合。存储器卡的产品有美国Atmel公司的EEPROM卡AT24系列2线串行芯片和AT93系列3线串行芯片。

逻辑加密卡中的集成电路具有安全控制逻辑，采用只读存储器 ROM、PROM、EEPROM 等存储技术。由于具有一定的保密功能，且价格较 CPU 卡低，因此适用于需要保密但对安全性要求不是太高的场合，如电话卡、上网卡、停车卡等小额消费场合。Atmel 的 AT88SC200、飞利浦的 PC2032/2042、西门子的 SLE4418/4428/4432/4442 等都属于逻辑加密卡。

CPU 卡采用微处理器芯片作为卡芯，并包含 EEPROM、随机存储器 RAM 以及固化在只读存储器 ROM 中的片内操作系统 COS。CPU 卡属于卡上单片机系统，可以采用 DES、RSA 等加密、解密算法实现对数据的加密，能有效防止伪造。CPU 卡多用于对数据安全保密性特别敏感的场合，如信用卡、手机 SIM 卡等。

2）根据卡上数据的读写方法来分类，IC 卡有接触型 IC 卡和非接触型 IC 卡两种。

接触型 IC 卡是一种与信用卡一样大小的塑料卡片，在固定位置嵌入了一个集成电路芯片。其表面可以看到一个方形的镀金接口，共有 8 个或 6 个金属触点，用于与读写器接触。因此，读写操作时需将 IC 卡插入读写器，读写完毕，卡片自动弹出或人为抽出。接触式 IC 卡刷卡相对慢，但可靠性高，多用于存储信息量大，读写操作复杂的场合。

非接触式 IC 卡由集成电路芯片、感应天线和基片组成，芯片和天线完全密封在基片中，无外露部分。非接触型 IC 卡具有接触式 IC 卡同样的芯片技术和特性，最大的区别在于卡上设有射频信号或红外线收发器，在一定距离内即可收发读写器的信号，因而和读写设备之间无机械接触。

从工作原理上看，非接触式 IC 卡实质上是 RFID 技术和 IC 卡技术相结合的产物。从 RFID 技术的角度出发，可以认为非接触式 IC 卡是一种特殊的无源电子标签，其读写设备就是 RFID 读写器，由非接触式 IC 卡组成的自动识别系统就是一个特殊的 RFID 系统。而从 IC 卡的角度出发，非接触式 IC 卡又满足“卡”的需求。因此，非接触式 IC 卡成功地将射频识别技术和 IC 卡技术结合起来，结束了无源和免接触的难题，是电子器件领域的一大突破。

非接触式 IC 卡完全密封的形式以及无接触的工作方式，使之不易受外界不良因素的影响，有效地避免了接触式 IC 卡读写故障高的缺点，因此被广泛应用于身份识别、公共交通自动售票系统、电子货币等多个领域。

3.7.2 语音识别

语音识别技术开始于 20 世纪 50 年代，其目标是将人类语音中的词汇内容转换为计算机可识别的数据。语音识别技术并非一定要把说出的语音转换为字典词汇，在某些场合只要转换为一种计算机可以识别的形式就可以了，典型的情况是使用语音开启某种行为，如组织某种文件、发出某种命令或开始对某种活动录音。语音识别技术是语音信号处理的一个重要研究方向，是模式识别的一个分支，涉及生理学、心理学、语言学、计算机科学以及信号处理等诸多领域，甚至还涉及人的体态语言（如人在说话时的表情、手势等行为动作），需要的技术包括信号处理、模式识别、概率论和信息论、发声机理和听觉机理、人工智能等。

1. 语音识别的分类

语音识别系统按照不同的角度、不同的应用范围、不同的性能要求会有不同的系统设计和实现，也会有不同的分类。

1）从要识别的单位考虑，也是对说话人说话方式的要求，可以将语音识别系统分为 3 类：孤立词语音识别系统、连接词语音识别系统和连续语音识别系统。孤立词语音识别系统识别的单元为字、词或短语，这些单元组成可识别的词汇表，每个单元都通过训练建立一个标准模板。孤立词识别系统要求输入每个词后要停顿。连接词语音识别系统以比较少的词汇为对象，能够完全识别每一个词，识别的词汇表和模型也是字、词或短语。连接词识别系统要求每个词都清楚发音，可以出现少量的连音现象，它以自然流利的连续语音作为输入，允许大量连音和变音出现。

2）从说话者与识别系统的相关性考虑，可以将语音识别系统分为 3 类：特定人语音识别系统、非特定人语音系统和多人的识别系统。特定人语音识别系统仅考虑对专人的话音进行识别，如标准普通话。非特定人语音系统识别的语音与人无关，通常要用大量不同人的语音数据库对识别系统进行训练。多人的识别系统通常能识别一组人的语音，或者成为特定组的语音识别系统，该系统仅要求对要识别的那组人的语音进行训练。

3）按照词汇量大小，可以将识别系统分为小、中、大 3 种词汇量语音识别系统。每个语音识别系统都必须有一个词汇表，规定了识别系统所要识别的词条。词条越多，发音相同或相似的就越多，误识率也就越高。小词汇量语音识别系统通常包括几十个词。中等词汇量的语音识别系统通常包括几百到上千个词。大词汇量语音识别系统通常包括几千到几万个词。

4）按识别的方法分，语音识别分为 3 种：基于模板匹配的方法、基于隐马尔可夫模型的方法以及利用人工神经网络的方法。

基于模版匹配的方法首先要通过学习获得语音的模式，将它们做成语音特征模板存储起来，在识别的时候，将语音与模板的参数一一进行匹配，选择出在一定准则下的最优匹配模板。模板匹配识别实现较为容易，信息量小，而且只对特定人语音识别有较好的识别性能，因此一般用于较简单的识别场合。许多移动电话提供的语音拨号功能，几乎都是使用的模板匹配识别技术。

基于隐马尔可夫模型的识别算法通过对大量语音数据进行数据统计，建立统计模型，然后从待识别语音中提取特征，与这些模型匹配，从而获得识别结果。这种方法不需要用户事先训练，目前大多数大词汇量、连续语音的非特定人语音识别系统都是基于隐马尔可夫模型的。它的缺点是统计模型的建立需要依赖一个较大的语音库，而且识别工作运算量相对较大。

人工神经网络的方法是 20 世纪 80 年代末期提出的一种语音识别方法。人工神经网络本质上是一个自适应非线性动力学系统，它模拟了人类神经活动的原理，通过大量处理单元连接构成的网络来表达语音基本单元的特性，利用大量不同的拓扑结构来实现识别系统和表述相应的语音或者语义信息。基于神经网络的语音识别具有自我更新的能力，且有高度的并行处理和容错能力。与模板匹配方法相比，人工神经网络方法在反应语音的动态特性上存在较大缺陷，单独使用人工神经网络方法的系统识别性能不高，因此人工神经网络方法通常与隐马尔可夫算法配合使用。

2. 语音识别原理

不同的语音识别系统，虽然具体实现细节有所不同，但所采用的基本技术相似。一般来说，主要包括训练和识别两个阶段。在训练阶段，根据识别系统的类型选择能够满足要求的一种识别方法，采用语音分析方法分析出这种识别方法所要求的语音特征参数，把这些参数作为标准模式存储起来，形成标准模式库。在识别阶段，将输入语音的特征参数和标准模式库的模式进行相似比较，将相似度高的模式所属的类别作为中间候选结构输出。一个典型语音识别系统的实现过程如图 3-17 所示，大致分为预处理、特征参数提取、模型训练和模式匹配几个步骤。

1）预处理。预处理的目的是去除噪声、加强有用的信息，并对输入或其他因素造成的退

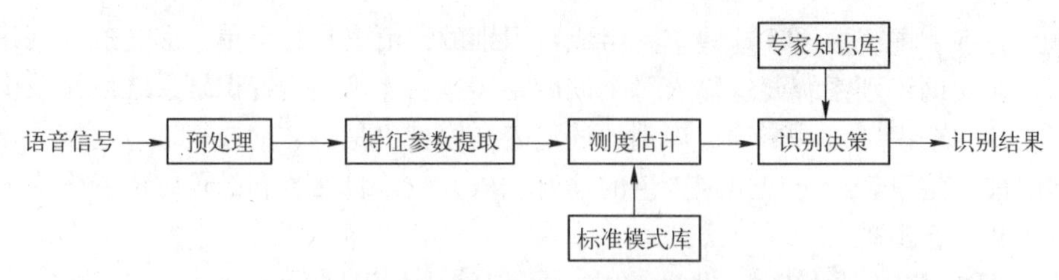

图 3-17 语音识别的原理和过程

化现象进行复原，包括反混叠滤波、模/数转换、自动增益控制、端点检测、预加重等工作。

2）特征参数提取。特征参数提取的目的是对语音信号进行分析处理，去除与语音识别无关的冗余信息，获得影响语音识别的重要信息，同时对语音信号进行压缩。语音信号包含了大量各种不同的信息，提取哪些信息、用哪种方式提取，需要综合考虑各方面的因素，如成本、性能、响应时间、计算量等。一般来说，语音识别系统常用的特征参数有幅度、能量、过零率、线性预测系数 LPC、LPC 倒谱系数、线谱对参数、短时频谱、共振峰频率、反映人耳听觉特征的 Mel 频率倒谱系数、随机模型、声道形状的尺寸函数、音长、音调等。常用的特征参数提取技术有线性预测分析技术、Mel 参数和基于感知线性预测分析提取的感知线性预测倒谱、小波分析技术等。

3）模型训练和模式匹配。模型训练是指根据识别系统的类型来选择能满足要求的一种识别方法，采用语音分析技术预先分析出这种识别方法所要求的语音特征参数，再把这些语音参数作为标准模式由计算机存储起来，形成标准模式库或声学模型。声学模型的设计和语言发音特点密切相关。声学模型单元（字发音模型、半音节模型或音素模型）的大小对语音训练数据量大小、系统识别率以及灵活性有较大的影响。因此，必须根据不同语言的特点、识别系统词汇量的大小来决定识别单元的大小。

模式匹配是根据一定准则，使未知模式与模式库中的某一个模式获得最佳匹配，由测度估计、专家知识库、识别决策 3 部分组成。

测度估计是语音识别系统的核心。语音识别的测度有多种，如欧式距离测度、似然比测度、超音段信息的距离测度、隐马尔可夫模型之间的测度、主观感知的距离测度等。测度估计方法有动态时间规整法、有限状态矢量量化法、隐马尔可夫模型法等。

专家知识库用来存储各种语言学知识，如汉语声调变调规则、音长分布规则、同字音判别规则、构词规则、语法规则、语义规则等。对于不同的语音有不同的语言学专家知识库。

对于输入信号计算而得的测度，根据若干准则及专家知识，判决出可能的结果中最好的一个，由识别系统输出，该过程就是识别决策。例如，对于欧氏距离的测度，一般可用距离最小方法来做决策。

3.7.3 光学字符识别

光学字符识别（Optical Character Recognition，OCR）是指利用扫描仪等电子设备将印刷体图像和文字转换为计算机可识别的图像信息，再利用图像处理技术将上述图像信息转换为计算机文字，以便对其进行进一步编辑加工的系统技术。OCR 属于图形识别的一种，其目的就是要让计算机知道它到底看到了什么，尤其是文字资料，节省因键盘输入花费的人力与时间。

OCR 系统的应用领域比较广泛，如零售价格识读、订单数据输入、单证识读、支票识读、文件识读、微电路及小件产品上的状态特征识读等。在物联网的智能交通应用系统中，可使用 OCR 技术自动识别过往车辆的车牌号码。

OCR 系统的识别过程包括图像输入、图像预处理、特征提取、比对识别、人工校正和结果输出等几个阶段，其中最关键的阶段是特征提取和比对识别阶段。

图像输入就是将要处理的档案通过光学设备输入到计算机中。在 OCR 系统中，识读图像信息的设备称为光学符号阅读器，简称光符阅读器。它是将印在纸上的图像或字符借助光学方法变换为电信号后，再传送给计算机进行自动识别的装置。一般的 OCR 系统的输入装置可以是扫描仪、传真机、摄像机或数码相机等。

图像预处理包含图像正规化、去除噪声、图像校正等图像预处理及图文分析、文字行与字分离的文件前处理。如典型的汉字识别系统预处理就包括去除原始图像中的显见噪声（干扰）、扫描文字行的倾斜校正、把所有文字逐个分离等。

图像预处理后就进入特征提取阶段。特征提取是 OCR 系统的核心，用什么特征、怎么提取，直接影响识别的好坏。特征可分为两类：统计特征和结构特征。统计特征有文字区域内的黑/白点数比等。结构特征有字的笔划端点、交叉点的数量及位置等。

图像的特征被提取后，不管是统计特征还是结构特征，都必须有一个比对数据库或特征数据库来进行比对。比对方法有欧式空间的比对方法、松弛比对法、动态程序比对法以及类神经网络的数据库建立及比对、隐马尔可夫模型等方法。利用专家知识库和各种特征比对方法的相异互补性，可以提高识别的正确率。例如，在汉字识别系统中，对某一待识字进行识别时，一般必须将该字按一定准则，与存储在机内的每一个标准汉字模板逐一比较，找出其中最相似的字，作为识别的结果。显然，汉字集合的字量越大，识别速度越低。为了提高识别速度，常采用树分类，即多级识别方法，先进行粗分类，再进行单字识别。

比对算法有可能产生错误，在正确性要求较高的场合下需要采用人工校对方法，对识别输出的文字从头至尾地查看，检出错识的字，再加以纠正。为了提高人工纠错的效率，在显示输出结果时往往把错识可能性较大的单字用特殊颜色加以标示，以引起用户注意。也可以利用文字处理软件自附的自动检错功能来校正拼写错误或者不合语法规则的词汇。

3.7.4 生物识别

生物识别技术主要是指通过人类生物特征进行身份认证的一种技术。生物特征识别技术依据的是生物独一无二的个体特征，这些特征可以测量或自动识别和验证，具有遗传性或终身不变等特点。

生物特征的涵义很广，大致上可分为身体特征和行为特征两类。身体特征包括指纹、静脉、掌型、视网膜、虹膜、人体气味、脸型，甚至血管、DNA、骨骼等。行为特征包括签名、语音、行走步态等。生物识别系统对生物特征进行取样，提取其唯一的特征，转化成数字代码，并进一步将这些代码组成特征模板。当进行身份认证时，识别系统获取该人的特征，并与数据库中的特征模板进行比对，以确定二者是否匹配，从而决定接受或拒绝该人。

生物特征识别发展最早的是指纹识别技术，其后，人脸识别、虹膜识别、掌纹识别等也纷纷进入身份认证领域。

1. 指纹识别

指纹是指人的手指末端正面皮肤上凸凹不平的纹线。虽然指纹只是人体皮肤的一小部分，却蕴含着大量的信息。起点、终点、结合点和分叉点，被称为指纹的细节特征点。指纹识别即通过比较不同指纹的细节特征点来进行鉴别。

指纹识别系统是一个典型的模式识别系统，包括指纹图像采集、指纹图像处理、特征提取和特征匹配等几个功能模块。

指纹图像采集可通过专门的指纹采集仪或扫描仪、数码相机等进行。指纹采集仪主要有光学指纹传感器、电容式传感器、CMOS 压感传感器和超声波传感器。

采集的指纹图像通常都伴随着各种各样的干扰，这些干扰一部分是由仪器产生的，一部分是由手指的状态，如手指过干、过湿或污垢造成的。因此，在提取指纹特征信息之前，需要对指纹图像进行处理，包括指纹区域检测、图像质量判断、方向图和频率估计、图像增强、指纹图像二值化和细化等处理过程。

对指纹图像进行处理后，通过指纹识别算法从指纹图像上找到特征点，建立指纹的特征数据。在自动指纹识别的研究中，指纹不按簸箕或斗分类，而是分成 5 种类型：拱类、尖拱类、左旋类、右旋类、旋涡类。对于指纹纹线间的关系和具体形态，又有末端、分叉、孤立点、环、岛、毛刺等多种细节点特征。对于指纹的特征提取来说，特征提取算法的任务就是检测指纹图像中的指纹类型和细节点特征的数量、类型、位置及所在区域的纹线方向等。一般的指纹特征提取算法由图像分割、增强、方向信息提取、脊线提取、图像细化和细节特征提取等几部分组成。

根据指纹的种类，可以对纹形进行粗匹配，进而利用指纹形态和细节特征进行精确匹配，给出两枚指纹的相似性程度。根据应用的不同，对指纹的相似性程度进行排序或给出是否为同一指纹的判决结果。

在所有生物识别技术中，指纹识别是当前应用最为广泛的一种，在门禁、考勤系统中都可以看到指纹识别技术的身影。市场上还有更多的指纹识别的应用，如便携式计算机、手机、汽车、银行支付等。在计算机使用中，包括许多非常机密的文件保护，大都使用“用户 ID + 密码”的方法来进行用户的身份认证和访问控制。但是，如果一旦密码被忘记，或被别人窃取，计算机系统以及文件的安全就受到了威胁，而使用指纹识别就能有效地解决这一问题。

2. 虹膜识别

人眼睛的外观图由巩膜、虹膜、瞳孔 3 部分构成。巩膜即眼球外围的白色部分，约占总面积的 30%。眼睛中心为瞳孔部分，约占总面积的 5%。虹膜位于巩膜和瞳孔之间，占据总面积的 65%。虹膜在红外光下呈现出丰富的纹理信息，如斑点、条纹、细丝、冠状、隐窝等细节特征。虹膜从婴儿胚胎期的第 3 个月起开始发育，到第 8 个月主要纹理结构已经成形。虹膜是外部可见的，但同时又属于内部组织，位于角膜后面。除非经历身体创伤或白内障等眼部疾病，否则几乎终生不变。虹膜的高度独特性、稳定性及不可更改的特点，是虹膜可用作身份识别的物质基础。

自动虹膜识别系统包含虹膜图像采集、虹膜图像预处理、特征提取和模式匹配几个部分。系统主要涉及硬件和软件两大模块：虹膜图像获取装置和虹膜识别算法。

虹膜图像采集所需要的图像采集装置与指纹识别等其他识别技术不同。由于虹膜受到眼睑、睫毛的遮挡，准确捕获虹膜图像是很困难的，而且为了能够实现远距离拍摄、自动拍摄、用户定位以及准确从人脸图像中获取虹膜图像等，虹膜图像的获取需要设计合理的光学系统，配置必要的光源和电子控制单元。一般来说，虹膜图像采集设备的价格都比较昂贵。

设备准确性的限制常常会造成虹膜图像光照不均等问题，影响纹理分析的效果。因此虹膜图像在采集后一般需要进行图像的增强，提高虹膜识别系统的准确性。

特征提取和匹配是虹膜识别技术中一个重要的部分，国际上常用的识别算法有多种，例如相位分析的方法、给予过零点描述的方法、基于纹理分析的方法等。目前国际上比较有名的 Daugman 识别算法属于相位分析法，它采用 Gabor 小波滤波的方法编码虹膜的相位特征，利用归一化的汉明距离实现特征匹配分类器。

与虹膜识别类似的一种眼部特征识别技术是视网膜识别技术，视网膜是眼睛底部的血液细胞层。视网膜扫描是采用低密度的红外线去捕捉视网膜的独特特征。视网膜识别的优点在于其稳定性高且隐藏性好，使用者无需和设备直接接触，因而不易伪造，但在识别的过程中要求使用者注视接收器并盯着一点，这对于戴眼镜的人来说很不方便，而且与接收器的距离很近，也让人不太舒服。另外，视网膜技术是否会给使用者带来健康的损坏也是一个未知的课题，所以尽管视网膜识别技术本身很好，但用户的接受程度很低。

3. 其他生物识别技术

指纹识别、虹膜识别等生物识别技术属于高级生物特征识别技术，每个生物个体都具有独一无二的该类生物特征，且不易伪造。还有一些生物特征属于次级生物特征，如掌形识别、人脸识别、声音识别、签名识别等。

如人脸识别是根据人的面部特征来进行身份识别的技术，它利用摄像头或照相机记录下被拍摄者眼睛、鼻子、嘴的形状及相对位置等面部特征，然后将其转换成数字信号，再利用计算机进行身份识别。人脸识别是一种常见的身份识别方式，现已被广泛用于公共安全领域。

还有一种生物特征识别技术是深层生物特征识别技术，它们利用的是生物的深层特征，如血管纹理、静脉、DNA 等。如静脉识别系统就是根据血液中的血红素有吸收红外线光的特质，将具有红外线感应度的小型照相机或摄像头对着手指、手掌、手背进行拍照，获取个人静脉分布图，然后进行识别。

3.8 自动识别技术比较

前几节介绍了目前常见的几种自动识别技术。这些技术的性能比较如表 3-2 所示。各种自动识别技术的特点和性能参数决定了它们的应用场合。

表 3-2 各种自动识别技术性能比较

	条码	光学字符识别	语音识别	生物识别	IC 卡	NFC	RFID
数据存储量	1 ~ 100 字节	1 ~ 100 字节	——	——	16 ~ 64 k 字节	2 k 字节	16 ~ 64 k 字节
机器可读性	好	好	耗时	耗时	好	好	好
受污染影响	很严重	很严重	——	——	可能	没影响	没影响
光遮影响	严重	失效	——	可能	没影响	没影响	没影响
方位影响	很小	很小	——	——	需插入（接触式）	没影响	没影响
耐磨损度	易磨损	有条件	——	——	不易磨损	不易磨损	不易磨损
设备成本	低	一般	很高	很高	一般	低	一般
阅读速度	低，4 s	低，4 s	很低，>5 s	很低，5 ~ 10 s	低，4 s	很快，<0.1 s	很快，0.5 s
作用距离	0 ~ 50 cm	<1 cm	0 ~ 50 cm	直接接触（指纹识别等）	直接接触	< =10 cm	0 ~ 10 m
安全性	差	一般	一般	较高	较高	很高	很高

条码作为最早出现的自动识别技术，其成本最低，适用于商品需求量大且数据不必更新的场合。但由于其数据存储量较小，较易磨损且安全性差，因此只能用于一次性的场合。

光学字符识别系统多应用于非键盘的文字输入场合，也用于有一定保密要求的领域，如支票识别、电子防伪等领域。利用 OCR，可以直接将名片添加到手机的通讯录中。

语音识别相比其他识别技术，其设备成本较高，识别速度也较慢，而且是专用于语音信息的一种识别技术。

生物识别是与计算机、光学、声学、生物传感等多种技术密切相连的一种自动识别技术。它具有较高的安全性，不易被伪造，而且具有随时可用的优点，但由于识别设备成本普遍较高，一般也应用于特殊的场合。

卡识别技术相对来讲是一种成本较低的自动识别技术，如 IC 卡，其数据存储量较大，而且数据安全性很高，因此被广泛应用于人们生活的很多领域。但由于其识别时要与读写设备接触，而且触点暴露在外，也有可能会造成损坏。

NFC 从 RFID 演进而来，其性能优势也比较明显，但 NFC 作用距离较短，主要是作为一种短距离的无线通信技术，用于信息交互方面。

综合以上的分析，RFID 技术不论在数据存储量、机器可读性、环境敏感度、设备成本、阅读速度、作用距离和安全性等方面都具有绝对的优势。因此，RFID 技术作为一种优势较大的自动识别技术，将成为物联网最重要的自动识别技术之一。

习题

1. 自动识别技术在物联网中的作用是什么？
2. 什么是条码识别系统？其构成要素有哪些？
3. 二维码识别系统和一维条码识别系统各自能用于哪些领域？
4. RFID 系统由哪几部分组成？各部分的主要功能是什么？
5. RFID 系统电子标签与读写器之间是如何进行能量传输的？
6. 低频、高频、超高频和微波 RFID 系统的特点分别是什么？为什么超高频和微波系统得到越来越多的重视？
7. NFC 与 RFID 两种自动识别技术的区别和联系有哪些？
8. 非接触式 IC 卡和接触式 IC 卡是如何获取工作电压的？
9. 语音识别系统中有哪些常用的特征参数提取技术？
10. 除了本章中提到的自动识别技术外，还有哪些自动识别技术？

第 4 章　嵌入式系统

嵌入式系统是一种专用的计算机系统，它源于 PC（个人计算机），是对 PC 系统的简化，是与 PC 系统并行发展的一个领域。嵌入式系统被广泛应用在工业控制、智能监控等领域，并在微控制系统中发挥着重要作用。

物联网感知层的设备很多都属于嵌入式设备，这些设备基本上都安装有嵌入式操作系统（Embedded Operating System，EOS），从而对设备进行统一的管理和控制，并提供通信组网的功能。

4.1　嵌入式系统的概念和发展

嵌入式系统产生于 20 世纪 70 年代，最早是作为微控制系统出现的，这种系统基于单片机，系统中不植入操作系统，软件开发常常需要直接控制硬件。从 20 世纪 80 年代早期开始，嵌入式设备开始植入嵌入式操作系统，由嵌入式操作系统对硬件进行管理，并为程序员提供标准的编程接口，用于编写嵌入式应用软件，从而获得更短的开发周期、更低的开发资金和更高的开发效率。

4.1.1　嵌入式系统的定义

嵌入式系统（Embedded System）是嵌入式计算机系统的简称。目前，嵌入式系统主要有两种形式的定义。一种是国际电气和电子工程师协会（IEEE）给出的定义，即嵌入式系统是一种实施控制、监视以及辅助机器或者工厂运作的系统。它通常执行特定的功能，以微处理器与周边设备构成核心，具有严格的时序和稳定度的要求，可以自行运行并循环操作。另一种是国内公认的比较全面的定义，即嵌入式系统是一种以应用为中心，以计算机技术为基础，软件、硬件可裁剪，适应应用系统，对功能、可靠性、成本、体积、功耗具有严格要求的专用计算机系统。

嵌入式系统的定义可以简单概括为：嵌入到对象体系中的专用计算机系统。智能手机、电视机机顶盒、微波炉、全自动洗衣机、路由器、水下机器人、传感器节点、RFID 读写器等都是典型的嵌入式设备。

4.1.2　嵌入式系统的特点

嵌入式系统有 3 个基本特点：嵌入性、专用性和处理器。嵌入式系统必须内含微处理器，其软、硬件配置必须依据嵌入对象的要求设计成专用的独立产品。

嵌入式系统作为工业控制领域中的主要组成部分，其自身的功能与特点自然要符合工业应用环境的要求。同时，嵌入式系统越来越多地被应用到社会生活中的消费品领域，其性能以及人机交互等方面也逐步成为当今嵌入式系统一大重要的发展方向。在软件方面，嵌入式操作系统的设计也必须要兼顾嵌入式系统的硬件资源条件，并尽可能完整地满足用户体验的需求。

1. 嵌入式系统的工业特点

嵌入式系统是面向用户、面向产品、面向应用的，如果独立于应用自行发展，则会失去市场。嵌入式处理器的功耗、体积、成本、可靠性、速度、处理能力、电磁兼容性等方面均受到应用要求的制约，这也是各个半导体厂商之间竞争的热点。

与通用计算机不同，嵌入式系统的硬件和软件都必须被高效率地设计，量体裁衣、去除冗余，力争在同样的硅片面积上实现更高的性能，使之在具体应用面前更有竞争力。嵌入式处理器需要针对用户的具体需求，对芯片配置进行裁剪和添加，同时还要考虑用户订货量的制约，从而达到理想的性能。因此不同的处理器面向的用户是不一样的，可能是一般用户、行业用户或单一用户。

嵌入式系统中的软件与通用计算机软件不同，各个行业的应用系统和产品很少发生突然性的跳跃，因此，嵌入式系统中的软件更强调可继承性和技术衔接性，发展比较稳定。嵌入式处理器的发展也体现出稳定性，一个体系一般要存在8~10年的时间。一个体系结构及其相关的片上外设、开发工具、库函数、嵌入式应用产品是一套复杂的知识系统，用户和半导体厂商都不会轻易地放弃一种处理器。

从某种意义上来说，通用计算机行业的技术是垄断的，是由Wintel垄断的工业，即软件采用微软公司的Windows，硬件采用Intel公司的CPU。嵌入式系统则不同，它是一个分散的工业，充满了竞争、机遇与创新，没有哪一个系列的处理器和操作系统能够垄断全部市场。以现在市场中嵌入式操作系统占有量分布为例，仅仅在手机这一应用领域，就包含了Linux、Palm OS、Windows phone 7、Symbian、iOS、RIM、Web OS和Android等近十余种操作系统。因此嵌入式系统领域的产品和技术是高度分散的，留给各行业的中小规模高技术公司的创新余地很大，这种分散特点正好与物联网目前的建设特点相符合。

2. 嵌入式系统的应用特点

嵌入式系统是集软硬件于一体的、可独立工作的计算机系统。从外观上看，嵌入式系统像是一个“可编程”的电子“器件”。从功能上看，它是对宿主对象进行控制，使其具有“智能”的控制器。从应用角度看嵌入式系统有如下特点。

1）专用性强。由于嵌入式系统通常是面向某个特定应用的，所以嵌入式系统的硬件和软件，尤其是软件，都是为特定用户群设计的，通常都具有某种专用性的特点。

2）实时性好。目前，嵌入式系统广泛应用于生产过程控制、数据采集、传输通信等场合，主要用来对宿主对象进行控制，这些都对嵌入式系统有或多或少的实时性要求。例如，武器装备中的嵌入式系统、火箭中的嵌入式系统、一些工业控制装置中的控制系统等对实时性要求就极高。正因为这种实时性要求，在硬件上嵌入式系统极少使用存取速度慢的磁盘等存储器，在软件上更是加以精心设计，从而使其可以快速地响应外部事件。

3）可裁剪性好。为了既不提高成本又满足专用性的需要，嵌入式系统的供应者必须采取相应措施使产品在通用和专用之间达到某种平衡。目前的做法是，把嵌入式系统硬件和操作系统设计成可裁剪的，以便嵌入式系统开发人员可以根据实际应用需要来量体裁衣、去除冗余，从而使系统在满足应用要求的前提下达到最精简的配置。

4）可靠性高。由于有些嵌入式系统所承担的计算任务涉及产品质量、人身设备安全、国家机密等重大事务，加之有些嵌入式系统的宿主对象要工作在无人值守的场合。（例如危险性高的工业环境中、内嵌有嵌入式系统的仪器仪表中、人迹罕至的气象检测系统中以及侦察敌方行动的小型智能装置中等），所以与普通系统相比，嵌入式系统的可靠性要求极高。

5）功耗低。很多嵌入式系统的宿主对象都是一些小型应用系统，例如移动电话、PDA、

MP3、数码相机等，这些设备不可能配备容量较大的电源，因此低功耗一直是嵌入式系统追求的目标。

3. **嵌入式系统的软件特点**

嵌入式系统上的软件必须适应特定的嵌入式设备，使用尽可能少的资源，实现尽可能高的稳定性和性能。

嵌入式系统中的软件一般都固化在存储器芯片中，其中初始化和引导程序存放在存储器的特殊位置，用户一般不能更改。嵌入式操作系统或应用软件也以固件的方式存储，开机后再引导到 RAM 中执行。通常所谓的“复位”就是重新引导嵌入式操作系统，所谓的“刷机”就是更改或重装闪存中的嵌入式操作系统固件。

4.1.3 嵌入式系统的发展阶段

嵌入式系统自产生以来经历了几十年的发展，整个系统的发展主要体现在以控制器为核心的硬件部分和以嵌入式操作系统为主的软件部分。根据嵌入式操作系统的发展过程，可以划分为 3 个比较典型的阶段。

第一阶段是无操作系统的嵌入算法阶段，是以单芯片为核心的可编程控制器形式的系统，同时具有与监测、伺服、指示设备相配合的功能。这种系统大部分应用于一些专业性极强的工业控制系统中，一般没有操作系统的支持，通过汇编语言编程对系统进行直接控制，运行结束后清除内存。这一阶段系统的主要特点是：系统结构和功能都相对单一，处理效率较低，存储容量较小，几乎没有用户接口。由于这种嵌入式系统使用简便、价格很低，以前在国内工业领域应用较为普遍，但是已经远远不能适应高效的、需要大容量存储介质的现代化工业控制和新兴的信息家电等领域的需求。

第二阶段是以嵌入式 CPU 为基础、以简单操作系统为核心的嵌入式系统。这一阶段系统的主要特点是：CPU 种类繁多，通用性比较差；系统开销小，效率高；一般配备系统仿真器，操作系统具有一定的兼容性和扩展性；应用软件较专业，用户界面不够友好；系统主要用来控制负载以及监控应用程序运行。

第三阶段是以通用的嵌入式操作系统为核心的嵌入式系统。这一阶段系统的主要特点是：嵌入式操作系统能运行于各种不同类型的微处理器上，兼容性好；操作系统内核精小，效率高，并且具有高度的模块化和扩展性；具备文件和目录管理、设备支持、多任务、网络支持、图形窗口以及用户界面等功能；具有大量的应用程序接口（API），开发应用程序简单；嵌入式应用软件丰富。这个阶段产生了很多优秀和常用的嵌入式操作系统，从 20 世纪 80 年代开始的 VxWorks 到免费开源的 μC/OS - II、μCLinux、TRON 以及当前竞争极其激烈的 iOS、Android 等，这些操作系统都属于实时嵌入式操作系统。

4.1.4 物联网中的嵌入式系统

物联网中的嵌入式操作系统应该具备互联网功能，每一个独立的系统彼此之间通过互联网相互连接，形成一个分布式数据处理体系，以便更好地提高嵌入式系统的性能。然而，物联网中的嵌入式系统又不同于传统的基于 Internet 为标志的嵌入式系统，传统类型的嵌入式系统是建立在基于分组交换方式的互联网之上，由于传统的互联网仅仅强调通信协议的通达性和开放性，对数据的安全、质量以及实时性都没有过多的要求，直接导致传统类型基于互联网的嵌入式系统不能提供可靠、安全的保证以及实时的功能。传统嵌入式系统的这些缺陷在物联网中将会被突破。

物联网中的嵌入式系统不仅要具备传统互联网络的共享互联特性，同时还对传输数据的实时性、安全可信以及资源保证性提供基本的保障。这必然会对传统嵌入式系统承载网络的“服务质量、安全可信、可控可管”等各个方面提出更高的要求。物联网中的嵌入式系统必然是以基于更高电信级的 IP 网络为标志的嵌入式系统。

在物联网中，嵌入式系统基于的承载网络应具备包括端到端服务质量（QoS）能力、网络自愈能力、业务保护能力、网络安全等基本要素。这需要进一步提升接入网、城域网、骨干网的电信级要求。在可靠网络支持的环境下，嵌入式系统之间的信息交互能力以及信息的质量才能得到极大的保障。物联网嵌入式系统之间交互的特点可以概括为以下功能的体现。

1）系统之间的通信能够保证服务质量。嵌入式设备对于不同的应用场合，可以提供可选的 QoS 保障。

2）系统之间的业务安全具有可靠的保障。移动业务现有的安全系统基于用户卡的鉴权，而基于机器类业务的主要区别在于采集数据和控制外部环境的核心是机器，在现有的业务网络，终端设备和用户卡不具有同等的安全保障，因此，对机器通信安全的支持是物联网下嵌入式设备的一个重要的特点。

3）与传统的嵌入式设备不同，物联网下的嵌入式设备将以 IPv6 地址来标识自己，这样，嵌入式设备将能找到任意一台接入网络的设备。

4）支持群组管理，多个具有相同功能的嵌入式终端设备节点可以组成一个群组，支持对同一群组中的终端设备同时进行相同的操作。

5）支持终端设备远程管理、由于嵌入式终端设备通常情况下是无人值守的，因此嵌入式终端设备的远程管理需求是嵌入式系统应用业务中最基本的一种，需要支持对任何一台终端设备进行远程参数配置和远程软件升级等远程管理功能。

6）支持不同流量的数据传输，例如在视频监控业务中有大量的视频数据需要传输，而在智能抄表业务中只需要传输少量的数据信息。

7）支持多种接入方式，能够支持固定和移动形态的终端设备通过各种方式接入。

8）支持终端设备的扩展性和系统的伸缩性，以便新的终端设备可以方便地加入到网络中来。

9）支持多种信息传递方式，包括单播、组播、任播和广播。

10）支持具有不同移动性的终端设备。有些终端设备是固定的，而另一些终端设备则可能是低速移动或高速移动的，对于移动终端设备可以支持终端设备的漫游与切换，为用户提供一致的业务体验。

11）支持终端设备的休眠模式。由于很多嵌入式终端设备是没有交流电源供电的，对这些终端设备来说，节能很重要，所以有些嵌入式终端设备会在工作一段时间后根据一定的策略转入休眠状态，嵌入式终端设备在休眠过程还要能接收到数据信息。

物联网嵌入式系统的这些典型的特点与需求，对于传统互联网络的 IPv4 地址形式以及网络协议来说，是很难满足的，因此需要引入更高效、安全可靠的网络标准和接入技术。随着 IPv6 的广泛应用，在新的接入技术下，可以把大量的嵌入式终端设备接入到网络中。

在数据安全性方面，物联网中的各种嵌入式设备被广泛应用于人们生活中的各个方面，其可能引发的安全威胁也可由网络世界延伸到物理世界，因此其重要性不言而喻。物联网的安全性考虑主要包括承载嵌入式设备的网络的安全、终端/网关接入网络的安全以及嵌入式系统应用中数据传输的安全等方面。对于嵌入式系统来说，设备之间组建网络的通信安全以及终端设备同互联网关之间的接口安全必然将会被作为物联网嵌入式设备安全方面的重要保证之一。

4.2 嵌入式系统的结构

嵌入式系统是一种专用的计算机应用系统，包括嵌入式系统的硬件和软件两大部分，其中软件部分包含负责硬件初始化的中间层程序、负责软硬件资源分配的系统软件和运行在嵌入式系统上面的应用软件。因此，可以把嵌入式系统的结构分为4层：硬件层、硬件抽象层、系统软件层和应用软件层。

4.2.1 硬件层

嵌入式系统的硬件层由电源管理模块、时钟控制模块、存储器模块、总线模块、数据通信接口模块、可编程开发调试模块、处理器模块、各种控制电路以及外部执行设备模块等组成。对于不同性能、不同厂家的嵌入式微处理器，与其兼容的嵌入式系统内部的结构差异很大，典型的嵌入式系统的硬件体系结构如图4-1所示。嵌入式系统的硬件以嵌入式处理器为核心，目前一般应用场合采用嵌入式微处理器（ARM7或ARM9等）。在信息处理能力要求比较高的场合，可采用嵌入式DSP（数字信号处理器）芯片，以实现高性能的信号处理。

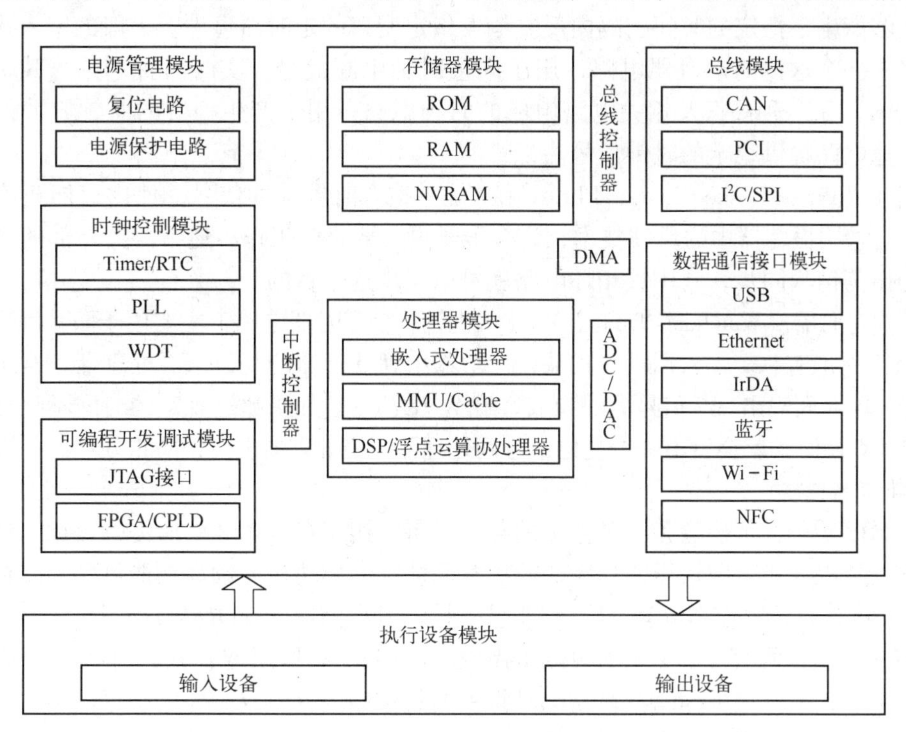

图4-1 嵌入式系统硬件体系结构

图4-1中给出了嵌入式硬件结构模型的基本模块，具体的嵌入式设备并不是包含所有的电路和接口。嵌入式系统的硬件要根据实际应用进行选择或剪裁，以便降低产品的成本和功耗。例如，有些应用场合要求具有USB接口，而有些应用仅仅需要红外数据传输接口等。

1. 电源管理模块

电源管理模块的功能主要是为整个设备提供符合规格的、稳定的电源供应，将电源有效分配给系统的不同组件。通过降低组件闲置时的能耗，可以提高电池寿命，降低系统电源消耗，从而保证硬件系统的正常稳定运行，主要部分有复位电路、电源保护电路等。

复位电路的主要功能是上电复位。为确保嵌入式系统中的电路稳定可靠工作，复位电路是必不可少的一部分。一般处理器电路正常工作需要电源电压为5×（1±5%）V，即4.75～5.25V。由于系统电路是时序数字电路，需要稳定的时钟信号，因此在电源上电时，只有当电压在4.75～5.25V以及晶体振荡器稳定工作时，复位信号才被撤除，系统电路开始正常工作。

电源保护电路主要用于保证稳定电压的供应，防止电压过高或过低以及不稳定的电流对设备中各部分电路的损坏。在嵌入式设备的应用环境中，恶劣自然环境难免存在，比如说强烈的电磁环境、频繁的雷电影响或是潮湿的环境等，都会对设备的电源部分造成一定的影响甚至是损害，去除过高的电压冲击或是不稳定的电流成为嵌入式设备正常运行的一个基础保证。

2. 时钟控制模块

时钟控制模块主要为嵌入式系统设备提供本地产生的稳定的时钟信号，为系统内部部分电路提供所需要的分频或是倍频之后的时钟。其中主要包括Timer/RTC（定时器/实时时钟芯片）、PLL（锁相环）和WDT（看门狗定时器）等。

Timer/RTC指定时器和实时时钟电路。Timer定时器使用本地产生的时钟信号，根据控制信号能够产生在指定的时间间隔内反复触发指定窗口的定时器事件。一般的嵌入式设备之中都有多于一个这样的定时器电路，用于产生时钟中断信号。实时时钟芯片（Real-Time Clock，RTC）是一种晶振及相关电路组成的时钟电路，用于产生稳定的时钟脉冲信号，为系统中其他电路提供稳定的时钟信号。

锁相环（Phase Locked Loop，PLL）用来统一整合时钟脉冲信号，使内存能正确地存取数据。PLL采用振荡器中的反馈技术，许多电子设备要正常工作，通常需要外部的输入信号与内部的振荡信号同步，利用锁相环电路就可以实现这个目的。

看门狗定时器（Watchdog Timer，WDT）也是一个定时器电路，主要用于防止程序发生死循环。WDT一般有一个输入端叫喂狗端，一个输出到处理器的复位端。处理器正常工作的时候，每隔一段时间输出一个信号到喂狗端，给WDT清零。如果超过规定的时间不喂狗（如死循环），WDT超时，就会发出一个复位信号到处理器，使处理器复位，防止处理器死机。

3. 存储器模块

存储器模块包含可擦除和不可擦除的存储设备，用于存放运算中所需的数据、计算出的中间数据以及嵌入式系统执行的程序代码。常用的存储模块按照读写功能可分为随机读写存储器（RAM），只读存储器（ROM）和非易失性随机存储器（NVRAM）。

RAM（随机读写存储器）存储单元的内容可按需随意取出或存入，且存取的速度与存储单元的位置无关。这种存储器在断电时将丢失其存储内容，故主要用于存储短时间使用的程序以及计算处理过程中产生的中间数据。按照存储信息的不同，随机存储器又分为静态随机存储器（Static RAM，SRAM）和动态随机存储器（Dynamic RAM，DRAM），处理器附属的高速缓存 Cache 使用的就是 SRAM，能够获得更高速的指令存取速率，而通用计算机使用的 DDR2 内存就是在 DRAM 技术上开发的。

ROM（只读存储器）在嵌入式系统中主要用作外部程序存储器，其中的内容只能读出，不能被修改，断电情况下，ROM 中的信息不会丢失。如早期的计算机启动用的 BIOS 芯片，同 RAM 相比，ROM 的数据读取速度较低。因为 ROM 在出厂后只能写入一次数据，不能重写，所以现在使用比较少，因此在 ROM 基础上发展来的具有电擦除可重写的 EPROM（可擦除可编程 ROM，通过紫外光的照射擦除原先的程序）和 EEPROM（电子可擦除可编程 ROM，通过电子擦除原先的程序），在一些单片机和早期的手机中有广泛的应用，这些 ROM 一般读出比写入快，价格很高，写入需要比读出更高的电压并且写入程序的时间相当长，比如常听到的将程序“烧”到板子上了，就源于此。

NVRAM（非易失性随机存储器）是指可电擦除的存储器，它们具有 RAM 的可读、写特性，又具有 ROM 停电后信息不丢失的优点，在嵌入式系统中既可作程序存储器，也可作数据存储器用。这一分类是一种概括性的分类，它包含了 ROM 发展出的后续产品，如 EPROM、EEPROM以及 RAM 中的特殊的 SRAM 应用，如带电池的 SRAM，随着可擦除技术的发展，目前 NVRAM 中使用量最大的就是 Flash Memory（闪存）技术。闪存是一种长寿命的非易失性存储器，目前市场上的 U 盘、CF 卡、SM 卡、SD/MMC 卡、记忆棒、XD 卡、MS 卡、TF 卡都是在闪存技术的基础上生产和开发的，这些设备被广泛地应用在手机、数码相机、路由器等电子设备中。

4. 总线模块

总线模块是嵌入式系统中各种功能部件之间传送信息的公共通信干线，它是由导线组成的传输线束。按照所传输的信息种类，总线可以划分为数据总线、地址总线和控制总线，分别用来传输数据、数据地址和控制信号。

控制器局域网（Controller Area Network，CAN）是国际上应用最广泛的现场总线之一。CAN 是一种有效支持分布式控制或实时控制的串行通信总线，基本设计规范要求有高的位速率、高抗电磁干扰性，而且要能够检测出总线的任何错误。与一般的通信总线相比，CAN 总线具有突出的可靠性、实时性和灵活性。

PCI 是一种扩展总线，目前用于高性能的嵌入式系统。早期的 PCI 是一种并行总线，目前的 PCI Express 是串行总线，PCI - E 2.0 的传输速率为 5 GB/s。

I^2C（Inter - Integrated Circuit）和 SPI 总线同属于同步总线，即时钟信号独立于传输的数据。I^2C 是由 Philips 公司开发的两线式串行总线，用于连接微控制器及其外围设备。主要在服务器管理中使用，其中包括单个组件状态的通信。串行外设接口（Serial Peripheral Interface，SPI）总线系统是一种同步串行外设接口，它可以使处理器与各种外围设备以串行方式进行通信。

5. 数据通信接口模块

数据通信接口模块是嵌入式系统与外部设备进行通信的渠道。数据接口模块中包含基于多种通信协议实现的多种通信方式，有 USB、Ethernet、IrDA、蓝牙、Wi - Fi 和 NFC 等。

通用串行总线（Universal Serial Bus，USB）最大的优势就是支持设备的即插即用和热插拔功能。USB 协议版本发展至今经历了 USB 1.0、USB 1.1、USB 2.0，目前 USB 2.0 被广泛应用于各种高速需求 USB 接口设备中，如高速扫描仪等。USB 3.0 技术正在开发，还未公开发布。早期的 USB 1.0 版本指定的数据传输速率为 1.5 Mbit/s（低速）和 12 Mbit/s（全速）。

USB 2.0 版本的数据传输速率为 480 Mbit/s。USB 3.0 版本的速率可达 5 Gbit/s，并且支持全双工。目前便携式移动设备如手机、平板电脑等使用的是欧盟统一的微型 USB 接口规格，即 micro - USB，它比标准的 USB 接头小，具有高达 10 000 次的插拔寿命和强度，并且支持目前 USB 的 OTG 功能，即在没有主机（例如个人计算机）的情况下，便携设备之间可直接实现数据传输，同时兼容 USB 1.1 和 USB 2.0，在传输数据的同时能够为设备充电。

Ethernet（以太网）是应用最为广泛的局域网，速率从 10 Mbit/s 开始，按 10 倍递增，直至 100 Gbit/s。以太网的接口规格 RJ - 45 为 8 针连接器件。利用以太网，设备可以直接无缝接入互联网。

红外数据标准协会（Infrared Data Association，IrDA）表示各种由红外数据标准协会制定的使用红外线进行通信的协议标准，IrDA 1.1 标准中补充的高速红外（Very Fast InfraRed，VFIR）技术能够达到 16 Mbit/s 的数据传输速率。红外数据传输适合小型移动设备短距离、点对点、直线无线通信的场合，如机顶盒、手机、电视遥控器、仪器仪表等。随着 USB 设备和蓝牙的广泛应用，红外通信设备逐步淡出市场，但由于成本低廉，在遥控器中仍被广泛应用。

蓝牙（Bluetooth）是一种短距离无线电技术，采用分散式网络结构以及快跳频和短包技术，支持点对点及点对多点通信，工作在全球通用的 2.4 GHz ISM（即工业、科学、医学）频段，采用时分双工传输方案实现全双工传输，数据速率为 1 Mbit/s。目前最新的蓝牙协议版本是蓝牙 4.0。全球近 100% 的智能手机使用了蓝牙技术。

近场通信（Near Field Communication，NFC）是一种短距离的高频无线通信技术，连接建立时间小于 0.1 s，允许电子设备之间进行非接触式点对点数据传输（在 10 cm 内）交换数据。NFC 在门禁、公交、RFID 读写器以及手机支付等领域有着广泛的应用前景。目前 Android 嵌入式系统的 2.3.3 版本已经全面支持 NFC 技术，并向开发人员全面开放了 NFC 读/写功能。iOS 系统也将在即将发布的 iOS 4.3 系统中增加 NFC 技术的支持。

Wi - Fi（Wireless Fidelity）是一种无线局域网技术，最新版本是 802.11n，可以将 WLAN 的传输速率由目前 802.11a 及 802.11g 提供的 54 Mbit/s 提高到 300 Mbit/s 甚至 600 Mbit/s。

6. 可编程开发调试模块

可编程开发调试模块包含了一组可以进行单独定制开发及测试的拓展设备，在没有操作系统的设备上，可以使用可编程拓展模块开发出所需要的文件系统、图形系统等，这部分模块包含 FPGA 和 CPLD 以及专门用来进行测试的 JTAG 接口。

现场可编程门阵列（Field - Programmable Gate Array，FPGA）是一种半定制电路，既解决了定制电路的不足，又克服了原有可编程器件门电路数有限的缺点。FPGA 内部包括可配置逻辑模块 CLB（Configurable Logic Block）、输出/输入模块 IOB（Input/Output Block）和内部连线(Interconnect)3 个部分。FPGA 是由存放在片内 RAM 中的程序来设置其工作状态的，工作时需要对片内的 RAM 进行编程。用户可以根据不同的配置模式，采用不同的编程方式。加电时，FPGA 芯片将 EPROM 中的数据读入片内编程 RAM 中，配置完成后，FPGA 进入工作状态。掉电后，FPGA 恢复成白片，内部逻辑关系消失，因此，FPGA 能够反复使用。FPGA 的编程无需专用的 FPGA 编程器，只需用通用的 EPROM、PROM 编程器即可。当需要修改 FPGA 功能时，只需换一片 EPROM 即可。这样，同一片 FPGA，不同的编程数据可以产生不同的电路功能。

复杂可编程逻辑器件（Complex Programmable Logic Device，CPLD）是一种用户根据各自需要而自行构造逻辑功能的数字集成电路。其基本设计方法是借助集成开发软件平台，用原理图、硬件描述语言等方法，生成相应的目标文件，通过下载电缆（针对于系统编程）将代码传送到目标芯片中，实现设计的数字系统。CPLD 具有编程灵活、集成度高、设计开发周期短、适用范围宽、开发工具先进、设计制造成本低、对设计者的硬件经验要求低、标准产品无需测试、保密性强、价格大众化等特点，可实现较大规模的电路设计，因此被广泛应用于网络、仪器仪表、汽车电子、数控机床、航天测控设备等方面。同 FPGA 相比，在编程方式上，CPLD 主要是基于 EEPROM 或闪存编程，编程次数可达一万次，优点是系统断电时编程信息也不丢失。CPLD 又可分为编程器编程和在线编程两类。FPGA 大部分是基于 SRAM 编程，编程信息在系统断电时丢失，每次上电时，需从器件外部将编程数据重新写入 SRAM 中，其优点是可以编程任意次，可在工作中快速编程，从而实现板级和系统级的动态配置。

联合测试行动小组（Joint Test Action Group，JTAG）协议是一种国际标准测试协议，主要用于芯片内部测试。多数的高级器件都支持 JTAG 协议，如 DSP、FPGA 器件等。标准的 JTAG 接口是4 线：TMS、TCK、TDI 和 TDO，分别为模式选择、时钟、数据输入和数据输出线。JTAG 最初是用来对芯片进行测试的，JTAG 的基本原理是在器件内部定义一个测试访问口（Test Access Port，TAP）通过专用的 JTAG 测试工具对内部节点进行测试。JTAG 测试允许多个器件通过 JTAG 接口串联在一起，形成一个 JTAG 链，能实现对各个器件分别测试。现在，JTAG 接口还常用于实现在线编程（In－System Programmable，ISP），对闪存等器件进行编程，可以有效提高工程开发效率。

7. 处理器模块

处理器模块是嵌入式系统的核心，主要用于处理数据、执行程序等，与通用的 PC 处理器相比，嵌入式处理器具有体积小、重量轻、成本低、可靠性高、功耗低、适应性强和功能专用性强等特点。

嵌入式微处理器（EMPU）目前主要有 ARM 系列，后面将介绍各种嵌入式处理器。目前很多嵌入式微处理器已经包含了内存管理单元（Memory Management Unit，MMU）、高速缓存（Cache）和浮点运算协处理器。

MMU 负责虚拟地址与物理地址之间的映射，提供硬件机制的内存访问授权。高速缓存用于存放由主存调入的指令与数据块，加快处理器的存取速度。浮点运算协处理器用于提高浮点运算的能力。

嵌入式 DSP 处理器（Embedded Digital Signal Processor，EDSP）对系统结构和指令进行了特殊设计，更适合于执行 DSP（数字信号处理）算法，编译效率较高，指令执行速度也较快，在数字滤波、快速傅里叶变换、谱分析等方面有广泛的应用。

8. 各种控制电路

控制电路集成于嵌入式系统中，用于控制功能模块正常运行以及完成信号形式的转换，包含中断控制器、总线控制器、DMA 和 ADC/DAC 等。

中断控制器是一种集成电路芯片，它将中断接口与优先级判断等功能汇集于一身，可以中断 CPU 当前运行的任务，执行终端服务程序，如定时器中断等。

总线控制器（System Management Bus）主要用于低速系统的内部通信，它是由两条线组成的总线，用来控制主板上的器件并收集相应的信息。通过总线，器件之间可相互发送和接收消息，而无需单独的控制线，这样可以节省器件的管脚数。

直接内存存取（Direct Memory Access，DMA）允许不同速度的硬件装置之间进行数据传输，将数据从一个地址空间复制到另外一个地址空间，而无需处理器的直接参与。当处理器给 DMA 发出传输指令后，传输动作本身是由 DMA 控制器来完成的。DMA 传输对于高效能的嵌入式系统算法和高速网络的数据传输非常重要。

ADC/DAC（模拟数字转换/数字模拟转换）用于将系统内部的数字信号转换为模拟信号输出，或是将外部输入的模拟信号转换为系统所需的数字信号。

9. 外部执行设备模块

外部执行设备模块是嵌入式系统的支撑部分，可分为输入设备和输出设备。

输入设备作为嵌入式系统的外围电路之一，为系统提供原始数据、电源供应等多种输入，如为嵌入式设备提供电源的外接太阳能电池板、获取产品信息的 RFID 电子阅读器、条码扫描仪以及采集各种环境变化量的传感器设备等。

输出设备也是嵌入式系统的组成部分，作为嵌入式系统的外围电路之一，用于将嵌入式设备处理之后的结果表现出来，如液晶显示器、铃声报警器等。

4.2.2 硬件抽象层

硬件抽象层（Hardware Abstract Layer，HAL）也称为中间层或板级支持包（Board Support Package，BSP），它在操作系统与硬件电路之间提供软件接口，用于将硬件抽象化，也就是说用户可以通过程序来控制处理器、I/O 接口和存储器等硬件，从而使上层的设备驱动程序与下层的硬件设备无关，提高了上层软件系统的可移植性。

硬件抽象层包含系统启动时对指定硬件的初始化、硬件设备的配置、数据的输入或输出操作等，为驱动程序提供访问硬件的手段，同时引导、装载系统软件或嵌入式操作系统。

4.2.3 系统软件层

根据嵌入式设备类型及应用的不同，系统软件层的划分略有不同。部分嵌入式设备考虑到功耗、应用环境的不同，不具有嵌入式操作系统。这种系统通过设备内部的可编程拓展模块，同样可以为用户提供基于底层驱动的文件系统和图形用户接口，如市场上大部分的电子词典以及带有液晶屏幕的 MP3 等设备。这些系统上的图形界面软件以及文件系统软件同样属于系统软件层的范围。而对于装载有嵌入式操作系统（EOS）的嵌入式设备来说，系统软件层自然就是 EOS。在 EOS 中包含有图形用户界面、文件存储系统等多种系统层的软件支持接口。当然，对于嵌入式系统而言，EOS 并不是必需的，但是随着对嵌入式系统功能的要求越来越高，EOS 逐渐成为嵌入式系统必不可少的组成部分，如目前广泛流行的各种智能手机等电子设备就都有 EOS。

嵌入式操作系统是嵌入式应用软件的开发平台，它是保存在非易失性存储器中的系统软件，用户的其他应用程序都建立在嵌入式操作系统之上。嵌入式操作系统使得嵌入式应用软件的开发效率大大提高，减少了嵌入式系统应用开发的周期和工作量，并且极大地提高了嵌入式软件的可移植性。为了满足嵌入式系统的要求，嵌入式操作系统必须包含操作系统的一些最基本的功能，并且向用户提供 API（应用程序编程接口）函数，使应用程序能够调用操作系统提供的各种功能。

嵌入式操作系统通常包括与硬件相关的底层驱动程序软件、系统内核、设备驱动接口、通信协议、图形界面、标准化浏览器等。设备驱动程序用于对系统安装的硬件设备进行底层驱动，为上层软件提供调用的 API 接口。上层软件只需调用驱动程序提供的 API 方法，而不必关心设备的具体操作，便可以控制硬件设备。此外驱动程序还具备完善的错误处理函数，以便对程序的运行安全进行保障和调试。

典型的嵌入式操作系统都具有编码体积小、面向应用、实时性强、可移植性好、可靠性高以及专用性强等特点。随着嵌入式系统的处理和存储能力的增强，嵌入式操作系统与通用操作系统的差别将越来越小。后面将具体介绍一些典型的嵌入式操作系统实例。

4.2.4 应用软件层

应用软件层就是嵌入式系统为解决各种具体应用而开发出的软件，如便携式移动设备上面的电量监控程序、绘图程序等。针对嵌入式设备的区别，应用软件层可以分为两类。一类是在不具有嵌入式操作系统的嵌入式设备上，应用软件层包括使用汇编程序或C语言程序针对指定的应用开发出来的各种可执行程序。另一类就是在目前广泛流行的搭载嵌入式操作系统的嵌入式设备上，用户使用嵌入式操作系统提供的API函数，通过操作和调用系统资源而开发出来的各种可执行程序。

4.3 嵌入式处理器的分类

嵌入式处理器主要分为4类：嵌入式微控制器、嵌入式数字信号处理器、嵌入式微处理单元MPU和片上系统SoC。

4.3.1 嵌入式微控制器

嵌入式微控制器（Embedded Microcontroller Unit，EMCU）又称为单片机，从20世纪70年代末出现到今天，这种8位的电子器件在工业控制、电器产品、物流运输等领域一直有着极其广泛的应用。

单片机芯片内部集成了ROM/EPROM、RAM、总线、总线逻辑、定时/计数器、看门狗、I/O、串口、脉宽调制输出、A/D、D/A、Flash RAM、EEPROM等，支持I^2C、CAN总线、LCD等各种必要的功能和接口。

嵌入式微控制器的典型产品包括8051、MCS-251、MCS-96/196/296、P51XA、C166/167、68K系列以及MCU 8XC930/931、C540和C541等。

4.3.2 嵌入式数字信号处理器

嵌入式数字信号处理器（Embedded Digital Signal Processor，EDSP）是专门用于信号处理方面的处理器，在系统结构和指令算法方面进行了特殊设计，具有很高的编译效率和指令执行速度。在数字滤波、FFT（快速傅里叶变换）、谱分析等各种仪器上，DSP获得了大规模的应用。

DSP的理论算法在20世纪70年代就已经出现，但是由于专门的DSP处理器还未出现，所以这种理论算法只能通过MPU（微处理器）等分立元件实现。MPU较低的处理速度无法满足DSP的算法要求，其应用领域仅仅局限于一些尖端的高科技领域。随着大规模集成电路技术的发展，1982年世界上诞生了首枚DSP芯片。DSP运算速度比MPU快了几十倍，在语音合成和编码解码器中得到了广泛应用。到20世纪80年代中期，随着CMOS技术的进步与发展，第二代基于CMOS工艺的DSP芯片应运而生，其存储容量和运算速度都得到成倍提高，成为语音处理、图像硬件处理技术的基础。到20世纪80年代后期，DSP的运算速度进一步提高，应用领域也扩大到了通信和计算机方面。20世纪90年代后，DSP发展到了第五代产品，广泛应用于数码产品和网络接入。2006年，TI公司推出了TMS320C62X/C67X、

TMS320C64X 等第六代 DSP 芯片，集成度更高，使用范围也更加广阔。

比较有代表性的嵌入式数字信号处理器是 TI 公司的 TMS320 系列和 Motorola 公司的 DSP56000 系列。TMS320 系列包括用于控制的 C2000 系列、移动通信的 C5000 系列以及性能更高的 C6000 和 C8000 系列。DSP56000 系列目前已经发展成为 DSP56000、DSP56100、DSP56200 和 DSP56300 几个不同系列的处理器。另外 Philips 公司也推出了基于可重置技术的嵌入式数字信号处理器结构，并且使用低成本、低功耗技术制造出了 REAL DSP 处理器，其特点是具备双哈佛结构和双乘/累加单元，致力于面向大批消费类产品市场。

4.3.3 嵌入式微处理单元 MPU

嵌入式微处理单元（Embedded Microprocessor Unit，EMPU）是将运算器和控制器集成在一个芯片内的集成电路。采用微处理单元构成计算机必须外加存储器和 I/O 接口。在嵌入式应用中，一般将微处理单元、ROM、RAM、总线接口和各种外设接口等器件安装在一块电路板上，称为单板机（Single - Board Computer，SBC）。

嵌入式微处理器的特征是具有 32 位以上的处理器，具有较高的性能，当然其价格也相应较高。但与计算机通用处理器不同的是，在实际嵌入式应用中，只保留和嵌入式应用紧密相关的功能硬件，去除其他的冗余功能部分，这样就以最低的功耗和资源实现嵌入式应用的特殊要求。和工业控制计算机相比，嵌入式微处理器具有体积小、重量轻、成本低、可靠性高的优点。主要的嵌入式处理器类型有 MIPS、ARM 系列等。其中 ARM 是专为手持设备开发的嵌入式微处理器，价位属于中档。

ARM 处理器同其他嵌入式微处理器一样，属于 RISC（精简指令集计算机）处理器，而通常所用的计算机上的 CPU 是 CISC（复杂指令集计算机）处理器。RISC 处理器多用在手机或者移动式便携产品上，特点是单次执行效率低，但是执行次数多。CISC 处理器的特点是单次执行效率高，但是执行次数少。

ARM 内核分为 ARM7、ARM9、ARM10、ARM11 以及 StrongARM 等几类，其中每一类又根据其各自包含的功能模块而分成多种构成。常用的 ARM7 体系结构的芯片有 Cirrus Logic 公司的CL - PS7500FE/EP7211、Hyundai 公司的 GMS30C7201、Linkup 公司的 L7200 以及Samsung公司的 KS32C4100/50100 等。此外，TI、LSI Logic、NS、NEC 和 Philips 等公司也生产相应的 ARM7 芯片。这些芯片虽然型号不同，但在内核上是相同的，因而在软件编程和调试上是相同的，被广泛应用于 PDA、机顶盒、DVD、POS、GPS、手机以及智能终端等设备上。

4.3.4 片上系统 SoC

片上系统（System on Chip，SoC）的设计技术始于 20 世纪 90 年代中期。随着半导体工艺技术的发展，大规模复杂功能的集成电路设计能够在单硅片上实现，SoC 正是在集成电路（IC）向集成系统（IS）转变的大方向下产生的。1994 年 Motorola 发布的 Flex Core 系统（用来制作基于 68000 和 PowerPC 的定制微处理器）和 1995 年 LSI Logic 公司为 Sony 公司设计的 SoC，可能是基于 IP（Intellectual Property，知识产权）核完成 SoC 设计的最早报导。IP 核是指具有确定功能的 IC 模块。由于 SoC 可以充分利用已有的设计积累，显著提高了 ASIC 的设计能力，因此发展非常迅速。

片上系统也称为系统级芯片，它是一个产品，是一个有专用目标的集成电路，其中包含完整系统并有嵌入软件的全部内容。同时它又是一种技术，用以实现从确定系统功能开始，到软/硬件划分，并完成设计的整个过程。从狭义角度讲，它是信息系统核心的芯片集成，是将系统关键部件集成在一块芯片上。从广义角度讲，SoC 是一个微小型系统，如果说中央处理器（CPU）是大脑，那么 SoC 就是包括大脑、心脏、眼睛和手的系统。SoC 的定义是：将微处理器、模拟 IP 核、数字 IP 核和存储器（或片外存储控制接口）集成在单一芯片上的一种客户定制的或者面向特定用途的标准产品。

SoC 定义的基本内容主要表现在两方面：一是其构成，二是其形成过程。SoC 的构成可以是系统级芯片控制逻辑模块、微处理器/微控制器 CPU 内核模块、数字信号处理器 DSP 模块、嵌入的存储器模块、外部进行通信的接口模块、含有 ADC /DAC 的模拟前端模块、电源、功耗管理模块、用户定义逻辑（它可以由 FPGA 或 ASIC 实现）以及微电子机械模块。无线 SoC 还具有射频前端模块。更重要的是，一个 SoC 芯片内嵌有基本软件（RDOS 或 COS 以及其他应用软件）模块或可载入的用户软件等。

SoC 设计的关键技术主要包括总线架构技术、IP 核可复用技术、软硬件协同设计技术、SoC 验证技术、可测性设计技术、低功耗设计技术、超深亚微米电路实现技术等，此外还要做嵌入式软件移植、开发研究，是一门跨学科的新兴研究领域。

SoC 按指令集主要划分为 x86 系列（如 SiS550）、ARM 系列（如 OMAP）、MIPS 系列（如 Au1500）和类指令系列（如 M3 Core）等几类。国内研制开发者的研究主要基于后两者，如中科院计算所中科 SoC（基于龙芯，兼容 MIPSⅢ指令集）、北大众志（定义少许特殊指令）、方舟 2 号（自定义指令集）、国芯 C3 Core（继承 M3 Core）等。

4.4 嵌入式操作系统

嵌入式操作系统负责嵌入式系统的软硬件资源分配和任务调度，并控制和协调所有的并发活动。早期的嵌入式系统很多都不用操作系统，它们都是为了实现某些特定功能，使用一个简单的循环控制对外界的请求进行处理，不具备现代操作系统的基本特征（如进程管理、存储管理、设备管理、网络通信等）。但随着控制系统适用性越来越复杂，应用的范围越来越广泛，缺少操作系统就受到了很大的限制。20 世纪 80 年代以来，出现了各种各样的商用嵌入式操作系统，如 TRON、VxWorks、μC/OS - Ⅱ、TinyOS、嵌入式 Linux、Palm OS、Windows phone7、Symbian OS、iOS 和 Android 等。本节重点介绍几种比较典型的嵌入式操作系统。

4.4.1 μC/OS - Ⅱ

μC/OS - Ⅱ是一个可裁剪、源代码开放、结构小巧、抢先式的实时嵌入式操作系统（RTOS），主要用于中小型嵌入式系统。该系统专门为计算机的嵌入式应用设计，绝大部分代码是用 C 语言编写的，CPU 硬件相关部分是用汇编语言编写的、总量约 200 行的汇编语言部分被压缩到最低限度，为的是便于移植到其他任何一种 CPU 上。

μC/OS - Ⅱ具有执行效率高、占用空间小、可移植性强、实时性能好和可扩展性强等优点，可支持多达 64 个任务，支持大多数的嵌入式微处理器，商业应用需要付费。

μC/OS - Ⅱ的前身是 μC/OS，最早出自于 1992 年美国嵌入式系统专家 Jean J. Labrosse 在《嵌入式系统编程》杂志上的文章连载，μC/OS 的源码也同时发布在该杂志的 BBS 上。

用户只要有标准的 ANSI 的 C 交叉编译器，同时有汇编器、连接器等软件工具，就可以将 μC/OS - Ⅱ嵌入到开发的产品中。μC/OS - Ⅱ最小内核可编译至 2 KB，经测试，可被成功移植到几乎所有知名的 CPU 上。

严格地说，μC/OS－Ⅱ只是一个实时操作系统内核，仅仅包含了任务调度、任务管理、时间管理、内存管理以及任务间的通信和同步等基本功能，没有提供输入输出管理、文件系统、网络等额外的服务。但由于 μC/OS－Ⅱ良好的可扩展性和源码开放，上述那些非必需的功能完全可以由用户自己根据需要分别实现。

μC/OS－Ⅱ的目标是实现一个基于优先级调度的抢占式的实时内核，并在这个内核之上提供最基本的系统服务，如信号量、邮箱、消息队列、内存管理和中断管理等。

4.4.2 TRON

TRON（实时操作系统内核）是 1984 年由日本东京大学开发的一种开放式的实时操作系统，其目的是建立一种泛在的计算环境。泛在计算（普适计算）就是将无数嵌入式系统用开放式网络连接在一起协同工作，它是未来嵌入式技术的终极应用。TRON 广泛使用在手机、数码相机、传真机、汽车引擎控制、无线传感器节点等领域，成为实现普适计算环境的重要的嵌入操作系统之一。

以 TRON 为基础的 T－Engine/T－Kernel 为开发人员提供了一个嵌入式系统的开放式标准平台。T－Engine 提供标准化的硬件结构，T－Kernel 提供标准化的开源实时操作系统内核。

T－Engine 由硬件和软件环境组成，其中软件环境包括设备驱动、中间件、开发环境、系统安全等部分，是一个完整的嵌入式计算平台。硬件环境包括 4 种系列产品：便携式计算机和手机；家电和计量测绘机器；照明器具、开关、锁具等所用的硬币大小的嵌入式平台；传感器节点和静止物体控制所用的单芯片平台。

T－Kernel 是在 T－Engine 标准上运行的标准实时嵌入式操作系统软件，具有实时性高、动态资源管理等特点。

4.4.3 嵌入式 Linux

嵌入式 Linux 是以 Linux 为基础的嵌入式操作系统，广泛应用于手机、个人数字助理（PDA）、媒体播放器、智能家电产品和航空航天等领域。

嵌入式 Linux 是将桌面 Linux 操作系统进行裁剪修改，使之能在嵌入式设备上运行的一种操作系统。嵌入式 Linux 代码开放，完全免费，有许多公开的代码可以参考和移植，移植比较容易，而且有许多应用软件的支持，产品开发周期短，新产品上市迅速。

Linux 是一个跨平台的系统，适应于多种嵌入式微处理器和多种硬件平台。Linux 的最小内核只有 134 KB 左右，更新的速度很快，对各种网络和 TCP/IP 提供完整的支持，能够提供很多工具供程序员使用。目前已有多种嵌入式 Linux 版本，如 Embedix、LEM、LOAF、μCLinux、PizzaBox Linux 和红旗嵌入式 Linux 等。

4.4.4 iOS

iOS 是由苹果公司为智能便携式设备开发的操作系统，主要用于 iPhone 手机和 iPad 平板计算机等。iOS 源于苹果计算机的 Mac OS X 操作系统，都以 Darwin 为基础。Darwin 是由苹果公司于 2000 年发布的一个开源操作系统。iOS 原名为 iPhone OS，直到 2010 年 6 月的 WWDC（苹果计算机全球研发者大会）大会上才宣布改名为 iOS。iOS 的系统架构分为 4 个层次：核心操作系统层、核心服务层、媒体层和可轻触层，如图 4-2 所示。

核心操作系统层是iOS的最底层，iOS是基于Mac OS X开发的，两者具有很多共同点。该层包含了很多基础性的类库，如底层数据类型、Bonjour服务（Bonjour服务是指用来提供设备和计算机通信的服务）和网络套接字（套接字提供网络通信编程的接口）类库等。

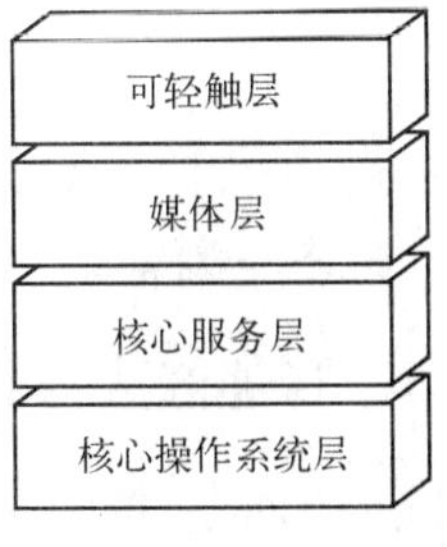

图4-2　iOS系统架构

核心服务层为应用软件的开发提供API（应用程序编程接口）。服务层包括了Foundation（包含基础框架支持类）核心类库、CFNetwork（网络应用支持类）类库、SQLite（嵌入式设备中使用的一种轻量级数据库）访问类库、访问POSIX（可移植操作系统接口）线程类库和UNIX sockets（套接字）通信类库等。

媒体层包含了基本的类库来支持2D和3D的界面绘制、音频和视频的播放，当然也包括了较高层次的动画引擎。

可轻触层提供了面向对象的集合类、文件管理类和网络操作类等。该层中的UIKit（用户界面开发包）框架提供了可视化的编程方式，能提供一些非常实用的功能，如访问用户的通讯录和照片集，支持重力感应器或其他硬件设备。

2011年，苹果推出了iOS 5操作系统，新增200个功能，侧重于云计算和基于地理位置的服务。

4.4.5　Android

Android作为便携式移动设备的主流操作系统之一，其发展速度超过了以往任何一种移动设备操作系统。Android的最初部署目标是手机领域，包括智能手机和更廉价的翻盖手机。由于其全面的计算服务和丰富的功能支持，目前已经扩展到手机市场以外，某些智能电表、云电视、智能冰箱等采用的就是Android系统。

Android是基于Linux内核的开源嵌入式操作系统。Android系统形成一个软件栈，其软件主要分为3层：操作系统核心、中间件和应用程序。具体来说，Android体系结构从底层向上主要分为内核、实时运行库、支持库、应用程序框架和应用程序5个部分。

1）Linux内核。Android基于Linux提供核心系统服务，例如：安全、内存管理、进程管理、网络堆栈和驱动模型。核心层也作为硬件和软件之间的抽象层，用以隐藏具体硬件细节，从而为上层提供统一的服务。

2）Android实时运行库。Android实时运行库（Runtime）包含一个核心库的集合和Dalvik虚拟机。核心库为Java语言提供核心类库中可用的功能。Dalvik虚拟机是Android应用程序的运行环境，每一个Android应用程序都是Dalvik虚拟机中的实例，运行在对应的进程中。Dalvik虚拟机的可执行文件格式是.dex，该格式是专为Dalvik设计的一种压缩格式，适合内存和处理器速度有限的系统。大多数虚拟机包括JVM（Java虚拟机）都是基于栈的，而Dalvik虚拟机则是基于寄存器的。两种架构各有优劣，一般而言，基于栈的机器需要更多的指令，而基于寄存器的机器指令更大。Dalvik虚拟机需要依赖Linux内核提供的基本功能，如线程和底层内存管理等。

3）支持库。Android包含了一个C/C++库的集合，供Android系统的各个组件使用。这些功能通过Android的应用程序框架提供给开发者。

4）应用程序框架。通过提供开放的开发平台，Android使开发者能够编写极其丰富和新颖的应用程序。开发者可以自由地利用设备硬件优势，访问位置信息，运行后台服务，设置闹钟以及向状态栏添加通知等。开发者还可以完全使用核心应用程序所使用的框架 API。应用程序框架旨在简化组件的重用，任何应用程序都能发布他的功能且任何其他应用程序都可以使用这些功能（需要服从框架执行的安全限制），这一机制允许用户替换组件。

5）应用程序。Android 装配一组核心应用程序集合，包括电子邮件客户端、SMS 程序、日历、地图、浏览器、联系人和其他设置。

4.4.6 其他嵌入式操作系统

除了上面提到的嵌入式操作系统外，还有一些用于特定设备或行业的操作系统，如军事领域的 VxWorks；用于 PDA 的 Palm OS；用于手机的 Symbian OS、Windows Phone 7 等；用于路由器的 IOS（思科公司）、VRP（华为公司）等；用于无线传感器网络中传感器节点的 TinyOS 等。

1. VxWorks

VxWorks 操作系统是美国风河公司于 1983 年设计开发的一种嵌入式实时操作系统。VxWorks具有良好的持续发展能力、高性能的内核以及友好的用户开发环境，在嵌入式实时操作系统领域占据一席之地。VxWorks 以其良好的可靠性和卓越的实时性被广泛应用在通信、军事、航空、航天等高精尖技术以及实时性要求极高的领域中，如卫星通信、军事演习、弹道制导、飞机导航等。在美国的 F－16 战斗机、FA－18 战斗机、B－2 隐形轰炸机和爱国者导弹上，甚至连 1997 年 4 月在火星表面登陆的火星探测器上都使用到了 VxWorks。

Vxworks 支持多种处理器，如 X86、i960、Sun Sparc、Motorola MC68000、MIPS RX000、Power PC、Strong ARM、XScale 等，其主要缺点是价格昂贵，大多数的 Vxworks 的 API 都是专用的。

2. Symbian OS

Symbian OS 是 Symbian 公司为手机而设计的操作系统，包含联合的数据库、使用者界面架构和公共工具的参考实现。Symbian 被 Nokia 收购后，Symbian 以开放源代码的形式推向公众。随着 Android 系统和 iOS 迅速占据手机操作系统市场，Symbian 已失去智能手机操作系统的主导地位。

Symbian OS 的架构与很多桌面型操作系统相似，它包含多任务、多运行队列和存储器保护功能。Symbian OS 使用事件驱动机制，当应用程序没有处理事件时微处理器会被关闭，通过这些技术，电池的使用效率得到了很大的提升。

3. Windows Phone 7

Windows Phone 7 是微软公司推出的便携式设备操作系统，是对 Windows Mobile 系统的重大突破。Windows Mobile 采用 Windows CE 架构，致力于智能手机和移动设备的开发。Windows CE 操作系统是一个 32 位、多任务、多线程、具有很好的可扩展性和开放性的嵌入式操作系统。它集成了电源管理功能，有效延长了移动设备的待机时间，支持 Internet 接入、收发电子邮件和浏览互联网等功能。

Windows Phone 7 对硬件配置的要求比较高，支持多点触控、3G、蓝牙、Wi－Fi 等技术，完全兼容 Silverlight 应用以及 XNA 框架游戏开发，与微软公司的其他产品与服务紧密相连。2011 年 2 月诺基亚公司与微软合作，共同促进 Windows Phone 7 的推广。

Windows Phone 7 注重对多媒体、游戏、互联网和办公软件的支持，越来越具备通用计算机操作系统的功能。这说明随着处理器的微型化和处理能力的增强，嵌入式系统与通用计算机之间的界限也越来越模糊，如智能手机已经与手持式计算机没有多大区别了，而且功能更强。

4.5 嵌入式系统的开发

嵌入式系统的应用开发按其硬件的不同主要分为单片机平台上的应用开发与智能操作系统上的应用软件开发。单片机上的应用开发更贴近于对底层硬件的直接操作，主要使用汇编语言或C语言进行开发。智能系统上的开发近似于PC上应用软件的开发，使用的开发语言更为高级，底层功能的操作也比较少。

4.5.1 单片机平台上的嵌入式应用开发

单片机是无线传感器设备的重要组成部分，其典型的特点是功耗低、成本低、体积小和自组网等，充分适用于小型控制与监控系统的运行与应用。基于单片机上的嵌入式系统开发涉及硬件和软件两个方面。

1. 硬件设备

嵌入式设备中最常见的单片机是MCS-51系列单片机。51系列单片机具有标准化的设计体系，拥有完备的地址总线和数据总线，便于外部扩展，指令处理方式与Intel推出的高端处理器处理方式基本相同。51系列单片机具有一套完整的位处理器，也可称作布尔处理器。在处理数据时，处理的对象不是字或字节，而是位。因此51系列单片机可以高效地对片内具有特殊功能的寄存器进行置位、复位、传输、测试以及逻辑运算等操作，提高了单片机的处理效率。目前，很多嵌入式系统的专用核心芯片在其芯片内部集成了MCS-51微处理器。

AVR系列单片机是Atmel公司推出的一款单片机，主要特点是高性能、高速度和低功耗。它通过用时钟周期替代机器周期作为指令周期，采用流水化作业模式，大大缩小了指令执行的平均时间，提高了数据运算的速度。与MCS-51系列单片机相比，AVR单片机仅有32个通用寄存器，而51系列单片机有128个通用寄存器，AVR在处理复杂程序时性能有所降低。AVR单片机大部分的指令都是单周期指令，通常时钟范围在4～8MHz之间，被广泛应用于无线传感器网络节点设备上。

2. 软件环境

单片机的软件开发涉及开发环境和开发语言的选择。结合所使用的单片机产品，选择一个合适的开发工具能够达到事半功倍的效果。早期的单片机使用汇编语言进行开发，再通过汇编软件把程序员的汇编程序转换为单片机可以识别并执行的机器语言（常保存为.bin或.hex格式）。常见的MCS-51单片机的汇编软件是A51。

使用汇编语言开发单片机应用是一个比较冗繁的工作，往往一个简单的乘除法需要大块的代码才能够实现，极大影响了软件开发的效率。随着单片机技术的发展，高级语言逐渐被引用到了单片机应用开发之中，目前C语言成为单片机开发的主要编程语言。同汇编语言相比，C语言具有较高的可读性和可维护性，在功能和结构上也有比较大的优势。当然，C语言程序在效率上往往低于汇编程序，同样功能的总代码生成量，汇编程序会比C语言程序低20%左右。

选择一种开发语言之后，接下来需要选择一个开发平台。开发平台能够提供源代码的编译、连接和目标代码生成等功能，并将目标代码下载到指定单片机或接口上，同时提供仿真以及目标调试功能。常见的单片机开发平台有ICC、CVAVR、GCC、Keil uVersion等。

ICC集成开发环境包括一个Application Builder的代码生成器，可以设置MCU（微处理器）所具有的中断、内存、定时器、IO端口、UART（异步串口）、SPI等外围设备，从而自动生成初始化外围设备的代码，简化了程序的初始配置功能的开发。此外，ICC 通过环境中所带的一个终端程序，可以发送和接收 ASCII 码，提供了对设备的调试功能。

CVAVR 是一个针对 AVR 单片机的集成开发环境，内带一个 CodeWizard 代码生成器，可以生成外围器件的相应初始化代码，风格类似于 Keil C51 代码。CVAVR 集成了较多常用的外围器件操作函数和一个代码生成向导，同时集成了串口/并口 AVRISP 等下载烧写功能，简化了开发工作。

3. 开发实例

下面以 IOT-SCMMB 型单片机开发板为例，使用 WinAVR 集成开发环境，介绍基于单片机的嵌入式应用软件的开发流程。

单片机开发板 IOT-SCMMB 的构造如图 4-3 所示，它基于低功耗微处理器芯片 ATmega128A，射频部分提供统一射频接口，可支持 CC1000 与 CC2420 射频模块，极大方便了不同用户的需求。另外，开发板上集成了步进电机、数码管、USB 口、串口、LCD 液晶、蜂鸣器、LED 小灯、传感器板接口等。整个系统采用了通用的接口插槽，将传感、处理和通信等模块分离开，可以按照不同的应用需求进行不同的扩展。

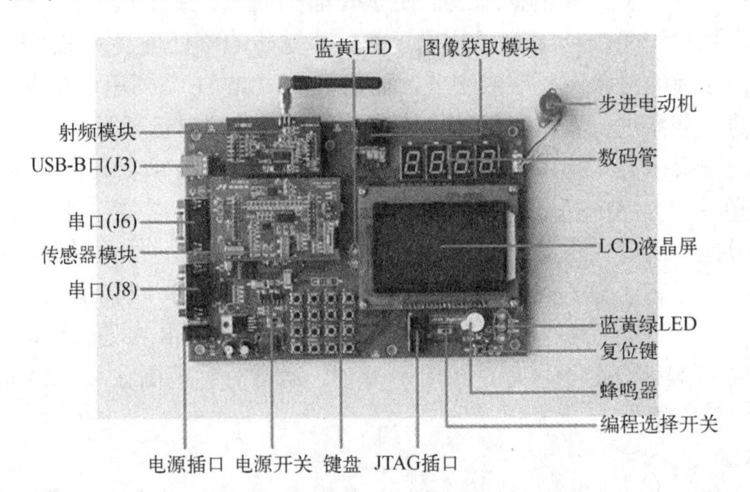

图 4-3　IOT-SCMMB 型单片机开发板结构实物图

IOT-SCMMB 开发板的参数特征主要有：8 位 RISC 结构的处理器 ATmega128A；存储芯片为 128 KB 的闪存、4 KB 的 EEPROM、4 KB 的内部 SRAM；支持可替换的 CC1000 与 CC2420 射频模块，方便不同应用的需求（433 MHz、2.4 GHz 频段开发）；支持高精度温湿度、三轴加速度、陀螺仪等传感器，可方便用于环境监测、定位等应用；配有带中文字库的 LCD，支持 LCD 液晶屏实时显示功能；支持 USB 与 UART 等串口，方便笔记本电脑等的调试；供电方式为 +9V 电源适配器。

开发应用软件的步骤如下。

1）在计算机上安装软件开发环境 WinAVR 和 AVRStudio 软件，以便进行程序的编译和调试。

2）利用开发环境调试 C 语言程序。

3）把 C 语言程序编译成 .hex 文件，即在单片机上可执行的程序。

4）把编程器的 JTAG 插头插到开发板上的 JTAG 插口中，把 JTAG 插口右侧的白色开关拨到左侧，把编程器通过串口连接到计算机上。

5）利用开发环境把.hex 文件下载到开发板上。

6）测试程序在开发板上的运行情况。

4.5.2 智能终端上的嵌入式应用开发

智能手机、云电视、智能冰箱、智能抄表、机顶盒以及导航仪等都是基于嵌入式操作系统的嵌入式设备。基于智能平台的开发主要是在嵌入式操作系统上进行的应用软件的开发，目前市场上常见的智能终端平台主要有 Windows Phone 7、iOS 和 Android 等操作系统。

1. 智能终端开发平台

每种嵌入式操作系统都有自己所特有的开发语言和开发平台。下面介绍 Windows Phone 7、iOS 和 Andriod 的开发环境。

1）Windows Phone 7 系统上的应用软件主要使用 C#作为其开发语言。C#是微软开发的一种计算机高级语言，它主要是从 C 和 C + +继承而来，同其他计算机语言相比，C#更像 Java，同属于面向对象的计算机编程语言。

Windows Phone 7 系统上的应用开发仅能够在 Windows Vista 和 Windows 7 操作系统上进行。Windows Phone Developer Tools CTP 开发组件包括调试运行的设备模拟器、基于 XAML（微软公司为构建应用程序用户界面而创建的一种新的描述性语言）的事件驱动应用程序开发平台、游戏开发平台等。

Windows Phone 7 系统的集成开发环境是 Visual Studio 2010 Express for Windows Phone，它包括 C#和 XAML 代码编辑、简单界面的布局与设计、编译开发程序、手机模拟器、部署程序以及调试程序等功能。同时，微软为开发者与用户提供了免费版的 Visual Studio（可视化集成开发环境）和 SQL Server（数据库服务器）。

2）iOS 系统上的应用程序使用 Objective-C 语言编写。Objective-C 简称 OC，支持面向对象编程，提供了定义类、方法和属性的语法。Objective-C 是 C 语言的超集，因此很容易将 C 甚至 C + +代码添加到 iOS 的应用程序里。iOS 系统上的应用程序框架重用了许多 Mac 操作系统的成熟模式，但是它更多地专注于触摸的接口和优化，因此使得苹果手机和其他苹果智能产品获得了更为流畅的用户体验。

iOS 系统上的软件开发平台主要是在安装有 Mac 操作系统的苹果计算机上进行，也可以在装有 Windows 系统的计算机上安装虚拟机（一种安装在已有的操作系统之上，用于构建其他操作系统环境的软件），通过在虚拟机上安装 Mac 系统来构建 iOS 操作系统的开发环境。

iOS 系统的开发环境是 Xcode，它是 iOS 系统的开发工具套件，支持项目管理、编辑代码、构建可执行程序、代码级调试、代码的版本管理和性能调优等。开发 iOS 应用首先需要下载 iOS SDK（软件开发包），之后在 Mac 系统计算机上运行 Xcode 开发工具，开发好的应用可以在苹果的智能终端上运行调试，也可以在 iOS SDK 提供的苹果手机模拟器上测试。

3）Android 系统主要使用 Java 语言开发软件应用，当然，通过 NDK（Android 对外发布的本地开发包），开发人员也可以使用 C 语言进行软件应用开发。Android 系统上的基于 Java 语言开发的应用软件不同于其他的 Java 程序，Android 系统上使用 Java 开发的程序是运行在 Android 系统底层的 Davik 虚拟机上的，而其他系统平台上的 Java 程序主要是运行在 JVM 虚拟机上的。Davik 虚拟机更适合于嵌入式设备，能够使嵌入式设备上的 Java 程序运行效率更高。

Android 系统上的应用开发可以在多种操作系统上进行，如 Windows、Linux 等。基于 Java 的开发环境主要是eclipse。eclipse是一个开放源代码的、基于Java的可扩展开发平台，开发者通过各种插件、组件构建相应的开发环境。在Android系统应用开发方面，开发者通过在eclipse上安装ADT（Android Developer Tool，安卓开发工具）插件，完成系统开发环境的搭建。

2. Android系统开发实例

在Android操作系统上进行嵌入式应用开发，可以通过SDK开发包使用Java语言实现，也可以通过NDK开发包使用C语言实现。本实例将采用Java语言完成实例程序开发流程的演示，开发步骤如下。

1）下载JDK 6 Update 27开发包（用于提供Java语言支持）、eclipse-jee-indigo-win32. zip（eclipse IDE软件开发环境）、android-sdk_r12-windows. zip（Android SDK Android系统上软件应用开发支持包）以及ADT12. 0. 0（用于搭建eclipse开发Android应用环境的eclipse插件），做好开发环境搭建的准备工作。

2）安装下载好的JDK 6 Update 27，搭建Java运行环境，解压eclipse-jee-indigo-win32. zip，启动Android系统集成开发工具。

3）解压android-sdk_r12-windows. zip，启动Android系统SDK开发包管理软件，在线下载Android SDK开发包。

4）安装ADT插件，启动Android系统集成开发工具eclipse，配置eclipse开发环境参数，加载Android SDK和JDK。

5）应用eclipse开发工具编写、编译Android系统应用程序。

6）启动模拟器，将应用软件发布到Android模拟器上，调试、运行应用软件。模拟器的运行效果如图4-4所示。

图4-4　Android智能系统平台实例软件运行效果

4.6　嵌入式系统的应用领域

正是因为嵌入式系统的微型化使更多的物体具有了一定的智能，嵌入式系统组网能力的增强使物-物通信成为可能，因此，嵌入式设备成为物联网感知层的主要设备，广泛应用于工业自动化、交通管理、智能家电、商业应用、环境保护和网络设备等物联网领域。

4.6.1　工业自动化

在工业自动化方面，嵌入式设备一个比较典型的应用就是智能工业控制网络系统，该系统由传感器、执行设备、显示和数据记录设备等组成，用于监视和控制电气设备。通常除遇到系统不能自愈的故障需要人工干预排除外，均可自动实现监控功能。在工业应用中，该系统使用各种传感器终端监视设备的运行状态、采集模拟输入量，将数据通过网络传给主控设备，显示或记录数据，并由主控的嵌入式设备根据数据库参数进行分析计算，将结果反馈给执行设备，控制或调整被监控设备的运行状态等。

智能仪表是嵌入式系统在工业自动化方面的又一典型应用。在新一代的工业控制网络系统中，更为强大的智能仪表和控制器被广泛应用，一批面向工业控制的嵌入式系统应势而生，目前已经有大量8位、16位、32位嵌入式微控制器应用在工业过程控制、数字机床、电力系统、电网安全、电网设备监测、石油化工等领域。嵌入式系统的智能联网功能，极大地提高了生产效率和产品质量，降低了人力资源的消耗。

4.6.2 商业应用

嵌入式系统在商业领域应用很多，其中典型的应用就是在超市、商场、酒店等商业服务场所使用的POS机。POS机使用的是嵌入式技术，通过给嵌入式微控制器增加输入、扫描、显示等外部执行设备，实现商品的输入、显示、统计、打印和结账功能，同时还可与后台计算机进行数据通信，实现后台的进销存管理等功能。

POS机需要有较大的存储容量，可以存储长达一两年的流水账记录和商品及其特征的数据。POS机应具有接入互联网的功能，方便将各个分店的收款机和计算机组成行业网络，使通信变得方便、高速、廉价。POS机需要具备文件系统和数据访问引擎，以便快速实施数据的检索，并与计算机的数据实现无缝连接，以方便后台的管理。POS机必须支持各种I/O接口，如USB、PS2、IC卡、无线通信等，以便实现一些特殊的功能，如饭店触摸点菜等。

目前，通用的POS机都有嵌入式操作系统和ARM的32位处理器，支持电子键盘、以太网和USB，支持TCP/IP、FTP等协议和FAT16/32文件系统，从而可构成局域网，用ADSL、以太网等方式接入互联网，也可以用调制解调器通过电话网实现一对一的远程通信。

4.6.3 网络设备

路由器、交换机等网络互联设备一般使用各公司自己的嵌入式操作系统，如华为公司的通用路由平台（Versatile Routing Platform，VRP）、思科公司的思科网络操作系统（Cisco Internetwork Operating System，IOS）等。这些嵌入式操作系统主要提供网络互联和用户访问控制等功能，用户可以通过路由器的控制台接口配置路由器的名字、网络参数等。

以华为路由器为例，路由器加电后首先运行开机自检，然后在闪存中查找嵌入式操作系统VRP软件，将VRP加载到路由器的RAM中，再由VRP加载闪存中的配置文件，从而完成整个路由器启动的初始配置。CPU是路由器的核心器件，通常在中低端路由器中，CPU负责交换路由信息、路由表查找以及转发数据包的工作。CPU的能力直接影响路由器的吞吐量（路由表查找时间）和路由计算能力（影响网络路由收敛时间）。在高端路由器中，数据包的转发和查表由ASIC芯片完成，CPU主要用于实现路由协议、计算路由以及分发路由表。

从路由器的层次上来看，从下到上由底层设备、硬件驱动、引导程序、嵌入式操作系统、路由程序等部分构成。从硬件构成上来看，一般的路由器都具有用于处理数据、执行程序的微处理器，具有用于存储路由表的非易失性存储设备，具有用于程序运行和存储程序运行过程产生的中间数据的 RAM。

4.7 嵌入式系统的前景

嵌入式系统已经从简单的分离元件的控制、单板机、单片机一直发展到现在带有操作系统的一个高集成度系统，与 PC 的界限也越来越模糊。

4.7.1 嵌入式系统的现状

从 20 世纪 90 年代开始，嵌入式技术全面展开，目前已成为各种电子产品的共同发展方向。在通信领域，手机、交换机、路由器、网关、机顶盒等设备全部采用嵌入式技术。在消费电子市场，MP3、MP4、游戏机、各种智能家电等已经使嵌入式系统进入多媒体甚至互联网时代。对于企业专用的解决方案，如物流管理、条码扫描、移动信息采集等，小型手持嵌入式系统将发挥巨大的作用。在自动控制领域，ATM 机、自动售货机、工控机等嵌入式系统在发挥着巨大的作用。

在硬件方面，不仅有各大公司的微处理器芯片，还有用于学习和研发的各种配套开发包。一些专用设备的核心芯片不仅集成了微处理器、DSP 等，甚至集成了音频、视频编解码等多媒体处理能力。

在软件方面，大量的嵌入式应用软件层出不穷。除了商品化的嵌入式实时操作系统，免费开源的资源也不少。这对于从事嵌入式系统的研发人员来说，无疑缩短了开发周期。

在技术应用方面，嵌入式技术已经成为国内 IT 产业发展的核心方向，是物联网智能特点的实际体现。我国软件行业有 40% 的产值来自嵌入式软件，包括智能卡、手机、水表、信息家电、汽车甚至飞机等领域。如今各种智能手机、平板电脑不断冲击着智能便携式移动设备的市场，嵌入式操作系统的功能已经越来越接近通用的 PC 操作系统。

4.7.2 嵌入式系统的技术瓶颈

尽管嵌入式系统发展迅速，但仍存在很多限制其发展的因素，并逐渐成为制约其发展的瓶颈。

在硬件方面，嵌入式系统因其设备使用的环境以及设备自身的大小，限制了其自身资源的大小。嵌入式设备往往被用于无人值守的恶劣环境，自身能量的维持成为一个重要的限制因素。此外，随着嵌入式设备软件系统的规模与需求的不断提高，嵌入式设备上所提供的内存、CPU 处理速度和电力维持都成为限制嵌入式软件系统性能提升的制约瓶颈。典型移动嵌入式系统的主要能耗部件包括嵌入式微处理器、内存、LCD 及背光、电源转换部件、DSP、外设控制器等。在这些元件中，有些元件能耗固定，有些元件可在不同时间段工作并有多种可控的耗能状态，后者的有效使用成为嵌入式系统节能的关键所在。因此，对于嵌入式系统自身资源的整合与优化逐渐成为迫切需要解决的主要问题。

在软件方面，目前嵌入式市场的需求标准越来越高，这就要求在嵌入式系统上运行的软件需要有更好的人机界面、更优的操作性能和更舒适的用户体验。然而简单地提高设备性能和指标，又会制约嵌入式设备的体积要求。

在人才领域方面，由于嵌入式系统的硬件、软件、应用环境千差万别，因此嵌入式技术人员的精力主要花在不同的硬件、软件及其代码的开发上，极大影响了嵌入式系统开发的效率。

在知识产权垄断方面，嵌入式技术领域一些成熟的技术专利往往被几家大公司所垄断，对于想要进入这个行业的其他厂商造成了比较高的准入门槛，一般厂商不得不花费巨大的费用向大公司购买专利使用授权，这无疑限制了产业的发展。

4.7.3 嵌入式系统的发展趋势

嵌入式系统涉及的产品极为广泛，其应用的领域也随着它的发展愈加全面，但无论是体积越来越小、不带有嵌入式操作系统的控制和传感设备，还是功能越来越丰富、搭载嵌入式操作系统的智能产品，它们的发展方向都将随着物联网的出现走向协同化和网络化。设备的互联互通和数据的协同处理必将成为未来嵌入式系统共同的发展趋势。

嵌入式设备为了适应物联网物－物通信的要求，必然内嵌各种网络通信接口。嵌入式处理器已经开始内嵌网络接口，除了支持 TCP/IP，还支持 IEEE1394、USB、CAN、Bluetooth 或 IrDA 通信接口中的一种或者几种，同时提供相应的网络协议软件和物理层驱动软件。在某些嵌入式设备上加载 Web 浏览器，就可以实现随时随地用各种设备上网。

数据协同处理是普适计算的特征，嵌入式系统是物联网普适计算的技术基础。随着物联网技术的发展与普及，嵌入式系统将会迎来更大的需求与发展。随着嵌入式系统处理能力和无线通信能力的增强，处处有计算机，却处处不见计算机，整个物联网将会进入无人干预的全自动智能处理的新阶段。

习题

1. 什么是嵌入式系统？你是否认同“嵌入式系统是除通用计算机之外的所有包含处理器的控制系统”的观点？
2. 简述嵌入式系统的发展过程。
3. 什么是嵌入式处理器？嵌入式处理器分为哪几类？
4. 单片机是不是嵌入式系统？它与 ARM 嵌入式系统有何异同？
5. 从软件系统来看，嵌入式系统由哪几部分组成？
6. 兼顾嵌入式系统的硬件和软件层次结构，简要画出嵌入式系统的组成框架。
7. 什么是嵌入式操作系统？为何要使用嵌入式操作系统？
8. 嵌入式系统与通用计算机之间的区别是什么？
9. 嵌入式操作系统的作用是什么？
10. 列举现在比较流行的几种嵌入式操作系统，并分别简述它们的区别与特点。
11. 简要画出 Android 系统体系结构，并说明其运行的内核基于哪种系统。
12. 未来物联网时代背景下，智能信息家电应具有哪些基本特征？
13. 举出几个嵌入式系统应用的例子，通过查资料和独立思考，说明这些嵌入式系统产品主要由哪几部分组成，每个组成部分完成什么功能。

第5章　定位技术

在物联网中存在着各种各样的物品信息，位置信息是所有物品共有的信息，因此，如何获取位置信息就成为物联网感知层的重要研究内容。

定位技术的不断发展使物联网的应用更加生活化和大众化。在日常生活中，移动定位服务不仅可以让人们随时了解自己所处的位置，还可以提供实时移动地图、紧急呼叫救援或物品追踪等扩展功能服务，而这些服务的实现都需要定位技术的支撑。定位技术种类繁多，有室外定位，也有室内定位，由于侧重点不同，其要求的定位性能也有所不同。

5.1　定位技术概述

定位是指在一个时空参照系中确定物理实体地理位置的过程。定位技术以探测移动物体的位置为主要目标，在军事或日常生活中利用这些位置信息为人们提供各式各样的服务，因此定位服务的关键前提就是地理位置信息的获取。

定位服务是通过无线通信网络提供的，是构成众多服务应用的基石。用户可以利用定位服务随时随地获取所需信息，如人们在开车时使用 GPS 定位自动导航，让导航仪自动计算出到达目的地的最优路线。

5.1.1　定位的性能指标

移动定位技术涉及移动无线通信、数学、地理信息和计算机科学等多个学科。定位系统中的位置信息有物理和抽象两种，物理位置信息是指被定位物体具体在物理或数学层面上的位置数据，如 GPS 定位系统探测到一栋建筑物位于北纬 39°42′11″、东经 118°16′41″、海拔 230 m 等。抽象位置信息则描述为这栋建筑物位于公园的树林中或校园的主教学楼附近等。不同的应用程序需要的位置信息抽象层次也不尽相同，或为物理，或为抽象，而物理位置信息也可以转换并映射为抽象位置信息。

定位的性能指标主要有两个：定位精度和定位准确度。定位精度是指物体位置信息与其真实位置之间的接近程度，即测量值与真实值的误差。定位准确度是指定位的可信度。孤立地评价二者中任意一方面都没有太大的意义。因此，在评价某个定位系统的性能时，通常描述其可以在 95%（定位准确度）的概率下定位到 10 m（定位精度）的范围。定位精度越高，相应的定位准确度就越低，反之亦然，因此通常需要在二者之间进行权衡。通常室内应用所需的定位精度要比室外高得多，人们一般通过增加定位设备的密度或综合使用多种不同的定位技术来同时提高定位系统的精度和准确度。

5.1.2　定位技术的分类

在无线定位技术中，需要先测量无线电波的传输时间、幅度和相位等参数，然后利用特定算法对参数进行计算，从而判断被测物体的位置。这些计算工作可以由终端来完成，也可以由网络来完成。

根据测量和计算实体的不同，定位技术分为基于终端的定位技术、基于网络的定位技术和混合定位 3 大类。

按照定位系统或网络的不同，定位技术可分为基于卫星导航系统的定位、基于蜂窝基站的定位和基于无线局域网的定位。

按照计算方法的不同，定位技术可分为基于三角和运算的定位、基于场景分析的定位和基于临近关系的定位 3 种。

基于三角和运算的定位利用几何三角的关系计算被测物体的位置，是最主要、应用最为广泛的一种定位技术，也可细分为基于距离或角度的测量。

基于场景分析的定位可以对特定环境进行抽象和形式化，用一些具体量化的参数描述定位环境中的各个位置，并用一个特征数据库把采集到的信息集成在一起，该技术常常在无线局域网定位系统当中使用。

基于临近关系的定位是根据待定物体与一个或多个已知位置参考点的临近关系进行定位，这种定位技术需要使用唯一的标识确定已知的各个位置，如移动蜂窝网络中的基于小区的定位。

5.1.3 定位技术在物联网中的发展

物联网的初衷是将生活中的全部实物都虚拟为计算机世界的一个标签，然后通过传感器网络或小型局域网等不同的接入方式接入到全球网络当中。无论使用哪种接入方式，都离不开位置信息，但物联网的环境多变与网络异构的特点使得不同设备在不同环境下的准确定位成为定位技术在物联网中的新挑战。在实际应用中，常需要根据物联网变化多端的应用环境选择适当的定位技术，或者将其中几种技术兼容使用。定位技术要在物联网中变得更加成熟还有很长一段路要走。

物联网中定位技术与移动终端的结合衍生出了一些新的应用领域，其中最能体现价值的就是基于位置的服务（LBS），它使定位技术的应用更加贴近生活，展现出了广阔的市场前景。由于位置信息十分丰富，其所能体现出的价值变得更加具有实际意义，这样，物联网环境中的信息安全和隐私保护又成为了一个重要的话题，因此，如何对隐私信息进行有效保护也成为物联网应用是否可以普及的重要因素之一。

5.2 基于移动终端的定位

基于移动终端的定位就是由终端自主完成定位计算，大致可分为测量和计算两个步骤，测量时需要专门的定位系统提供支持。在物联网中，最常见的定位系统是卫星导航系统。目前在全球范围内提供定位服务的卫星导航系统有 4 个：GPS、GLONASS、伽利略和北斗。

5.2.1 全球定位系统 GPS

全球定位系统（Global Positioning System，GPS）是一个高精度、全天候、全球性的无线导航定位、定时多功能系统，是随着现代航天及无线通信科学技术而发展起来的，应用在生活、工业和军事等方面的各个领域。

1973 年美国国防部开始建立 GPS 全球定位系统，并于 1978 年发射第一颗 GPS 实验卫星，到 1995 年 GPS 已经能够提供快速可靠的三维空间定位。GPS 的发展经历了从军事应用到民用的过程，首屈一指的是在汽车导航和交通管理上的应用。GPS 的民用定位精度最高可达 10 米，在有精度需求的应用中，如研究地壳运动、大地测量、道路工程方面，利用多点长期的接收，并通过误差修正及数据处理，也可以得到毫米级的精度。

GPS 系统是一个中距离圆形轨道卫星导航系统，由空间卫星系统、地面监控系统和 GPS 接收机 3 部分组成，可以为地球表面 98% 的地区提供准确的定位、测速和高精度的时间服务。

1. 空间卫星系统

空间卫星系统由 24 颗 GPS 卫星（21 颗工作，3 颗备用）组成，这些卫星位于距地表 20200 千米的上空，均匀分布在 6 个轨道面上，每个轨道面 4 颗。这些卫星每 12 个小时环绕地球一圈，轨道面倾角为 55 度，从而保证用户端在全球任何地方、任何时间都可以观测到 4 颗以上的卫星。

每颗卫星内部均安装两台高精度的铷原子钟和两台铯原子钟，并计划采用更稳定的氢原子钟（其频率稳定度高于 10^{-14}）进行更为精准的同步。GPS 卫星发送的信号均源于频率为 10.23GHz 的基准信号，利用基准信号可以在载波 L1（1575.42MHz）及 L2（1227.60 MHz）上调制出不同的伪随机码。GPS 卫星利用伪码发射导航电文，导航电文的作用是为用户提供卫星轨道参数、卫星时钟参数、卫星状态信息等。整个导航电文的内容每 12.5 min 重复一次。GPS 接收机通过解析伪随机码得到卫星到接收机的距离，由于含有接收机卫星钟的误差及大气传播误差，故称为伪距。

2. 地面监控系统

地面监控系统由主控站、上行数据传送站和监测站组成。主控站位于美国科罗拉多州的空军基地，主要负责管理、协调整个地面控制系统的工作，如管理所有定位卫星、监测站、传送站和地面天线。

上行数据传送站也称为上行注入站，主要负责将主控站计算出的卫星星历和卫星钟的修改数据及指令等注入卫星的存储器中。卫星星历就是通过卫星轨道等参数由地面控制站计算出的每颗卫星的位置。上行注入站每天需注入 3 次，每次注入 14 天的星历。

监测站有 4 个，设有 GPS 用户接收机、原子钟、收集当地气象数据的传感器和进行数据初步处理的计算机等，主要负责对卫星的运行状况进行监测，包括伪距测试、积分多普勒观测和气象要素信息采集等。

3. GPS 接收机

GPS 接收机主要负责捕获按一定卫星高度截止角所选择的待测卫星信号，并跟踪这些卫星的运行，对所接收到的 GPS 信号进行变换、放大和处理，以便测量出 GPS 信号从卫星到接收机天线的传播时间，解译出 GPS 卫星所发送的导航电文，实时地计算出待测终端的三维位置。

GPS 定位常用的坐标系是经纬度坐标（LAT/LON）和海拔高度。由于地球并不是标准的球体，测出的高度会有一定误差，因此有些 GPS 接收机内置了气压表，希望通过多个渠道获得高度数据，以综合得出最终的海拔高度，从而提高 GPS 的定位准确度和精度。

4. GPS 定位原理

GPS 在定位时首先确定时间基准，获取电磁波从卫星到被测点的传播时间，从而得到卫星到被测点的距离。GPS 接收机至少需要知道 3 颗卫星的位置，再利用三点定位原理计算出被测点的空间位置，最后进行数据修正。

卫星的位置可以根据星载时钟所记录的时间在卫星星历中查出。空间中所有 GPS 卫星所播发的星历，均由地面监控系统提供。GPS 卫星不断地发射导航电文，导航电文里包含有卫星星历。当用户接收到导航电文时，提取出卫星时间，并将其与自己的时钟做对比，再利用导航电文中的卫星星历数据，推算出卫星发射电文时所处的位置，以此得知卫星到用户的距离，从而在大地坐标系中确定位置、速度等信息。

由于用户接收机使用的时钟与卫星星载时钟不可能总是同步，而时钟的精确度对定位的精度有着极大的影响，所以除了用户的三维坐标 x、y、z 外，还要引进一个 Δt，即卫星与接收机之间的时间差作为未知数，然后用 4 个方程将 4 个未知数解出来。因此，接收机至少需要接收到 4 颗卫星的信号。目前 GPS 接收机一般可以同时接收 12 颗卫星的信号。

GPS 定位包括静态和动态两种类型。在静态定位中，GPS 接收机的位置固定不变。在动态定位中，GPS 接收机位于一个运动载体（如行进中的船舰、飞机、车辆等）上，在跟踪 GPS 卫星的过程中也相对地球而运动，因此需实时地计算运动载体的状态参数，包括瞬间三维位置和三维速度等。

5.2.2 其他定位导航系统

目前全球卫星定位系统除了美国的 GPS 外，还有俄罗斯的格洛纳斯（GLONASS）、欧盟的伽利略（GALILEO）和中国的北斗。

GLONASS 系统于 2007 年开始运营，标准配置为 24 颗卫星，其中 18 颗卫星就能保证为俄罗斯境内用户提供全部服务。

伽利略定位系统预计将于 2014 年投入运营。伽利略系统一共有 30 颗卫星，其中 27 颗卫星为工作卫星，3 颗候补。卫星高度为 24126 km，分别位于 3 个倾角为 56°的轨道平面内。

北斗卫星导航系统由空间端、地面端和用户端 3 部分组成。空间端包括 5 颗静止轨道卫星和 30 颗非静止轨道卫星。地面端包括主控站、注入站和监测站等若干地面站。用户端则由北斗用户终端以及 GPS、GLONASS 和伽利略系统兼容的终端组成。截至 2012 年 2 月，已有 11 颗北斗导航卫星被送入太空预定轨道。

5.3 基于网络的定位技术

GPS 定位时需要首先寻找卫星，初始定位慢，设备耗能高，在建筑内部、地下和恶劣环境中，经常接收不到 GPS 信号，或者接收到的信号不可靠。因此，基于移动通信网络和短距离无线通信网络的定位技术应运而生。

5.3.1 基于移动通信网络的定位

目前大部分的 GSM、CDMA、3G 等移动通信网络均采用蜂窝网络架构，即将网络中的通信区域划分为一个个蜂窝小区。通常每个小区有一个对应的基站，移动设备要通过基站才能接入网络进行通信，因此在移动设备进行移动通信时，利用其连接的基站即可定位该移动设备的位置，这就是基于移动通信网络的定位。这种定位技术中只要已知至少3个基站的空间坐标以及各个基站与移动终端间的距离，就可根据信号到达的时间、角度或强度等信息计算出终端的位置。

手机等移动设备最适合使用基于移动通信网络的定位技术，但要考虑如何有效地保护用户的位置隐私以及如何提高移动终端定位的准确度等。

基于移动通信网络的定位技术通常包括蜂窝小区定位（COO）、到达时间（TOA）、到达时间差分（TDOA）、到达角度（AOA）和增强观测时间差分（E-OTD）等几种方式。

1. 小区定位

小区定位（Cell of Origin，COO）是一种单基站定位方法，它以移动设备所处基站的蜂窝小区作为移动设备的坐标，利用小区标识进行定位。小区定位的精度取决于蜂窝小区覆盖的范围，如覆盖半径为50 m，则误差最大为50 m，而通过增加终端到基站的来回传播时长、把终端定位在以基站天线为中心的环内等措施，可以提高小区定位的精度。小区定位的最大优点是确定位置信息的响应时间很短（只需2～3 s），而且不用升级终端和网络，可直接向用户提供位置服务，应用比较广泛。不过由于小区定位的精度不高，在需要提供紧急位置服务时，可能会有所影响。

2. 基于到达时间和时间差的定位

基于到达时间（Time of Arrival，TOA）和到达时间差（Time Difference of Arrival，TDOA）的定位是在小区定位的基础上利用多个基站同时测量的定位方法。

TOA与GPS定位的方法相似，首先通过测量电波传输时间，获得终端和至少3个基站之间的距离，然后得出终端的二维坐标，也就是3个基站以自身位置为圆心，以各自测得的距离为半径做出的3个圆的交点。TOA方法对时钟同步精度要求很高，但是由于基站时钟的精度不如GPS卫星，而且多径效应等影响也会使测量结果产生误差，因此TOA的定位精度也会受到影响。

TDOA定位技术主要通过信号到达两个基站的时间差来抵消掉时钟不同步带来的误差，是一种基于距离差的测量方法。该技术中通常采用3个不同的基站，此时可以测量到两个TDOA，再以任意两个基站为焦点和终端到这两个焦点的距离差，做出一个双曲线方程，则移动终端在两个TDOA决定的双曲线的交点上。该定位方法在实际使用中一般取得多组测量结果，通过最小二乘法来减小误差。TDOA的定位精度比COO稍好，但响应时间较长。

以GSM网络为例，其网络中与定位相关的设备有LMU（位置测量单元）、SMLC（移动定位中心）和GMLC（移动定位中心网关）等。其中LMU通常安装在蜂窝基站中，配合基站收发器（BTS）一起使用，负责对信号从终端传送到周围的基站所需的时间进行测量和综合，以计算终端的准确位置。LMU可支持多种定位方式，其测量可分为针对一个移动终端的定位测量和针对特定地理区域中所有移动终端的辅助测量两类。LMU的初始值、时间指令等其他信息可预先设置或通过SMLC提供，最后LMU会将得到的所有定位和辅助信息提供给相关的SMLC。SMLC用于管理所有用于手机定位的资源，计算最终定位结果和精度。SMLC通常分为基于NSS（网络子系统）和基于BSS（基站子系统）两种类型。GMLC则是LCS（外部位置服务）用户进入移动通信网络的第一个节点。如图5-1所示给出了GSM的定位网络结构及接口。

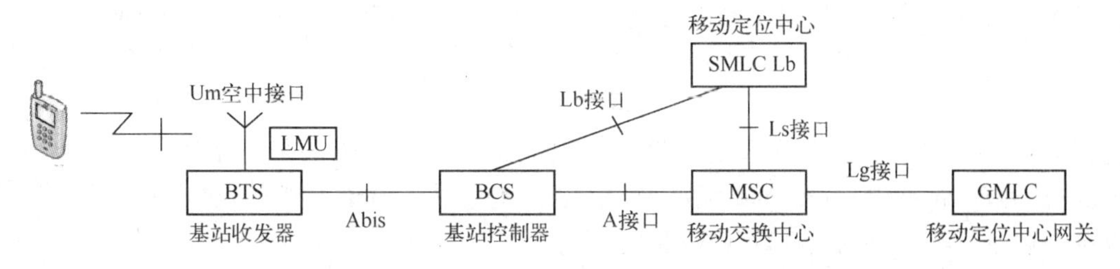

图 5-1　GSM 的定位网络结构及接口

在 GSM 网络中要想采用 TDOA 方案，首先需在每个基站增加一个 LMU，以测量终端发出的接入突发脉冲或常规突发脉冲的到达时刻，这样当请求定位的手机发出接入突发信号时，3 个或多于 3 个 LMU 会接收该信号并利用信号到达时的绝对 GPS 时间计算 RTD（相对时间差），然后交由 SMLC 进行两两比较，计算突发信号到达时间差，再得到精确位置后，将结果返回给移动终端。TDOA 中测量的是移动终端发射的信号到达不同 LMU 的时间差，因此必须提前知道各 LMU 的地理位置以及它们之间的时间偏移量。TDOA 只需要参与定位的各 LMU 之间同步即可，而 TOA 由于测量的是绝对传输时间，所以要求移动终端与 LMU 之间必须精确同步。

3. 基于到达角度的定位

到达角度（Angle Of Arriving，AOA）方法不需要对移动终端进行修改，其最普通的版本为“小缝隙方向寻找”，即在每个蜂窝小区站点上放置 4 ~ 12 组天线阵列，利用这些天线阵列确定终端发送信号相对于蜂窝基站的角度。当有若干个蜂窝基站发现该信号的角度时，终端的位置即为从各基站沿着得到的角度引出的射线的交汇处。AOA 方法在障碍物较少的地区定位精度较高，但在障碍物较多时，因多径效应而增大了误差，定位精度较低。

4. 增强观测时间差的定位技术

增强观测时间差（Enhanced Observed Time Difference，E-OTD）定位技术主要通过放置位置接收器或参考点实现定位。E-OTD 中的参考点通常分布在较广区域内的多个站点上，并作为位置测量单元来使用。当终端接收到来自至少 3 个位置测量单元信号时，利用这些信号到达终端的时间差可以生成几组交叉双曲线，由此估计出终端的位置。E-OTD 的定位精度较高，但其响应时间很长。与 TDOA 方案相比，E-OTD 是由终端测量并计算出其相对于参考点的位置，而 TDOA 则是由终端进行测量，却由基站计算出终端的位置，因此 TDOA 支持现存的终端设备，缺点是需在基站中安装昂贵的监测设备，而 E-OTD 方案则必须改造终端和网络。

5. 基于信号强度分析的定位

信号强度分析法是通过将基站和移动台之间的信号强度转化成距离来确定移动台的位置。由于移动通信的多径干扰、阴影效应等影响，移动台的信号强度经常变化，因此在室外环境中很少使用这种方法。

5.3.2　基于无线局域网的定位

无线局域网（WLAN）是指以无线多址信道作为传输媒介的计算机局域网络，是计算机网络与无线通信技术相结合的产物，提供了传统有线局域网的功能，能够使用户真正实现随时、随地、随意的宽带网络接入。

基于无线局域网的定位属于室内定位技术。在无线通信领域中，基于室内和室外的环境下进行定位的区别十分明显。露天环境中使用 GPS 即可满足人们大部分的需求，即使有所欠缺，也可以利用基站定位进行弥补，但室内环境中 GPS 信号会受到遮蔽，基站定位的信号受到多径效应的影响也会导致定位效果不佳，因此室内定位多采取基于信号强度（Received Signal Strength/Radio Signal Strength，RSS）的方法。基于 RSS 的定位系统不需要专门的设备，利用已架设好的无线局域网即可进行定位。

室内定位的定位精度与定位目标、环境、尤其是定位参考点铺设的密度等有关，参考点部署密度越高，定位精度也越高。常用的 WLAN 定位方法有几何定位法、近似定位法和场景分析法。

1. 几何定位法

几何定位法就是根据被测物体与若干参考点之间的距离，计算出被测物体在参考坐标系中的位置。这种方法可以利用信号到达时的传输时延或信号与参考点间的角度等结合数学原理进行测距。前面介绍过的 GPS 定位技术（基于 TOA）和基于 TOA/TDOA/AOA 的蜂窝移动网络定位技术采用的就是几何定位法。由于 WLAN 中接入点（AP，通常为无线路由器）的覆盖范围往往不超过 100 m，无线电波的传播时延常可以忽略不计，因此采用 TOA 或 TDOA 技术测距时往往无济于事。

2. 近似定位法

近似定位法就是用已知物体的位置估计被测物体的位置。在近似定位法中，先设定已知位置，然后利用物理接触或其他方式感知用户，当用户靠近已知位置或进入已知位置附近一定范围内时，即可估计用户的位置。

在无线局域网中，所有进入接入点 AP 的信号覆盖范围的无线用户都可以通过 AP 连入网络，因此可以将 AP 的位置作为已知位置，实现近似法定位。这种方法最大的优点是简单、易于实现，在客户端也不需要安装硬件或软件；缺点是定位准确度依赖于 AP 的性能和定位环境，不够稳定。AP 理论上规定的覆盖范围是室内 100 m，室外 300 m，但实际中由于障碍物的影响，其使用范围一般为室内 30 m，室外 100 m。

IEEE 802.11 协议中规定，AP 的信息中要保存着当前与其相连接的移动终端的信息，因此也可以通过访问 AP 上保存的信息来确定移动用户的位置。目前有两种途径可以获取 AP 上记录的用户信息，一种是基于 RADIUS 认证协议，一种是基于 SNMP 网络管理协议。不过直接访问 AP 进行定位的方法有时误差较大，如采用 SNMP 访问时，周期性的轮询将延长对用户的响应时间。此外 IEEE 802.11 为减少用户频繁地与 AP 连接、断开时带来的资源消耗，规定即使用户已断开与 AP 的连接，其信息也将会保留 15 ~ 20 min。这些都会使访问 AP 时获得的信息不准确，导致定位有误差。

3. 场景分析法

场景分析法是利用在某一有利地点观察到的场景中的特征来推断观察者或场景中的位置。该方法的优点在于物体的位置能够通过非几何的角度或距离这样的特征推断出来，不用依赖几何量，从而可以减少其他干扰因素带来的误差，也无需添加专用的精密仪器测量。不过使用该方法时，需要先获取整个环境的特征集，然后才能和被测用户观察到的场景特征进行比较和定位。此外，环境中的变化可能会在某种程度上影响到观察的特征，从而需要重建预定的数据集或使用一个全新的数据集。

WLAN 中的信号强度、信噪比都是比较容易测得的电磁特性，一般采用信号强度的样本数据集。信号强度数据集也称为位置指纹或无线电地图，它包含了在多个采样点和方向上采集到的有关 WLAN 内通信设备感测的无线信号强度。WLAN 中场景分析法使用的信号强度特征值虽然与具体环境有关，但并没有直接被转换成几何长度或角度来得到物体的位置，因而可靠性比较高，不过在使用这种方法定位时，如何计算生成信号强度数据集是影响定位精准度的一个关键因素。

WLAN 场景分析法的定位过程分为离线训练和在线定位两个阶段。离线训练是空间信号覆盖模型的建立阶段，通过若干已知位置的采样点，构建一个信号强度与采样点位置之间的映射关系表，也就是位置指纹数据库。在线定位阶段的目的是进行位置计算，用户根据实时接收到的信号强度信息，将其与位置指纹数据库中的信息进行比较、修正，最终计算出该用户的位置。

基于位置指纹的定位系统根据位置指纹表示的不同，可以分为基于确定性和基于概率两种表达计算方法。

基于确定性的方法在表示位置指纹时，用的是每个 AP 的信号强度平均值。在估计用户的位置时，采用确定性的推理算法，例如，在位置指纹数据库里找出与实时信号强度样本最接近的一个或多个样本，将它们对应的采样点或多个采样点的平均值作为估计的用户位置。

基于概率的方法则通过条件概率为位置指纹建立模型，并采用贝叶斯推理机制估计用户的位置，也就是说该方法将检测到的信号强度划分为不同的等级，然后计算无线用户在不同位置上出现的概率。

5.3.3 其他基于短距离无线通信网络的定位

目前除了基于 WLAN 的室内定位技术外，其他室内和短途定位方法还有超声波定位、射频识别（RFID）定位、超宽带（UWB）定位、ZigBee 定位和蓝牙定位等。

1. 蓝牙定位

蓝牙作为短距离无线通信技术可以满足一般室内应用场景，而生活中出现的带有蓝牙模块的设备（如手机、PDA）功耗很低，有利于构建低成本的定位传感网络。另外蓝牙技术提供的功率控制方法及参数（如接收信号强度、链路质量、传输功率级等）使其具备了实现室内定位的基本条件，且蓝牙技术的信号范围有限，从而形成了利用小区定位方法的天然条件。

蓝牙定位技术的应用主要有基于范围检测的定位和基于信号强度的定位两种实现方法。

基于范围检测的定位用于早期蓝牙定位的研究中，当用户携带设备进入到蓝牙的信号覆盖范围内时，通过在建筑物内布置的蓝牙接入点发现并登记用户，并将其位置信息注册在定位服务器上，从而追踪移动用户的位置，这种定位方法通常可以实现“房间级”的定位精度。

基于信号强度的定位方法则是已知发射节点的发射信号强度，接收节点根据收到信号的强度计算出信号的传播损耗，利用理论或经典模型将传输损耗转化为距离，再利用已有的定位算法计算出节点的位置。

2. ZigBee 定位

ZigBee 网络是一种带宽介于射频识别和蓝牙技术之间的短距离无线通信网络。基于

ZigBee 网络定位时，可以利用 ZigBee 网络节点组成链状或网状拓扑结构的 ZigBee 无线定位骨干网络，网络中包括网关、参考和移动 3 种节点。

网关节点主要负责接收各参考节点和移动节点的配置数据，并发送给相应的节点。

参考节点被放置在定位区域中的某一具体位置，负责提供一个包含自身位置的坐标值以及信号强度值作为参照系，并在接收到移动节点的信息（比如信号强度指示）后，以无线传输方式传送到网关节点进行处理。

移动节点则能够与离自己最近的参考节点通信，收集参考节点的相关信息，并据此计算自身的位置。

ZigBee 定位中常用的测距技术有基于信号强度和基于无线信号质量两种，通过测量接收到的信号强度或无线链路的质量值，推算移动节点到参考节点的距离。位置判别的精度取决于参考节点的密度规划。在定位过程中，需要利用到 ZigBee 节点的标识，作为对每个节点身份的辨认。

ZigBee 定位技术中，若采用参考节点定位方法，则主要有 3 种计算方法：一是将 ZigBee 参考节点以等间距布置成网格状，移动节点通过无线链路的信号值，计算移动节点到相邻节点间的距离，从而进行定位，此法适用于较开阔地带；二是移动节点接收相邻两个参考节点的信号值，通过计算其差值进行定位；三是将收到最大信号值的节点位置作为移动节点位置，即采用固定点定位，此法定位精度不高。

3. RFID 定位

RFID 定位系统能够实现一定区域范围内的实时定位，无论在室内或室外都能随时跟踪各种移动物体或人员，准确查找到目标对象，并将得到的动态信息上传给监控端计算机。

在粗定位时，RFID 系统利用标签的唯一标识特性，可以把物体定位在与标签正在通信的阅读器覆盖范围内，其精度取决于阅读器的类型，一般为几百到几千米，普遍用于物流监控、车辆管理、公共安全等领域。

在细定位时，依据阅读器与安装在物体上的标签之间的射频通信的信号强度、信号到达时间差或者信号到达延迟来估计标签与阅读器之间的距离。这种方法能够比较精确地确定物体的位置和方向。在实际应用中，可以将粗定位的结果作为细定位的输入，二者结合可以达到更精准的效果。

基于信号强度的距离估计方法需要大量的参考标签和阅读器以及较长时间的累积数据，才能作为信号强度和几何路径之间的映射关系，系统成本较高。考虑到 RFID 空间数据关联的特点，可以通过修改常见的定位算法来提高 RFID 定位的精度。

5.4 混合定位

混合定位的快速发展离不开 E-911 定位服务。E-911 是 FCC（美国联邦通信委员会）于 1996 年颁布的法令，该法令规定了全美无线通信运营商必须为移动用户提供基于位置的 911 服务，从而能够根据用户的呼叫信号确定其当前位置并迅速提供紧急救援。1999 年，FCC 再次规定了不同定位技术的定位精度，要求采用基于蜂窝网络的定位技术，在不改动终端通信设备的条件下，定位精度在 100 m 以内，准确率不低于 67%；而准确率不低于 95% 时，定位精度要求在 300 m 以内。当采用基于移动终端的定位技术时，定位精度在不低于 67% 的概率下，要求达到50 m以内；在不低于95%的概率下，要求达到150 m以内。美国E-911条例出台后，其他国家和地区的相关组织也作出了类似的规定。

E-911定位服务会尝试各种定位方法，择优而用，最常见的就是移动通信网络与GPS的混合定位——辅助GPS定位方式。

辅助GPS主要用于弥补传统GPS定位上的一些不足，如GPS在室内不能探测到卫星信号以及一般接收机由于长时间搜索和获取信号导致耗电量较大、启动时间（从开机到初始定位）长等。

辅助GPS的基本思想是建立一个与移动通信网相连的GPS参考网络，网络内的GPS接收机具有良好的视野，可以连续运行，实时监控卫星状况。GPS参考网络包含接收机、天线、位置测量单元和数据处理器等设备。网络中每隔一段距离（200~400米）固定放置一个接收机，接收机除了接收GPS信号外，还同时向终端发送一串极短的辅助信息，包括时间、卫星可见性、卫星信号多普勒参数和时钟修正值等，用于辅助移动终端完成对定位信息的读取，减少终端GPS模块获取GPS信号的时间，降低首次定位时间。终端得到GPS信息后，计算并得到自身的精确位置，然后将位置信息和伪距等数据返回到网络，网络中的处理器再增加必要的修正，可以提高定位精度。辅助GPS将传统GPS接收机的大部分功能转移到了网络处理器或接收机上。

辅助GPS已经被多个组织列为第三代移动通信标准的定位解决方案，可以用在信号不好的空旷环境中，不过在室内和闹市区则有时不能满足定位要求。

5.5 基于位置的服务

基于位置的服务（Location Based Services，LBS）通常是指通过定位系统、无线网络等技术确定移动用户所处的位置，并使用智能手机、导航仪等移动终端接收位置相关信息，以满足用户位置导航、智能交通、周边兴趣点搜索等需求的一种移动计算服务。

LBS可看做由移动互联网提供的一种基于用户地理位置的增值业务，例如，腾讯公司推出的微信业务，除了可以进行文字、语音聊天等即时通信外，还可以利用GPS定位周围1000米内同样使用微信的陌生人。

目前，LBS主要聚焦于面向用户的位置服务。随着增强现实（Augmented Reality，AR）等技术的发展，LBS可以在一定程度上把人、物、环境与网络中的虚拟信息世界结合起来，统一呈现给用户，而这正是物联网追求的最终目标——虚拟世界与现实环境的完美融合。

5.5.1 LBS系统的组成

LBS系统由移动终端和服务器数据处理平台构成，二者通过移动通信网络连接在一起，其逻辑结构如图5-2所示。LBS系统的工作流程是，用户通过移动终端发出位置服务申请，该申请经移动运营商的各种通信网关确认后，被服务器数据处理平台接受，数据处理平台根据用户的位置，对服务内容进行响应。

移动终端可以是手机、手持式计算机等，负责地理信息的采集。移动终端的软件由空间信息采集模块、网络信息处理模块、AR呈现模块和数据库存储模块组成，各模块间协同处理数据。空间信息采集模块负责获取GPS或GSM坐标等空间位置参数，并传送给网络信息

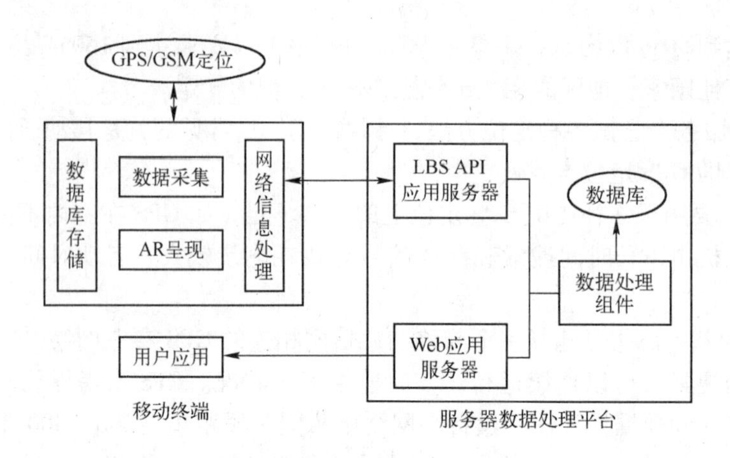

图 5-2　LBS 系统的逻辑结构

处理模块。网络信息处理模块将参数封装成请求消息，交由 LBS API 应用服务器处理，并在接收到响应报文后，提取关键节点相关内容，交由 AR 呈现模块进行虚拟图形生成，并和真实图像比较叠加以呈现特殊的效果。数据库存储模块则用于本地用户文件的保存。

服务器数据处理平台集成了 LBS 应用系统，并提供可扩展的应用程序接口（API）。LBS API 应用服务器是 LBS 服务器的统一入口，负责将用户的请求消息用规范的格式转发给数据处理组件。数据处理组件主要负责位置服务的综合处理，一方面调用从数据库中取得的位置数据，另一方面对位置数据进行转换处理，向 Web 应用服务器提供用户应用程序所需的响应数据。

5.5.2　LBS 体系结构

LBS 构建于分布、异构、多元和开放的移动环境中，要求能在不同系统、不同数据之间进行跨平台的透明操作，涵盖范围较广，因此 LBS 采用分层的体系结构，各层相对独立，每层由熟悉该层的专业开发商负责实现。

LBS 的层次体系结构分为 5 个逻辑层次，从高到低依次为表示层、定位层、传输层、功能层和数据层。有时也将中间 3 层统称为逻辑层，简化为 3 层的 LBS 体系结构。

1）表示层。描述移动终端上用户可以执行的操作、输出结果的表现方式等。涉及终端物理设备（如手机等）的定义、外观与运行方式（屏幕尺寸等）、图文数据显示格式、存放规范（位图、矢量图的编码与解码等）、多媒体接口（触摸屏等）等。用户操作包括地图漫游、放大、缩小和简单查询等。

2）定位层。研究移动定位的技术、位置数据的表示方法、定位精度对 LBS 应用的影响、用户定位隐私权的保护等。

3）传输层。为通信双方提供端到端、透明、可靠的数据传输服务。传输层定义了移动终端和 LBS 网站之间建立数据通信的逻辑路径、数据传输的标准、格式、加密解密方案和通信带宽等，并负责建立、管理、删除通信连接以及检测和恢复通信中产生的错误。

4）功能层。该层为 LBS 的核心层次，主要具有以下功能：接收传输层上传的客户端请求，根据数据通信协议打包并通过传输层发送客户所要求的空间位置数据；与数据层进行交互，通过数据管理系统获得、修改、增加空间数据；进行复杂的空间分析运算和事务处理，利用应用服务器提供空间定位、查询、空间近邻分析、最远路径分析、物流配送等有关空间信息的专用服务；进行用户的身份验证和权限控制，以保护用户的隐私；负责建立 LBS 网站，全面管理和维护站点资源。

5）数据层。为功能层的分析运算提供数据支持。LBS 的数据可归纳为两种类型：一种是与空间位置相关的数据，如住址、距离等；另一种是与空间位置无关的数据，如用户的姓名、年龄等。数据层的内容涉及数据共享、数据管理和数据安全等方面。

5.5.3 LBS 的核心技术

影响 LBS 服务的主要因素有定位精度、无线通信网络传送数据量的大小、地理信息的表达对用户终端和网络带宽的要求等。因此，LBS 的核心技术也就相应地为空间定位技术、地理信息系统技术和网络通信技术。

1. 空间定位技术

LBS 的首要任务是确定用户的当前实际地理位置，然后据此向用户提供相关的信息服务。LBS 可以使用终端定位、网络定位和混合定位中的任意一种。目前 LBS 常用的是辅助 GPS 定位技术。

2. 地理信息系统技术

地理信息系统（Geographical Information System，GIS）是将地理信息的采集、存储、管理分析和显示合为一体的信息系统。该系统利用计算机软硬件技术，以空间数据库为基础，运用地理学、测绘学、数学、空间学、管理学和系统工程的理论，对空间数据进行处理和综合分析，为规划、决策等提供辅助支持，其主要功能有空间查询、叠加分析、缓冲区分析、网络分析、数字地形模拟和空间模型分析等。

GIS 系统使用矢量数据结构和栅格数据结构两种方法来描述地理空间中的客观对象。矢量数据结构通过点、线、面来描述地理特征，优点是数据结构紧凑、冗余小、图形显示质量好，有利于网络拓扑和检索；缺点则是结构复杂，不易兼容。栅格数据结构是把连续空间离散化，最小单元是网格，代表地面的方形区域或实物，网格的尺寸决定了数据的精度。目前无线网络主要使用栅格数据传输地图，其优点是数据结构简单，便于分析，容易被计算机处理，对移动终端性能要求低；缺点则是地图操作时需传送大量数据，服务器和网络负担重，对无线网络的带宽要求很高。

在 LBS 中，用户端的地理信息显示技术是开发移动应用程序时重点考虑的问题。LBS 提供给用户的多是地理信息（如街道名称、餐馆位置等），除了利用 GIS 进行空间分析外，客户端还需要支持 GIS 的部分功能，包括地图的显示、放大、缩小、漫游、属性信息显示等。

3. 网络通信技术

在 LBS 业务中，通信网络的选择不仅影响相关的定位技术，也影响对用户的服务质量。目前 LBS 主要依靠移动互联网为用户提供服务。移动互联网的扩展性、开放性、海量信息和查询方便等特点给 LBS 的发展带来了机遇，使 LBS 为终端用户提供全新的移动数据交互成为可能。移动互联网技术的核心是移动接入技术，涵盖了蜂窝移动通信网络（GPRS、CDMA 1X 和 3G）、无线局域网（WLAN 等）和近距离通信系统（蓝牙、近场通信等）。

5.5.4 LBS的漫游和异地定位

位置服务要求在任何地方都能为用户提供服务，即漫游服务。漫游是指移动用户离开本地网络后，在异地网络中仍可以进行通信以及访问其他服务，分为国内和国际漫游两种类型。

在实现位置服务的漫游时，需要解决服务管理、异地定位和跨区收费等问题。

漫游时，LBS会遇到异地定位问题。例如终端采用网络定位时，跨区漫游所在的异地网络采用的系统标准可能与本地网络不同，定位方式也可能不同；终端采用GPS终端定位时，异地的网络定位服务器可能不支持GPS数据，从而无法获得位置服务。

异地定位问题的解决方案一般是在网络定位系统中增加定位数据融合和位置应用程序接口两层功能，以此屏蔽掉各种终端定位技术的差异，如图5-3所示。

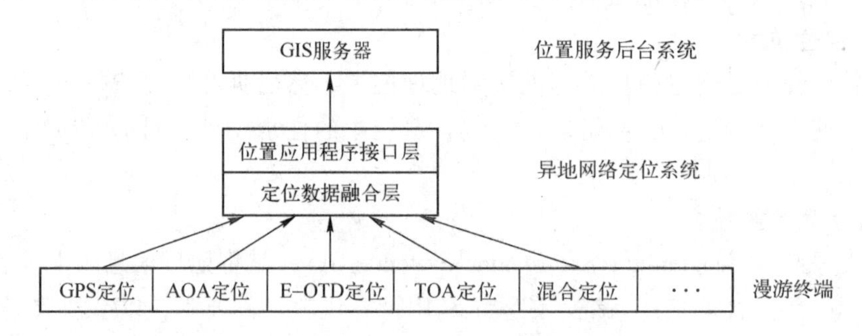

图5-3 异地定位解决方案

定位数据融合层用来屏蔽底层终端的定位技术（如GPS定位、TOA定位、E-OTD定位、混合定位以及任何可能的定位方式）差异，由网络定位系统识别终端类型，据此判断终端可能的定位方式，如果当前网络定位系统支持该定位方式，则继续使用；否则，利用当前网络的定位方式对终端定位。定位结果将存储在该层的临时数据区，由数据标准化程序将其转换成标准的位置数据（如经纬度坐标），然后打包传送到位置应用程序接口层。

位置应用程序接口层为GIS服务器提供标准的位置数据。GIS服务器在调用过程中，不必考虑具体的终端定位方式，只要响应位置应用程序接口发出的调用位置数据的命令即可。

5.5.5 LBS的计算模式

LBS以移动用户为服务平台，是一种基于移动计算环境的应用。移动计算环境是指以移动互联网为核心平台、采用移动计算技术实现信息处理的一种计算环境，体现了随欲性、流动性及佩戴性的特点。随欲性表现的是移动过程中用户可随时委托其使用的计算系统进行信息处理；流动性是由于用户总处于移动状态，网络环境的改变也导致计算环境的变化；佩戴性体现的是以人为本的人机交互方式，使人机紧密结合，作为移动计算的最高表现。

LBS的计算模式有两种：基于瘦客户端/服务器的计算和基于服务器端的网格计算。

1. 瘦客户端/服务器计算

移动终端体积小、存储容量有限、不易于安装具有强大计算功能的应用软件，因此通常采用基于瘦客户端/服务器（Thin Client/Server，Thin C/S）的计算模式。

在瘦客户端/服务器计算模式中，客户端通过高效的网络协议与服务器连接起来，当从服务器下载代码和获取数据信息时，数据的计算与处理全部在服务器上运行，客户端只作为输入/输出设备。

瘦客户端/服务器计算模式的技术优势包括经济性、安全性、可伸缩性和集中计算等。经济性体现在客户端的硬件配置要求比较低。安全性体现在客户端无法直接访问服务器数据库，只能发出请求，无法对服务器数据进行修改、存储等操作。可伸缩性体现在可将若干业务功能分配到多个服务器中，实现负荷平衡。集中计算体现在主机计算与分布式计算的结合，服务器平台支持多线程机制，同时服务多个用户，而且应用程序的升级、替换在服务器端完成，用户察觉不到。

2. 网格计算

LBS 为用户提供服务时，如果只依靠单个站点，其计算能力和信息量都有限，若系统过于庞大则会影响管理维护和处理效率。为此人们想到在互联网上根据需要建立不同主题的 LBS 站点，然后把这些地理位置分散的站点资源集成起来，使其具备超级计算的能力，以支持移动信息服务，完成更多资源、功能的交互。这种计算模式称为网格计算。

网格计算的目的是试图实现互联网上的计算、存储、通信、软件、信息和知识资源等所有资源的全面连通，使移动用户在获取 LBS 内容时，感觉如同个人使用一台超级计算机一样，不必关心信息服务的实际来源。

网格计算的体系结构分为网格资源层、中间件层和应用层 3 个层次。资源层作为硬件基础，包含了各种计算资源（如超级计算机、可视化设备等）。中间件层主要为网格操作系统，完成资源共享的功能，屏蔽计算资源的分布、异构特性，向应用层提供透明、一致的使用接口。应用层负责具体体现用户的需求，在中间件层的支持下，用户可以开发各种应用系统。

基于网格计算的 LBS 服务端属于网格应用层，其具有站点自治、虚拟主机服务、资源统一管理、安全控制机制等特点。网格计算可以保证分属于不同组织机构的 LBS 的站点之间拥有独立的自主权，可以管理自己的站点，但同时也可以对各站点的资源进行统一管理和调度，把分散的主机站点映射到一个统一的虚拟机器上提供虚拟主机服务。另外，在实现资源共享上，由网格计算为站点的管理者提供安全管理和控制机制。

5.5.6 位置服务与移动互联网

位置服务在移动互联网时代的特征可以概括为一个词：SoLoMo，它是 Social（社会网络）、Local（位置服务）和 Mobile（移动互联网）的整合。

SoLoMo 概念中的 Social 体现的是位置服务的社会性，包括 3 层含义，一是结合位置的社交网络服务，二是位置服务计算中的社会计算，三是位置服务所具有的社会感知的发展方向。社交网络结合位置服务的初级应用便是位置签到服务，其通过 GPS 定位配合地图来确定并显示用户的位置，使用户随时随地分享信息。社会计算是指用复杂的网络系统、多维度特征融合计算等理论，研究网络拓扑与内容关联的计算模型，它在位置服务中的体现包括热点事件追踪、位置分享等一系列需要不同用户参与的应用。基于位置的社会感知是指通过部署大规模多种类传感设备，实时感知和识别社会个体的行为，分析挖掘群体社会的交互特征和规律，实现群体互动、沟通和协作。

SoLoMo 中的 Local 代表位置服务本身，除了确定用户的地理位置外，还要提供相关的信息服务。位置信息已经从服务内容转化为服务构成的输入性关键要素，通过对用户相关地理位置的定位和社会感知，位置要素能够参与到信息搜索、信息通信、电子商务、信息分享传播等多个传统互联网信息服务中，满足用户的个性化服务需求。

SoLoMo 中的 Mobile 表明当前位置服务的载体是移动互联网。除了前面所讲的各种定位技术外，采用近场通信技术建立的非接触式定位、利用手机的拍摄功能辅助定位也日渐流行。

5.5.7 位置服务与增强现实技术（AR）

增强现实技术（AR）是指通过借助计算机图形和可视化技术生成虚拟对象，并通过传感技术将虚拟对象准确地“放置”在真实环境中，达到虚拟图形和现实环境融为一体的效果。

AR 技术试图创造一个虚实结合的世界，为用户实时地提供一个由虚拟信息和真实景物组成的混合场景。AR 技术处理的对象通常是虚实结合的混合环境，需要具备 3 个特点：能够合并真实和虚拟场景；支持实时交互；支持 3D 环境中的配置标准。

近年来以智能手机为代表的终端移动设备发展迅速，已具有性能强大的传感器、GPS 等功能，多数满足了 AR 技术对硬件的要求，从而可以在 LBS 的应用中不断完善用户终端的视觉感受。

AR 系统的工作流程如图 5-4 所示。首先通过摄像头或传感器获取真实场景信息，然后对真实场景和场景位置信息进行分析，生成虚拟物体，再与真实场景信息进行合并处理，在输出设备上显示出来。在这个过程中，跟踪与定位技术（获得真实场景信息）、交互技术、真实与虚拟环境间的合并技术是支撑 AR 系统的关键。

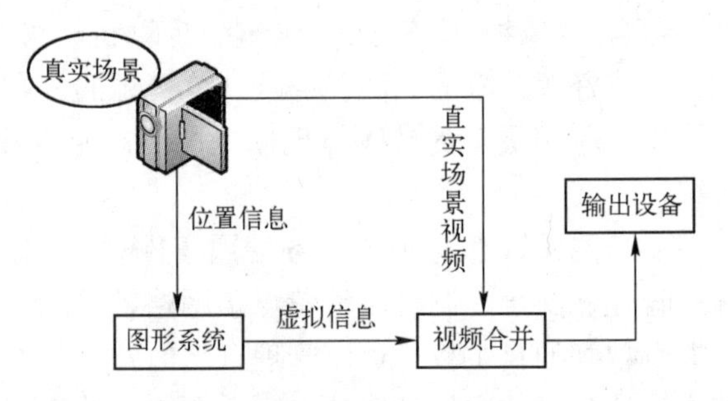

图 5-4　AR 系统的工作流程

AR 系统的关键技术是三维跟踪注册。三维跟踪注册是指虚拟物体与真实物体的对准，发生在配准的过程中。注册的任务是根据测量出的物体位置和方向角，确定所需添加的虚拟三维模型在真实世界中的正确位置。跟踪则是识别物体的运动和视角的变化，使虚拟物体与真实物体的叠加随时保持一致。

AR 系统往往不需要显示完整的虚拟场景，只需要具备分析大量的定位数据和场景信息的能力，以保证由计算机生成的虚拟物体精确地定位在真实场景中，这个定位过程叫做配准。配准时，AR 系统要实时检测观察者在场景中的位置，甚至是运动方向，还需要从场景标志物或交互工具（如摄像头等设备）中获取空间位置信息。AR 所投射的图像必须在空间定位上与用户相关，当用户转动或移动头部、视野变动时，计算机产生的增强信息也要随之变化。AR 系统中经常使用的检测技术有视频检测、光学系统、GPS 导航系统、超声波测距、惯性导航装置和磁场感应信息等。

AR 系统根据应用范围可分为户内型与户外型两种。户内型 AR 系统包含了覆盖于建筑物内部物理空间的各种数据信息，用于重塑历史古迹或描绘建筑物。户外型 AR 系统运用 GPS 与定位传感器，在移动计算与无线网络技术的支持下进行户外实现。到目前为止，AR

主要限于户内系统研究，户外系统因缺少户外条件下准确的定位跟踪信息，需综合各种跟踪定位技术，融合多个传感器的输出后才能确定用户在环境中的位置、视野方向和角度。虽然这些措施可以提供更加可靠的结果，但也增加了系统的复杂度和造价。

AR 技术在手持设备上的应用有 Layer Reality Brower、Yelp 和 Wikitude Drive 等。其中 Layer Reality Brower 是全球第一款支持增强现实技术的手机浏览器，使用者只需要将手机的摄像头对准建筑物，就能在手机的屏幕下方看到这栋建筑物的经纬度以及周边房屋出租等实用性信息。作为对现实世界的一种补充和增强，AR 技术与 GIS 的结合将更准确地为用户提供户外移动式信息交互服务。AR 技术不仅用于 LBS，也广泛应用于其他领域，例如在工业方面，AR 技术可以用于复杂机械的装配、维护和维修上。

习题

1. 目前世界上都有哪些全球卫星定位系统？
2. 请尝试推导 GPS 在计算移动终端位置时的数学理论公式。
3. 定位技术按照基于终端的定位和基于网络的定位具体可以分为哪几种？
4. 室内定位技术主要有哪些？室内定位技术与室外定位技术有什么不同？
5. 简述“SoLoMo”概念的内容。
6. AR 系统的技术关键是什么？按应用范围可分为哪几种类型？
7. LBS 的计算模式有哪些？
8. 简要介绍 LBS 的体系结构。
9. LBS 的核心技术都有哪些？
10. LBS 漫游中的异地定位是如何解决的？
11. LBS 的应用有哪些？

第6章 传 感 器

传感器技术无疑是物联网感知层的核心技术之一。传感器持续不断地收集外部环境的变化量，并将其输送给数据计算处理模块，从而实现对周围环境的感知和控制。随着科技的发展，环境变量的感知方式、应用角度也在不断地产生着新的变化与需求，传感器技术也随之不断地完善和发展。在这个过程中，早期的传感器逐渐演变成多功能传感器，进而演变成智能传感器，以满足各种日益变化的新需求。

6.1 传感器的基本概念

传感器是一种物理装置，能够探测、感受外界的物理或化学变量信号，如物理条件（如光、热、湿度）或化学组成（如烟雾），并将感知到的各种形式的信息按一定规律转换成同种或别种性质的输出信号的装置。传感器的功能恰如其名，即感受被测信息，并传送出去。

6.1.1 传感器的定义

中国国家标准 GB7665－87 对传感器的定义是："能够感受规定的被测量并按照一定规律转换成可用输出信号的器件或装置。"生活中最常接触的楼道声控灯、笔记本电脑触摸板、智能手机触摸屏、天花板上的烟雾报警器、卫生间里的烘手机等，都是典型的传感器的应用。

传感器在特定场合又称为变送器、编码器、转换器、检测器、换能器、一次仪表等。变送器是应用在工业现场、能输出符合国际标准的信号的传感器。编码器是可对转换后的信号进行脉冲计数或编码的传感器。换能器是将机械振动转变为电信号或在电场驱动下产生机械振动的器件。一次仪表是指只进行一次能量转换的仪表。目前人们趋向统一使用"传感器"这一名称，凡是输出量与输入量之间存在严格一一对应的器件和装置均可称为传感器。

6.1.2 传感器的构成

传感器一般是把被测量按照一定的规律转换成相应的电信号，其构成如图 6-1 所示，分为敏感元件、转换元件和转换电路 3 部分。

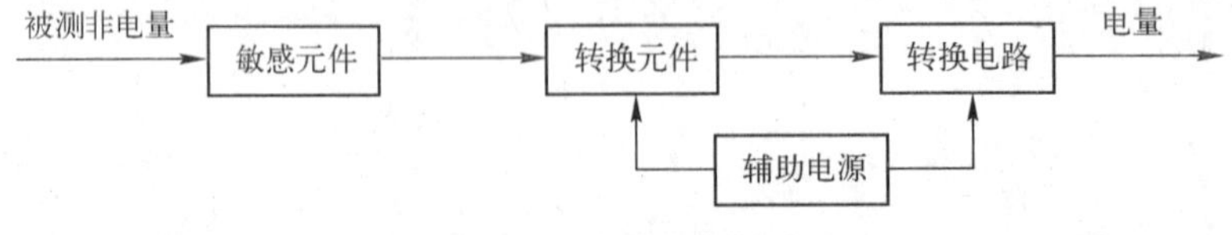

图 6-1 传感器的构成

敏感元件是指能够直接感受被测量，并直接对被测量产生响应输出的部分。

转换元件是指将敏感元件的输出信息再转换成适合传输或后续电路处理使用的电信号的部分。

转换电路用于将转换元件输出的电信号量转换成便于测量的电量。

根据不同的被测对象、转换原理、使用环境和性能要求等具体情况，各种传感器中并非都必须包含这3部分。从能量的角度分，典型的传感器结构类型有3种：自源型、辅助能源（带激励源）型和外源型。

1）自源型，是最简单、最基本的传感器构成形式，只含有转换元件。主要特点是不需要外加能源，它的转换元件能从被测对象直接吸收能量，并转换成电量输出，但输出电量较弱。如热电偶、压电器件等。

2）辅助能源型，由转换元件和辅助能源两部分组成。辅助能源起激励作用，可以是电源或磁源。主要特点是不需要转换电路就可以有较大的电量输出。如磁电式传感器和霍尔式传感器等电磁式传感器等。

3）外源型，由转换元件、变换电路和外加电源组成。变换电路是指信号调制与转换电路，把转换元件输出的电信号调制成便于显示、记录、处理和控制的可用信号，如电桥、放大器、振荡器、阻抗变换器等。主要特点是必须通过外带电源的变换电路，才能获得有用的电量输出。

不论是何种结构类型的传感器，它们输出的信号都是电信号，可以直接输出模拟信号、数字信号或频率信号等，也可以由接口电路将电阻变化率、电容变化率等电参量转化为电信号输出。传感器后续的电路多为阻抗整合、电桥读取、线性化补偿、信号调理放大、A/D（模/数）变换或F-V（频率-电压）变换、数字信号处理或显示器件驱动等功能的电路，其作用是为后继电子系统提供匹配的接入信号。

6.1.3 传感器的特性

传感器的特性指的是衡量传感器性能的各种指标，如线性度、灵敏度和分辨率等。传感器的特性可分为静态特性和动态特性两大类。

传感器的静态特性是指当输入信号是恒定不变的信号时，传感器的输出量与输入量之间的关系。因为这时输入量和输出量都和时间无关，所以它们之间的关系，即传感器的静态特性可用一个不含时间变量的代数方程来描述，也可以用特性曲线来描述，横坐标是输入量，纵坐标是其对应的输出量。表征传感器静态特性的主要参数有线性度、灵敏度、迟滞、重复性、漂移等。

传感器的动态特性是指传感器在输入变化信号时的输出响应特性。在实际工作中，传感器的动态特性常用其对某些标准输入信号的响应来表示。最常用的标准输入信号有阶跃信号和正弦信号两种，所以传感器的动态特性也常用阶跃响应和频率响应来表示。主要动态特性的性能指标有时域单位阶跃响应性能指标和频域频率特性性能指标。

传感器的具体性能指标主要有如下几个。

1）线性度。线性度指传感器输出量与输入量之间的实际关系曲线偏离拟合直线的程度。通常情况下，传感器的实际静态特性输出是条曲线而非直线。在实际工作中，为使仪表具有均匀的刻度读数，常用一条拟合直线近似地代表实际的特性曲线。如图6-2a、b、c、d所示，是几种拟合方法的示意，其中X轴为输入量，Y轴为输出量。线性度（非线性误差）就是这种近似程度的一个性能指标，它的定义是：在全量程范围内，实际特性曲线与拟合直线之间的最大偏差值（图中箭头之间的值）与满量程输出值之比。满量程输出值是指传感器的被测量达到最大值时，传感器对应的输出值。

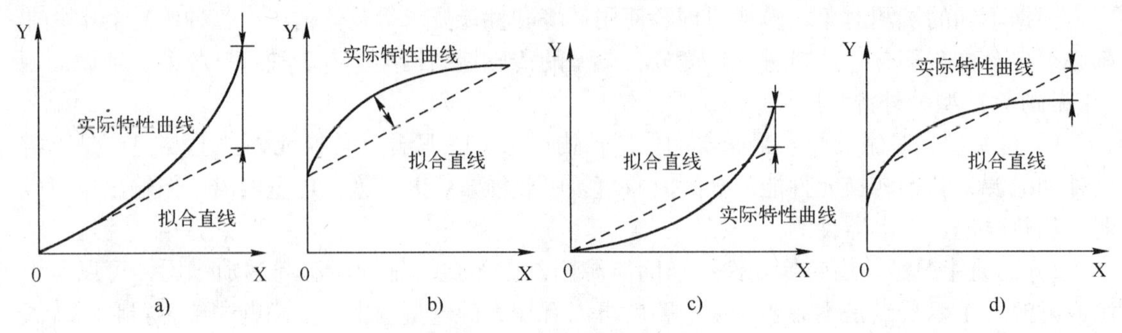

图 6-2　几种常用的拟合方式

a）理论拟合　b）端点连线拟合　c）过零旋转拟合　d）端点平移拟合

2）灵敏度。灵敏度是传感器静态特性的一个重要指标。传感器的灵敏度是指传感器在稳态工作情况下输出量变化对输入量变化的比值。它是输出—输入特性曲线的斜率。如果传感器的输出和输入之间呈线性关系，则灵敏度是一个常数。否则，它将随输入量的变化而变化。灵敏度的量纲是输出、输入量的量纲之比。例如，某位移传感器，在位移变化 1 mm 时，输出电压变化为 200 mV，则其灵敏度应表示为 200 mV/mm。当传感器的输出、输入量的量纲相同时，灵敏度可理解为放大倍数。提高灵敏度可得到较高的测量精度。但灵敏度愈高，测量范围愈窄，稳定性也往往愈差。

3）迟滞。传感器在输入量由小到大（正行程）及输入量由大到小（反行程）的变化期间其输入输出特性曲线不重合的现象成为迟滞。对于同一大小的输入信号，传感器的正反行程输出信号大小不相等，这个差值称为迟滞差值。

4）重复性。重复性是指传感器在输入量按同一方向作全量程连续多次变化时，所得特性曲线不一致的程度。

5）漂移。在输入量不变的情况下，传感器的输出量会随着时间的延续而出现变化，这种现象称为漂移。产生漂移的原因有两个方面：一是传感器自身结构参数发生变化；二是周围环境（如温度、湿度等）发生变化。

6）分辨力。分辨力是指传感器可感受到的被测量的最小变化的能力。也就是说，如果输入量从某一非零值缓慢地变化，当输入变化值未超过某一数值时，传感器的输出不会发生变化，即传感器对此输入量的变化是分辨不出来的。只有当输入量的变化超过分辨力时，其输出才会发生变化。上述指标若用满量程的百分比表示，则称为分辨率。分辨率与传感器的稳定性有负相关性。

6.2　传感器种类

传感器的分类方法有很多，如模拟/数字、接触/非接触、电传送/光传送等。

传感器根据被测量类型分为电学量传感器、光学量传感器、磁学量传感器和声学量传感器。

传感器根据感知实现方式和转换原理分为电阻式传感器、电容式传感器、电感式传感器、磁电式传感器、压电式传感器、光电式传感器、热电式传感器等。

传感器根据所测的物理量分为压力传感器、温湿度传感器、流量传感器、气体传感器、速度传感器、加速度传感器、角度传感器、位置传感器、位移传感器、姿态传感器、接近传感器和密度传感器等。

传感器根据其应用场合分为医学传感器、汽车传感器、环境传感器、风速风向仪和陀螺仪等。

传感器根据其功能特性和技术发展可分为传统传感器、多功能传感器和智能传感器。

下面主要介绍阻抗型传感器、压电型传感器、磁敏型传感器、光纤传感器和气体传感器等几种典型的传感器。

6.2.1 阻抗型传感器

阻抗型传感器是利用电子元件的电阻、电容或电感作为感知环境变化的被测量，从而达到监测目的的一类传感器。按照敏感物理量的不同，可分为电阻式传感器、电容式传感器和电感式传感器。

1. 电阻式传感器

电阻式传感器是将被测的非电量转换成电阻值的变化，再将电阻值的变化转换成电压信号，从而达到测量非电量的目的。电阻式传感器的结构简单、性能稳定、灵敏度较高，有的还适合于动态测量，它配合相应的测量电路常被用来测量力、压力、位移、扭矩、加速度等，由电阻式传感器制作的仪表在冶金、电力、交通、石化、商业、生物医学和国防等部门都有着广泛的应用。

电阻式传感器主要分为电位器式传感器和电阻应变式传感器。

1）电位器式传感器是一种常用的机电元件。电位器式传感器主要是把机械位移转换为与其成一定函数关系的电阻或电压输出，除了主要用于测量线位移和角位移外，还可用于测量各种能转换为位移的其他非电量，如液位、加速度和压力等。电位器式传感器的结构形式主要分为两种：线绕电位器和非线绕电位器。

线绕电位器的电阻是由电阻系数很高的极细的绝缘导线按照一定的规律整齐地绕在一个绝缘骨架上制成的。通过骨架上相对滑动电刷来保持可靠的接触和导电。线绕电位器具有高精度、稳定性好等优点。而它的主要缺点是阻值范围不够宽、高频性能差、分辨力不高，而且高阻值的线绕电位器易断线、体积较大、售价较高。

非线绕电位器在绝缘基座上制成各种电阻薄膜元件，因此比线绕电位器具有高得多的分辨率，并且耐磨性好。缺点是对温度和湿度变化比较敏感，并且要求接触的压力大，只能用于推动力大的敏感元件。

电位器式传感器是最早被应用在工业领域中的传感器之一，该类传感器的优点是结构简单、尺寸小、重量轻、输出特性精度高且稳定性好，至今在某些场合仍被广泛应用。

2）电阻应变式传感器是基于应变电阻效应的电阻式传感器。应变电阻效应指的是导体或半导体材料在受到外界力（压力或拉力）作用时产生机械形变，机械形变导致其阻值发生变化的现象。由金属或半导体制成的应变－电阻转换元件称为电阻应变片，简称应变片，它是电阻应变式传感器中的敏感元件。

电阻应变式传感器最基本的组成结构除了核心部分的应变片，还有测量电路、弹性敏感元件和一些附件，如外壳、连接设备等。

电位器式传感器和电阻应变式传感器应用广泛，在很多领域有着优秀的性能表现。如

图 6-3a 所示是典型的电位器式传感器，它是一种高精密度的角位移电位器式传感器，广泛应用在液压机械、食品机械等需要精密测量的工业自动化程序控制领域。如图 6-3b 所示是一种电阻应变片，采用康铜箔材料制成，具有静态测量稳定性好、便于粘贴与焊接以及散热性好等优势，粘贴在一般金属材料和其他类似的弹性体上，用于测量受力大小、弯曲程度等。

2. 电容式传感器

电容式传感器是以各种类型的电容器作为传感元件，将被测量的变化转换为电容量变化的一种传感器。电容式传感器有 3 种基本类型：变极距型电容传感器、变面积型电容传感器和变介电常数型电容传感器。传统的电容式传感器具有结构简单、动态响应好、分辨率高、温度稳定性好等特点。但也存在着负载能力差、易受外界干扰、电容传感器的电容量易受其电极几何尺寸限制等不足。

如图 6-4 所示，是一个典型的精密电容式传感器，可以用于电子显微镜微调、天文望远镜镜片微调和精密微位移测量等。

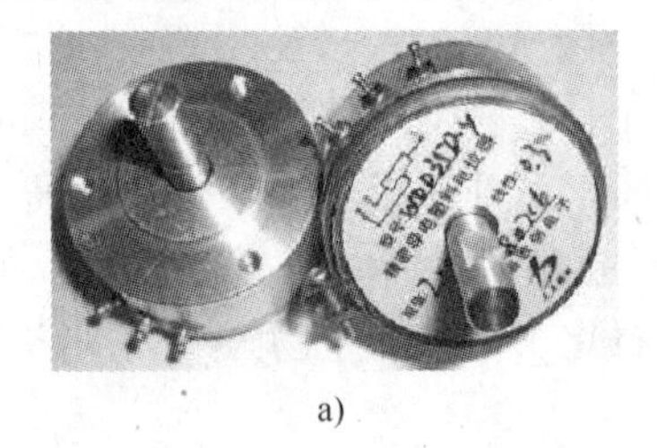

a)

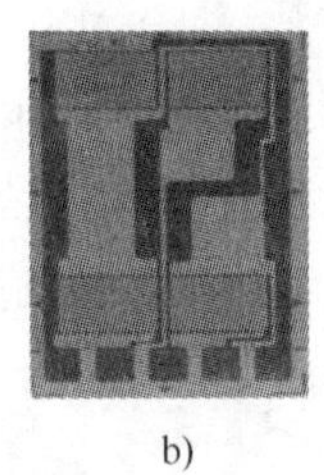

b)

图 6-3　电阻式传感器

a）电位器式传感器　b）电阻应变片

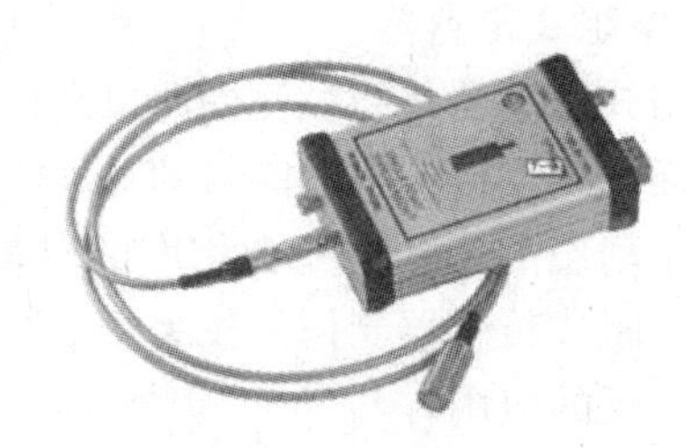

图 6-4　电容式传感器

3. 电感式传感器

电感式传感器是一种利用磁路磁阻变化，引起传感器线圈的电感（自感或互感）变化来检测非电量的一种机电转换装置。电感式传感器的结构简单，抗干扰能力强，分辨力较高。缺点是频率响应低、不宜用于快速动态测量。

电感式传感器的种类很多，其中自感式传感器是这种类型传感器的典型代表。自感式传感器是由线圈、铁芯、衔铁 3 部分组成，当衔铁随被测量变化而移动时，铁芯与衔铁之间的气隙磁阻随之变化，引起线圈的自感发生变化。

如图 6-5 所示就是一个自感式传感器，由铁心和线圈构成，它将直线或角位移的变化转换为线圈电感量的变化。这种传感器的线圈匝数和材料导磁系数都是一定的，其电感量的变化是由于位移输入量导致线圈磁路的几何尺寸变化而引起的。当把线圈接入测量电路并接通激励电源时，就可获得正比于位移输入量的电压或电流输出。这种传感器常用于无接触地检测金属的位移量。

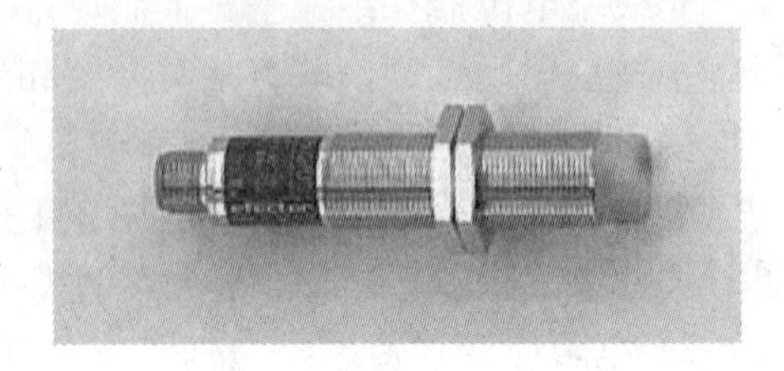

图 6-5　自感式传感器

6.2.2　电压型传感器

电压型传感器是利用电子元件的压电效应、热电效应或光电效应，将压力、温度或光强度转换为电信号的一组传感器类型，具体分为压电式传感器、热电偶传感器和光电式传感器等几种类型。

1. 压电式传感器

压电式传感器是以具有压电效应的压电元件作为转换元件的有源传感器，它能测量力和可变换为力的物理量，比如压力、加速度、机械冲击和振动等。

压电效应是指某些电介质产生的一种机械能与电能互换的现象。压电效应可分为正压电效应和逆压电效应两种。在正压电效应中，当压电材料受到外力而变形时，其内部会产生电极化现象，其极性随外力的方向而改变，产生的电荷量与外力成正比，电荷量越多，形成的电势差（电压）越大。在逆压电效应中，当在电介质的极化方向上施加电场时，这些电介质也会发生变形。如果把高频电信号加在压电材料中，就会导致压电材料高频振动，产生超声波，反之亦然。

压电元件普遍由压电单晶体和压电陶瓷制成，一次性塑料打火机就是利用压电陶瓷产生的电火花点燃丁烷气体的。如图 6-6a 所示的压电传感器是使用石英晶体的压电式力传感器，主要用于动态力、准静态和冲击力的测量，适用于振动设备的机械阻抗和力控振动试验以及地质勘探部门电动力触探的测量等。如图 6-6b 所示是使用压电陶瓷元件制作的压电陶瓷超声波传感器，主要用于家用电器及其他电子设备的超声波遥控装置、超声测距以及汽车倒车防撞装置、液面探测、超声波接近开关等。接近开关又称为无触点行程开关，当开关接近某一物体时，即发出控制信号。

a) b)

图 6-6 压电式传感器

a) 压电式力传感器 b) 压电陶瓷超声波传感器

2. 热电偶传感器

热电偶传感器是基于热电效应原理工作的传感器，简称热电偶。它是目前接触式测温中应用最广的传感器。热电效应就是在两种不同导电材料构成的闭合回路中，当两个接点温度不同时，回路中产生的电势使热能转变为电能的一种现象。

如图 6-7 所示，高温热电偶传感器采用贵金属高纯铂金作为负极，铂铑合金为正极，或采用镍铬为正极，镍硅为负极。该传感器产品主要用于粉末冶金、烧结光亮炉、电炉、真空炉、冶炼炉及多种耐火材料、陶瓷、瓷器的烧制，温度的测量范围为 0～1800℃。

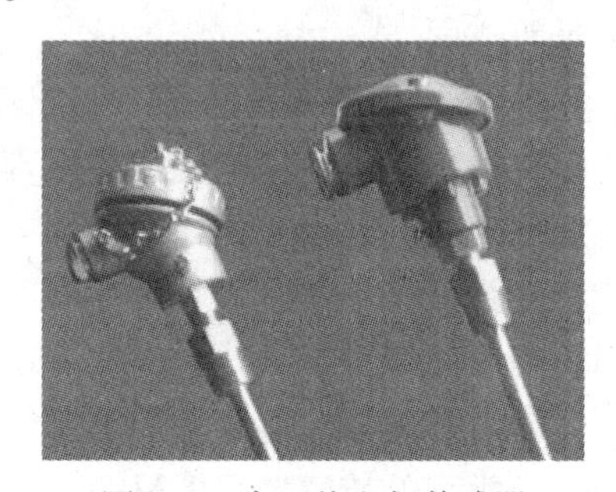

图 6-7 高温热电偶传感器

3. 光电式传感器

光电式传感器是以光电器件作为转换元件的传感器。主要被用于检测光亮变化或直接引起光亮变化的非电量，也可被用于检测能转换为光量变化的其他非电量。光电器件是指基于光电效应原理工作的光电转换元件。当光线照射在金属表面时，金属中有电子逸出，这种由光产生电的现象称为光电效应。

光电器件的作用主要是检测照射在其上的光通量，常见的光电器件有光发射型光电器件、光导型光电器件、光伏型光电器件等。光发射型光电器件主要有光电管和光电倍增管。光导型光电器件主要有光敏电阻、光敏二极管和光敏三极管。光伏型光电器件的代表是光电池。至于选择哪种光电器件，主要取决于被测参数、所需的灵敏度、传感器的反应速度、光源的特性以及测量的环境和条件等因素。常见的光电传感器的类型主要包含透射式、反射式、辐射式、遮挡式和开关式等类型。

光电传感器发展至今很多技术已经相当成熟，由于光电测量方法灵活多样，可测参数众多，同时又具有非接触、高精度、高可靠性和反应快等特点，使得光电传感器在检测和控制领域获得了广泛的应用，例如红外避障传感器就广泛应用于机器人避障、流水线计件等众多场合。

6.2.3 磁敏型传感器

磁敏型传感器是指利用各种磁电物理效应，如磁电感应原理、霍尔效应等，将磁物理量转换为电信号的一类传感器。磁敏型传感器的种类很多，其中比较典型的有霍尔传感器和磁电传感器两种。

1. 霍尔传感器

霍尔传感器基于霍尔效应原理，将静止或变化的磁场信息转换为直流或交变的霍尔电压，从而实现将被测量转换为电信号。霍尔效应是指将半导体薄片放置在磁场中，当有电流流过时，在垂直于电流和磁场的方向上就会产生电动势。

基于霍尔效应实现的传感器种类有很多，比较常见的有霍尔电流传感器、霍尔位移传感器和霍尔位置传感器等。

霍尔电流传感器能在电隔离条件下测量直流、交流、脉冲以及各种不规则波形的电流，具有不与被测电路发生电接触、不影响被测电路、不消耗被测电源的功率等优点，特别适合于大电流传感测量。

霍尔位移传感器能够测量出微小的位移，其工作原理是令霍尔元件的工作电流保持不变，当其在一个均匀梯度磁场中移动时，其输出的霍尔电压值将只由它在该磁场中的位移量来决定。

霍尔位置传感器是一种检测物体位置的磁场传感器，通常使用 4 个霍尔元件定位被测物体的中心位置。由霍尔位置传感器制成的复位开关被广泛应用于直流无刷马达、汽车发动机管理系统（电喷系统）、机器人控制、线性/选择位置检测、流量测量，RPM（每分钟转速）测量等方面。

2. 磁电传感器

磁电传感器利用电磁感应原理将被测量，如振动、位移、转速等，转换成电信号。电磁感应原理指的是当导体在稳恒均匀磁场中沿垂直磁场方向运动时，导体内产生的感应电势同磁感应强度、导体有效长度以及导体相对磁场的运动速度成正比。根据法拉第电磁感应定律，当线圈切割磁力线时，线圈产生的感应电势与通过线圈的磁通变化率成正比。

磁电传感器不需要辅助电源就能够把被测对象的机械量转换成易于测量的电信号，是一种有源类型的传感器，但只适合进行动态测量。例如磁电转速传感器用于测量被测物体的转速，能将角位移转换成电信号供计数器计数，这种传感器无需接触就能够测量出各种导磁材料，如齿轮、叶轮、带孔（或槽、螺钉）圆盘的转速及线速度，可以和常用的二次仪表配合使用。

6.2.4　光纤传感器

光纤传感器利用光导纤维的传光特性，把被测量转换为用光特性表征的物理量。根据光纤在传感器中的作用，光纤传感器可分为传感型传感器和传光型传感器两种。

传感型传感器的基本工作原理是利用光纤本身的特性把光纤作为敏感元件，被测量对光纤内传输的光进行调制，导致光的光学性质（如光的强度、波长、频率、相位、偏正态等）发生变化，再经过光纤送入光探测器，经解调后，获得原来的被测量。在传感型传感器中，光纤不仅是导光媒介，也是敏感元件，光在光纤内受被测量调制，多采用多模光纤。例如，光纤声传感器就是一种光纤传感型传感器。当声波到达光纤时，光纤受声波压力产生微弱弯曲，通过弯曲的程度就能够得到声音的强弱。

传光型传感器是利用其他敏感元件感受被测量的变化，光纤仅作为信息的传输媒介，常采用单模光纤。

光纤传感器可用于磁、声、压力、温度、加速度、陀螺、位移、液面、转矩、光声、电流和应变等物理量的测量。光纤传感器的应用范围很广，尤其可以安全有效地在恶劣环境中使用。

如图6-8所示的光纤陀螺仪就是典型的光纤传感器的应用。光纤陀螺仪是一种测量物体相对于惯性空间的角速度或转动角度的无自转质量的新型光学陀螺仪，具有中低精度和高精度级别的多种产品，主要应用于惯性导航等领域，如在地下探测、地面车辆定位定向、舰载、机载以及航天惯导系统中都有广泛的应用。

图6-8　光纤陀螺仪

6.2.5　气体传感器

气体传感器是能够感知气体种类及其浓度的传感器，主要用途有以下几个方面：在锅炉、焚烧炉、汽车发动机等燃烧监控中，检测排气中的氧气含量；在酒精探测仪中检测乙醇气体的含量；在易燃（如甲烷）、易爆（如氢气）和有毒气体（如一氧化碳）的泄漏报警装置中，检测泄露气体；在食品芳香类型的识别和质量管理中，进行气体成分的检测和定量分析。

气体传感器的类型很多，主要有半导体气体传感器和振动频率型气体传感器等。

1. 半导体气体传感器

半导体气体传感器根据被测量的转换原理分为电阻型和非电阻型两种，典型代表分别是氧化物半导体气体传感器和金属氧化层半导体场效晶体管（Metal-Oxide-Semiconductor Field-Effect Transistor，MOSFET）气体传感器。

氧化物半导体气体传感器是电阻型传感器。当传感器处于充斥着氧化性气体的环境中时，传感器将吸入一定的氧化性气体，使氧化物半导体的电阻值增大。当传感器吸入还原气体时则阻值降低。在传感器的半导体金属氧化物中添加金属催化剂可以改变传感器的气体选择性。例如，在氧化锌中添加钯，会对氢气和一氧化碳产生较高的灵敏度；添加铂，则会对丙烷和异丁烷产生较高的敏感性。如图6-9所示是一种氢气传感器，其主要成分是二氧化锡烧结体。当吸附到氢气时，电导率上升；当恢复到清洁空气中时，

图6-9　氢气传感器

电导率恢复。根据电导率的相应变化，将其以电压的方式输出，从而检测出氢气的浓度。该传感器广泛应用于氢气报警器、氢气探测、变压器的维护、电池系统等领域。

MOSFET 气体传感器是利用 MOS 二极管的电容 - 电压特性的变化以及 MOS 场效应管的阈值电压的变化等物理特性制成的，属于典型的非电阻型半导体气体传感器。MOSFET 气体传感器具有灵敏度高的优点，但制作工艺比较复杂，成本高。

2. 振动频率型气体传感器

振动频率型气体传感器是将待检测气体属性转换为振荡频率，供检测电路辨别。根据振荡实现的方式不同，主要分为表面弹性波全体传感器和晶振膜全体传感器等。

表面弹性波气体传感器建立在一块压电材料基板之上，通过压电效应在基片表面激励起声表面波（沿物体表面传播的一种弹性波）。基板上有吸附膜，当传感器吸收被测气体时，吸附了气体分子的吸附膜的质量就发生了变化，从而使声波的频率随之发生变化。表面弹性波传感器中吸附的气体量与频率变化量的平方成比例，当传感器的工作频率为数百 MHz 时，具有极高的灵敏度。

晶振膜气体传感器基于石英晶体，晶体片在电极激励电压的作用下做横波振动，晶体片上有气体吸收膜的涂层，当吸附到被测气体的分子时，膜质量增加，谐振频率降低。由于频率变化与单位面积膜质量变化成比例，比例系数中含振动频率的二次方，因此，对频率变化的灵敏度相当高。

6.3 新型传感器

新型传感器集各种先进技术于一体，是对传统传感器单一感测功能的改善和集成，可以同时感测到多种物理量。新型传感器有多功能传感器、MEMS 传感器和智能传感器等几种类型。这几种新型传感器之间并没有明显的界限，仅仅是新技术的应用叠加，随着科技的发展，它们最终都将走向拥有智能微处理传感系统功能的智能仪器方向。

6.3.1 多功能传感器

多功能传感器是指能够感受两个或两个以上被测物理量，并将其转换成可以用来输出的电信号的传感器。

多功能传感器是对传统传感器的继承和发展，传统的传感器通常情况下只能用来探测一种物理量，但在许多应用环境中，为了能够完美而准确地反映客观事物和环境，往往需要同时测量大量的物理量。由若干种敏感元件组成的多功能传感器则是一种体积小巧而多种功能兼备的新一代探测系统，它可以借助于敏感元件中不同的物理结构或化学物质及其各不相同的表征方式，用一个传感器系统来同时实现多种传感器的功能。

随着传感器技术和微机电系统技术的飞速发展，目前已经可以生产出将若干种敏感元件装在同一种材料或单独一块芯片上的一体化多功能传感器，并且逐步向高度集成化和智能化的方向发展。

多功能传感器的实现形式主要有以下 3 种。

1）将几种不同的敏感元件组合在一起形成一个传感器，同时测量几个参数，各敏感元件是独立的。例如，把测温度和测湿度的敏感元件组合在一起，就可以同时测量温度和湿度。

2）利用同一敏感元件的不同效应，可以获得不同的测量信息。例如，用线圈作为敏感元件，在具有不同磁导率或介电常数物质的作用下，表现出不同的电容和电感。

3）利用同一敏感元件在不同的激励下所表现出的不同特性，可以同时测量多个物理量。例如，对传感器施加不同的激励电压、电流，或工作在不同的温度下，其特性不同，有时可相当于几个不同的传感器。

不论使用那种形式实现的多功能传感器，很有可能面对一个问题，就是必须能将检测出的多个混合在一起的信息区分开，因此就需要使用信号处理的方法将多种信息进行分离，从而实现对多种外界物理量的同时测量。

如图 6-10 所示就是一种多功能传感器模块，广泛用于汽车导航、GPS 盲区推估、手机个人导航应用、计步器、3D 游戏控制等多种应用场合。该传感器模块为全数字量输出，包括一个三轴加速度传感器、一个气压传感器、两个磁阻传感器、内置的 ASIC 数字补偿芯片和 EEPROM 存储器，并具有外挂湿度电阻接口。该多功能传感器能够同时测量 X、Y、Z 3 种坐标轴方向、3 种坐标上姿态变化以及高度。其内部的磁阻传感器用于确定 3 轴方向，加速度传感器用于检测重力加速度，并求出传感器模块的倾斜角，在此基础上校正磁阻传感器的输出，由此保证在所有姿态下均可算出正确的方位。气压传感器可检测该传感器所处环境的大气压，通过与预先设定的基准值对比，求出高度。如果同时使用该传感器提供的外挂湿度电阻接口为其外挂湿敏电阻，则可根据气压数据随时间产生的变化来预测天气。

图 6-10　多功能传感器

6.3.2　MEMS 传感器

微机电系统（Micro Electro Mechanical System，MEMS）技术是微电子技术应用于多功能传感器领域的重要成果。MEMS 传感器就是应用了 MEMS 技术的多功能传感器，并且具有微小的体积和完整的执行系统。

MEMS 是以微电子、微机械及材料科学为基础，研究、设计、制造具有特定功能的微型装置，包括微型传感器、微型执行器和相应的处理电路等，在不同场合下也被称作微机械、微构造或微电子机械系统。MEMS 的特征尺度介于 1 nm ~ 1 μm，既有电子部件，又有机械部件。

1. MEMS 的特点

MEMS 技术是随着半导体集成电路微细加工技术和超精密机械加工技术的发展而来的，MEMS 的特点主要有微型化、批量生产、集成化、方便扩展和多学科交叉 5 个方面。

1）微型化。MEMS 器件体积小，重量轻，耗能低，惯性小，谐振频率高，响应时间短。利用微加工技术可以制造出多种微小尺寸的机械零部件和设备，如转子直径为 60 ~ 100 μm 的硅静电马达，可以夹起一个红细胞的尖端直径为 5 nm 的微型镊子、身长 3 mm 大小的能够开动的小汽车、可以在磁场中飞行的像蝴蝶大小的飞机等。MEMS 与一般的机械系统相比，不仅体积缩小，而且电气性能优良。在 MEMS 中，所有的几何变形是如此之小（达到分子级），以至于结构内应力与应变之间的线性关系（虎克定律）已不存在。MEMS 器件中摩擦表面的摩擦力主要是由于表面之间的分子相互作用力引起的，而不是由于载荷压力引起，即牛顿摩擦定律已不适用于 MEMS 系统。

2）批量生产。MEMS 采用类似集成电路（IC）的生产工艺和加工过程，用硅微加工工艺在一个硅片上可同时制造成百上千个微型机电装置或完整的 MEMS，使 MEMS 有极高的自动化程度，批量生产可大大降低生产成本。

3）集成化。MEMS 可以把不同功能、不同敏感方向或致动方向的多个传感器或执行器集成于一体，形成微传感器阵列和微执行器阵列，甚至把多种功能的器件集成在一起，形成复杂的微系统。微传感器、微执行器和微电子器件的集成可制造出高可靠性和高稳定性的微型机电系统。

4）方便扩展。由于 MEMS 技术采用模块设计，因此设备运营商在增加系统容量时只需要直接增加器件/系统数量，而不需要预先计算所需要的器件/系统数，这对于运营商是非常方便的。

5）多学科交叉。MEMS 涉及电子、机械、材料、制造、信息与自动控制、物理、化学和生物等多种学科，并集中了当今科学技术发展的许多尖端成果。通过微型化、集成化可以探索新的原理、新功能的元件和系统，进而开辟一个新技术领域。

2. MEMS 的组成

完整的 MEMS 是由微传感器、微执行器、信号处理单元、通信接口和电源等部件组成的一体化微型器件系统，可集成在一个芯片中，其系统组成及信号流如图 6-11 所示。

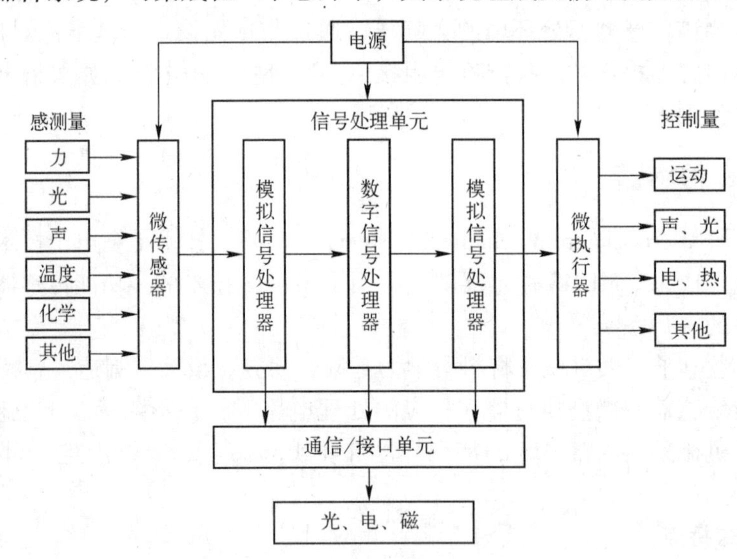

图 6-11 MEMS 系统组成及信号流

微传感器实现能量的转化，将代表自然界的各种信息的感测量转换为系统可以处理的电信号。微传感器是 MEMS 最重要的组成部分，它比传统传感器的性能要高几个数量级，涉及的领域有压力、力矩、加速度、速度、位置、流量、电量、磁场、温度、气体成分、湿度、pH 值、离子浓度、生物浓度、微陀螺、触觉传感等。

信号处理单元含有信号处理器和控制电路。信号处理单元对来自微传感器的电信号进行 A/D 转换、放大、补偿等处理，以校正微传感器特性不理想和其他影响造成的信号失真，然后通过 D/A 转换变成模拟电信号，送给微执行器。

微执行器将模拟电信号变成非电量，使被控对象产生平移、转动、发声、发光、发热等动作，自动完成人们所需要的各种功能。微执行器主要有微电机、微开关、微谐振器、梳状位移驱动器、微阀门和微泵等几种类型。微执行器的驱动方式主要有静电驱动、压电驱动、电磁驱动、形状记忆合金驱动、热双金属驱动、热气驱动等。把微执行器分布成阵列可以收到意想不到的效果，如可用于物体的搬送、定位等。

通信/接口单元能够以光、电、磁等形式与外界进行通信，或输出信号以供显示，或与其他微系统协同工作，或与高层的管理处理器通信，构成一个更完整的分布式信息采集、处理和控制系统。

电源部件一般有微型电池和微型发电装置两类。微型电池包括微型燃料电池、微型化学能电池、微型热电池和微型薄膜电池等。例如薄膜锂电池的电池体厚度只有 15 μm，放电率为 5 mA/cm^2，容量为 130 μAh/cm^2。微型发电装置包括微型内燃机发电装置、微型旋转式发电装置和微型振动式发电装置。例如，微型涡轮发电装置的涡轮叶片直径只有 4 mm。

3. MEMS 传感器的工作原理

国内外目前已实现的 MEMS 传感器主要有微压力传感器、微加速度传感器、微陀螺、微流量传感器、微气体传感器、微温度传感器等。其中微压力传感器是最早开始研制的 MEMS 产品。从信号检测方式来看，微压力传感器主要分为 MEMS 硅压阻式压力传感器和 MEMS 硅电容式压力传感器，两者都是在硅片上生成的微电子传感器。

MEMS 硅压阻式压力传感器是采用高精密半导体电阻应变片组成惠斯顿电桥作为力电变换测量电路的，具有较高的测量精度、较低的功耗和极低的成本。惠斯顿电桥的压阻式传感器，如无压力变化，其输出为零，几乎不耗电。

MEMS 硅压阻式压力传感器结构如图 6-12 所示，上下两层是玻璃体，中间是硅片，硅片中部做成一个应力杯，硅应力薄膜上部有一真空腔，使之成为一个典型的绝压压力传感器（能感受绝对压力并转换成可用输出信号的传感器）。硅应力薄膜与真空腔接触的这一面经光刻生成电阻应变片电桥电路，组成惠斯顿测量电桥，作为力电变换测量电路，将压力量值直接变换成电量。当外面的压力经引压腔进入传感器应力杯中，硅应力薄膜会因受外力作用而微微向上鼓起，发生弹性变形，电桥中的 4 个电阻应变片因此而发生电阻变化，破坏原先的电桥电路平衡，电桥就会输出与压力成正比的电压信号。

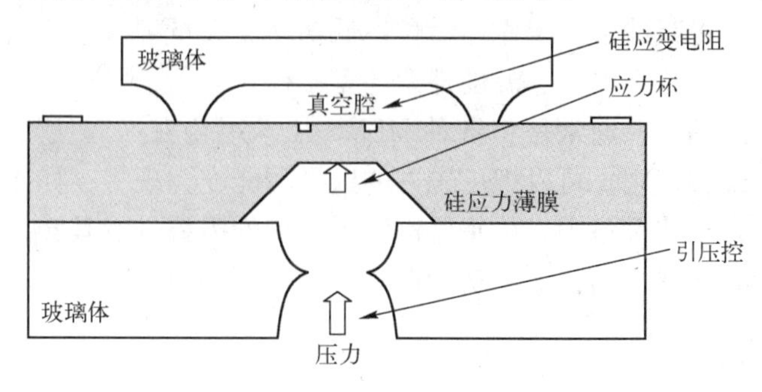

图 6-12　MEMS 硅压阻式压力传感器结构

MEMS 硅电容式压力传感器的结构如图 6-13a 所示，它是利用 MEMS 技术在硅片上制造出横隔栅状，上下二根横隔栅成为一组电容式压力传感器，上横隔栅受压力作用向下位移，改变了上下二根横隔栅的间距，也就改变了板间电容量的大小，即压力的变化量等于电容量的变化量。图6-13b所示为MEMS硅电容式压力传感器实物。

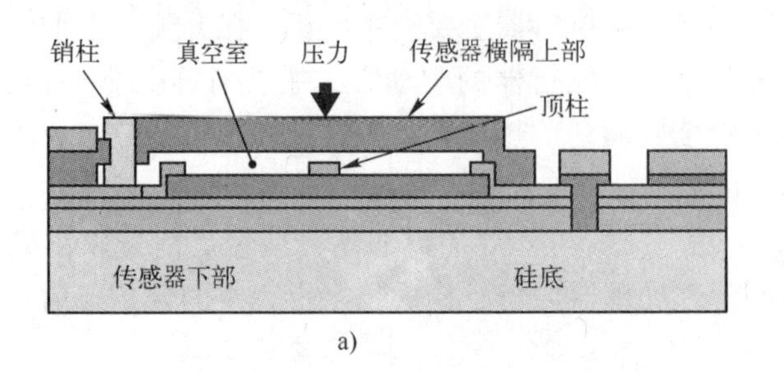

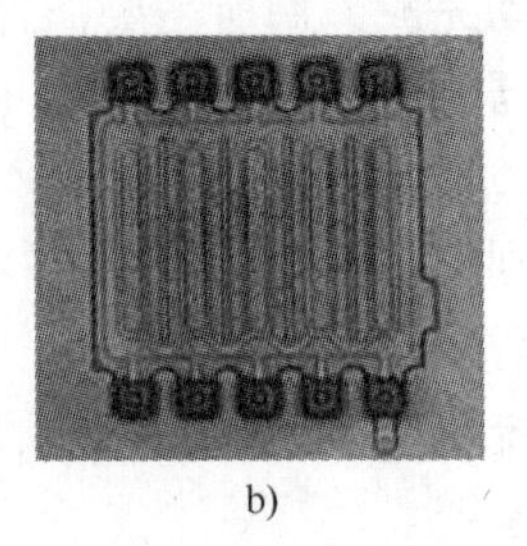

a)　　b)

图6-13　MEMS硅电容式压力传感器

a）结构模型　b）产品

4. MEMS的应用

目前，MEMS压力传感器、光开关、惯性传感器和集成微流量控制器在生物传感、汽车工业、生物医学、电子产品和军事应用等领域都有着广泛的应用。

在电子消费产品中，各种MEMS技术得到了大量的应用，如MEMS加速度传感器、MEMS运动传感器和MEMS陀螺仪等。

MEMS加速度传感器可以感应物体的加速度。加速度传感器一般有X、Y两轴与X、Y、Z三轴两种，两轴多用于车、船等平面移动物体，三轴多用于导弹、飞机等飞行物。任天堂的Wii游戏机遥控器使用的就是三轴MEMS加速度传感器，用户可以通过细微的动作控制游戏中飞机的飞行动作。手机和平板计算机中的MEMS加速度传感器使人机界面变得更简单、更直观，通过手的动作就可以操作界面功能，翻转终端设备，图像、视频和网页也随之旋转。

MEMS运动传感器可以为先进的节能技术提供支持。例如，当手机没有关闭放在桌上时，MEMS传感器就会把耗电大的模块（如显示器背光板和GPS模块）全部关闭以降低能耗，只要碰触一下机身，又可以打开全部功能。

MEMS陀螺仪是一种能够测量沿一个轴或几个轴运动的角速度的传感器，它是补充MEMS加速计功能的理想技术，可应用于航空、航天、航海、兵器、汽车、生物医学、环境监控等领域。与传统的陀螺相比，MEMS陀螺具有如下明显的优势：体积小、重量轻，适合于对安装空间和重量要求苛刻的场合，例如弹载测量等；低成本、高可靠性、内部无转动部件、全固态装置、抗大过载冲击、工作寿命长；低功耗、大量程，适于高转速的场合；易于数字化、智能化，可进行数字输出、温度补偿、零位校正等。

在大部分的电子产品中，通常是将各种MEMS技术组合在一起使用，例如将MEMS加速度传感器与陀螺仪配合使用，可以把更先进的选择功能变为现实，如能够在空中操作的三维鼠标和遥控器等。在这些设备中，传感器检测到用户的手势，将其转换成计算机显示器上的光标移动或机顶盒和电视机的频道和功能选择。

6.3.3　智能传感器

智能传感器是一种具有单一或多种敏感功能，可以感测一种或多种外部物理量并将他们转换为电信号，能够完成信号探测、变换处理、逻辑判断、数据存储、功能计算、数据双向通信，内部可以实现自检、自校、自补偿、自诊断，体积微小、高度集成的器件。简言之，智能传感器就是具有信息处理能力的传感器。

1. 智能传感器的特征

智能传感器是微处理器技术应用于传感器领域的重要成果。它在传感器中增加了微处理器模块，使传感器具有了数据计算、存储、处理以及智能控制等功能。

智能传感器与 MEMS 技术的结合极大地拓宽了传感器的应用范围。在这种智能传感器中，不仅吸收了 MEMS 技术的高度集成化制作模式以及体积微小、低功耗、低成本等各种优点，而且还继承了 MEMS 结构中的微传感器、微执行器和信号处理电路等部分。更重要的是，智能传感器比 MEMS 传感器在结构中多增加了微处理器模块、存储器和各种总线模块等，相当于为 MEMS 增加了用于数据处理的大脑，这也是 MEMS 技术发展的必然趋势。

智能传感器的种类繁多，根据检测要求的不同，在性能设计方面的侧重点也不尽相同，但是，相比其他类型的传感器，所有的智能传感器都具有如下一些特征。

1）具有由模拟测量信号到数字量值的 A/D 转换模块，并且能在程序控制下设置 A/D 转换的精度。

2）具有数据运算处理、逻辑判断功能，并具有自己的指令系统。能在程序的控制下进行信号变换和数据处理，并能以数字量形式输出检测结果和传感器工作状态指示信息。有些智能传感器还能以模拟、数字双通道输出检测结果。

3）具有自我诊断功能，能在上电后自检各主要模块工作是否正常，给出检测结果信号。有些电源自给型的低耗电智能传感器还可以通过控制电源供给类型，确定是用数据总线寄生电源供电还是使用专用外接电源供电。

4）具有自己的数据总线和双向数据通信功能，能够与外部的微处理器系统进行数据交换。外部的微处理器系统可以接收和处理来自传感器的数据；也可以根据处理结果，发送至指定的传感器，对测量过程进行控制，或进行反馈调节。

5）具有数据储存功能。智能传感器内部一般都带有自备的 ROM、EEPROM 和 RAM 存储器，用于存储自身的器件序列号、基本操作程序、设定的参数和操作过程中的数据。

6）有些智能传感器还带有自动补偿功能，可以通过硬件电路或软件编程的方式，对传感器的非线性误差、温度系统、失调电压、零点漂移等进行自动补偿。

7）有些智能传感器还带有自校准功能，用户可以通过输入零点值或某一标准量值，通过自校准软件设定基准点或校准零点。

8）一些新型的智能传感器还带有安全识别功能和超限报警功能，能够防止非法指令控制和非法数据侵袭，并能在测量结果超限时发出报警信号。

2. 智能传感器的组成和工作原理

智能传感器的组成及其信号处理流程模型如图 6-14 所示。

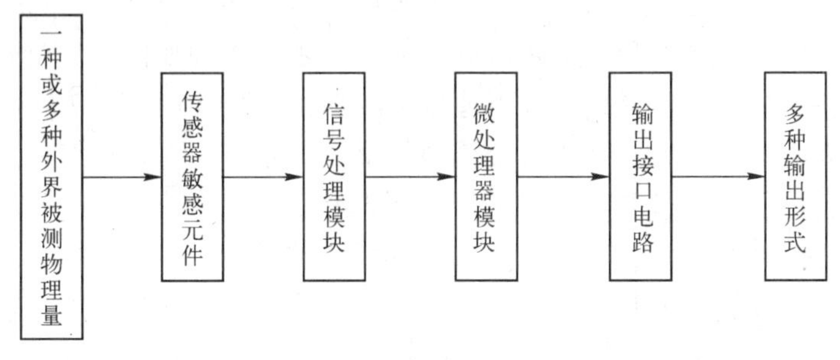

图 6-14　智能传感器的组成及其信号处理流程模型

智能传感器由传感器敏感元件、信号处理模块、微处理器模块、输出接口电路等部分组成，比 MEMS 多出了微处理器模块，使得智能传感器除具有一般的 MEMS 功能之外还可以对信号进行计算和处理，支持用户编程控制，实现同单片机、DSP 等信息处理平台协同工作等功能。

智能传感器在工作时的信号流程大致为：一种或多种的外界物理量被智能传感器的敏感元件感测到并转换为模拟形式的电信号，然后通过信号调理电路，一方面将模拟信号转换为数字信号，另一方面将转换后的信号进行解析区分（在感测多种物理量的情况下）、变换和编码，以适合微处理器对其进行处理计算。信号在微处理模块中还可能被保存并用作其他处理。处理后的结果通过输出接口电路转换为模拟电信号输出给用户，或直接以数字信号的形式显示在各种数字终端设备上，如 LED/LCD 显示器等。

如图 6-15 所示给出了典型的智能压力传感器的结构图，主要包括微处理器主机模板、模拟量输入模板、并行总线模板、接口模板等。其他智能传感器的结构同智能压力传感器的结构大致相同或近似，主要模块基本相同。

智能传感器的产品实物如图 6-16 所示。该智能传感器是一个智能微差压变送器（用于测量压力差的一种压力传感器），它能测量各种液体和气体的差压、流量、压力或液位，并输出对应的 4 ~ 20 mA 模拟信号和数字信号。它具有优良的自动修正功能，能满足多种苛刻的使用环境，还能通过 DE（Digit Enhanced，数字增强）通信协议与控制系统实现双向数字通信，消除了模拟信号的传输误差，方便了变送器的调试、校验和故障诊断。

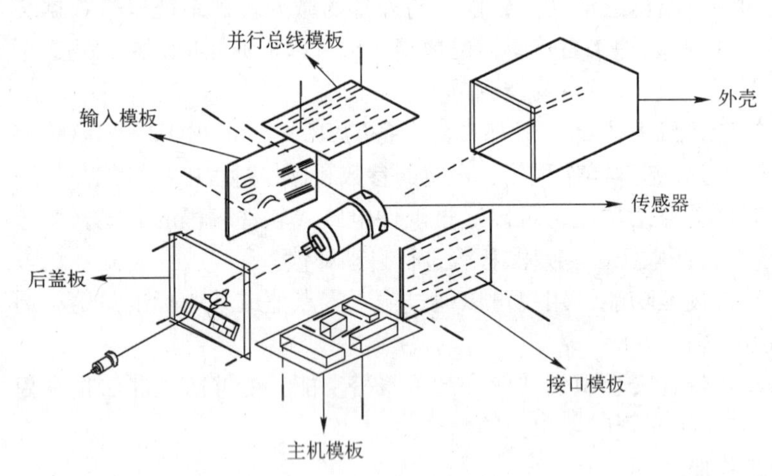

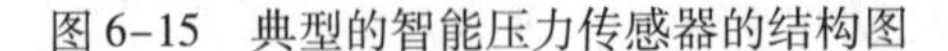
图 6-15 典型的智能压力传感器的结构图

图 6-16 智能传感器实物

该智能压力传感器由检测和变送两部分组成，其工作原理如图 6-17 所示。被测的力通过隔离的膜片作用于扩散电阻上，引起阻值变化。扩散电阻接在惠斯顿电桥中，电桥的输出代表被测压力的大小。在硅片上制成两个辅助传感器，分别检测静压力和温度。该传感器能够同时在同一个芯片上检测出差压、静压和温度 3 个信号，信号随后经多路开关分时地接到 A/D 转换器，经过模数转换后，变成数字量送到变送部分。

变送部分中的微处理器使传感器具有一定智能，增强了传感器的功能，提高了技术指标。PROM 中存储有针对本传感器特性的修正公式，保证了传感器的高精度。

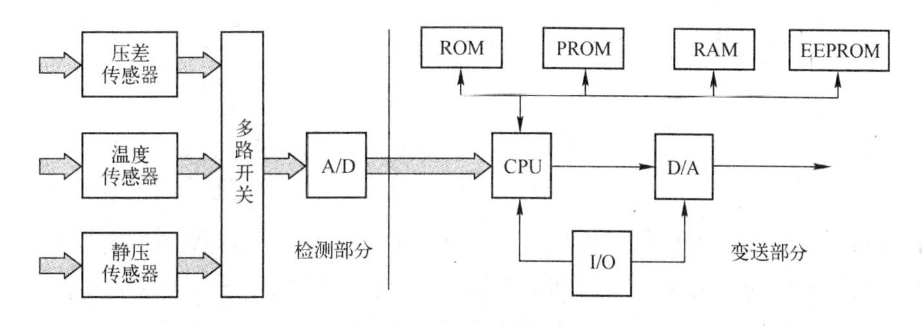

图 6-17　智能压力传感器原理框图

习题

1. 什么是传感器？传感器一般由哪几个部分构成？各部分的功能是什么？

2. 从传感器的能量角度简述传感器的分类。

3. 一般传感器的静态特性有哪些？

4. 什么是阻抗型传感器？阻抗型传感器的分类有哪些？

5. 常见的电阻式传感器分为哪几类？

6. 什么是应变电阻效应？什么是应变片？

7. 什么是压电效应？常见的压电材料可以分为哪几种类型？

8. 什么是热电效应？列出几种常见的热电偶传感器。

9. 什么是光电效应？常见的光电传感器的类型有哪几种？

10. 什么是霍尔效应？列出几种常见的基于霍尔效应实现的传感器。

11. 什么是磁电传感器？磁电传感器的两种设计结构模式是什么？

12. 简述气体传感器的主要特点。

13. 什么是多功能传感器？它与传统传感器的主要区别是什么？

14. 什么是 MEMS 技术？MEMS 的主要特点是什么？

15. 简述 MEMS 传感器与多功能传感器的主要区别。

16. 什么是智能传感器？智能传感器的主要特点有哪些？智能传感器与 MEMS 传感器有什么区别？智能传感器与嵌入式系统有什么区别？

第7章　传感器网络

传感器网络对物联网概念的形成起到了非常重要的作用。传感器网络是一种由传感器节点组成的网络，其中每个传感器节点都具有传感器、微处理器和通信接口电路，节点之间通过通信链路组成网络，共同协作来监测各种物理量和事件。

传感器网络可以使用各种不同的有线或无线通信技术，其中最为引人注目的是以采用低功耗、短距离移动通信网络构成的无线传感器网络。

无线传感器网络源于1978年美国国防部开发的分布式传感器网络。2000年左右，智慧灰尘项目引起世人对无线传感器网络的关注。无线传感器网络还被《美国商业周刊》和《MIT技术评论》列为21世纪最有影响的21项技术和改变世界的10大技术之一。

无线传感器网络是互联网与物联网区分度最大的领域。物联网中的海量数据就来自于传感器网络。作为物联网的建设重点，无线传感器网络在某些场合下甚至是物联网的代名词。RFID技术在某种意义上也可被看做是一种无线传感器网络，这样从互联网角度来看，就把物联网的感知层统一构造成一种局部网络，专门负责物品静态信息和动态信息的收集。

7.1　无线传感器网络概述

无线传感器网络（Wireless Sensor Network，WSN）就是由部署在监测区域内的大量廉价微型传感器节点组成的，并通过无线通信形式形成的一个多跳的自组织的网络系统，其目的是协作地感知、采集和处理网络覆盖区域中感知对象的信息，并发送给管理者。

无线传感器网络是一门交叉学科，涉及计算机、微电子、传感器、网络、通信、信号处理、嵌入式系统等诸多领域。无线传感器网络以其低功耗、低成本、分布式和自组织的特点为物联网感知层带来了一场变革。大量的微型无线传感器网络节点被嵌入到日常生活中，为实现人与自然界丰富多样的信息交互提供了技术条件。

在无线传感器网络中，智能的传感器节点感知信息，并将其通过自组网传递到网关，网关通过各种通信网络将收集到的感应信息提交到管理节点进行处理。管理节点对数据进行处理和判断，根据处理结果发送执行命令到相应的执行机构，调整被控/被测对象的控制参数，达到远程监控的目的。

无线传感器网络适合布线和电源供给困难的区域、人员不能到达的区域（如受到污染、环境不能被破坏或敌对区域）和一些临时场合（如发生自然灾害时，固定通信网络被破坏）等。它不需要固定网络的支持，具有快速展开、抗毁性强等特点。无线传感器网络借助其自身的特点和优势，在军事领域、精细农业、安全监控、环保监测、建筑领域、医疗监护、工业监控、智能交通、物流管理、空间探索、智能家居等领域发挥着巨大的作用。

7.1.1　无线传感器网络的组成

无线传感器网络由无线传感器节点、汇聚节点和管理节点3部分组成，如图7-1所示。

无线传感器节点通过人工布置、飞机撒播等方式大量部署在监测区域中，这些传感器节点通过自组织的方式构成网络，对监测区域中的特定信息进行采集、处理和分析。传感器节点既是信息的采集和发出者，也充当信息的路由者，采集的数据通过多个传感器节点的接力传递，到达汇聚（Sink）节点。汇聚节点是一个特殊的节点，数据通过汇聚节点接入到Internet、移动通信网络、卫星或无人机系统，最后提交给管理节点。管理节点一般位于用户所处的监控中心。

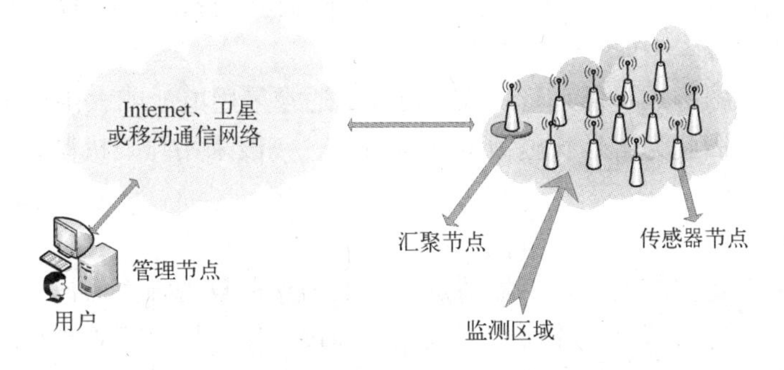

图7-1　无线传感器网络的组成

1. 无线传感器节点

无线传感器节点通常是一个微型的嵌入式系统，安装有一个微型化的嵌入式操作系统，它的处理能力、存储能力和通信能力相对较弱，自身携带的能量有限。虽然无线传感器节点几项指标都相对偏弱，但是它在无线传感器网络中既充当传感器又充当网络通信节点，起到了信息收集、处理、传递、存储、融合和转发等重要作用，同时，根据网络某些整体需要还要协同其他节点完成特定任务。

无线传感器节点由传感器模块、处理器模块、无线通信模块和电源模块4部分组成，如图7-2所示。所有这些模块通常组装成一个火柴盒大小甚至更小的装置，各装置相互协作以完成一项共同的任务。

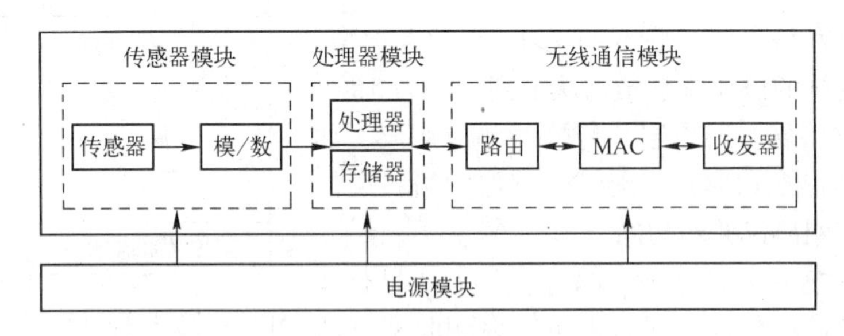

图7-2　无线传感器节点结构

传感器模块负责监测区域内信息的采集和模/数转换。传感器模块种类繁多，根据物联网的应用的不同，传感器的类型、功能和性能也不同，但是都用于测量各种物理量，例如传感器周围的光、声音、温度、磁场以及传感器加速度等。大部分传感器输出的是模拟量，需要模拟信号到数字信号的转换。无线传感器节点对于传感器的测量精度要求并不是很高，整个网络对精度的要求更多的是通过对整个网络各个节点数据的统计结果的数理统计和处理来实现的。

处理器模块负责控制整个传感器节点的操作，对本身采集的数据以及其他节点发来的数据进行存储和处理。处理器模块是无线传感器节点的计算核心，所有的设备控制、任务调度、能量计算和功能协调等一系列操作都是在这个模块的支持下完成的。无线传感器节点对于其上的处理器有着特殊的要求，例如，微小的外形、高集成度、较低功耗且支持睡眠模式、运行速度尽量快、有足够的外部通用I/O接口、成本尽量低以及安全性支持等。

无线通信模块负责与其他传感器节点进行无线通信，彼此交换控制信息和收发采集的数据。无线通信模块包括无线信号的收发、共享媒介的访问控制（MAC）和无线传感器网络中数据传递的路由选择。

电源模块为传感器节点提供运行所需的能量，通常采用电池或太阳能电池板供电。有些场合无法更换电池，因此为了延长电池的使用时间，一般采用睡眠机制，定期关闭某些模块的供电。

2. 汇聚节点

汇聚节点是一个特殊的无线传感器节点，一般为功能较为强大的嵌入式基站，主要负责收集、汇聚由其他传感器节点传输而来的数据，经过存储、融合等处理后，经由网关，通过互联网、卫星或者其他方式，将数据信息提交给管理节点。汇聚节点同时也负责将管理节点发送的控制信号及数据分发给所有或者指定的无线传感器节点。汇聚节点和网关通常集成在一个物理设备中。

汇聚节点的发射能力较强，具有较高的电能，可以将整个区域内的数据传送到远程控制中心进行集中处理。

3. 管理节点

管理节点通常是一台计算机或者功能强大的嵌入式处理设备，任务是对汇聚节点传输回来的数据进行处理和判断，并向汇聚节点发送控制信号。用户通过管理节点对传感器网络进行配置和管理，发布监测任务以及收集监测数据。

7.1.2 无线传感器网络的体系结构

无线传感器网络参照互联网的TCP/IP参考模型，把无线传感器网络的协议体系结构从下到上分为5层：物理层、数据链路层、网络层、传输层和应用层，如图7-3所示。值得注意的是，无线传感器网络各层使用的协议与互联网协议并不相同。

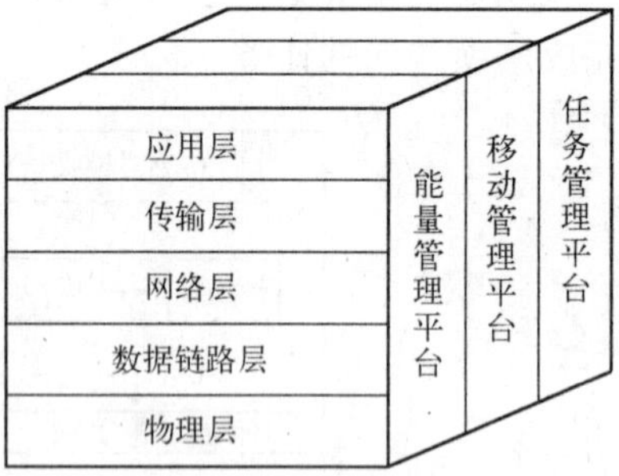

图7-3 无线传感器网络的协议体系结构

物理层负责把用0、1表示的数据流调制成电磁波信号或把信号解调成数据，同时也负责射频收发器的激活和休眠、信道的频段选择等。物理层协议主要涉及无线传感器网络采用的物理媒介、频段选择和调制方式。目前，无线传感器网络采用的传输媒介主要有无线电、红外线和光波等。其中，无线电传输是目前无线传感器网络采用的主流传输方式。

数据链路层负责数据帧的定界、帧监测、媒介访问控制（MAC）和差错控制。帧的定界就是从物理层来的数据流中判定出预先指定的数据格式。媒介访问控制协议就是解决各传感器节点同时发送信号时的冲突问题，无线传感器网络是一种共享媒介的网络，多个节点同时发送信号会造成冲突，MAC协议就是提供一种无线信道的分配方法，以便建立可靠的点到点或点到多点的通信链路。差错控制保证源节点发出的信息可以完整无误地到达目标节点。

网络层负责路由发现和维护。通常，大多数节点无法直接与网关通信，需要通过中间节点以多跳路由的方式将数据传送至汇聚节点。网络层协议负责把各个独立的节点协调起来构成一个收集并传输数据的网络。在研究网络层相关技术时，经常将网络拓扑设计、网络层协议和数据链路层协议结合起来考虑。网络拓扑决定了网络的设计架构。网络层的路由协议决定了监测信息的传输路径。数据链路层的媒介访问控制用来构建底层的基础结构，控制传感器节点的通信过程和工作模式。

传输层主要负责数据流的传输控制，以便把传感器网络内采集的数据送往汇聚节点，并通过各种通信网络送往应用软件。传输层是保证通信服务质量的重要部分，它采用差错恢复机制，确保在拓扑结构、信道质量动态变化的条件下，为上层应用提供节能、可靠、实时性高的数据传输服务。

应用层协议与具体应用场合和环境密切相关，主要功能是获取数据并进行处理，为管理人员运营和维护无线传感器网络提供操作界面。

除了按层次划分的协议栈外，利用无线传感器网络各层协议提供的功能，还可以提供对整个 WSN 的管理平台。管理平台包括能量管理平台、移动管理平台和任务管理平台。能量管理平台用来管理传感器节点如何使用能源，不仅仅是无线收发器的休眠与激活，在各个协议层都需要考虑节省能量。移动管理平台用来检测和控制节点的移动，维护到汇聚节点的路由，还可以使传感器节点能够动态跟踪其邻居的位置。任务管理平台则是在一个给定的区域内平衡和调度监测任务。

管理平台还可以提供安全、QoS（服务质量）等方面的管理功能。总之，管理平台的主要作用是使传感器节点能够按照高效的方式协同工作，能够在节点移动的传感器网络中转发数据，并支持多任务和资源共享。

7.1.3 无线传感器网络的特征

无线传感器网络是一种自组网络。自组网络也称为 Ad Hoc 网络，它是一种无基础设施的、自组织的无线多跳网络。在无线传感器网络中，无基础设施指的是整个网络无需任何基站、布线系统、服务器等组网设备，只存在无线传感器节点；自组织指的是传感器节点能够各尽其责而又相互协调地自动形成有序的网络系统；多跳指的是传感器节点之间的数据传输可能需要中间若干个其他传感器节点的转发。无线传感器网络的特点主要有如下几项。

1）自组织网络。部署无线传感器网络时，传感器节点的位置常常不能预先精确设定，节点之间的相互邻居关系预先也不知道，这就要求传感器节点具有自组织的能力，能够自动进行配置和管理，通过拓扑控制机制和网络协议自动形成转发监测数据的多跳网络系统。

2）大规模网络。为获取精确信息，在 WSN 监测区域内常部署大量传感器节点，节点数量可达成千上万个，甚至更多。WSN 的大规模性主要指两个方面：一是传感器节点分布在很大的地理区域内；二是在不大的空间内密集部署大量的传感器节点。

3）动态性网络。尽管 WSN 中的传感器节点在部署完成后大部分不会再移动，但 WSN 的拓扑结构还是会因诸多因素而发生变化。例如，环境因素或电能耗尽造成的传感器节点故障；传感器、感知对象和观察者的移动；环境变化造成的无线通信链路带宽变化；新节点的加入等。这就要求 WSN 能够适应这种变化，具有动态的系统可重构性。

4）数据汇聚型网络。WSN 一般是多对一通信，即网络中的所有节点都将数据汇聚到 Sink 节点，节点之间几乎不会发生消息交换。WSN 的这种工作模式与传统网络中的组播正好相反。组播是将源产生的分组在中间节点上简单复制多份后转发到多个接收节点上。另一方面，WSN 不是简单地汇聚，它需要将多个源产生的表示同一事件的多个数据分组聚合为单个分组传送给 Sink 节点。例如，多个节点可能同时观测到了同一事件的发生，它们分别产生数据分组并向 Sink 节点发送，Sink 节点只需收到它们中的一个分组即可，其余分组的传输完全是多余的。WSN 采用的分组过滤技术就是在中间节点上进行一定的聚合、过滤或压缩，以减小节点频繁传送分组造成的能量开销。

5）以数据为中心的网络。WSN 是任务型的网络，其节点采用节点编号标识，节点编号是否需要全网唯一取决于网络通信协议的设计。由于传感器节点随机部署，构成的传感器网络与节点编号之间的关系是完全动态的，节点编号与节点位置没有必然联系。用户使用传感器网络查询事件时，直接将所关心的事件通告给网络，而不是通告给某个确定编号的节点。反过来，网络在获得指定事件的信息后汇报给用户。这种思想是一种以数据本身作为查询或传输线索的思想，因此，WSN 是一个以数据为中心的网络。

6）与应用相关的网络。WSN 是用来感知客观世界的，而不同的 WSN 应用关注的物理量也不同，因此对传感器的应用系统也有多种多样的要求。WSN 特别适合部署在恶劣环境或人类不宜到达的区域，并且传感器节点常常随机部署，这种应用环境要求传感器节点非常坚固，不易损坏，能够适应各种恶劣环境条件。

7.1.4 无线传感器网络的研究所面临的挑战及发展趋势

鉴于无线传感器网络具有诸多不同于传统数据网络的特点，这对无线传感器网络的设计与实现提出了新的挑战，主要体现在低功耗、实时性、低成本、安全及抗干扰、协作等多个方面。这些挑战决定了 WSN 的设计方向和发展趋势。

1）设计灵活、自适应的网络协议体系结构。由于 WSN 面对的是大相径庭的应用背景，因此，路由机制、数据传输模式、实时性要求以及组网机制等都与传统网络有着极大的差异。设计一种功能可剪裁、灵活可重构并适用于不同应用需求的 WSN 协议体系结构是未来 WSN 发展的一个重要方向。

2）跨层设计。WSN 采用分层的体系结构，各层的设计相互独立并具有一定的局限性，因此各层的优化设计并不能保证整个网络的设计最优。跨层设计可以在不相邻的协议层之间实现互动，从而达到平衡整个 WSN 性能的目的。

3）与其他网络的融合。物联网就是将 WSN 与互联网、移动通信网络融合在一起，使 WSN 能够借助这两种传统网络传递信息，利用传感信息实现应用的创新。然而，WSN 与互联网的异构性决定了 WSN 无缝接入互联网的难度。

7.2 无线传感器网络的通信协议

按照无线传感器网络的分层模型，其协议也相应地分为物理层、数据链路层、网络层、传输层和应用层。由于节能是无线传感器网络设计中最重要的方面，而传统无线通信网络的协议对功耗考虑较少，因此无线传感器网络需要特定的 MAC 协议、路由协议和传输协议。

7.2.1 MAC 协议

媒介访问控制（Medium Access Control，MAC）用于解决共享媒介网络中的媒介占用问题，也就是如何把共享信道分配给各个节点。无线传感器网络由于节点无线通信的广播特征，节点间信息传递在局部范围需要 MAC 协议协调其间的无线信道分配。无线传感器网络 MAC 协议的设计目标是充分利用网络节点的有限资源（能量、内存和计算能力）来尽可能延长网络的服务寿命。因此，与传统无线网络不同，无线传感器网络 MAC 协议的设计在网络性能指标上有如下特殊之处。

1）能量有效性。能量有效性是无线传感器网络 MAC 协议最重要的一项性能指标，也是网络各层协议都要考虑的一个重要问题。在节点的能耗中，无线收发装置的能耗占绝大部分，而 MAC 层协议直接控制无线收发装置的行为。因此，MAC 协议的能量有效性直接影响网络节点的生存时间和网络寿命。

2）可扩展性。由于节点数目、节点分布密度等在网络生存过程中不断变化，节点位置也可能移动，还有新节点加入网络的问题，所以无线传感器网络的拓扑结构是动态的。MAC 协议应当适应这种动态变化的拓扑结构。

3）冲突避免。冲突避免是所有 MAC 协议的基本任务，它决定网络中的节点何时和以何种方式占用媒介来发送数据。在无线传感器网络中，冲突避免的能力直接影响节点的能量消耗和网络性能。

4）信道利用率。信道利用率是指数据传输时间占总时间的比率。在蜂窝移动通信系统和无线局域网中，带宽是非常重要的资源，更多的带宽可以容纳更多的用户和传输更多的数据。在无线传感器网络中，处于通信状态的节点数量由一定的应用任务决定，因而信道利用率在无线传感器网络中处于次要的位置。

5）时延。时延是指从发送端开始向接收端发送一个数据包，到接收端成功接收这一数据包所经历的时间。在无线传感器网络中，时延的重要性取决于网络应用对实时性的要求。

6）吞吐量。吞吐量是指在给定的时间内发送端能够成功发送到接收端的数据量。网络的吞吐量受到诸多因素的影响，其重要性也取决于网络的应用。在许多应用中，为了延长节点的生存时间，往往允许适当牺牲数据传输的时延和吞吐量等性能指标。

7）公平性。公平性通常是指网络中各节点、用户和应用平等地共享信道的能力。在无线传感器网络中，所有的节点为了一个共同的任务相互协作，在特定时候，允许某个节点长时间占用信道来传送大量数据。因此，MAC 协议的公平性往往用网络能否成功实现某一应用来评价，而不是以每个节点能否平等地发送和接收数据来评价。

在上述所有指标中，节省能耗是重中之重。在无线传感器网络中，传感器节点通常靠干电池或纽扣电池供电，节点能量有限且难以补充。节点的能量消耗包括通信能耗、感知能耗和计算能耗，其中，通信能耗所占比重最大。传感器节点的无线通信模块通常具有发送、接收、空闲和休眠 4 种工作状态，其能耗依次递减，休眠状态的能耗远低于其他状态。因此，在 MAC 协议中，常采用“侦听/休眠”交替的策略，节点一般处于休眠状态，定时唤醒查看有无通信任务。

通信过程中的能耗主要存在于：冲突导致重传和等待重传；非目的节点接收并处理数据形成串扰；发射、接收不同步导致分组空传；控制分组本身开销；无通信任务节点对信道的空闲侦听等。因此，可以相应采取如下措施，以减少冲突、串扰和空闲侦听：通过协调节点间的侦听、休眠周期以及节点发送、接收数据的时机，避免分组空传和减少过度侦听；通过限制控制分组长度和数量减少控制开销；尽量延长节点休眠时间，减少状态交换次数。

能量、通信能力、计算能力和存储能力的限制决定了无线传感器网络的 MAC 层不能使用过于复杂的协议，应尽量简单、高效。根据 MAC 协议分配信道的方式可以将 MAC 协议分为竞争型、调度型和混合型等几种类型。

竞争型 MAC 协议简单高效，在数据发送量不大，竞争节点较少时，有较好的信道利用率，但竞争型 MAC 协议往往只考虑发送节点，较少考虑接收节点，因而时延较大。另一方面，控制帧和数据帧发生冲突的可能性随着网络通信量的增加而增加，致使网络的宽带利用率急剧降低，而重传也会降低能量效率。无线传感器网络的竞争型 MAC 协议有 CSMA/CA、S－MAC、T－MAC、PMAC、WiseMAC、Sift 等。

调度型 MAC 协议在节能上有优势，但需要严格的时间同步，不能适应无线传感器网络不断变化的拓扑结构，所以扩展性不好。调度型 MAC 协议有 TRAMA、SMACS、DMAC 等。

混合型协议能较好地避免共享信道的碰撞问题，有效地减少能量消耗，但对节点的计算能力要求较高，整个网络的带宽利用率不高，实现比较复杂。混合型 MAC 协议有 μ－MAC、ZMAC 等。

1. 竞争型 MAC 协议

竞争型 MAC 协议的基本思想是：当节点需要发送数据时，通过竞争方式使用无线信道，若发送的数据产生冲突，就按照某种策略退避一段时间再重发数据，直到发送成功或放弃发送为止。在无线传感器网络中，睡眠/唤醒调度、握手机制设计和减少睡眠时间是竞争型协议需要重点考虑的。

典型的竞争型 MAC 协议是 IEEE 802.11 无线局域网和 ZigBee 网络使用的 CSMA/CA（载波侦听多路接入冲突避免）。CSMA/CA 的方法如下：节点在发送数据前首先侦听信道是否空闲，即是否有其他节点在发送数据，如果有其他节点占用信道，则等待；当信道由忙转闲时，则发送 RTS（请求发送）帧请求占用信道；如果收到接收方的 CTS（允许发送）帧，则说明信道占用成功，就可以发送数据帧了；如果没有收到对方的 CTS 帧，说明与其他节点发送的 RTS 帧发生了冲突，于是随机退避一段时间，再侦听信道重新尝试。

在 CSMA/CA 的基础上，针对能耗问题，人们提出了多种用于无线传感器网络的竞争型 MAC 协议，如 S－MAC、T－MAC、PMAC、WiseMAC、Sift 等。

S－MAC 协议采用周期性的睡眠和侦听机制。在侦听状态，节点可以和它的相邻节点进行通信，侦听、接收或发送数据。在休眠状态，节点关闭发射接收器，以此减少能量的损耗。一般设置侦听占空比为 10%，即 2s 中有 0.2s 处于侦听状态。

S－MAC 协议的侦听占空比为常数，无法适应动态变化的通信负载。T－MAC 协议在原有 S－MAC 协议的基础之上增加了占空比动态自适应的特性。当接收者发现自己单跳逗留时延过高时，它将缩短睡眠时间，并将此消息广播给邻居节点，邻居节点中如有数据要传输给该节点，且剩余电量高于一定阀值的话，将加倍其占空比。在 T－MAC 中，当处于活跃状态的节点在一个时间段内没有发生激活事件时，就结束活跃状态，进入睡眠状态。T－MAC

协议定义了5种激活时间，分别为：定时器发出周期性调度唤醒事件；物理层从无线信道接收到数据包；物理层指示当前无线信道忙；节点的数据帧或确认帧发送完成；通过监听RTS/CTS帧，确认邻居的数据交换已经结束。活跃状态的时间可根据网络流量动态调整，增加了睡眠时间，随机睡眠也会带来早睡问题，增加延时。实验表明，T-MAC能获得比S-MAC更好的节能效果。

PMAC的节点根据模式决定在每个时隙睡眠或唤醒，减少了邻居节点过度侦听和分组冲突。

WiseMAC协议在数据确认帧中携带了下一次信道监听时间，这样节点就可以获得所有邻居节点的信道监听时间，从而获得最小的前导长度，在发送数据时就可以将唤醒前导压缩到最短，降低了控制开销。

Sift协议是基于事件驱动的MAC协议，它充分考虑了无线传感器网络的3个特点：大多数传感器网络是事件驱动的网络，因而存在事件检测的空间相关性和事件传递的时间相关性；由于汇聚节点的存在，不是所有节点都需要报告事件；感知事件的节点密度随时间动态变化。在无线传感器网络中，因为多个邻近的节点都会探测到某个事件并传输相关信息，节点通常会与空间相关的信道竞争。Sift协议的目标是：若N个节点同时监测到同一事件，则只保证其中R个节点能够在最小时间内无冲突成功发送数据，抑制剩余N-R个节点的发送。Sift中竞争窗口长度固定，节点并不选择发送的时隙，而是选择不同时隙的发送概率。如果信道空闲，则逐步增加每个时隙的发送概率。如果有其他节点使用该时隙发送数据，则重新计算发送概率。Sift协议实现简单，关键在于在固定长度的竞争窗口中选择时隙时需要用到一种递增的非均匀概率分布，而不是传统协议中的可变长度竞争窗口。它充分考虑了无线传感器网络的业务特点，特别适合冗余、竞争与空间相关的应用场景，但是它没有考虑如何减少空闲侦听，只是简单地认为当节点监听到R个确认帧后就取消相应的时间报告，对如何选择R个节点及时无冲突发送并没有进一步研究。

2. 调度型MAC协议

调度型MAC协议就是按预先固定的方法把信道划分给或轮流分配给各个节点。具体的分配方法有TDMA（时分多址、时分复用）、FDMA（频分多址）和CDMA（码分多址）。调度型MAC协议的基本思想是：采用某种调度算法将时隙、频率或正交码映射到每个节点，使每个节点只能使用其特定的时隙、频率或正交码，无冲突地访问信道。调度型协议有以下优点：无冲突、无隐藏终端问题、易于休眠、适合低功耗网络。缺点是必须具备中心控制节点来分配信道。

TRAMA（流量自适应媒介访问）协议是较早被提出的采用时分多址技术的调度型MAC协议。该协议根据局部两跳内的邻居信息，采用分布式选择算法确定每个时隙的无冲突发送者，同时避免把时隙分配给无流量的节点。

TRAMA协议包括3个部分：邻居协议、调度交换协议和自适应时隙选择算法（Adaptive Election Algorithm，AEA）。TRAMA协议将时间划分为交替的随机访问周期和调度访问周期，其时隙数由具体应用决定。

邻居协议在随机访问周期内执行，它要求所有节点在随机访问周期内都处于激活状态，并周期性通告自己的ID标识、是否有数据发送请求以及一跳内的邻居节点等信息。邻居协议的目的是使节点获得两跳内的拓扑结构和节点流量信息，并实现时间的同步。

调度交换协议用来建立和维护发送者和接收者的调度信息。在调度访问周期内，节点周期性广播其调度信息，每个节点根据报文产生速率和报文队列长度计算节点优先级。

自适应时隙选择算法根据当前两跳邻居节点内的节点优先级和一跳邻居的调度信息，决定节点在当前时隙的状态策略：接收、发送或睡眠。节点在调度周期的每个时隙上都需要运行 AEA 算法。由于 AEA 算法更适合于周期性数据采集任务，所以 TRAMA 协议非常适合周期性监测应用。

DMAC 协议是一种针对树状数据采集网络提出的 MAC 协议，采用预先分配的方法来避免睡眠时延。在无线传感器网络中，从传感器感知节点到汇聚节点形成一棵数据汇聚树，树中数据流向是单向的，由子节点流向父节点。DMAC 协议根据该数据汇聚树，采用交错唤醒调度机制，让节点在工作和睡眠之间切换，其中工作阶段又分为发送和接收两部分。每个节点的调度具有不同的偏移，下层子节点的发送时间对应于上层父节点的接收时间，在理想情况下，数据能够连续地从数据源节点传送到数据目的节点，从而避免了睡眠时延。

LMAC 协议是一种基于 TDMA 的 MAC 协议，它采用分布式算法选出主动节点，由主动节点协商产生调度，构成骨干网络。其他节点称为被动节点，大部分时间都处于睡眠状态。被动节点只能向特定的主动节点发送数据。根据流量和剩余能量，主动节点和被动节点可以进行转换。骨干网络有利于网络层建立路由，降低路由开销。

3. 混合型 MAC 协议

竞争型 MAC 协议能很好地适应网络规模、拓扑结构和数据流量的变化，无需精确的时钟同步机制，实现简单，但是能量效率较低。调度型 MAC 协议的信道之间无冲突、无干扰，数据包在传输过程中不存在冲突重传，能量效率相对较高，但是需要网络中的节点形成簇，对网络拓扑结构变化的适应能力不强。混合型 MAC 协议包含了以上两类协议的设计要素，取长避短。当时空域或某种网络条件改变时，混合型 MAC 协议仍表现为以某类协议为主，其他协议为辅的特性。

μ-MAC 是一种典型的混合型 MAC 协议，适合于周期性数据采集的无线传感器网络，它假设可以获得流量模式的信息，通过应用层的流量信息来提高 MAC 协议的性能。在 μ-MAC 中，有一个独立于 WSN 节点之外的固定基站提供信标源，实现时钟同步，并负责发出任务指令，汇聚各节点采集的数据。μ-MAC 的信道结构包含竞争期和无竞争期。竞争期采用分时隙的随机竞争接入方式，无竞争期采用 TDMA 调度接入方式。

Z-MAC 也是一种混合型的 MAC 协议，它在低流量条件下使用 CSMA 信道访问方式，提高信道利用率，同时降低时延，而在高流量条件下使用 TDMA 信道方式，减少冲突和串扰。Z-MAC 引入了时间帧的概念，每个时间帧又分为若干个时隙，节点可以选择任何时隙发送数据，每个节点执行特定的时隙分配算法。时隙分配结束后，每个节点都会在时间帧中拥有一个时隙。分配了时隙的节点称为该时隙的所有者，在该时隙中发送数据的优先级最高。节点发送数据需要首先监听信道的状态，该时隙的所有者拥有更高的发送优先级。当时隙拥有者不发送信息时，其邻居节点以 CSMA 方式竞争信道。节点收集两跳内邻居信息后，采用分布着色算法为各个节点分配时隙。发送优先级的设置是通过设定退避时间窗口的大小实现的。时隙的所有者被赋予一个较小的时间窗口，所以能够抢占信道。

7.2.2 路由协议

路由协议解决的是数据传输的问题，主要是寻找源节点和目的节点之间的优化路径，将数据分组从源节点通过网络转发到目的节点。传统的无线网络路由协议设计的主要目的是为网络提供高效的服务质量和带宽，但无线传感器网络路由协议的首要目标是高效节能，延长整个网络的生命周期，应具有能量优先、基于局部的拓扑信息、以数据为中心和应用相关4个特点。无线传感器路由协议可分为4类：以数据为中心的路由协议、基于簇结构的路由协议、基于地理信息的路由协议和基于QoS的路由协议。

1. 以数据为中心的路由协议

此类路由协议对感知到的数据按照属性命名，对相同属性的数据在传输过程中进行融合操作，以减少网络中冗余数据的传输。典型协议有基于信息协商的传感器（Sensor Protocols for Information via Negotiation，SPIN）协议、定向扩散（Directed Diffusion，DD）协议等。

SPIN协议主要是对泛洪路由协议的改进。在泛洪协议中，节点产生或收到数据后向所有邻居节点广播，数据包直到过期或到达目的地才停止传播。SPIN协议考虑到了WSN中的数据冗余问题，即邻近的节点所感知的数据具有相似性，通过节点间的协商来减少网络中传输的数据量。节点只广播其他节点所没有的数据以减少冗余数据，从而有效减少能量消耗。

SPIN协议假定网络中所有节点都是汇聚节点，每个节点都有用户需要的信息，而且相邻的节点所感知的数据类似，所以只要发送其他节点没有的数据即可。SPIN协议采用了3种数据包来通信：数据描述数据包ADV用于新数据的广播，当节点有数据要发送时，利用包含元数据（即数据属性，对数据进行命名，用于数据融合，以便减少数据的传输量）的ADV数据包向外广播；数据请求数据包REQ用于请求发送数据，当节点希望收到数据时，发送该数据包；DATA数据包用于发送所采集的数据。

SPIN协议不需要了解网络拓扑结构，当一个传感器节点在发送一个数据包之前，首先向其邻居节点广播发送ADV数据包，如果一个邻居希望接收该数据包，则向该节点发送REQ数据包，接着节点向其邻居节点发送DATA数据包。如果发送数据包的是汇聚节点，则工作流程如图7-4a ~ c所示。如果发送数据包的是普通节点，则工作流程如图7-4d ~ f所示。

DD协议采用基于数据相关的路由算法，是一种基于查询的方法。在DD协议中，汇聚节点周期性地通过泛洪的方式广播一种称为“兴趣”的数据包，告诉网络中的节点它需要收集信息的类型。在“兴趣”数据包的传播过程中，DD协议根据数据上报率、下一跳等信息逐跳地在每个传感器节点上建立反向的从数据源到汇聚节点的梯度场，传感器节点将采集到的数据沿着梯度场传送到汇聚节点，梯度场的建立需要根据成本最小化和能量自适应原则。当网络中的传感器节点采集到相关的匹配数据后，向所有感兴趣的邻居节点转发这个数据，收到该数据的邻居节点，如果不是汇聚节点，则采取同样的方法转发该数据。这样汇聚节点会收到从不同路径上传送过来的相同数据，在收到这些数据以后，汇聚节点选择一条最优的路径，后续的数据将沿着这条路径传输。DD协议的机制如图7-5所示。

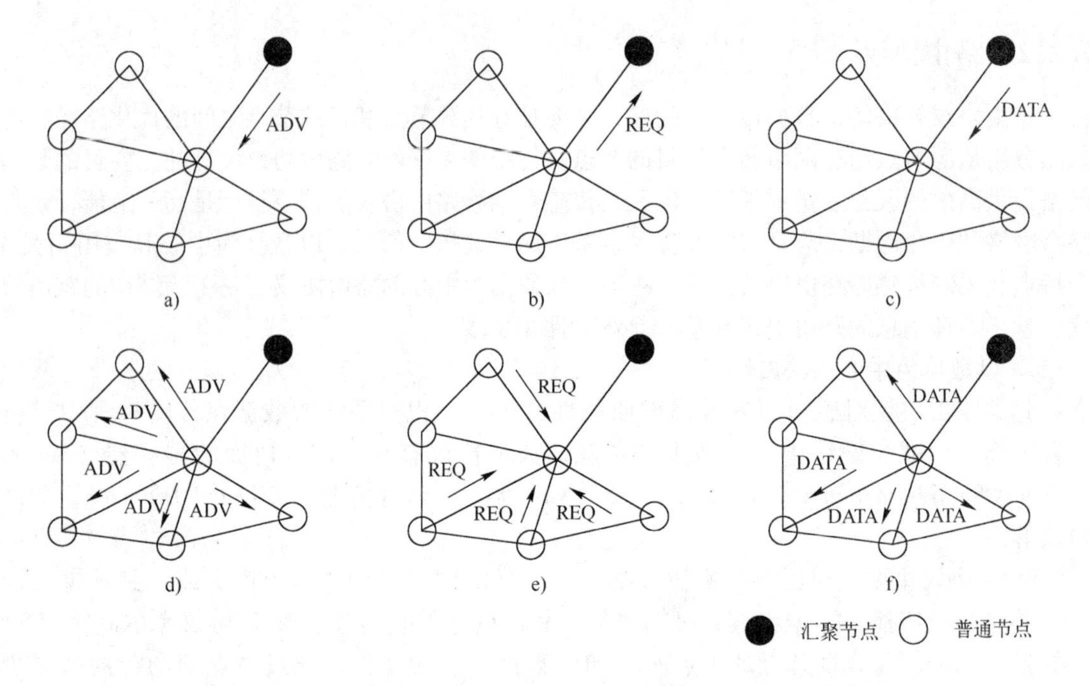

图 7-4　SPIN 协议的工作流程

a）汇聚节点发送数据包 - 扩散　b）汇聚节点发送数据包 - 请求　c）汇聚节点发送数据包 - 传输
d）普通节点发送数据包 - 扩散　e）普通节点发送数据包 - 请求　f）普通节点发送数据包 - 传输

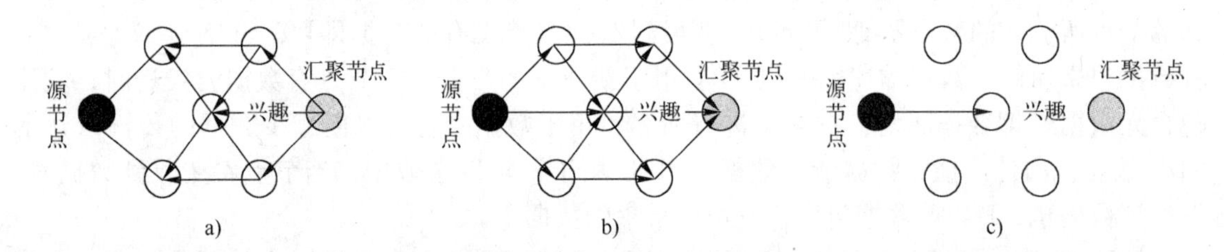

图 7-5　DD 协议的机制

a）汇聚节点广播　b）源节点回传　c）选择最优路径

DD 算法是一个以数据为中心的经典路由算法，DD 路由协议需要通过汇聚节点完成对节点的查询，因此不能用于大规模的网络，主要应用于具有大量查询而只有少量事件的场景，如果网络拓扑结构频繁变动，算法性能也将大幅下降。

2. 基于簇结构的路由协议

簇结构路由协议是一种网络分层路由协议，重点考虑的是路由算法的可扩展性。它将传感器节点按照特定规则划分为多个集群（簇），每个簇由一个簇首和多个簇成员组成。多个簇首形成高一级的网络，在高一级的网络中，又可以分簇，从而形成更高一级的网络，直至最高级的汇聚节点。在这种结构（实际上就是多叉树结构，也称为簇树）中，簇首节点不仅负责管理簇内节点，还要负责簇内节点信息的收集和融合，并完成簇间数据的转发。通常情况下，每个簇都是基于节点的能量以及簇首的接近程度形成的。这种路由结构对簇首节点的依赖性较大，信息采集与处理均会大量消耗簇首的能量，簇首节点的可靠性与稳定性同样对全网性能有着很大的影响。簇结构路由协议使用的路由算法有 LEACH、PEGASIS、TEEN、

APTEEN 和 TTDD 等。

1）LEACH（Low - Energy Adaptive Clustering Hierarchy，低能耗自适应分簇结构）是最早提出的分层路由算法，它以簇内节点的能量消耗为出发点，旨在延长节点的工作时间，平衡节点能耗。

LEACH 算法定义了“轮”的概念，每一轮分为两个阶段：初始化和稳定工作。在初始化阶段，网络以周期性循环的方式随机选择簇首节点，簇首节点向周围广播信息，其他节点依照所接收到的广播信号强度加入相应的簇首，形成虚拟簇。此后进入稳定工作阶段，簇首接收节点持续采集监测到的数据，并进行数据融合处理，以减少网络数据量，并发送到汇聚节点。为了延长节点的工作时间，需要定期更换簇首节点，因此整个网络的能量负载被平均分配到每个节点上，从而实现平均分担转发通信业务。LEACH 协议的网络结构如图 7-6 所示。

簇首节点的选择是 LEACH 算法中的关键问题，它是根据网络中需要的簇首节点数和到目前为止每个节点成为簇首的次数来决定的。

2）PEGASIS（Power - Efficient Gathering in Sensor Information Systems，传感器信息系统的节能型采集方法）在 LEACH 的基础上进行了改进，依然采用动态选取簇首的方法，将网络中的所有节点连接成一条“链”，避免了频繁选取簇首的通信开销。PEGASIS 协议的网络结构如图 7-7 所示。

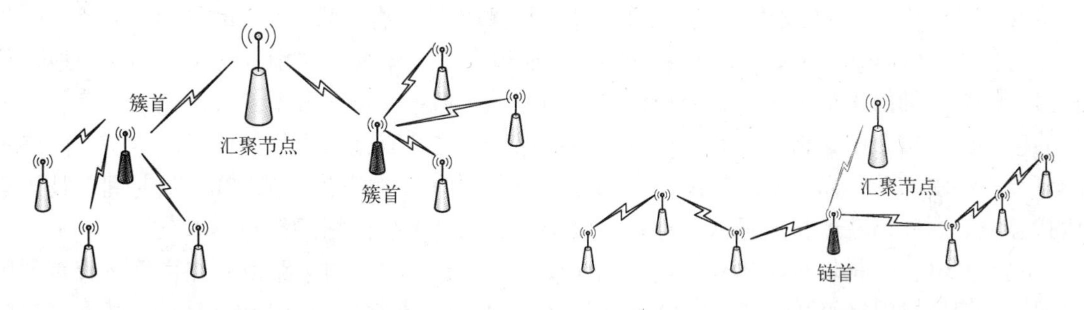

图 7-6　LEACH 协议网络结构图　　　　图 7-7　PEGASIS 协议网络结构图

在此算法中，每个节点利用信号强度比较其与邻居节点的远近，选出最近邻居的同时调整发送的信号强度，使得只有最近节点才能收到信号。这样，节点只需要与离它最近的邻居进行通信。PEGASIS 利用贪婪算法（贪婪算法就是不从整体考虑，而只从局部考虑找出当前的最优解）将整个传感器网络中的节点组成一个链，链中只有一个簇首（或链首），并且各节点轮流担当链首的角色，从而实现节点的能耗平衡。链中节点沿链将数据传送到簇首，在传送过程中进行数据融合，最后簇首将收集到的数据发送给汇聚节点。

网络中的所有节点都会成为簇首，因此所有节点都应能与汇聚节点通信。簇首失效会导致路由失败，并且链过长会导致数据传输量的增加，所以这种协议不适合实时性的应用。

3）TEEN（Threshold - Sensitive Energy Efficient Sensor Network，阈值敏感的节能的传感器网络协议）算法也是对 LEACH 算法的改进，采用阈值过滤的方式来减少数据传输量，但另一方面也阻止了部分数据的上报，致使其不适用于需持续采集数据、周期性上报数据的应用环境。

4）APTEEN（Adaptive Periodic TEEN，自适应周期性 TEEN）结合了 LEACH 和 TEEN 协议的优点，既能周期性采集数据又能实时响应突发事件。APTEEN 协议在 TEEN 的基础上进行扩展，定义了一个计数器，如果节点在计数时间内没有发送任何数据，不管当前数据是否满足软、硬阈值的要求，都会向汇聚节点传送数据。

5）TTDD（Two－Tier Data Dissemination，两层数据发布）算法主要是针对多汇聚节点及汇聚节点移动的场景提出的。当多个传感器节点探测到事件发生时，选择其中一个节点作为发送数据的源节点。源节点以自身作为格状网的一个交叉点构造出一个格状网。源节点先计算出相邻的4个交叉点的位置，并利用贪婪算法请求最近交叉点成为转发节点，转发节点继续该过程直至请求过期或到达网络边缘。转发节点保存了事件和源节点信息。进行查询时，汇聚节点采用泛洪方式查询请求最近的转发节点，转发节点如果有相关数据记录就将查询请求传送给周围的转发节点，直至源节点收到查询请求。然后，源节点按照查询请求信息建立的传输路径将数据反向传送到汇聚节点。汇聚节点在等待数据时可继续移动，并为自己指定一个代理节点，所有要传送给汇聚节点的数据全部经由代理节点送达汇聚节点，从而保证数据的可靠传输。

3. 基于地理位置信息的路由协议

基于地理位置的路由协议假设节点知道自身、目的节点或目的区域的地理位置，节点利用这些地理位置信息进行路由选择，将数据转发至目的节点。在路由协议中使用地理位置信息主要有以下两种用途：将地理位置信息作为其他算法的辅助，从而限制网络中搜索路由的范围，减少了路由控制分组的数量；直接利用地理位置信息建立路由，节点直接根据位置信息指定数据转发策略。基于地理位置信息的路由协议使用的路由算法有GAF、GPSR和GEAR等。

1）GAF（Geographical Adaptive Fidelity，地理自适应保真）路由算法是一种使用地理位置信息作为辅助的路由算法，它将监测区域划分成虚拟单元格，各节点按照位置信息划入相应的单元格，每个单元格中只有一个簇首节点保持活动，其他节点均处于睡眠状态。网格中的节点对于中继转发而言是等价的，它们通过分布式协商确定激活节点和激活时间。处于激活状态的节点周期性地唤醒睡眠节点，通过交换角色来平衡网络的能耗。

2）GPSR（Greedy Perimeter Stateless Routing，贪婪无状态周边路由）路由算法直接利用地理位置信息采用贪婪算法选择路径。GPSR协议中的节点都知道自身地理位置并统一编址，节点发送数据时，以实际地理距离计算与目的节点最近的邻居节点，将该邻居节点作为数据分组的下一跳，然后将数据分组传送到该邻居节点，重复该过程，直到数据到达目的节点。

GPSR协议有如下几个优点：只依赖直接邻居节点进行路由选择，避免在节点中建立、维护及存储路由表；由于选择了接近最短真实距离的路由，所以数据的传输时延较小；在网络连通性完整的条件下，可以保证一定能找到可达路由。然而，若汇聚节点和源节点分别集中在两个区域，通信量容易失衡导致部分节点失效，从而破坏网络的连通性。

3）GEAR（Geographic and Energy Aware Routing，位置和能量感知路由）路由算法结合了DD算法以及GPSR算法的思想，根据事件区域的地理位置信息，采用查询的方法建立从汇聚节点到事件区域的优化路径。

4. 基于QoS的路由协议

基于QoS的路由协议在建立路由的同时，还考虑节点的剩余电量、每个数据包的优先级、估计端到端的时延，从而为数据包选择一条最合适的发送路径，尽力满足网络的服务质量要求。具体的协议有SAR、SPEED等。

1）SAR（Sequential Assignment Routing，有序分配路由）协议综合考虑了能效和QoS，维护多棵树结构，每棵树以落在汇聚节点的有效传输半径内的节点为根向外生长，树干的选择需要满足一定的 QoS 要求和能量储备。大多数节点可能同时属于多棵树，每个节点与汇聚节点之间有多条路径，可任选某一采集树回到汇聚节点。为了防止一些节点的死亡而导致网络拓扑结构的变化，汇聚节点会定期发起路径重建命令来保证网络的连通性。

2）SPEED 协议是一个实时路由协议。SPEED 中的每个节点记录所有邻节点的位置信息和转发速度，并设定一个速度门限，当节点接收到一个数据包时，根据这个数据包的目的位置把相邻节点中距离目的位置比该节点近的所有节点划分为转发节点候选集合，然后把转发节点候选集合中转发速度高于速度门限的节点划分为转发节点集合，在这个集合中转发速度越高的节点被选为转发节点的几率越大。如果没有节点属于这个集合则利用反馈机制重新路由。该协议在一定程度上实现了端到端的传输速率保证、网络拥塞控制以及负载平衡机制，缺点是没有考虑在多条路径上传输以提高平均寿命，传输的报文没有优先级机制。

7.2.3 传输协议

传输层的主要目的是利用下层提供的服务向上层提供可靠、透明的数据传输服务，因此，传输层必须实现流量控制和拥塞避免的功能，以实现无差错、无丢失、无重复、有序的数据传输功能。无线传感器网络的传输层技术应该充分协同多个传感器节点，在满足可靠性的要求下，传输最少的数据，从而降低能量消耗。目前的无线传感器网络传输协议一般都采用以下几项技术。

1）由传感器执行拥塞检测。源传感器根据自身的缓存状态判断是否发生拥塞，然后向汇聚节点发送当前的网络状态。

2）采用事件到汇聚节点的可靠性模型。一些传输协议定义了衡量当前传输可靠性程度的量化指标，由汇聚节点根据收到的报文数量或其他一些特征进行估算。汇聚节点根据当前的可靠性程度及网络状态自适应地进行流量控制。

3）消极确认机制。只有当节点发现缓存中的数据包并不是连续排列时，才认为数据丢失，并向邻居节点发送否认数据包，索取丢失的数据包。

4）局部缓存和错误恢复机制。每个中间节点都缓存数据包，丢失数据的节点快速地向邻居节点索取数据，直到数据完整后，该节点才会向下一跳节点发送数据。

以上几项技术可以保证传输协议利用较低的能量提供可靠的传输，并且具有良好的容错性和可扩展性。典型的无线传感器网络的传输协议有 PSFQ、ESRT 等。

1. PSFQ 传输协议

PSFQ（Pump Slowly Fetch Quickly，缓发快取）传输协议可以把用户数据可靠、低能耗地由汇聚节点传输到目的传感器节点。在 PSFQ 中，汇聚节点以较长的发送间隔将分组顺序地发布到网络中，中间节点在自己的缓冲区中存储这些分组并转发到下游节点。中间节点如果接收到一个乱序的帧，不是立刻转发，而是迅速向上游邻居索取缺失的数据帧。该协议采用的是本地点到点逐跳的差错恢复机制，而不是端到端恢复机制。PSFQ 传输协议适用于要求可靠管理传感器网络的应用。

2. ESRT 传输协议

ESRT（Event - to - Sink Reliable Transport，事件到汇聚节点的可靠传输）传输协议是把源传感器节点获取的事件可靠、低能耗地传输到汇聚节点。ESRT 协议规定汇聚节点采用基于当前传输状态的动态流量控制机制，确保传输稳定在最优工作状态。传输开始时，汇聚节点发送控制报文，命令源传感器节点以预定的速率回送事件消息报文。在每个决策周期结束时，汇聚节点计算当前传输的可靠性程度，结合源传感器节点回送的拥塞标志位，判断当前的传输状态。汇聚节点将根据当前的传输状态和报告频率计算下一个决策周期内的报告频率。最后汇聚节点发送控制报文，命令源传感器节点以新的报告频率回送事件消息报文。ESRT 传输协议具有良好的伸缩性和容错性，它在网络拓扑变化或传感器网络的密度和规模增大时能够保持良好的性能，适用于无线传感器网络进行可靠监测的应用。

7.3 无线传感器网络的组网技术

组建无线传感器网络首先分析应用需求，如数据采集频度、传输时延要求、有无基础设施支持、有无移动终端参与等，这些情况直接决定了无线传感器网络的组网模式，从而也就决定了网络的拓扑结构。无线传感器网络的组网模式通常有如下几种。

1）网状模式。网状模式分两种情况，一种是传统的 Ad Hoc 组网模式，另一种是 Mesh 模式。在传统的 Ad Hoc 组网模式下，所有节点的角色相同，通过相互协作完成数据的交流和汇聚，适合采用定向扩散路由协议。Mesh 模式是在传感器节点形成的网络上增加一层固定无线网络，用来收集传感节点数据，同时实现节点之间的信息通信和网内数据融合。

2）簇树模式。簇树模式是一种分层结构，节点分为普通传感节点和用于数据汇聚的簇头节点，传感节点将数据先发送到簇头节点，然后由簇头节点汇聚到后台。簇头节点需要完成更多的工作、消耗更多的能量。如果使用相同的节点实现分簇，则要按需更换簇头，避免簇头节点因为过度消耗能量而死亡。簇树模式适合采用树型路由算法，适用于节点静止或者移动较少的场合，属于静态路由，不需要路由表，对于传输数据包的响应较快，但缺点是不灵活，路由效率低。

3）星型模式。星型模式根据节点是否移动分为固定汇聚和移动汇聚两种情况。在固定汇聚模式中，中心节点汇聚其他节点的数据，网络覆盖半径比较小。移动汇聚模式是指使用移动终端收集目标区域的传感数据，并转发到后端服务器。移动汇聚可以提高网络的容量，但如何控制移动终端的轨迹和速率是其关键所在。

无线传感器网络中的应用一般不需要很高的信道带宽，却要求具有较低的传输时延和极低的功率消耗，使用户能在有限的电池寿命内完成任务。无线传感器网络的组建一般都采用低功耗的个域网（PAN）技术，一些低功耗、短距离的无线传输技术都可以用于组建无线传感器网络，如 IEEE 802.15.4 低速无线个域网、ZigBee 网络、蓝牙、超宽带 UWB、红外线 IrDA、低功耗的 IEEE 802.11 无线局域网、普通射频芯片等。基于普通射频芯片组网时，需要用户自己设计相应的 MAC 协议、路由协议等。目前无线传感器网络的典型组网技术是 ZigBee 网络。

7.3.1 ZigBee 网络的特点

ZigBee 网络是由 ZigBee 联盟制定的一种低速率、低功耗、低价格的无线组网技术，它的基础是 IEEE 802.15.4 标准。IEEE 802.15.4 是一种个域网标准，ZigBee 在 IEEE 802.15.4 的基础上增加了网络层和应用层框架，成为无线传感器网络的主要组网技术之一。

ZigBee 适合由电池供电的无线通信场合，并希望在不更换电池并且不充电的情况下能正常工作几个月甚至几年。ZigBee 无线设备工作在公共频段上（全球 2.4 GHz，美国 915 MHz，欧洲 868 MHz），传输速率为 20 ~ 250 kbit/s，传输距离为 10 ~ 75 m，具体数值取决于射频环境以及特定应用条件下的输出功耗。ZigBee 有如下的技术特点。

1）省电。ZigBee 网络节点设备工作周期较短、收发信息功率低并采用休眠模式使得 ZigBee 技术非常省电，从而避免频繁更换电池或充电，减轻网络维护的负担。

2）廉价。ZigBee 协议栈设计简练，其研发和生产成本较低。普通网络节点硬件上只需 8 位微处理器、4 ~ 32 KB 的 ROM，软件实现简单。

3）可靠。采用碰撞避免机制，并为需要固定带宽的通信业务预留专用时隙，避免发送数据时的竞争和冲突。MAC 层采用完全确认的数据传输机制，每个发送的数据包都必须等待接收方的确认信息，从而保证了数据传输的可靠性。

4）时延短。ZigBee 节点休眠和工作状态转换只需 15 ms，入网约 30 ms。与之相比，蓝牙技术为 3 ~ 10 s。

5）网络容量大。1 个 ZigBee 网络最多可以容纳 254 个从设备和 1 个主设备，1 个区域内最多可以同时存在 100 个 ZigBee 网络。不同的 ZigBee 网络可以共用一个信道，根据网络标识符来区分。

6）安全保障。ZigBee 技术提供了数据完整性检查和鉴权功能，采用 AES - 128 加密算法，各个应用可以灵活地确定安全属性，有效地保障了网络安全。

7.3.2 ZigBee 网络的设备和拓扑结构

根据设备的通信能力，ZigBee 把节点设备分为全功能设备（Full - Function Device，FFD）和精简功能设备（Reduced - Function Device，RFD）两种。FFD 设备可以与所有其他 FFD 设备或 RFD 设备之间通信。RFD 设备之间不能直接通信，只能与 FFD 设备通信，或者通过一个 FFD 设备向外转发数据。RFD 设备传输的数据量较少，主要用于简单的控制应用，如灯的开关、被动式红外线传感器等。

根据设备的功能，ZigBee 网络定义了 3 种设备：协调器、路由器和终端设备。协调器和路由器必须是 FFD 设备，终端设备可以是 FFD 或 RFD 设备。

每个 ZigBee 网络都必须有且仅有一个协调器，也称为 PAN 协调器。当一个全功能设备启动时，首先通过能量检测等方法确定有无网络存在，有则作为子设备加入，无则自己作为协调器，负责建立并启动网络，包括广播信标帧以提供同步信息、选择合适的射频信道、选择唯一的网络标识符等一系列操作。

路由器在节点设备之间提供中继功能，负责邻居发现、搜寻网络路径、维护路由、存储转发数据，以便在任意两个设备之间建立端到端的传输。路由器扩展了 ZigBee 网络的范围。

终端设备就是网络中的任务执行节点，负责采集、发送和接收数据，在不进行数据收发时进入休眠状态以节省能量。协调器和路由器也可以负责数据的采集。

ZigBee 网络有信标和非信标两种工作模式。在信标工作模式下，网络中所有设备都同步工作、同步休眠，以减小能耗。网络协调器负责以一定的时间间隔广播信标帧，两个信标帧之间有 16 个时隙，这些时隙分为休眠区和活动区两个部分，数据只能在网络活动区的各时隙内发送。在非信标模式下，只有终端设备进行周期性休眠，协调器和路由器一直处于工作状态。

ZigBee 网络的拓扑结构有星型、网状和簇树 3 种，如图 7-8 所示。在实际环境中，拓扑结构取决于节点设备的类型和地理环境位置，由协调器负责网络拓扑的形成和变化。

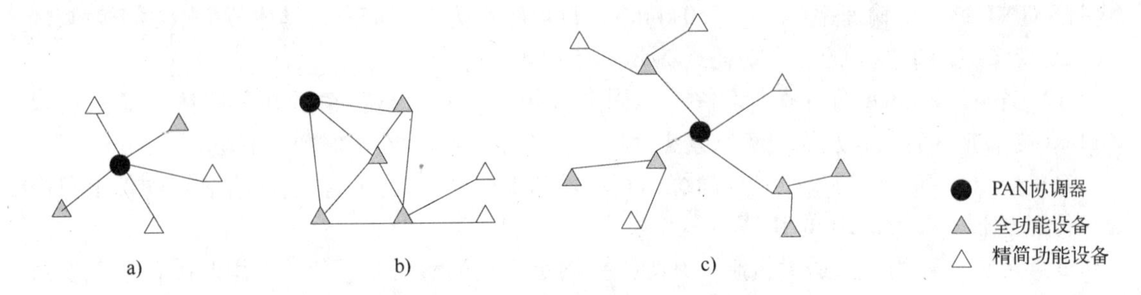

图 7-8　ZigBee 网络的拓扑结构
a）星型拓扑　b）网状拓扑　c）簇树拓扑

星型拓扑组网简单、成本低、电池使用寿命长，但是网络覆盖范围有限，可靠性不如网状拓扑结构，对充当中心节点的 PAN 协调器依赖性较大。

网状拓扑中的每个全功能节点都具有路由功能，彼此可以通信，网络可靠性高、覆盖范围大，但是电池使用寿命短、管理复杂。

簇树拓扑是组建无线传感器网络常用的拓扑结构，它是无线传感器网络中信息采集树的物理体现。在组建无线传感器网络时，协调器既是树根又是汇聚节点。中间节点由 ZigBee 路由器担任。叶节点用于采集数据，由 ZigBee 终端设备担任，是典型的无线传感器节点。

7.3.3　ZigBee 协议栈

ZigBee 协议栈自下而上由物理层、媒介访问控制（MAC）层、网络层和应用层构成，如图 7-9 所示。其中，物理层和媒介访问控制层采用 IEEE802.15.4 标准，ZigBee 联盟在 IEEE802.15.4 基础上添加了网络层和应用层协议。

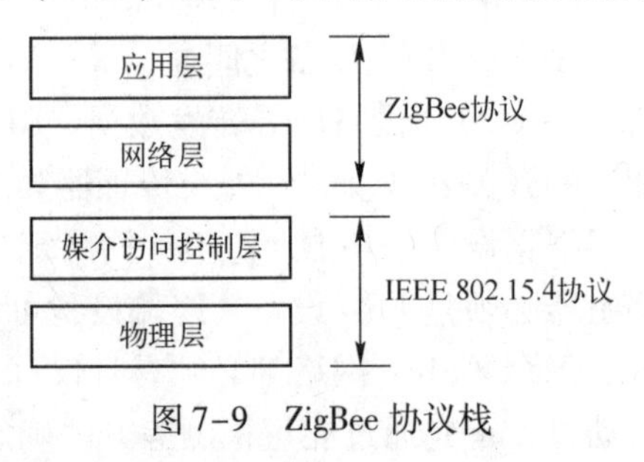

图 7-9　ZigBee 协议栈

ZigBee 协议定义了各层帧的格式、意义和交换方式。当一个节点要把应用层的数据传输给另一个节点时，它会从上层向下层逐层进行封装，在每层给帧附加上帧首部（在 MAC 层还有尾部），以实现相应的协议功能，如图 7-10 所示。

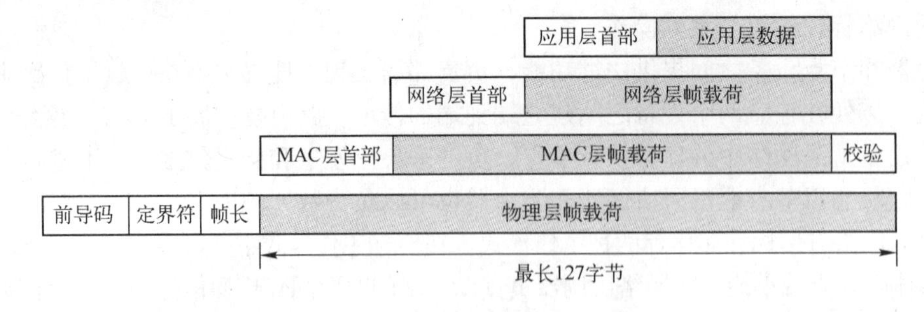

图 7-10　ZigBee 各层帧结构的封装关系

当节点从网络接收到数据帧时，它会从下层向上层逐层剥离首部，执行相应的协议功能，并把载荷部分提交给相邻的上层。

1. ZigBee 物理层

物理层规定了信号的工作频率范围、调制方式和传输速率。ZigBee 采用直接序列扩频技术，定义了 3 种工作频率。当采用 2.4 GHz 频率时，使用 16 信道，传输速率为 250 kbit/s。当频率为 915 MHz 时，使用 10 信道，传输速率为 40 kbit/s。当采用 868 MHz 时，使用单信道，可提供 20 kbit/s 的传输速率。

物理层协议数据单元中的前导码由 32 个 0 组成，接收设备根据接收到的前导码获取时钟同步信息，以识别每一位。定界符为 11100101（十六进制 0xA7，低位先发送），用来标识前导码的结束和载荷的开始。

2. ZigBee 媒介访问控制层

媒介访问控制层提供信道接入控制、帧校验、预留时隙管理以及广播信息管理等功能。MAC 协议使用 CSMA/CA。一个完整的 MAC 帧由帧首部、帧载荷和帧尾 3 部分构成。帧首部包括帧控制信息、序号、目的网络标识符、目的节点地址、源网络标识符和源节点地址。节点地址有两种：64 位的物理地址或网络层分配的 16 位短地址。帧尾为 16 位的 CRC 校验码。

3. ZigBee 网络层

ZigBee 网络层主要实现节点加入或离开网络、接收或抛弃其他节点、路由查找及传送数据等功能。ZigBee 没有指定组网的路由协议，这样就为用户提供了更为灵活的组网方式。

ZigBee 网络层的帧由网络层帧头和网络载荷组成，如图 7-11 所示。帧头部分的字段顺序是固定的，但不一定要包含所有的字段。

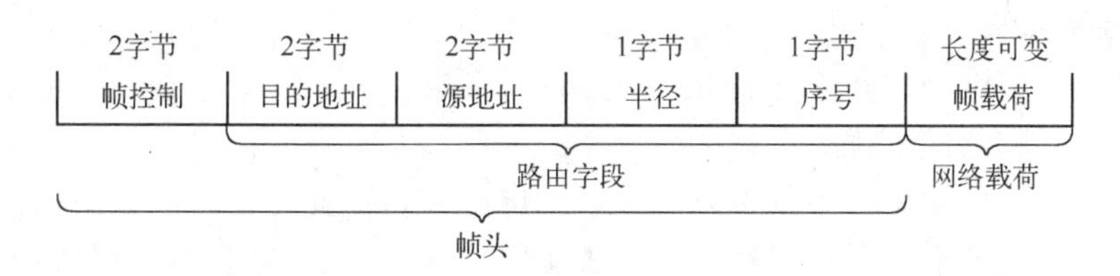

图 7-11　ZigBee 网络层帧结构

帧头中包括帧控制字段、目标地址字段、源地址字段、半径字段和序号字段。其中帧控制字段由 16 位组成，包括帧种类、寻址和排序字段以及其他的控制标志位。目的地址字段用来存放目标设备的 16 位网络地址。源地址字段用来存放发送设备的 16 位网络地址。半径字段用来设定广播半径，在传播时，每个设备接收一次广播帧，将该字段的值减 1。序号字段为 1 个字节，每次发送帧时加 1。帧载荷字段存放应用层的首部和数据。

4. ZigBee 应用层

应用层定义了各种类型的应用业务，主要负责组网、安全服务等功能。应用层分为 3 个部分：应用支持子层、应用对象和应用框架。

应用支持子层的任务是将网络信息转发到运行在节点上的应用程序，主要负责维护绑定表，匹配两个设备之间的需求与服务，在两个绑定的设备之间传输消息（绑定是指根据两个设备提供的服务及它们的需求将两个设备关联起来）。

应用对象是运行在节点上的应用软件，它具体实现节点的应用功能，主要职能是定义网络中设备的角色（例如是 ZigBee 协调器、路由器还是终端设备），发现网络中的设备并检查它们能够提供哪些服务，初始化和响应绑定请求，并在网络设备间建立安全的通信。

应用框架是驻留在设备里的应用对象的环境，是设备商自定义的应用组件，给应用对象提供数据服务。应用框架提供两种数据服务：关键值配对服务（Key Value Pair，KVP）和通用消息服务。KVP 服务将应用对象定义的属性与某一操作（如“获取”、“获取回复”、“设置”、“时间”等）一起传输，从而为小型设备提供一种命令/控制体系。通用消息服务并不规定应用支持子层的数据帧的任何内容，其内容由开发者自己定义。

7.4　无线传感器网络的核心支撑技术

无线传感器网络的核心支撑技术屏蔽了硬件细节，为网络的组建、运行和维护提供支持，主要包括拓扑控制、时间同步和数据融合技术。

7.4.1　拓扑控制

拓扑控制是指通过某种机制自适应地将节点组织成特定的网络拓扑形式，以达到均衡节点能耗、优化数据传输的目的。

节点的移动、缺电、损坏或新节点的加入都会导致网络拓扑结构发生变化，这就要求拓扑控制算法具有较强的自适应能力，从而保证网络的服务质量。高效优化的拓扑控制可以降低节点能量消耗，可以为路由协议提供基础，有利于分布式算法的应用和数据的融合。无线传感器网络中的拓扑控制分为功率控制和层次拓扑结构控制两个方面。

1. 功率控制算法

功率控制是调整网络中每个节点的发射功率，保证网络连通，均衡节点的直接邻居数目，降低节点之间的通信干扰。

适当降低节点发射功率，不仅可以大大节约电池能量损耗，也可以提高信道的空间复用度，同时降低对邻近节点的干扰，最终提高整个网络的容量。空间复用就是指无线通信系统中若干正在同时进行的通信，由于信号的传播衰减，使得在空间上相隔一定距离的通信可以使用相同的资源，而互不影响。在收发机参数及信道条件一定的情况下，节点的发射功率决定了节点的通信距离。利用无线传感器网络的多跳方式，尽可能地降低节点的发射功率，使得接收端和发送端的节点可以使用比两者直接通信小得多的功率进行通信，从而提高了网络的生存时间和系统的能量效率。

功率控制与无线传感器网络的各个协议层都紧密相关，是一个跨层的技术。它影响物理层的链路质量，影响 MAC 层的带宽和空间复用度，影响网络层的可选路由和转接跳数，还影响传输层的拥塞事件。

功率控制对传感器网络性能的优化主要集中在网络拓扑控制、网络层和 MAC 层这 3 个方面。功率控制在保证网络连通的条件下，通过改变发射功率的大小，动态调整网络的拓扑结构和选路，在满足性能要求的同时使全网的性能达到最优。功率控制对网络层的影响与拓扑控制联系紧密，并对信息的多跳传输影响显著，是全局性的优化。功率控制对链路层的影响是根据局部信息优化网络性能，它主要通过 MAC 协议，根据每个分组的下一跳节点的距离、信道状况等条件来动态调整发射功率。

2. 层次拓扑结构控制算法

层次拓扑控制就是利用分簇思想，依据一定的算法，将网络中的传感器节点划分成两类：簇头节点和簇内节点。簇头节点构建成一个连通的网络，用来处理和传输网络中的数据。簇头节点需要协调其簇内节点的工作，并执行数据的融合与转发，能量消耗相对较大。簇内节点只需将采集到的数据信息发送给其所在簇的簇头节点，在没有转发任务时就可以暂时关闭通信模块，进入低功耗的休眠状态。整个网络需要定期或不定期地重新选择簇头节点以均衡网络中节点的能量消耗。

基于层次划分的拓扑控制算法能够在更大程度上减少数据通信量，节约能耗，显著延长网络的生存时间。

根据簇头产生方式的不同，分簇算法又可分为分布式和集中式两种。分布式又可分为两类：一类是节点根据随机数与阈值的大小关系自主决定是否成为簇头，如 LEACH 算法；另一类是通过节点间的交互信息产生簇头，如 HEED 算法、最小 ID 算法及组合加权算法等。集中式是指由基站根据整个网络信息决定簇头，如 LEACH－C 算法、LEACH－F 算法等。

7.4.2 时间同步

在无线传感器网络中，每个节点都有自己的本地时钟，一方面用于处理器工作，另一方面用来为发送和接收数据提供定时信号。传感器节点的时钟信号通常由晶体振荡器产生，由于各个节点的晶体振荡器频率总会存在一定的差别，外界环境等也会使得时钟产生偏差，即使在某个时刻节点之间已经达到时间同步，随着时间的流逝它们之间也会出现时间偏差。在无线传感网络中，大多数情况下是需要时间同步的。例如，在多传感器融合应用中，为了减少网络通信量以降低能耗，往往需要将传感器节点采集的目标数据在网络传输过程中进行必要的汇聚融合处理，而不是简单地传送原始数据，进行这些处理的前提就是网络中的节点必须共享相同的时间标准，以保证来自多个传感器的数据的一致性。事实上，要想使整个系统内节点的时间总是保持一致是不可能的，而且也不可能做到绝对的时间同步。一般认为只要节点之间的时间偏差保持小于系统允许的最大时间偏移值，就可以认为它们是保持同步的。

1. 无线传感器网络的传输时延

时间同步消息在网络中传输延迟的非确定性是影响时间同步精度的主要因素。为了详细分析时间同步的误差来源，可以把时间同步消息从发送节点到接收节点之间的关键路径上的传输时延细分为 4 个部分。

1）发送时间，指发送节点用来构造时间同步信息所用的时间，包括内核协议处理时间以及由操作系统引起的各种时延。例如上下文切换、系统调用时间、同步应用程序的时间开销。发送时间还包括把同步消息从主机发送到网络接口的时间。

2）访问时间，指发送节点等待占用传输信道的时间，这与所采用的 MAC 协议有很大联系。在基于竞争的 MAC 协议网络中，发送节点必须等到信道空闲时才能传输数据，而且一旦发生冲突就需要重传。在 ZigBee 网络中，RTS/CTS 机制要求节点交换控制信息之后才能传输数据。在 TDMA 中，节点只有等分配给它的时隙到来才能传输数据。

3）传播时间，指从离开发送节点那一刻起，时间同步消息从发送节点传输到接收节点所需要的时间。如果发送节点和接收节点共享物理媒介，这个传播时间就非常短，因为它仅仅是信号通过媒介的电磁波传播时间。否则，在广域网中传播时间将会占整个传输时延的主要部分，包括消息在路由器中的排队和转发延迟。

4）接收时间，指接收节点的网络接口从信道接收消息并通知主机有消息到达所需要的时间。如果接收消息在接收主机操作系统内核的足够低的底层中被加上时间戳，接收时间就不包括系统被调用、上下文切换以及消息从网络接口传输到主机所需要的时间。

上述同步时间消息传输时延的4个部分中，对于不同的网络应用，一般访问时间和传播时间变化相对较大，而发送时间和接收时间的变化则相对较小。在各种时间同步机制中，都必须采取一定的方法来估计和尽可能地消除这些传输延迟，以提高时间同步的精度。

2. 时间同步的分类

时间同步按同步层次分为排序、相对同步和绝对同步3个层次，按时钟源分为外同步与内同步两种，按所有节点是否同步分为局部同步与全网同步两种。

1）排序、相对同步和绝对同步。这3种时间同步方法分别用于对时间精度要求差异非常大的场合。要求最低的是位于第一层次的排序，时间同步只需能够实现对事件的排序即可，也就是能够判断事件发生的先后顺序。第二层次是相对同步，节点维持其本地时钟的独立运行，动态获取并存储它与其他节点之间的时钟偏移，根据这些信息进行时钟转换，达到时间同步的目的。相对同步并不直接修改节点本地时间，保持了本地时间的持续运行。第三个层次是绝对同步，节点的本地时间与参考基准时间时刻保持一致，需要利用时间同步协议对节点本地时间进行修改。

2）外同步与内同步。外同步是指同步时间参考源来自于网络外部。例如，时间基准节点通过外界GPS接收机获得世界协调时（Universal Time Coordinated，UTC），而网内的其他节点通过时间基准节点实现与UTC时间的间接同步，或者为每个节点都外接GPS接收机，从而实现与UTC时间的直接同步。内同步是指同步时间参考源来源于网络内部，如网内某个节点的本地时间。

3）局部同步与全网同步。根据不同应用的需要，若需要网内所有节点时间的同步，则称为全网同步。某些节点往往只需要部分与该事件相关的节点同步即可，这称为局部同步。

3. 无线传感器网络的时间同步协议

时间同步协议用于把时钟信息准确地传输给各个节点。每台计算机上的Internet时间就是利用网络时间协议（NTP）修正本地计算机时间的。在无线传感器网络中，时间同步协议有RBS、TPSN、DMTS和LTS等。

参考广播时钟同步（Reference Broadcast Synchronization，RBS）协议属于第二层次的接收方-接收方时间同步模式。发送节点广播一个信标分组，接收到这个广播信息的一组节点构成一个广播域，每个节点接到信标分组后，用自己的本地时间记录接收到分组的时刻，然后交换它们记录的信标分组接收时间。两个接收时间的差值相当于两个接收节点之间的时间差值，其中一个接收节点可以根据这个时间差值更改它的本地时间，从而达到两个接收节点的时间同步。

传感网络时间同步（Timing-sync Protocol for Sensor Networks，TPSN）协议能够提供整个网络范围内的节点时间同步，它采用层次型的网络结构，协议分为两个阶段。在层次发现阶段通过广播分级数据包对所有节点进行分级。在同步阶段，根节点向全网广播时间同步数据包，网络中的所有节点最终达到与根节点同步。

延迟测量时间同步（Delay Measurement Time Synchronization，DMTS）是一种单向同步协议。它要求网络中的接收节点通过测量从发送节点到接收节点的单向时间延迟来计算时间调整值。

轻量级时间同步（Lightweight Time Synchronization，LTS）协议的目的是通过找到一个最小复杂度的方法来达到最终的同步精度。LTS算法提出集中式和分布式两种同步算法，两种算法都要求网中的节点和相应的参考节点同步。

泛洪时间同步协议（Flooding Time Synchronization Protocol，FTSP）的目标是实现整个网络的时间同步并且误差控制在微秒级。该算法使用单个广播消息实现发送节点与接收节点之间的时间同步。

7.4.3 数据融合

传感器网络的基本功能是收集并返回其传感器节点所在监测区域的信息。在收集信息的过程中，采用各个节点单独传送数据到汇聚节点的方法是不合适的，一是冗余的信息造成通信带宽和能量的浪费；二是多个节点同时传送数据造成的冲突会影响信息搜集的及时性。因此，无线传感器网络普遍采用数据融合的方法，对数据进行初步的处理。

数据融合是指将多份数据或信息进行处理，组合出更有效、更符合用户需求的数据过程。数据融合的方法普遍应用在日常生活中，比如在辨别一个事物的时候通常会综合各种感官信息，包括视觉、触觉、嗅觉和听觉等。单独以某一种感官获得的信息往往不足以对事物做出准确判断，而综合多种感官数据，对事物的描述会更准确。

对于传感器网络的应用，数据融合技术主要用于处理同一类型传感器的数据。例如，在森林防火的应用中，需要对多个温度传感器探测到的环境温度数据进行融合；在目标自动跟踪和自动识别应用中，需要对图像检测传感器采集的图像数据进行融合处理。

1. 数据融合的作用

在传感器网络中，数据融合起着十分重要的作用，主要是用于处理同一类型的数据，以减少数据的冗余性。数据融合可以达到如下3个目的。

1）节省能量。鉴于单个传感器节点的检测范围和可靠性有限，在部署网络时，常使用大量传感器节点，以增强整个网络的健壮性和监测信息的准确性，有时甚至需要使多个节点的监测范围互相交叠，这就导致邻近节点报告的信息存在一定程度的冗余。针对这种情况，数据融合对冗余数据进行网内处理，即中间节点在转发传感器数据前，先对数据进行综合，去掉冗余信息，再送往汇聚节点。

2）获得更准确的信息。传感器节点部署在各种各样的环境中，仅收集少数几个分散的传感器节点的数据难以确保信息的正确性，这就需要通过对监测同一对象的多个传感器所采集的数据进行综合，来有效地提高信息的精度和可信度。另外，由于邻近的传感器节点监测同一区域，其获得的信息之间差异性很小，如果个别节点报告了错误的或误差较大的信息，很容易在本地处理中通过简单的比较算法进行排除。

3）提高数据收集效率。在网内进行数据融合，可以在一定程度上提高网络收集数据的整体效率。数据融合减少了需要传输的数据量，可以减轻网络的传输拥塞，降低数据的传输延迟。即使有效数据量并未减少，但通过对多个数据分组进行合并减少了数据分组个数，可以减少传输中的冲突碰撞现象，也能提高无线信道的利用率。

2. 数据融合的种类和方法

数据融合根据融合前后信息量的变化分为有损融合和无损融合两种，根据数据来源分为局部融合和全局融合两种，根据融合的操作级别分为数据级融合、特征级融合和决策级融合。

局部或自备式融合收集来自单个平台上多个传感器的数据。全局融合或区域融合对来自空间和时间上不相同的多个平台、多个传感器的数据进行优化组合。

数据级融合是最底层的融合，操作对象是传感器采集的数据，数据融合大多依赖于传感器，不依赖于用户需求，在节点处进行。

特征级融合是通过某些特征提取手段，将数据表示为一系列特征向量，用来表示事物的属性，通常在基站处进行。它对多个传感器节点传输的数据进行数据校准和状态估计，常采用加权平均、卡尔曼滤波、模糊逻辑、神经网络等方法。

决策级融合是最高级的融合，在基站处进行，它依据特征级融合提供的特征向量，对检测对象进行判别、分类，通过简单的逻辑运算，执行满足应用需求的决策。

数据融合可以在网络协议栈的各个层次中进行。在应用层，可以利用分布式数据库技术，对采集的数据进行逐步筛选，达到融合效果，根据是否与应用数据的语义关系分为应用依赖性的数据融合和独立于应用的数据融合两种。在网络层，很多路由协议都结合了数据融合机制，可以将多个数据包合并成一个简单的数据包，以减少数据传输量。在 MAC 层进行数据融合可以减少发送数据的冲突次数。

数据融合最简单的处理方法是从多个数据中任选一个，或者计算数据的平均值、最大值或最小值，从而将多个数据合并为一个数据。目前用于数据融合的方法有很多，常用的有贝叶斯方法、神经网络法和 D－S 证据理论等。

7.5 无线传感器网络的应用开发

无线传感器网络是在特定应用背景下，以一定的网络模型规划的一组传感器节点的集合，而传感器节点是为传感器网络特别设计的嵌入式系统。无线传感器网络具有很强的应用相关性，在不同的应用要求下需要配套不同的网络模型、硬件平台、操作系统和编程语言。

7.5.1 无线传感器网络的硬件开发

无线传感器网络的硬件开发主要针对传感器节点的设计。在传感器节点设计中，需要从微型化、扩展性、灵活性、稳定性、安全性和低成本等几个方面考虑。

1. 无线传感器网络的硬件产品分类

典型的无线传感器网络节点的硬件平台有 Mica、Sensoria WINS、Toles、μAMPS、XYZ node 等，这些节点选择了不同的处理器、组网技术等。针对无线传感器网络的不同应用领域，无线传感器网络的硬件产品分为如下 4 个等级。

1）H1 级。硬币大小的轻量级小型传感器节点，典型代表是 Atmel 公司的 8 位 Atmel 传感器节点，由本地电池供电，但不包括本地数据存储，采用 ZigBee 通信协议组网。

2）H2 级。除了具有 H1 的功能外，H2 级还使用闪存实现本地数据存储，采用 16 位的微控制器。

3）H3 级。除了具有 H2 的功能外，H3 级采用 32 位系统级微控制处理器芯片，如 ARM 芯片，可实现高级感应和电源线供电，带有便宜的显示器，并利用嵌入式 Linux 作为操作系统，允许采用 802.11 组网。

4）H4 级。除大部分功能与 H3 类似外，H4 级带有昂贵的显示器，一般用在机顶盒或家庭网关之类的设备上。

2. 传感器节点的设计

无线传感器节点由处理器模块、传感器模块、无线通信模块和电源模块 4 部分组成。作为一个完整的微型计算机系统，要求其组成部分的性能必须是协调和高效的，各个模块实现技术的选择需要根据实际的应用系统要求而进行权衡和取舍。

1）处理器模块。处理器模块是无线传感器节点的计算核心，所有的设备控制、任务调度、能量计算和功能协调、通信协议、数据整合和数据存储程序都将在处理器模块的支持下完成。典型的处理器有 Atmel 公司的 ATmega 系列单片机、TI 公司的 MSP430 系列单片机、Intel 公司的 8051 单片机等。

2）传感器模块。传感器种类很多，具体型号有温敏电阻 ERT - J1VR103J、加速度传感器 ADI ADXL202、磁传感器 HMC1002、温湿度传感器 SHT 系列等，其中 SHT 系列传感器可以在采集完数据后自动转入休眠模式。

3）无线通信模块。无线通信模块主要关心无线通信协议中的物理层和 MAC 层技术。物理层主要考虑编码调制技术、通信速率和通信频段等问题。编码调制技术影响占用频率带宽、通信速率、收发功率等一系列技术参数，比较常见的编码调制技术包括开关键控、幅移键控、频移键控、相移键控和各种扩频技术。传感器节点常用的无线通信芯片有 RFM 公司的 TR1000 和 Chipcon 公司的 CC1000 等。

4）电源模块。无线传感器节点目前使用的大部分都是自身存储一定能量的化学电池，常见的有铅酸、镍镉、镍氢、锂锰、银锌、锂离子、聚合物电池等。除了化学电池外，有些场合可以使用太阳电池和交流电。

7.5.2 无线传感器网络的软件开发

无线传感器网络的软件系统用于控制底层硬件的工作行为，为各种算法、协议的设计提供一个可控的操作环境，同时便于用户有效管理网络，实现网络的自组织、协作、安全和能量优化等功能，从而降低无线传感器网络的使用复杂度。无线网络的广播特性可以实现多节点的自动同步升级，应用程序的开发可以使用 C、nesC 等编程语言。

1. 软件开发层次

无线传感器网络软件系统的开发设计通常使用基于框架的组件来实现，利用自适应的中间件系统，通过动态地交换和运行组件，为高层应用提供编程接口，从而加速和简化应用的开发。

无线传感器网络设计的主要内容就是开发这些基于框架的组件，以支持如下 3 个层次的应用。

1）传感器应用，即提供传感器节点必要的本地基本功能，包括数据采集、本地存储、硬件访问、直接存取操作系统等。

2）节点应用，包括针对专门应用的任务和用于建立和维护网络的中间件功能。

3）网络应用，即描述整个网络应用的任务和所需要的服务，为用户提供操作界面来管理网络并评估运行效果。

2. nesC编程语言简介

nesC语言是一种嵌入式编程语言，是C语言的一个扩展，主要用于传感器网络的编程开发，其最大的特点就是支持组件化的编程模式，将组件化、模块化的思想和事件驱动的执行模型结合起来，采用基于任务和事件的并发模型来开发应用程序。nesC语言的基本思想如下。

1）组件的创建和使用相分离。用nesC语言编写的程序文件以“nc”为后缀。每个nc文件实现一个组件功能。nesC程序由多个组件连接而成。Gather M是一个用户组件，为用户提供完整的数据采集应用。CTimer、OTimer、Multihop等都是通用组件，为Gather M提供服务。

2）组件使用接口进行功能描述。组件通过接口静态相连，这样有利于提高程序的运行效果，增强程序的鲁棒性。每个组件都分为两个部分，首先是对该组件的说明，然后才是具体的执行部分，即该组件的实现部分。组件说明使用接口来描述该组件使用了哪些服务以及能够使用哪些服务，可以将nesC程序看做由若干接口“连接”而成的一系列组件。

3）接口是双向的。组件的接口是实现组件间联系的通道。接口要列出其使用者可以调用的命令或者必须处理的事件，从而在不同的组件之间架起桥梁。

4）组件按功能不同分为模块和配件两种。模块主要用于描述组件的接口函数功能以及具体的实现过程，每个模块的具体执行都由4个相关部分组成：命令函数、事件函数、数据帧和一组执行线程。其中，命令函数可直接执行，也可调用底层模块的命令，但必须有返回值来表示命令是否完成。返回值有3种可能：成功、失败和分步执行。事件函数是由硬件事件触发执行的，底层模块的事件函数跟硬件中断直接关联，包括外部事件、时钟事件、计数器事件。一个事件函数将事件信息放置在自己的数据帧中，然后通过产生线程、触发上层模块的事件函数、调用底层模块的命令函数等方式进行相应处理，因此节点的硬件事件会触发两条可能的执行方向：模块间向上的事件函数调用和模块间向下的命令函数调用。

配件主要是描述组件不同接口的关系，完成各个组件接口之间的相互连接和调用。相关执行部分主要包含提供给其他组件的接口和配件要使用的接口的组件接口列表以及如何将各个组件接口连接在一起的执行连接列表。

5）nesC的并发模型是基于“运行到底”的任务构建的。事件处理程序能中断任务，也能被其他的事件处理程序所中断。由于事件处理程序只做少量工作，很快就会执行完毕，所以被中断的任务不会被无限期挂起。

7.5.3 无线传感器网络操作系统

无线传感器网络的操作系统是运行在每个传感器节点上的基础核心软件，其目的是有效地管理硬件资源和任务的执行，并且使用户不用直接在硬件上编程，使应用程序的开发更为便捷。这不仅提高了开发效率，而且能够增强软件的重用性。无线传感器网络的操作系统通常采用轻量级的实时嵌入式操作系统。

1. 无线传感器网络操作系统实例

无线传感器网络操作系统管理有限的内存、处理器等硬件资源，为开发人员提供API（应用程序编程接口)。典型的无线传感器网络操作系统有TinyOS、TRON、SOS、MANTIS OS等。

TinyOS是典型的专门为无线传感器网络设计的操作系统，后面单独介绍。

TRON是广泛应用于消费电子产品的嵌入式操作系统，也可用于无线传感器节点。

SOS是由美国加州大学洛杉矶分校网络和嵌入式实验室为无线传感器网络节点开发的操作系统。使用了一个通用内核，可以实现消息传递、动态内存管理、模块装载和卸载以及其他的一些服务功能。应用开发使用标准的C语言和编译器。

MANTIS OS是美国科罗拉多大学开发的开源多线程操作系统，提供Linux和Windows下的开发环境，它的内核和API采用标准的C语言，整个内核占用内存小于500字节。

2. TinyOS操作系统

TinyOS是由美国加州大学伯克利分校开发的一个事件驱动的、基于组件的、开源的无线传感器网络操作系统。TinyOS的系统和应用程序都是使用nesC语言编写的，TinyOS主要采用了以下设计思路。

1）采用了基于组件的体系结构，用组件实现各种功能，并且只包含必要的组件，因此提高了操作系统的紧凑性，减少了代码量和占用的存储资源。

2）采用了基于事件驱动模式的主动消息通信方式，使得TinyOS的系统组件可以快速地响应主动信息通信方式传来的驱动事件，有效提高CPU的使用率。

3）采用了轻量级线程技术和基于先进先出的任务队列调度方法。这使得短流程的并发任务可以共享堆栈存储空间，并且快速地进行切换，从而使TinyOS适用于节点众多、并发任务频繁的传感器网络应用。

4）提供了TOSSIM模拟器，支持Python和C++两种编程接口。

TinyOS中的组件分为配件和模块。模块是具有特定功能的子系统，配件将多个模块连接成为具有更强功能的子系统。模块包括4个部分：用来存储模块当前状态的数据变量；该模块提供的接口对应的命令处理程序的实现代码；该模块使用的接口对应的事件处理程序的实现代码；任务的实现代码。

基于TinyOS的应用程序通常由硬件抽象组件、感知组件、执行组件、通信组件、应用组件和Main配件构成。硬件抽象组件将实际硬件模拟建模成为一个软件组件，其中实现了直接处理硬件终端的事件处理程序以及驱动硬件执行操作的命令处理程序，通过接口和硬件抽象组件连接。感知组件、执行组件、通信组件分别实现测量监测目标、执行具体动作和通信传输功能，并且提供接口，便于同应用组件连接。应用组件负责根据具体应用环境，基于感知组件、执行组件和通信组件提供的服务，实现满足应用需求的功能。Main配件实现了轻量级线程技术和基于先进先出的任务队列调度方法以及对硬件和其他组件的初始化、启动和停止功能。在这些组件的基础上，用户可以定制开发应用组件，然后将所有组件连接起来，就能构成整个应用程序。

TinyOS采用主动消息通信方式的主要目的是让应用程序避免使用阻塞方式等待消息数据的到来，从而使传感器节点可以同时进行计算和通信，提高了CPU的使用效率，降低了能耗。

7.6 基于现场总线的传感网

目前的物联网建设往往偏重于无线通信方式，但是有线通信方式同样在物联网产业中占据着举足轻重的地位，工业化和信息化的“两化融合”业务中大部分还是有线通信。计算机 CPU 的温度和冷却风扇的转数、汽车的时速和油耗等都是通过有线传感器网络获得的。

7.6.1 现场总线

在组建有线传感网方面，现场总线是典型的组网技术之一。现场总线系统可以在一对导线上挂接多个传感器、执行器、开关、按钮和控制设备等，这对导线称为总线，是现场设备间数字信号的传输媒介，是数字信息的公共传输通道。现场总线工作在生产现场前端，是专为现场环境而设计的，可支持双绞线、同轴电缆、光缆、射频、红外线、电力线等，具有较强的抗干扰能力。

现场总线是当今自动化领域技术发展的热点之一，被誉为自动化领域的计算机局域网。它应用在生产现场，可以在测量控制设备之间实现双向串行多节点数字通信，是一种开放式的底层控制网络。利用现场总线可以构成网络控制系统，把单个分散的测量控制设备编程为网络节点，通过现场总线把它们连接起来，相互沟通信息，共同完成自动控制的任务。

7.6.2 现场总线的种类

现场总线是 20 世纪 80 年代中期发展起来的。现场总线的标准不统一，目前国际上流行且较有影响的现场总线有 Profibus、FF、LonWorks、HART 和 CAN 等。

1）Profibus 是德国国家标准 DIN 19245 和欧洲标准 EN 50170 的现场总线标准。Profibus 采用了 ISO/OSI 七层模型的物理层和数据链路层，传输速率为 9.6 kbit/s ~ 12 Mbit/s，最大传输距离在速率为 12 Mbit/s 时是 100 m，速率为 1.5 Mbit/s 时是 400 m，可用中继器延长至 10 km，传输媒介是双绞线或光缆，最多可挂接 127 个站点，可实现总线供电与本质安全防爆。Profibus 分为 DP（分散外围设备）、FMS（现场总线信息规范）和 PA（过程自动化）3 个系列。DP 型用于分散外设间的高速数据传输，适合于加工自动化领域的应用。FMS 适用于楼宇自动化、可编程控制器、低压开关等。PA 型则用于过程自动化的仪表设备。

2）基金会现场总线（Foundation Fieldbus，FF）是由现场总线基金会开发的现场总线协议。FF 采用了 ISO/OSI 七层模型中的物理层、数据链路层和应用层，并在应用层上增加了用户层。用户层主要针对自动化测控应用的需要，定义了信息存取的统一规则，采用设备描述语言规定了通用的功能模块。基金会现场总线分低速 H1 和高速 H2 两种通信速率。H1 的传输速率为 31.25 kbit/s，距离可达 1900 m（可加中继器延长），可支持总线供电。H2 的传输速率有 1 Mbit/s 和 2.5 Mbit/s 两种，通信距离分别为 750 m 和 500 m。物理传输媒介可支持双绞线、光缆和无线。传输信号采用曼彻斯特编码。

3）LonWorks 是由美国 Echelon 公司 1990 年推出的，它采用 ISO/OSI 模型的全部七层通信协议，使用面对对象的设计方法，通过网络变量把网络通信设计简化为参数设置，其通信速率为 300 bit/s ~ 1.5 Mbit/s，直接通信距离可达 2700 m（速率 78 kbit/s，双绞线），支持双绞线、同轴电缆、光纤、射频、红外线、电力线等多种通信媒介，并开发了相应的本质安全防爆产品，被誉为通用控制网络，已被广泛应用在楼宇自动化、家庭自动化、保安系统、办公设备、交通运输、工业过程控制等行业。另外，在开发智能通信接口、智能传感器方面，LonWorks 神经元芯片也具有独特的优势。

4）可寻址远程传感器高速通道（Highway Addressable Remote Transducer，HART）是由

1993 年成立的 HART 通信基金会发布的。它包括 ISO/OSI 模型的物理层、数据链路层和应用层，其特点是在现有模拟信号传输线上实现数字信号通信，属于模拟系统向数字系统转变过程中的过渡性产品。

5）控制器局域网络（Control Area Network，CAN）是最有名的一种现场总线，它是由德国 Bosch 公司推出的用于汽车内部测量与执行部件之间的现场总线。汽车内的现场总线连同其他线缆俗称线束。CAN 总线规范现已被国际标准组织制订为国际标准 ISO 11898。CAN 协议分为两层：物理层和数据链路层。

物理层传输媒介为双绞线，速率最高可达 1 Mbit/s，通信距离最长为 40 m，直接传输距离最远可达 10 km（速率为 5 kbit/s 以下），可挂接设备数最多可达 110 个。

数据链路层包括媒介访问控制（MAC）子层和逻辑链路控制（LLC）子层。MAC 子层的功能主要是实现帧的传送，即总线仲裁、帧同步、错误检测、出错标定和故障界定。总线仲裁采用与以太网基本相同的 CSMA/CD（载波侦听多路访问/冲突检测）共享媒介控制方法。CAN 采用短帧结构，每一帧的有效字节数为 8 个，因而传输时间短，受干扰的概率低。当节点严重错误时，具有自动关闭的功能，以切断该节点与总线的联系，使总线上的其他节点及其通信不受影响，具有较强的抗干扰能力。LLC 子层的主要功能是为数据传送和远程数据请求提供服务，确认由 LLC 子层接收的报文实际已被接收，并为恢复管理和通知超载提供信息。

习题

1. 如何理解物联网、传感网和互联网三者之间的关系？
2. WSN、Ad Hoc 网络和无线宽带网络之间的关系是什么？
3. 请画出无线传感器网络的协议栈，并简述各层的功能。
4. 请简要介绍无线传感器网络协议的分层，并概述每层所研究的内容。
5. 请指出无线传感器网络 MAC 协议的性能指标，按照信道分配的方式将 MAC 协议进行分类，并简要阐述各种类型协议的基本思想。
6. 概述路由协议的主要任务，并简述路由协议的分类。
7. 请绘出 ZigBee 规范的协议框架，并简述各层的作用。
8. ZigBee 规范与 IEEE 802. 15. 4 标准有什么联系和区别？
9. 在无线传感器网络中，拓扑控制研究的主要问题是什么？
10. 无线传感器网络中拓扑控制可以分为功率控制及层次拓扑结构控制两个研究方向，简要介绍这两种控制策略。
11. 时间同步消息的传输时延可以分为哪几部分？哪些部分对时间同步的影响最大？
12. 请阐述数据融合的概念及其在无线传感器网络中的作用。
13. 无线传感器网络的操作系统需要具备哪些功能？
14. 什么是现场总线？请列举出几种现场总线技术。
15. 简述 CAN 总线的分层结构，CAN 协议为什么需要执行总线仲裁，CAN 总线和以太网都采用 CSMA/CD 的方法，请查找相关资料，描述其具体实现机制。

第 8 章　物联网的接入和承载

物联网中的无线传感网、RFID 系统、智能设备等需要通过各种接入技术连接到承载网络上。物联网的承载网络就是互联网，但物联网的建设目前处于初级阶段，有些应用系统局限于局部网络或行业网络范围内，远程通信则使用行业专网或公用电信网络，并未接入互联网，严格地讲，这些系统称为物联网应用比较勉强，但现阶段业内仍把它们纳入物联网范畴。因此，目前物联网的承载网络有 3 种：互联网、电信网和行业专网。行业专网包括有线电视网、铁路通信网和军用网络等，这些网络也可以作为互联网的承载网络。实际上，电信网的核心网络是互联网的主要承载网络。鉴于互联网在物联网中的重要性，为其单独另辟一章。

物联网感知层设备接入到承载网络大致可分为 4 种情况：利用各种无线 IP 接入技术无缝接入互联网；利用各种有线接入技术接入互联网；传感器网络通过网关接入互联网；物联网中的设备节点直接接入公共移动通信网络或行业专网。

从物联网传输层的数据流动过程来看，可以把通信网络分为接入网络、移动通信网络、核心传输网络、核心交换网络和互联网。除接入网络，其他几种都处于城域网或广域网范围内，这几种网络的关系如图 8-1 所示。

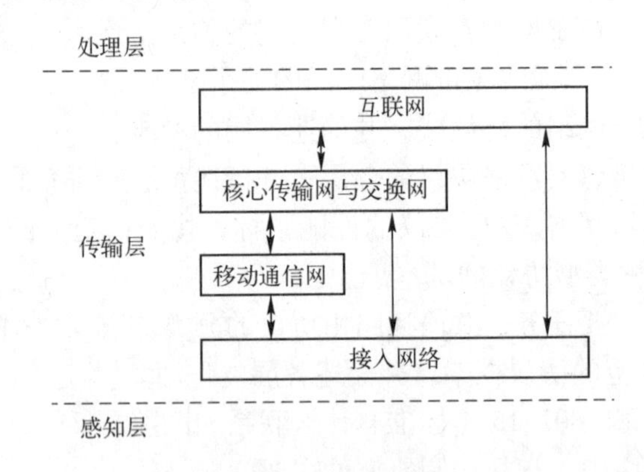

图 8-1　物联网传输层中的通信网络

移动通信网有第二代（2G 网络）的 GSM（全球移动通信系统）、CDMA（码分多址）网络、第三代（3G 网络）的 WCDMA、CDMA2000、TD-SCDMA 网络和第四代（4G 网络）的 LTE-Advanced 和 WiMAX 等。移动通信网为物联网的数据传输提供接入和交换功能，整个移动通信网只在终端（手机、便携式计算机等）与基站之间使用无线通信，长途通信则使用核心传输网和核心交换网。图 8-1 中重点突出的是无线通信部分。

核心传输网是各种中、长距离通信网络的基础网络，主要功能是利用光、电信号来传输二进制数据流，其传输媒介主要是光纤。另外，卫星通信、微波中继系统也提供了一部分传输线路。电信运营商传输机房中核心传输网的传输设备有 SDH（同步数字体系）、OTN（光传输网）等不同体制。

核心交换网通常建立在核心传输网之上，根据通信双方的地址，把数据从发送方传送到接收方，如公用电话交换网络（PSTN）、IP 交换网络等。

互联网就是利用各种各样的通信网络把计算机连接起来，以达到信息资源的共享。互联网把所有通信网络都看做是承载网络，由这些网络负责数据的传输，互联网本身则关注信息资源的交互。

从行业角度更容易理解互联网与移动通信网络、核心传输网络、核心交换网络之间的关系。移动通信网络、核心传输网络、核心交换网络都属于电信网，由通信行业建设。计算机行业关注的是计算机局域网，互联网就是利用电信网的基础设施把世界各地的计算机或计算机局域网连接起来组成的网络。

在长距离通信的基础设施方面，互联网除了使用核心传输网、核心交换网、移动通信网、有线电视网等基础设施外，也会利用交换机、路由器、光纤等设备建立自己独有的基础设施。电信行业不甘心自己沦为互联网的承载网络角色，一方面建设公用互联网，如中国公用计算机互联网 ChinaNet；另一方面也积极提供互联网的业务，如移动互联网业务。

在物联网建设中，某些行业专网的基础设施可以是独有的，如智能电网，也可以利用电信网或互联网的虚拟专网技术来建设自己的行业网络。

从物联网的角度看，包括互联网在内的各种通信网络都是物联网的承载网络，为物联网的数据提供传输服务。物联网的建设思路与互联网很相似。建设互联网时，首先把计算机组织成计算机局域网，再通过已有的电信网，把各个计算机局域网连接起来。物联网则是把传感器（对应于计算机）连接成传感网（对应于计算机局域网），然后再通过现有的互联网（对应于电信网）相互连接起来，最后构成一个全球性的网络。

8.1 无线 IP 接入技术

物联网需要一个无处不在的通信网络把物联网的各种终端以某种方式连接起来，以便发送或者接收数据。无线 IP 接入技术是接入网的一种新形式，处在用户终端和骨干网之间，能将互联网上的各种业务以无线通信的方式延伸到用户终端。因此，无线 IP 接入技术将成为物联网主要的接入方式。

IEEE 制定的无线传输技术协议标准有：Wi - Fi（IEEE 802.11）、蓝牙（IEEE 802.15.1）、UWB（IEEE 802.15.3a）、ZigBee（IEEE 802.15.4）、WiMAX（IEEE 802.16）以及 MBWA（IEEE 802.20）等。这些无线传输技术的使用场合不同。Wi - Fi 用于组建无线的计算机局域网。蓝牙为设备之间的数据传输提供一条无线数据通道。ZigBee 用于传感器网络，不能用于无线 IP 接入技术。UWB 用于连接高速多媒体设备。WiMAX 用于城域网之间的数据传输。MBWA 则能提供比 3G 速度更快的无线 IP 接入带宽。

利用公用移动通信网络也可以接入互联网。基于移动通信网络的无线 IP 接入技术主要有 GPRS、CDMA 1X、3G 和 4G 等，这些技术由 ITU - T 制定标准。

8.1.1 Wi - Fi

无线保真（Wireless Fidelity，Wi - Fi）是一种认证商标，用于 Wi - Fi 联盟认证的无线局域网（WLAN）产品。Wi - Fi 联盟是一个非营利性的全球行业协会，由世界上技术领先的数百家公司组成。从2000年开始，Wi - Fi联盟为使用Wi - Fi技术的设备提供产品认证。Wi - Fi的核心技术包括IEEE 802.11a、802.11b、802.11g和802.11n。

IEEE在1997年发布了最原始的IEEE 802.11标准，定义了无线局域网的物理层和媒介访问控制（MAC）层。该标准工作在频率为2.4GHz的ISM频段，速率为2Mbit/s。

1999年IEEE推出802.11的两个补充版本：IEEE 802.11a和IEEE 802.11b。由于工作频段的不一致，802.11a和802.11b之间不兼容。802.11a的产品出现得比802.11b晚，造成其应用亦不如802.11b广泛。

IEEE 802.11a的工作频率为5GHz，最高速率为54Mbit/s。由于工作频率较高，5GHz频段的电磁波在遭遇墙壁、地板、家具等障碍物时的反射与衍射效果均不如2.4GHz频段的电磁波好，因而造成802.11a覆盖范围偏小，只适合直线范围内使用，传输距离不如802.11b。

IEEE 802.11b工作于2.4GHz频带，支持5.5Mbit/s和11Mbit/s两个速率。它的传输速率因环境干扰或传输距离而变化，可在11Mbit/s、5.5Mbit/s、2Mbit/s和1Mbit/s之间切换，而且在2Mbit/s和1Mbit/s速率时与IEEE 802.11兼容。802.11b采用直序扩频方式，媒介访问控制方式是CSMA/CA（载波监听多点接入/冲突避免），类似于以太网的CSMA/CD。媒介访问控制技术用于决定共享媒介的局域网中各台计算机采用何种方法来轮流使用媒介。

2003年，IEEE发布了IEEE 802.11g。IEEE 802.11g的特点是后向兼容802.11b，采用正交频分复用（Orthogonal Frequency Division Multiplexing，OFDM）技术，传输速率可达54Mbit/s。OFDM是一种特殊的多载波传输技术，高速的信息数据流通过串并变换，分配到速率相对较低的若干子信道中传输。各子信道的副载波相互正交，其频谱可相互重叠，大大提高了频谱利用率。

Wi - Fi的最新版本是IEEE 802.11n，于2009年批准。802.11n支持多入多出（Multiple - Input - Multiple - Output，MIMO）技术，通过多个接收器和多个发送器（多个发射和接收天线）来提高性能。802.11n的工作频率为2.4GHz或5GHz，并且后向兼容802.11 a/b/g网络。802.11n在标准带宽（20MHz）上的单数据流速率有7.2Mbit/s、14.4Mbit/s、21.7Mbit/s、28.9Mbit/s、43.3Mbit/s、57.8Mbit/s、65Mbit/s、72.2Mbit/s几种，使用4×4 MIMO（4个输入天线和4个输出天线）时，最高速率为300Mbit/s。当使用40MHz带宽和4×4 MIMO时，速率最高可达600Mbit/s。

Wi - Fi无线局域网的组网方式有两种，一种是无需任何网络设备的分布式的Ad Hoc网络（自组网络），另一种是中心制的接入点（Access Point，AP）网络。

1. Ad Hoc组网模式

Ad Hoc网络是一种点对点的对等式移动网络。它没有有线基础设施的支持，网络中的节点均由移动主机构成，如图8-2所示。计算机只需配备无线网卡就能自动组成Ad Hoc网络。目前笔记本电脑上的无线网卡已能同时支持802.11 a/b/g/n 4种标准。在Windows操作系统下，双击“网络邻居”图标，就可以查看联网的计算机，通过共享文件实现各计算机之间的

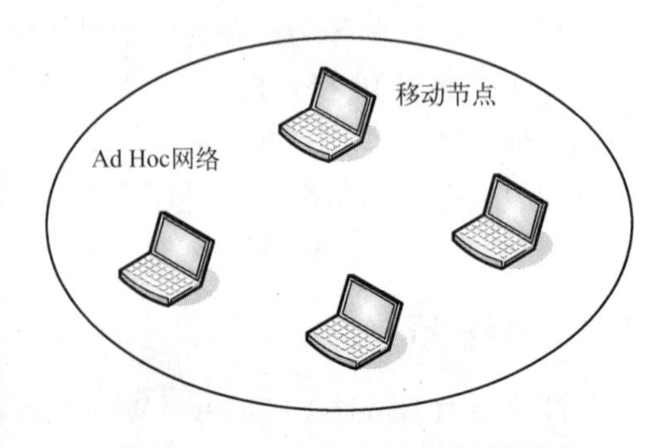

图8-2　Wi - Fi的Ad Hoc组网模式

数据交换。

无线局域网的最小构成模块是基本服务集（Basic Service Set，BSS），由一组使用相同MAC协议和共享媒介的站点组成。一个独立的仅由工作站点构成的基本服务集称做独立基本服务集（Independent BSS，IBSS），构成一个Ad Hoc网络。在IBSS中，工作站点之间直接相连实现资源共享，不需要接入点连接到外部网络。

2. AP组网模式

AP组网模式也称为基础设施模式，是一种集中控制式网络。AP即所谓的“热点”。如果一个基本服务集由一个分布式系统（Distribution System，DS）通过无线接入点AP与其他的基本服务集（BSS）互联在一起，就构成了扩展服务集（Extended Service Set，ESS），如图8-3所示。

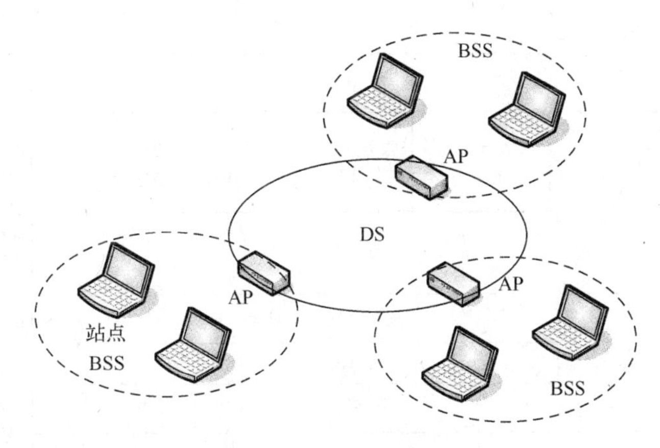

图8-3　扩展服务集（ESS）

无线接入点AP可看做一个无线的集线器或路由器，它提供无线站点与有线或无线的主干网络的连接，以便站点对主干网进行访问。分布式系统可以是一个交换式的以太网，提供多个BSS之间的互联。

基础网络结构使用无线AP作为中心站，所有无线客户端对网络的访问均由无线AP控制。目前，AP分为两类：单纯型AP和扩展型AP。单纯型AP相当于一个交换机，只提供物理局域网连接，没有路由和防火墙功能。扩展型AP就是一个无线路由器。

AP设备通常既有无线接口，可以与无线站点建立无线连接，又有有线接口，可以通过有线的以太网接口或ADSL调制解调器等连接到互联网，如图8-4所示。

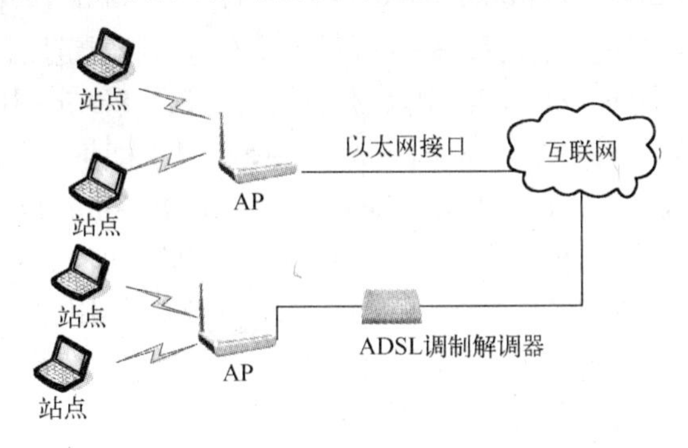

图8-4　无线局域网的接入方式

8.1.2 蓝牙

蓝牙是一种短距离的无线通信技术，已经应用在生活的各个方面，如家庭娱乐、车内系统、移动电子商务等。蓝牙技术产品如蓝牙耳机、蓝牙手机等也随处可见。对于物联网，蓝牙是一项实用的接入技术。

蓝牙的工作频段为 2.4～2.4835 GHz，距离为 10～100 m，速率一般为 1 Mbit/s，2010 年推出的蓝牙 4.0 核心规范，速率达到 24 Mbit/s。

1. 蓝牙协议

蓝牙协议体系由 3 层组成，分别是底层、中间层和应用层，其中每一层又分为不同的部分，如图 8-5 所示。

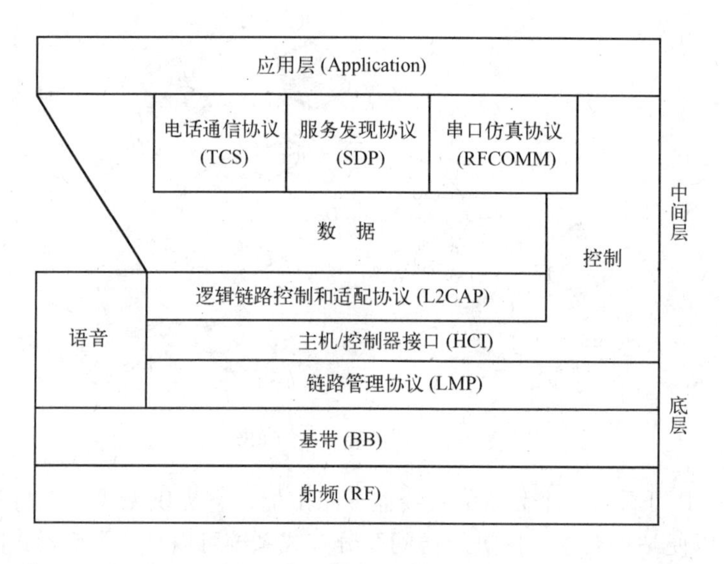

图 8-5 蓝牙协议体系

底层涉及的是硬件模块，主要包括射频（Radio Frequency，RF）、基带（Base Band，BB）和链路管理协议（Link Manager Protocol，LMP）3 部分。其中射频部分完成数据位流的过滤和传输；基带实现蓝牙数据或信息帧的传输，传输业务分为电路交换和分组交换两种类型；链路管理协议用于规定如何建立和拆除连接以及链路的控制和安全。

主机/控制器接口（Host/Controller Interface，HCI）为蓝牙的软件和硬件之间提供接口。

中间层涉及的是协议软件模块，为应用层提供支持，包括逻辑链路控制和适配协议（Logical Link Control and Adaptation Protocol，L2CAP）、服务发现协议（Service Discovery Protocol，SDP）、串口仿真协议（Radio Frequency Communication，RFCOMM，即射频通信，蓝牙称之为串口仿真协议）和电话通信协议（Telephone Control Protocol Specification，TCS）。逻辑链路控制和适配协议具有拆装数据、控制服务质量和协议复用等功能，为中间层其他协议提供实施基础，是蓝牙协议体系的核心之一；服务发现协议的作用是为上层应用层提供一种机制，该机制能发现网络中的可用协议，并解释这些可用协议的特征；电话通信协议用于提供蓝牙设备间语音和数据的呼叫控制指令；串口仿真协议使用无线射频通信仿真有线的 RS-232 九针串行接口，蓝牙设备能在无线传输中通过 RFCOMM 实现对 TCP/IP 等高层协议的支持。

应用层由蓝牙技术联盟定义了一些基本应用模型，每一种应用模型对应一个“剖面”，从而规范相应模型的功能和使用协议。目前已经定义了 13 种剖面，不同厂家在生产时只要遵照相同的“剖面”，彼此的产品之间就能互通。常见的一些应用模型有文件传输、数据同步、局域网接入、拨号网络、对讲机、无绳电话等。利用蓝牙接入互联网时，蓝牙应用层运行点到点协议（Point - to - Point Protocol，PPP）和互联网的 TCP/IP。

2. 蓝牙组网技术

蓝牙系统采用灵活的组网方式，其网络拓扑结构也有多种形式，如微微网（piconet）、PC 对 PC 组网方式和 PC 对蓝牙接入点的组网方式。

微微网是一种采用蓝牙技术、以特定方式连接起来的微型网络。一个微微网可以由两台或 8 台相连的设备构成。在微微网中，所有设备的级别相同，具有相同的权限。微微网采用 Ad Hoc 组网方式，由主设备（发起连接的设备）单元和从设备（接收连接的设备）单元构成。主设备单元负责提供同步时钟信号和跳频序列；从设备单元是受控同步的设备单元，接受主设备单元的控制。例如，PC 可作为一个主设备单元，而蓝牙无线键盘、无线鼠标和无线打印机就是从设备单元，接受 PC 的控制。

微微网的功能只是将两台或多台蓝牙设备相连，并不具备将蓝牙设备接入互联网的功能。将蓝牙设备接入互联网需要专门的蓝牙网关设备，如图 8-6 所示。

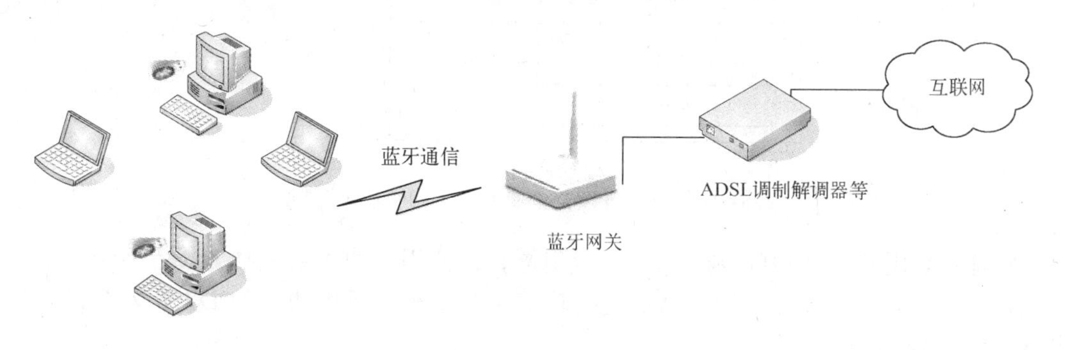

图 8-6　计算机通过蓝牙网关接入互联网

蓝牙网关能够为蓝牙设备创建一个到本地网络的高速无线连接的通信链路，使之能够访问本地网络及互联网。蓝牙网关通过与以太网交换机、ADSL 调制解调器等宽带接入设备相连，接入互联网。蓝牙网关的主要作用是完成蓝牙网络与互联网的信息交互以及蓝牙设备的 IP 网络参数配置。在这种组网模式中，多个带有蓝牙适配器的终端设备与蓝牙网关相连接，从而组建一个无线网络，实现所有终端设备的共享上网。蓝牙终端设备数目不能超过 7 台。

8.1.3　UWB 技术

超宽带（Ultra Wide - Band，UWB）是一种应用于无线个域网（WPAN）的短距离无线通信技术，其传输距离通常在 10m 以内，数据传输速率可达 100 Mbit/s ~ 1 Gbit/s。UWB 不采用载波，而是直接利用非正弦波的窄脉冲传输数据，因此，其所占的频谱范围很宽，适用于高速、近距离的无线个人通信。

无线通信技术分为窄带、宽带和超宽带3种。从频域来看，相对带宽（信号带宽与中心频率之比）小于1%的无线通信技术称为窄带；相对带宽在1%～25%之间的称为宽带；相对带宽大于25%且中心频率大于500MHz的称为超宽带。美国联邦通信委员会（FCC）规定，UWB的工作频段范围为3.1～10.6GHz，最小工作频宽为500MHz。

由于UWB发射的载波功率比较小，频率范围很广，所以，UWB相对于传统的无线电波而言相当于噪声，对传统无线电波的影响相当小。

UWB技术主要有两种：由飞思卡尔建议的直接序列超宽带技术（DUWB）和由WiMedia联盟提出的多频带正交频分复用（MB-OFDM）。由于两种技术争执不下，2006年，IEEE 802.15.3a UWB任务组宣布解散。

WiMedia联盟致力于WPAN的认证流程和规范，以确保设备的互操作性，推动UWB技术在全球范围的应用。WiMedia联盟定义的UWB协议分层模型如图8-7所示，从下到上分为物理层、MAC层、协议适配层和多媒体协议层。

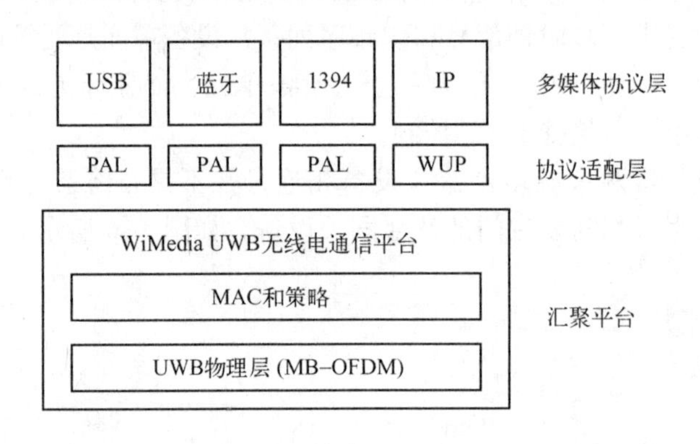

图8-7　WiMedia联盟定义的UWB协议分层模型

物理层采用MB-OFDM调制方式，发射器直接使用脉冲小型激励天线，系统耗电量仅为几百μW～几十mW。民用的UWB设备功率一般是传统手机功率的1/100左右，是蓝牙设备功率的1/20左右。

MAC层包括媒介访问控制协议和策略。UWB没有采用IEEE 802.15.3的集中式MAC协议，而是采用分布式的ECMA-368 MAC协议。ECMA-368 MAC协议通过信标机制实现了节点的管理和控制，包括测距、RTS/CTS等可选功能。ECMA-368 MAC协议的节点间完全依靠相互协作来维持正常工作，不像IEEE 802.15.3的集中式MAC协议需要一个设备来担当网络中心协调器，以负责全局资源的分配和设备状态的控制。MAC层还提供管理共享带宽的策略，以便公平有效地满足各个节点对媒介访问的不同需求。

协议适配层（PAL）用于支持多种通信接口，如无线通用串行接口（Wireless USB）、蓝牙和IEEE 1394无线接口等。WiMedia链路层协议（WiMedia Link layer Protocol，WLP）也是一种协议适配层，它提供TCP/IP服务，以便通过IEEE 802.2的LLC（逻辑链路控制）协议连接到使用IP的互联网。

UWB主要是为多媒体数据的高速传输而设计的，目前的应用领域主要有雷达、定位、家庭娱乐中心和无线传感器网络等。

8.1.4 WiMAX

微波存取全球互通（Worldwide Interoperability for Microwave Access，WiMAX）是 IEEE 802.16 提出的一种无线城域网（WMAN）技术，是针对微波和毫米波频段提出的一种新的空中接口标准，用于以无线方式代替有线实现“最后一公里”的接入。

WiMAX 核心网络采用移动 IP 的构架，具备与全 IP 网络无缝融合的能力。WiMAX 接入系统覆盖范围可达 50 km。根据使用频段高低的不同，可分为应用于视距和非视距两种，其中使用 2 ~ 11 GHz 频段的系统应用于非视距范围，使用 10 ~ 66 GHz 频段的系统应用于视距范围。

根据是否支持设备的移动性，IEEE 802.16 标准系列又可分为固定宽带无线接入空中接口标准和移动宽带无线接入空中接口标准，其中最具代表性的标准是 802.16d 固定无线接入和 802.16e 移动无线接入标准。802.16e 是 3G 标准之一，而最新的 802.16m 有望成为 4G 标准。

WiMAX 的主要应用是基于 IP 数据的综合业务宽带无线接入，其具体工作模式可以分为点对多点宽带无线接入、点对点宽带无线接入、蜂窝状组网方式等。

点对多点宽带无线接入可以适用于固定、游牧和便携模式。与有线接入相比，WiMAX 技术受距离和社区用户密度的影响较小，对于一些临时性的聚集地可发挥快速部署的灵活性。

点对点无线宽带接入主要用于以点对点的方式进行无线回传和中继服务，不仅大大延伸了 WiMAX 网络的覆盖范围，而且还可以为运营商的 2G/3G 网络基站以及 WLAN 热点提供无线中继传输。

在蜂窝状组网方式下，WiMAX 基站可以组成与现有 GSM/CDMA 网络相似的蜂窝状网络，提供稳定、高质量的移动语音服务以及高带宽的移动数据业务。

8.1.5 MBWA

2002 年，IEEE 成立了 IEEE 802.20 移动宽带无线接入（Mobile Broadband Wireless Access，MBWA）工作组，致力于 Flash - OFDM（又称快闪 OFDM）技术标准的制定。Flash - OFDM 是一种全 IP 业务的移动宽带接入技术，采用频分全双工方式，频带宽度为 1.25 MHz，使用频率间隔为 12.5 kHz 的副载波，最大转输速度为 3.2 Mbit/s，平均数据传输速度达 1.5 Mbit/s，传输距离 2 ~ 5 km。

MBWA 工作组后来因分歧分为两部分，分别制定了 IEEE 802.16e（WiMAX）和 IEEE 802.20（MBWA），这两个标准的目标很相似。

IEEE 802.20（MBWA）致力于基于 IP 业务的空中接口的优化和传输，在城域网范围内提供无缝的无线 IP 接入技术，覆盖范围可达 50 km。2008 年通过的 IEEE 802.20 标准草案规定了 MBWA 的一些技术指标：在不低于 1 Mbit/s 的速率下实现 IP 漫游和过区切换；在城域网环境中支持的车辆移动速度为 250 km/h；峰值速率为 80 Mbit/s。另外，草案制定了新的 MAC 层和物理层。

8.1.6 GPRS

通用分组无线服务技术（General Packet Radio Service，GPRS）通过利用 GSM 网络中未使用的 TDMA（时分多路复用）信道，采用分组交换技术，提供高达 115.2 kbit/s 的空中接口传输速率。

GPRS 将数据封装成一定长度的分组，每个分组的前面有一个分组头，分组头中包含有该分组发往何处的地址标志。数据传送之前并不需要预先分配信道建立连接，而是在每一个分组到达时，根据分组头中的地址信息，临时寻找一个可用的信道将该分组发送出去。在这种传送方式中，数据的发送和接收方同信道之间没有固定的占用关系，信道资源可以看做由所有的用户共享使用，这就是所谓的分组交换技术。GPRS 使若干移动用户能够同时共享一个无线信道，一个移动用户也可以使用多个无线信道，当用户不发送或接收数据包时，仅占很小一部分网络资源。

GSM 是 2G 网络，采用电路交换技术，适合话音传输。电路交换就是网络为通信双方分配一条独享的专用信道，通信完毕后再收回信道资源。GPRS 是在 GSM 电路交换网络的基础上，通过新增分组交换设备来提供数据业务的。因此，GPRS 被当做 2.5G 技术。GPRS 系统本身采用 IP 网络结构，为用户分配独立地址，其组网结构如图 8-8 所示。

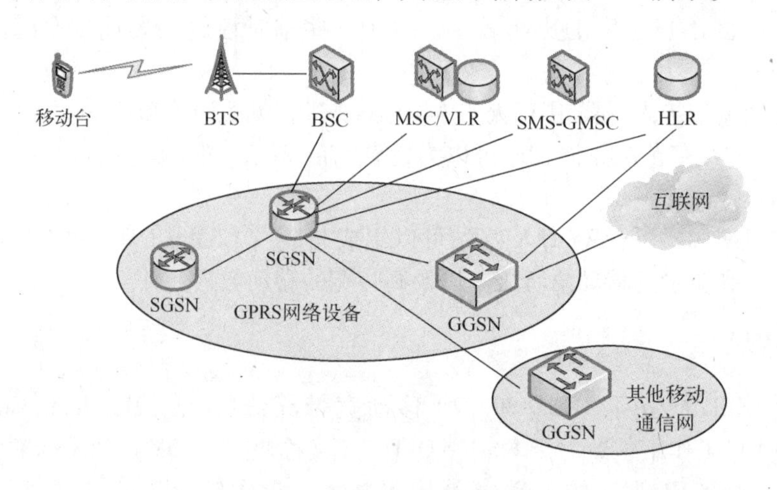

图 8-8　GPRS 的组网结构

其中，移动台、基站（BTS）、基站控制器（BSC）、移动业务交换中心（MSC）、归属位置寄存器（HLR）、拜访位置寄存器（VLR）等都沿用了 GSM 网络的设备，其具体功能将在后面章节中讲解。相比 GSM 网络，GPRS 网络新增的设备包括 GPRS 寄存器和 GPRS 支持节点。

GPRS 寄存器是一个新的数据库，它与 GSM 网络原有的归属位置寄存器放在一起，存储路由信息，并将用户标识映射为互联网 IP 地址。

GPRS 支持节点分为两种：GPRS 服务支持节点（SGSN）和 GPRS 网关支持节点（GGSN），它们对移动基站和外部分组网络间的数据分组进行路由和传输。

SGSN 与基站控制器 BSC 相连，进行移动数据的管理，如用户身份识别以及加密操作。SGSN 通过 GGSN 提供 IP 数据报到无线单元的传输通路和协议变换等功能。另外，SGSN 还与移动交换中心以及短消息服务接口局（接口局是指连接两个不同网络的交换局）相连，用来支持数据业务与电路业务的协同工作和短信的收发。

GGSN 起到路由器的作用，负责 GPRS 网络与外部数据网的连接，它与其他 SGSN 设备协同工作，实现数据的接入和传送等功能。GGSN 与 SGSN 之间采用 GPRS 通道协议（GPRS Tunnel Protocol，GTP）进行信息传输，与互联网之间的接口采用 IP。

8.1.7　CDMA 1X

CDMA 1X 是指 CDMA 2000 的第一阶段，又称为 CDMA 2000 1X，与 GPRS 类似，都是 2.5G 技术。从网络结构上看，CDMA 1X 和 GPRS 网络均包含移动台、基站、基站控制器、移动业务交换中心、归属位置寄存器和访问位置寄存器等组成部分。

与 GPRS 不一样的是，CDMA 1X 是建立在第二代的 CDMA 移动通信网络之上的，并且具有移动性能更强、数据传输速度更快、安全更有保障等优点。

为了实现无线系统到分组网络的接入，CDMA 1X 系统增加了无线接入网、分组数据业务节点、数字接入交叉连接设备等。无线接入网络由会聚节点路由器和 IP 交换机组成，实现网络中各个网元之间的 IP 互联。分组数据业务节点实现从无线网络到 IP 网络的连接。数字接入交叉连接设备用来分离线路中的高频数字信号和低频话音信号，并将分离出来的低频话音信号送往移动交换中心，实现话音信号的传输，同时将分离出来的高频数字信号通过接入网络送往互联网，实现用户数据的传输。

8.2　有线接入技术

互联网的接入技术分为有线接入和无线接入两大类。有线接入又分为以太网接入、ADSL 接入、HFC 接入、光纤接入和电力线接入等几种技术。目前，有线接入技术仍占据主要地位。实际上，各种无线接入技术最终都要通过有线方式接入到互联网主干网中。

8.2.1　以太网接入

以太网是典型的计算机局域网，把计算机连接到 ISP（互联网服务提供商）的以太网中，也就是接入到了互联网。

以太网标准是由 IEEE 802.3 制定的，其体系结构分为两层：物理层和媒介访问控制（MAC）层。

物理层规定以太网的接口和速率等。以太网的接口为 RJ－45，由 4 对双绞线构成。最初的以太网速率是 10 Mbit/s，之后以 10 倍增加，分别称为快速以太网（100 Mbit/s）、千兆以太网（1 Gbit/s，简称 GE）、万兆以太网（10 Gbit/s，10 GE）和 100GE（100 Gbit/s），唯一的例外是 40 GE（40 Gbit/s）。

MAC 层规定了以太网的媒介访问控制方法（即 CSMA/CD）和 MAC 帧的格式。目前以太网基本上都使用交换机组网，构成星型拓扑结构的交换式局域网，再通过 ISP 的交换机或路由器接入到互联网中，如图 8-9 所示。交换式以太网采用点到点的全双工通信方式，没有共享媒介问题，也就无需任何媒介访问控制方法。

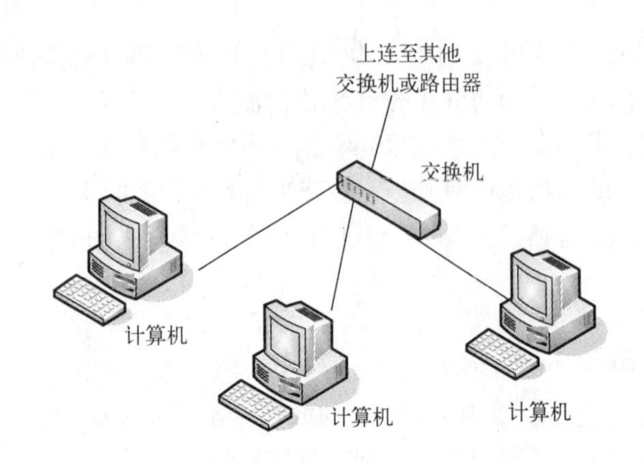

图 8-9　以太网的组网方式

交换机的类型主要有直通式和存储转发式两种。直通式交换机收到 MAC 帧时，检查 MAC 帧中的目的 MAC 地址，查询端口—地址映射表，如果与某计算机的 MAC 地址相符，就将帧转发到相应端口，不作其他处理。存储转发式交换机增加了一个高速缓冲存储器，在接收到帧后先将帧放到高速缓冲器中缓存，进行错误校验后，把出错的帧扔掉，把正确的帧转发到相应的端口。

8.2.2　ADSL 接入

非对称数字用户线（ADSL）是使用铜线接入技术的 xDSL 中的一种。ADSL 使用普通电话线接入互联网，能够做到上网和打电话同时进行，互不干扰。ADSL 利用频分多路复用技术把 1.1 MHz 容量的普通电话线的频谱分成 3 个不同频段：电话信道、上行数据信道和下行数据信道。

ADSL 系统的具体设备有 ADSL 调制解调器、分离器、DSLAM（DSL 接入复用器）。ADSL 调制解调器放置在用户端，利用 QAM、CAP 或 DMT 等调制技术传输来自计算机的数字信号。DSLAM 放置在局端，用于复用多个用户的数据信号，并利用以太网或 ATM 网络接入到 Internet。分离器用于分开话音信道和数据信道，每个用户端和局端各对应放置一个。

G.992.1 标准规定 ADSL 下行速率至少为 6 Mbit/s，上行速率至少为 640 kbit/s。ADSL2 + 的最高下行速率可达到 25 Mbit/s，距离为 1.5 km 时，下行速率为 20 Mbit/s，上行速率为 800 kbit/s。距离为 5 km 时，下行速率为 384 kbit/s。

8.2.3　光纤接入

光纤接入技术就是把从电信局交换机到用户设备之间的铜线换成光纤。由于交换机和用户接收的均为电信号，因此要进行光/电和电/光转换才能实现中间光纤线路的光信号传输，在交换机一侧的局端，实现光/电转换的设备称为 OLT（光线路终端），靠近用户侧的光/电转换设备称为 ONU（光网络单元）。

根据 ONU 与用户的距离，光纤接入网可分为多种类型，统称为 FTTx，其中 x 代表 R/B/C/Z/H 等，例如：FTTR（光纤到远端）、FTTB（光纤到大楼）、FTTC（光纤到路边）、FTTZ（光纤到小区）和 FTTH（光纤到户）。

光纤接入可分为两大类：有源光网络（AON）和无源光网络（PON）。主要区别是前者采用电复用器分路，后者采用光分路器。有源光网络从局端设备到用户分配单元之间均采用有源光纤传输设备，即光电转换设备、有源光电器等。无源光网络不采用有源光器件，而是利用无源分光技术传输信号。在无源光网络中，局端设备用光线路终端代替，远端设备则为ONU，其间设置无源光分路器。

家庭上网目前正从ADSL转向FTTH，一般采用的是以太网无源光网络（EPON）技术，网络结构如图8-10所示。光纤传输采用单纤双向方式。光分路器放置在光交接箱或光分纤箱中，可安装在室外或室内的电信交接间、小区中心机房、楼内弱电井、楼层壁龛箱等地点。ONU放置在用户室内，每户一个。ONU也可以提供多个接口，用以连接电话机、智能家电等设备。

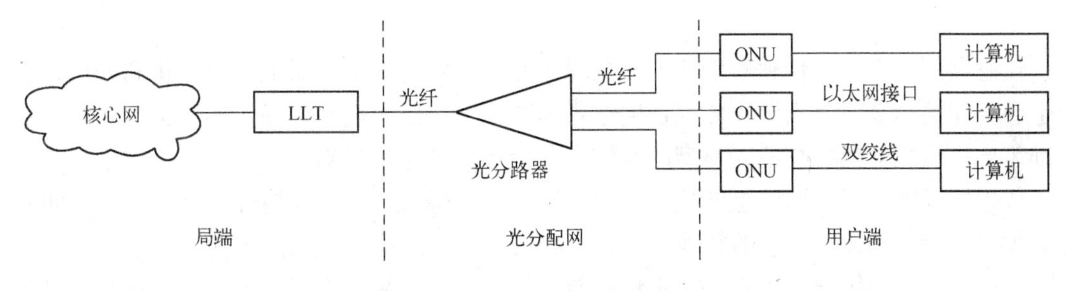

图8-10 FTTH接入的网络结构

FTTH并不是光纤接入的最终解决方案，如果计算机配置有光纤接口，则可进一步实现光纤到桌面，从而在技术上彻底解决接入中的带宽问题。

8.2.4 HFC接入

HFC（光纤同轴电缆混合接入）技术能在有线电视网的基础上提供访问互联网的功能。HFC接入技术是一种集频分复用和时分复用、模拟传输和数字传输、光纤和同轴电缆技术、射频调制和解调技术于一身的接入网技术。

HFC接入网的同轴电缆带宽高达1 GHz。其中，5～65 MHz频段为上行数据信道，采用16QAM调制和TDMA等技术，上行速率一般在200 kbit/s～2 Mbit/s，最高可达10 Mbit/s。87～550 MHz频段为模拟电视信道，采用残留边带调制技术提供普通广播电视业务。550～860 MHz频段为下行数据信道，采用64QAM调制和TDMA等技术提供下行数据通信业务，如数字电视和视频点播（VOD）等，下行速率一般在3～10 Mbit/s，最高可达36 Mbit/s。860 MHz以上频段保留给个人通信。

HFC接入网可以分成3部分：前端、传输线路、用户端。HFC接入网以有线电视台的前端设备为中心，呈星形或树形分布，由光分配网络（ODN）和同轴电缆构成传输线路，用户端的计算机通过电缆调制解调器传输数据。

在物联网智能家居的应用中，用户的计算机、普通电视机、智能家电等电器通过家庭网关连接在一起，再利用EOC（在同轴电缆上传输以太网帧）技术，就可以把家庭网络中的各种设备接入到互联网中。

8.2.5 电力线接入

电力线接入（Power Line Communication，PLC）就是使用普通电线通过电网连接到互联网，数据传输速率在2至200 Mbit/s之间。电力线接入的最大优势是：哪里通电，哪里就能上网。

使用电力线接入时，用户端需要配置PLC调制解调器，ISP需要配置局端设备。通信时，来自用户的数据进入调制解调器后，调制解调器利用GMSK（高斯滤波最小频移键控）或OFDM调制技术对用户数据进行调制，频带范围为4.5～21.5 MHz。调制后的信号在电力线上进行传输。在接收端，局端设备先通过滤波器将调制信号滤出，再经过解调，最后得到用户数据。

8.3 传感器网络的接入

传感器网络需要把传感器监测的数据通过互联网发送到服务器上进行分析和处理，服务器也会将相关命令下发到无线传感器网络中的各个节点以实现相关任务操作，这些功能的实现都需要将传感器网络与不同类型的网络尤其是互联网连接起来。

传感器网络与互联网的组网技术和通信协议差异很大，这种异构性决定了二者之间的互连必须进行接口和通信协议的转换，承担这种转换任务的设备称为网关。

一般传感器网络的接入方法是：传感器中的数据送往网关，网关再通过各种有线或无线接入技术将数据送往互联网。

8.3.1 无线传感器网络的接入

无线传感器网络（WSN）通常通过网关与提供远程通信的各种通信网络相连。WSN网关作为传感器网络和外部网络数据通信的桥梁，处于承上启下的地位，它包括两部分功能：一是通过汇聚节点获取传感网络的信息并进行转换；二是利用外部网络进行数据转发。

WSN网关的系统结构如图8-11所示，通常与汇聚节点放置在同一个设备内。传感器节点采集感知区域内的数据，进行简单的处理后发送至汇聚节点，网关利用串行方式读取数据并转换成用户可知的信息，如传感器节点部署区域内的温度、加速度、坐标等，然后由网关通过不同的接入方式连接到外部网络进行远距离传输，同时也可以将数据封装成短信息发送至移动终端用户。外部网络可以是任意的通信网络，如以太网、公共电话网（PSTN）等有线网络，或者GPRS、CDMA 1X等无线网络。

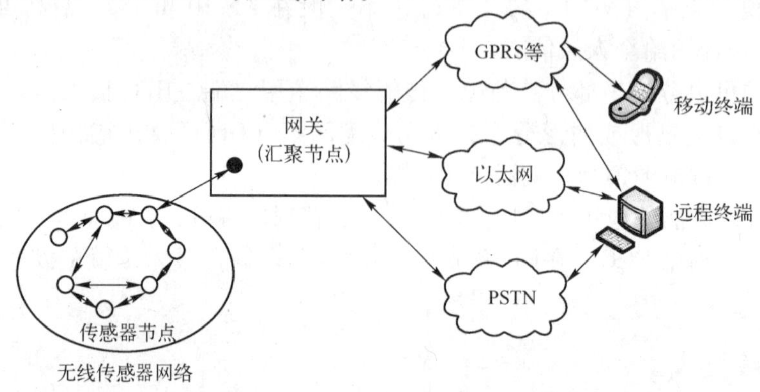

图8-11　WSN网关的系统结构

根据网关的功能，可以将网关分为两个模块，即网关与汇聚节点的通信模块和网关与外部网络的通信模块。网关与汇聚节点间的通信主要是读取汇聚节点的数据，一般采用串行接口（如 RS-232 等）通信方式。网关软件需要设置串行通信的波特率、数据位数、奇偶校验方式等属性，最后对串行口进行读写，读入并储存汇聚节点送过来的数据。在数据读取完成后，网关调用相应的转换函数将这些原始数据解析为用户可知的信息，例如温度、光强、坐标值等并存储在发送缓冲区内，准备发送到外部网络。

网关与外部网络通信模块的主要功能是转发 WSN 网关转换后的数据。网关与外部网络的接入方式可以分为有线方式的以太网和无线方式的 GPRS、GSM、WLAN 等，网关具体选择哪种接入方式与实际情况有关。

WSN 网关的软硬件设计实际上就是嵌入式系统的设计，例如软件可基于 μClinux 操作系统开发，硬件可采用 ARM 系列处理器体系结构，并根据接入方式配置相应的通信接口。

8.3.2 现场总线的接入

传感器可以通过现场总线连接在一起，组成有线传感器网络，再通过网关连接到以太网或互联网中。

如图 8-12 所示给出了一种现场总线分布式接入结构，它可以把多个由现场总线组成的传感器网络连接到以太网中。现场总线网络与以太网的结合使得现代工厂的管理可以深入到控制现场，在这种工业控制网络中，以太网不仅是主干网，而且还可以与现场总线相互交换数据。

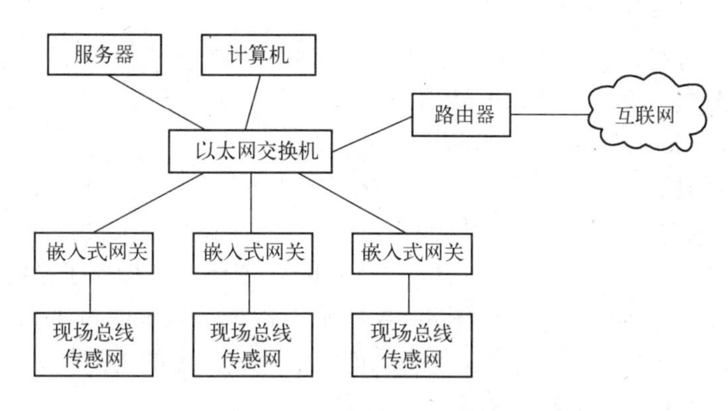

图 8-12　一种现场总线分布式接入结构

在现场总线接入中，关键是嵌入式网关的设计。嵌入式网关是以微控制器为核心的软硬件系统。以 CAN 现场总线的接入为例，嵌入式网关主要包括微控制器、以太网控制器、以太网接口、CAN 控制器和 CAN 收发器等几部分，如图 8-13 所示。

微控制器通过以太网控制器的接口与以太网上的操作站相连，通过 CAN 控制器的接口与现场总线相连。微控制器中有 TCP/IP 和 CAN 协议，用来完成以太网和 CAN 总线间的数据交换与协议转换，并负责对各个控制器的控制。CAN 控制器内部集成了 CAN 协议的物理层与数据链路层，主要依靠发送输出命令和接收测量数据来实现与 CAN 总线上传感器节点的数据交换。

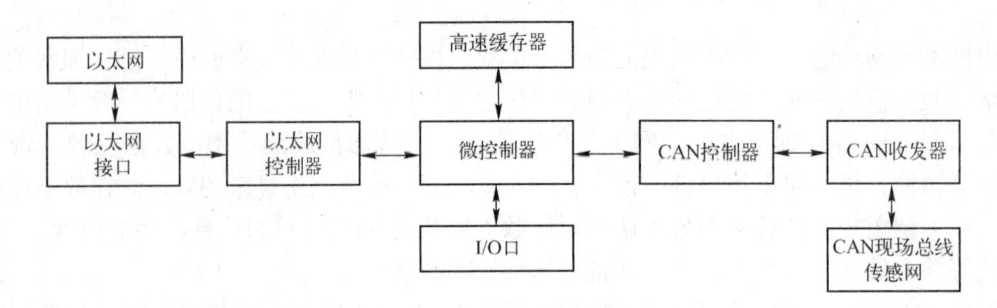

图 8-13　嵌入式网关框图

8.4　移动通信网络

移动通信网络是由电信运营商管理维护的公用通信网络，它具有泛在性、覆盖广域性、终端移动性等特点，是物联网重要的现有基础设施之一，为物联网的数据传输提供承载和接入功能。

第一代移动通信网络是模拟通信网络，已被淘汰。第二代移动通信网络（2G 网络）有 GSM 和 CDMA 两种制式，采用电路交换技术。第三、四代移动通信网络（3G 和 4G 网络）全面采用分组交换技术，可以实现互联网的无缝接入，从而使移动通信网络在物联网中的地位从承载网络延伸至接入网络。

8.4.1　第二代移动通信网络 GSM

GSM 移动通信网络是由欧洲邮电管理会议 CEPT 的移动通信特别小组（Group Special Mobile，GSM）规划的一个公共移动电话通信系统，后改称全球移动通信系统（Global System for Mobile Communications，仍缩写为 GSM）。

1. GSM 体系结构

GSM 是一种蜂窝通信系统，主要由基站子系统（Base Station Subsystem，BSS）、移动台（MS）、网络子系统（Network and Switching Subsystem，NSS）和操作子系统（Operation Subsystem，OSS）等多个子系统组成，如图 8-14 所示。各个子系统通过不同的接口进行连接，每个子系统又由若干个功能实体构成，每个功能实体完成一定的功能。

GSM 网络各个子系统的组成及主要功能如下。

1）移动台（MS）。MS 是用户直接使用、完成移动通信的设备，最常见的就是手机。MS 由两部分组成：移动设备（Mobile Equipment，ME）和用户识别模块（Subscriber Identity Module，SIM，即手机卡）。ME 是 MS 的主体，完成语音编码、信道编码、信息加密、调制解调、信号收发等功能。SIM 则包含所有与用户有关的无线接口一侧的信息，也含有鉴权和加密实现的信息，通过这些信息可以验证用户身份，防止非法盗用。

2）网络子系统（NSS）。NSS 主要包含有 GSM 系统的交换功能和用于用户数据的移动性管理、安全性管理所需要的数据库功能，它对 GSM 移动用户之间的通信和 GSM 移动用户与其他通信网用户之间的通信进行管理。其包含的功能实体有以下几种。

- 移动业务交换中心（MSC）。MSC 是网络的核心，它提供交换功能，把移动用户与固定网用户连接起来，或把移动用户互相连接起来。MSC 从 3 种数据库（归属位置寄

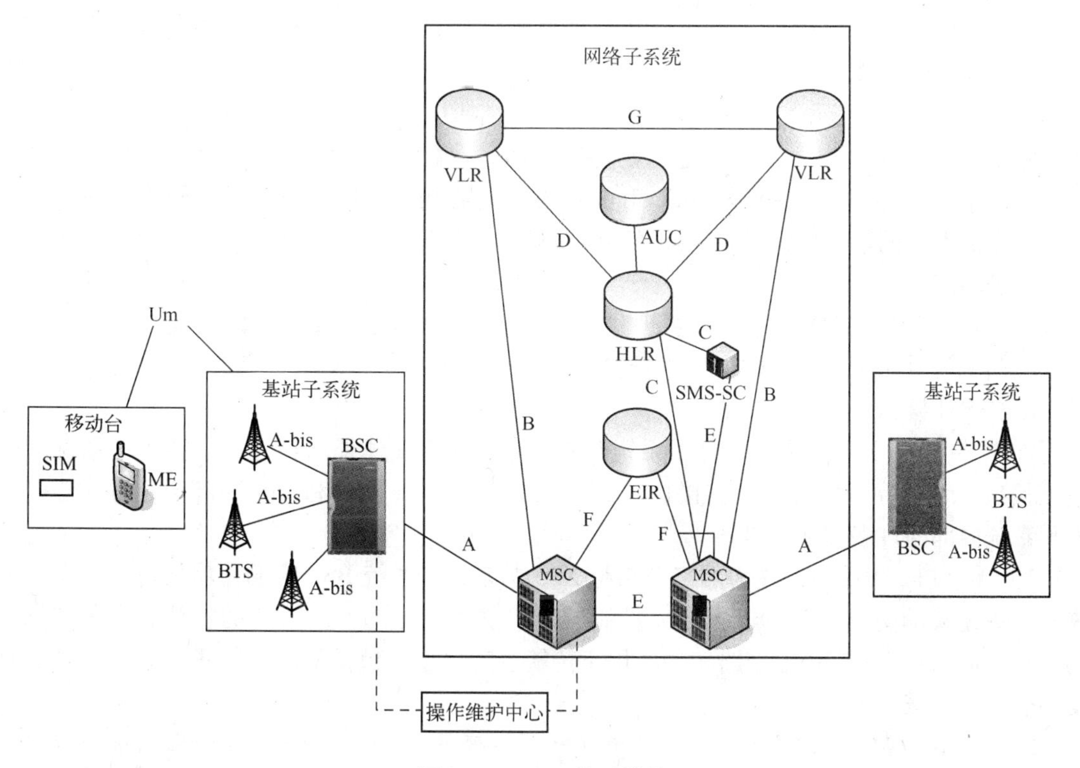

图 8-14　GSM 体系结构

存器、拜访位置寄存器和鉴权中心）中取得处理用户呼叫请求所需的全部数据。

- 拜访位置寄存器（VLR）。VLR 是一个数据库，存储进入其覆盖区的移动用户的全部有关信息，这使得 MSC 能够建立呼入/呼出呼叫。VLR 从移动用户的归属位置寄存器（HLR）处获取并存储必要的数据，一旦移动用户离开该 VLR 的控制区域，则在另一个 VLR 重新登记。
- 归属位置寄存器（HLR）。HLR 是 GSM 系统的中央数据库，存储着该 HLR 控制的所有移动用户的相关数据。一个 HLR 能够控制若干个移动交换区域或整个移动通信网。所有用户的重要的静态数据都存储在 HLR 中，包括移动用户识别号码、访问能力、用户类别和补充业务等数据。
- 鉴权中心（AUC）。AUC 也是一个数据库，它属于 HLR 的一个功能单元部分，专用于 GSM 系统的安全性管理。AUC 存储着关于用户的 3 个参数（随机号码、响应数和密钥），用来进行用户鉴权及对无线接口上的话音、数据、信令信号进行加密，防止无权用户接入，保证移动用户通信安全。
- 移动设备识别寄存器（EIR）。EIR 存贮着移动设备的国际移动设备识别号（IMEI）。通过核查白色清单、黑色清单、灰色清单这 3 种表格，分别列出准许使用、出现故障需监视、失窃不准使用的移动设备识别号（IMEI）。

3）基站子系统（BSS）。BSS 用于连接 GSM 网络的固定部分和无线部分。一方面，BSS 通过无线接口直接与移动台相连，负责空中无线信号的收发和管理；另一方面，BSS 与 NSS 中的交换中心有线连接，实现正常的网络通信。其包含的功能实体有以下两种。

- 基站收发信台（BTS）。BTS 包括基带单元、载频单元和控制单元 3 部分。它由 BSC 控制，属于基站系统的无线部分，服务于小区的无线收发信设备，完成 BSC 与无线信道之间的转换，实现 BTS 与 MS 之间通过空中接口的无线传输及相关的控制功能。
- 基站控制器（BSC）。BSC 是 BSS 的控制部分，在 BSS 中起交换作用。BSC 一端可与多个 BTS 相连，另一端与 MSC 和操作维护中心相连。BSC 面向无线网络，主要负责完成无线网络、无线资源管理及无线基站的监视管理，并完成对基站子系统的操作维护功能。

4）操作子系统（OSS）。OSS 管理整个 GSM 网络，包括告警管理以及反映网络性能的一些测量和统计报告。图中的操作维护中心（OMC）就属于 OSS。

2. GSM 接口

在图 8-14 中，除了表示几个子系统及其包含的功能实体外，还标识了各个子系统间的连接接口。GSM 系统定义了许多接口，如 A 接口、A - bis 接口和 Um 接口等，另外还包括 NSS 系统内部的许多其他接口。

1）A 接口。A 接口定义为网络子系统 NSS 与基站子系统 BSS 间的通信接口，从系统上来讲，就是移动交换中心 MSC 与基站控制器 BSC 之间的接口。A 接口的物理链路采用标准的 2.048 Mbit/s 的数字传输链路实现，用于传输管理信息，包括移动台管理、基站管理、移动性管理、接续管理等信息。

2）A - bis 接口。A - bis 接口定义了基站子系统 BSS 中基站控制器 BSC 和基站收发信台 BTS 之间的通信标准。BSC 与 BTS 之间采用标准的 2.048 Mbit/s PCM 数字链路来实现。此接口支持所有面向用户提供的服务，并支持对 BTS 无线设备的控制和无线频率的分配。

3）Um 接口。Um 接口（空中接口）定义为移动台与基站收发信台 BTS 之间的通信接口。用于移动台与 GSM 系统的固定部分之间的互通，物理链路是无线链路。此接口传递的信息主要包括无线资源管理信息、信息移动性管理信息和接续管理信息等。

4）其他接口。GSM 系统还包括许多其他接口，如 MSC 与 VLR 间的 B 接口、MSC 与 HLR 间的 C 接口、VLR 与 HLR 间的 D 接口、MSC 与 MSC 间的 E 接口、MSC 与 EIR 间的 F 接口、VLR 与 VLR 间的 G 接口等。

3. GSM 的无线传输

GSM 系统的无线接口即 Um 接口，是系统最重要的接口。无线接口也就是常说的空中接口，它关系着 GSM 系统的无线传输方式及其特征。

GSM 系统采用频分双工的工作方式。传输信号时需要两个独立的信道，一个信道传输下行信息，一个信道传输上行信息，两个信道之间有一个保护频段。例如，GSM900 的上行频段是 890 ~ 915 MHz，下行频段是 935 ~ 960 MHz，上下行频率间隔 45 MHz。两个信道频率对称，以防止临近的接收机和发射机之间产生干扰。

GSM 系统是采用时分多址（TDMA）方式进行通信的无线数字通信系统。在时分多址方式中，每一个通信信道被分成 8 个时隙，每一时隙是一个用户可用的独立信道，称为物理信道。因此，一个通信信道（频点）最多可有 8 个用户同时使用。由于这种通信信道的划分是按时间来进行的，因此被称为时分多址方式。在 GSM 系统中，由若干个小区构成一个区群，区群内不能使用相同的频道。每个小区含有多个载频，每个载频上含有 8 个时隙，即每个载频有 8 个物理信道。

在 GSM 系统中，信道被分为物理信道和逻辑信道。一个物理信道就是一个时隙。逻辑信道是根据 BTS 与 MS 之间传递的信息种类进行定义，这些逻辑信道的信息附着在物理信道上传送。在无线系统中，物理信道支撑着逻辑信道。根据物理信道上传送的消息类型，物理信道可映射为不同的逻辑信道。

逻辑信道分为两大类：业务信道和控制信道。业务信道用于传送话音，包括上行信道和下行信道。控制信道用于传送信令或同步数据，分为广播、公共和专用控制信道 3 种。

广播控制信道都是下行信道，分为频率校正信道、同步信道和广播控制信道 3 类。频率校正信道用于校正 MS 频率。同步信道携带 MS 的帧同步（TDMA 帧号）和 BTS 的识别码信息。广播控制信道用于广播每个 BTS 的通用信息（小区特定信息）。

公共控制信道包含寻呼信道、随机接入信道和允许接入信道 3 种。寻呼信道是下行信道，用于寻呼 MS。随机接入信道是上行信道，MS 通过此信道申请分配一个独立专用控制信道，作为对寻呼的响应或 MS 主叫/登记时的接入。允许接入信道为下行信道，用于为 MS 分配一个独立专用控制信道。

专用控制信道全部为上、下行双向信道，包括独立专用控制信道、慢速随路控制信道和快速随路控制信道 3 种类型。专用控制信道用来传送呼叫建立过程中的系统信令，如登记和鉴权信息等，也可以传送移动台接收到的关于服务及邻近小区信号强度的测试报告等。

8.4.2　第三代移动通信网络 3G

第三代移动通信网络（3G）是指将无线通信与互联网等多媒体通信结合在一起的蜂窝移动通信系统，它能够处理图像、音乐、视频流等多种媒体形式，提供包括网页浏览、电话会议、电子商务等多种信息服务。3G 在室内、室外和行车环境中能够支持的传输速率至少分别为 2 Mbit/s、384 kbit/s 和 144 kbit/s。

3G 网络的基础是码分多址（Code Division Multiple Access，CDMA）扩频通信技术。在 CDMA 中，每一个比特时间划分成 m 个短的时间间隔，称为码片，每个用户分配一个唯一的 m 位码片序列，各个站点之间的码片序列是正交或准正交的，从而在时间、空间和频率上都可以重叠。如果一个站点想要发送 1，就发送它自己的 m 位码片序列；假如要发送 0，就发送其码片序列的反码。因此，在 CDMA 中发送数据所占的带宽是原始数据所占带宽的 m 倍，这就是扩频技术。

3G 标准有 4 个：W－CDMA、CDMA2000、TD－SCDMA 和 WiMAX。我国的 3G 网络中，中国联通采用 W－CDMA，中国电信采用 CDMA2000，中国移动采用 TD－SCDMA。WiMAX 前面已介绍过，下面简单描述前 3 个 3G 标准和一些后 3G 技术（3.5G 和 3.9G）。

1. W－CDMA

W－CDMA（宽带码分多址）是基于 GSM 网发展的 3G 技术规范。宽带是指 WCDMA 的频点带宽为 5 MHz，有别于北美的窄带 CDMA 技术。例如 CDMA2000 1X，其频点带宽仅为 1.25 MHz。WCDMA 最早由欧洲提出，目前是世界范围内使用最广泛的 3G 技术。

W－CDMA 标准由 3GPP 组织制定，目前已有 4 个版本，即 R99、R4、R5 和 R6。R99 的主要特点是无线接入网采用 W－CDMA 技术，核心网分为电路域和分组域，分别支持话音业务和数据业务，最高下行速率可达 384 kbit/s。R4 是向全分组化演进的过渡版本，与 R99 相比，其主要变化是在电路域引入软交换的概念，将控制和承载分离，话音通过分组域传递。另外，R4 中提出了信令的分组化方案，包括基于 ATM（异步传输模式）和 IP 的两种可选形式。R5 和 R6 是全分组化的网络。R5 提出了高速下行分组接入（HSDPA）的方案，可使最高下行速率达到 14.4 Mbit/s。R6 提出了高速上行分组接入（HSUPA）的方案，可使最高上行速率达到 5.76 Mbit/s。

W－CDMA 基于 GSM 核心网，能够架设在现有 GSM 网络上，对系统提供商而言可以较轻易地过渡，具有先天市场优势。W－CDMA 采用直接序列扩频码分多址（DS－CDMA）和频分双工通信的工作方式，频点带宽为 5 MHz，码片速率高达 3.84 Mcps，是 CDMA2000 码率 1.2288 Mcps 的 3 倍以上。

W－CDMA 系统可以划分为核心网（CN）、无线接入网络（UTRAN，即 UMTS 陆地无线接入网，UMTS 是基于 W－CDMA 制定的移动通信技术标准）和终端用户设备（UE）3 大部分，如图 8-15 所示。

UE —Uu— UTRAN —Iu— CN

图 8-15　W－CDMA 系统总体结构

核心网除了可接入 W－CDMA 无线网络外，还可以接入 GSM 无线网络，负责处理 W－CDMA 系统内用户的语音呼叫、数据连接及与外部网络的交换和路由。无线接入网络用于处理所有与无线有关的功能，主要功能有：无线资源管理与控制、接入控制、移动性处理、功率控制、随机接入的检测和处理、无线信道的编/解码等。由于采用了 UTRA（UMTS 的陆地无线接入）技术，所以称为 UTRAN。W－CDMA 系统中的用户终端设备 UE 可以类比于 GSM 中的 MS。

核心网、无线接入网络和终端用户设备 3 大部分由两个开放的接口 Uu 和 Iu 连接起来。其中 Uu 接口就是空中接口，连接 UE 和 UTRAN。Iu 接口是有线接口，连接 UTRAN 和 CN。

2. CDMA2000

CDMA2000 是由窄带 CDMA IS－95 技术发展而来的 3G 网络，其标准由 3GPP2 组织制定，演进的途径为：CDMAOne、CDMA2000 1x、CDMA2000 3x 和 CDMA2000 1x EV。CDMA2000 1x 为 2.5G 技术，它之后均属于 3G 技术，不过出现了两个分支：一个是 CDMA2000 标准定义的 3x，即将 3 个 CDMA 载频进行捆绑，以提供更高速的数据；另一个是 1x EV，包括 1x EV－DO 和 1x EV－DV，其中 1x EV－DO 系统主要为高速无线分组数据业务设计，能够提供混合高速数据和话音业务。目前，3GPP2 主要制定 CDMA2000 1x 的后续系列标准，即 1x EV－DO 和 1x EV－DV 的相关标准。

CDMA2000 和 W－CDMA 在原理上没有本质的区别，都起源于 CDMA（IS－95）技术。CDMA2000 的优点是完全兼容原来的 CDMA 系统，为技术的延续性带来了明显的好处，同时也使 CDMA2000 成为从第二代向第三代移动通信过渡最平滑的选择，缺点是频率资源浪费大，而且它所处的频段不符合 IMT－2000（国际电信联盟提出的第三代国际移动电话系统，工作频段为 2000 MHz）规定的频段。

3. TD－SCDMA

时分同步 CDMA（Time Division － Synchronous CDMA，TD－SCDMA）是由我国提出的国际标准，被列入 3GPP 的 R4 版本，其特点是不经过 2.5G 的中间环节，直接向 3G 过渡，非常适用于 GSM 系统向 3G 的升级。

TD－SCDMA 采用 FDMA（频分多址）、TDMA、CDMA 相结合的多址接入方式，同时，还采用了智能天线、联合检测、接力切换、同步 CDMA、软件无线电、低码片速率、多时隙、可变扩频系统、自适应功率调整等技术，在频谱利用率、对业务支持的灵活性、频率的灵活性及成本等方面具有独特优势。

TD－SCDMA 系统全面满足 IMT－2000 的基本要求。TD－SCDMA 可在 1.6 MHz 的带宽内提供最高 384 kbit/s 的用户数据传输速率。与 CDMA2000 和 W－CDMA 采用的频分双工模式 FDD 不同，TD－SCDMA 采用时分双工模式 TDD。第三代移动通信大约需要 400 MHz 的频谱资源，TDD 不需要成对的频率，能节省未来紧张的频率资源，同时，成本比 FDD 系统低，尤其是针对上下行传输速率不同的数据业务来说，TDD 更能显示其优越性，这也是 TD－SCDMA 能成为 3G 标准的重要原因之一。

与前两种标准相比，TD－SCDMA 具有系统容量大、频谱利用率高、抗干扰能力强等优点。缺点是需要 GPS 同步，对同步的要求较高；只有 16 个码，码资源有限；抗快衰落（快衰落是一种由多径传播造成的信号幅度快速起伏的现象）能力较弱，对高速移动的支持也较差。

4. 3.5G

3.5G 是 3G 的升级网络，其技术也是基于 3G 网络而衍生的，主要功能是在 3G 网络的基础上提升带宽和数据传输速率。

3.5G 的关键技术是高速分组接入（High Speed Uplink Packet Access，HSPA）技术。HSPA 技术分为高速下行分组接入技术 HSDPA 和高速上行分组接入技术 HSUPA。

HSDPA 和 HSUPA 是在 W－CDMA 的基础上发展而来。在 W－CDMA 的 R99 和 R4 版本中，W－CDMA 系统能够提供的最高上下行速率分别为 64 kbit/s 和 384 kbit/s。为了能够与 CDMA 1X EV－DO 抗衡，W－CDMA 引入了 HSPA 技术。其中，HSDPA 是在 3GPP 的 R5 规范中引入的，HSUPA 是在 R6 规范中引入的。

HSDPA 的上行速率为 384 kbit/s，下行速率为 14.4 Mbit/s，主要采用了自适应编码调制（AMC）、混合自动请求重传（HARQ）和快速调度等技术。通过将部分无线接口控制功能从无线网络控制器转移到基站中以及新的自适应调制与编码，HSDPA 实现了更高效的调度以及更快速的差错检测和重传机制。

HSUPA 的上行速率 5.76 Mbit/s，下行速率 14.4 Mbit/s，采用的关键技术与 HSDPA 类似，在基站中实现了更快速的上行链路调度以及更快捷的重传控制。

除中国联通的 W－CDMA 网络外，中国移动的 TD－SCDMA 网络也采用了 HSPA 传输技术。TD－SCDMA 在 3GPP 的 R5 版本引入了 HSDPA，在 R7 版本引入了 HSUPA，其基本原理和关键技术与 W－CDMA 的 HSPA 技术是大体相同的。

目前，HSPA 技术在全球已经基本普及，大量的终端都已支持 HSPA 技术。为了提高数据业务性能，HSPA 技术还在继续发展，其后续技术称为 HSPA＋技术，又称为 HSPA Evolution。除了致力于提升数据业务的速率以外，HSPA＋还考虑了向 IP 技术的过渡，全面支持 VoIP（即 IP 电话）技术，强化了多媒体广播业务。

5. 3.9G

后 3G 移动通信技术种类有很多，最主要的就是长期演进（Long Term Evolution，LTE）技术。LTE 具有 100 Mbit/s 的数据下载能力，被视为从 3G 向 4G 演进的主流技术，也被看做“准 4G”技术，俗称 3.9G。各种 3G 制式演进到 LTE 的过程如图 8-16 所示。

3GPP LTE 项目的主要性能目标包括：在 20 MHz 频谱带宽下，能够提供下行 100 Mbit/s、

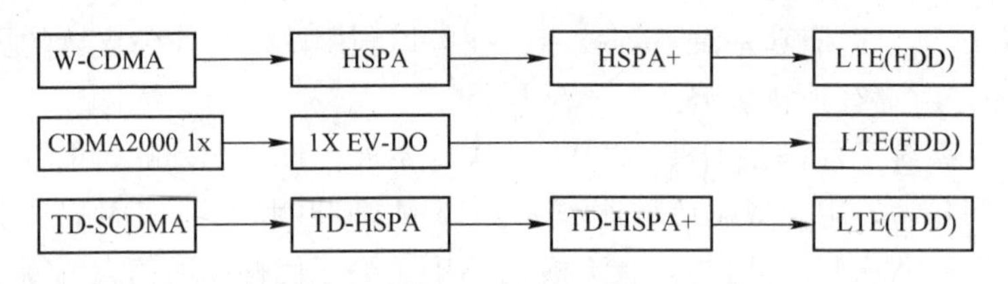

图 8-16　各种 3G 制式演进到 LTE 的过程

上行 50 Mbit/s 的峰值速率；改善小区边缘用户的性能；提高小区容量；降低系统延迟；支持 100 km 半径的小区覆盖；能够为 350 km/h 的高速移动用户提供大于 100 kbit/s 的接入服务；支持成对或非成对频谱，并可灵活配置 1.25 MHz ~ 20 MHz 的多种带宽等。

8.4.3　第四代移动通信网络 4G

根据国际电信联盟的规定，第四代移动通信（4G）技术应满足以下条件：固定状态下，数据传输速度必须达到 1 Gbit/s；移动状态下，数据传输速度可达到 100 Mbit/s。

目前，产业和学术界普遍认为：4G 技术是基于 IP 的；具有超过 2 Mbit/s 的非对称数据传输能力，在移动环境下速率达 100 Mbit/s，在静止环境下速率达 1 Gbit/s 以上；能够支持下一代网络的各种应用（如移动高清电视）；能在固定和移动之间方便切换；在任何地方宽带接入互联网；可提供信息通信以外的定位定时、数据采集、远程控制等综合功能。

4G 网络已全面转向 IP，关键技术有正交频分复用（OFDM）、多入多出（MIMO）技术和软件无线电技术等。软件无线电技术就是利用数字信号处理软件来实现无线传输的部分功能。

2010 年，国际电信联盟无线通信部门（ITU – R）第五研究组（国际移动通信工作组）在重庆召开的会议上决定将 ITU 收到的 6 个 4G 标准候选提案融合为两个——LTE – Advanced 和 WiMAX（IEEE 802.16m）。

LTE – Advanced 是在 LTE 基础上的平滑演进，且后向兼容 LTE 标准。LTE – Advanced 的下行峰值速率为 1 Gbit/s，上行峰值速率为 500 Mbit/s，下行链路的频谱效率提高到 30 bit/s/Hz，上行提高到 15 bit/s/Hz，并且支持多种应用场景，提供从宏蜂窝到室内场景的无缝覆盖。

LTE – Advanced 引入频点捆绑（载波聚合）技术，即把几个基于 20 MHz 的 LTE 设计捆绑在一起。通过提高可用带宽，LTE – Advanced 将带宽扩展到 100 MHz，加上 MIMO 技术的配合，最高下行速率可以突破 1 Gbit/s。

WiMAX（IEEE 802.16m）是一种宽带无线接入技术，传输速率为固定状态下 1 Gbit/s，移动状态下 100 Mbit/s。其频谱利用率最高达到 10 bit/s/Hz，在广播、多媒体和 VoIP 业务方面性能优异。

从技术特性上看，LTE – Advance 支持大范围的网络覆盖，适合于移动通信系统大面积覆盖。而 WiMAX 速度快，移动性好，适合于无线局域网部署或者城域网。

8.5　核心通信网络

核心通信网络是一种公用的通信网络，由各个电信运营商承建和维护，承载着全球范围内的各种通信业务，如固定电话、手机、互联网等之间的通信。核心网络是一种长途网络，物联网中的远程数据传输归根到底是由核心网络承载的。

核心网络可以分为两层，低层的核心传输网络通过各种光电信号传输数据，高层的核心交换网络通过网络节点设备把通信双方连接起来。

8.5.1 核心传输网络

传输网只具备物理层的功能，为通信双方提供传输信道，但是目前传输网传输的并不是非结构化的比特流，而是以帧为单位传输数据的，并且具备网络管理功能。目前传输网基本采用的是 SDH 技术，某些区域采用了更先进的 OTN 技术。

1. SDH 传输网

同步数字体系（Synchronous Digital Hierarchy，SDH）是对早期准同步数字体系（PDH）的改进，它使用光纤取代了 PDH 所用的同轴电缆，并且全网采用了统一时钟。

SDH 的帧结构是块状帧，由 9 行 270 × N 列个字节组成，N 为 4 的倍数，传输时按从左到右、从上到下的顺序串行传输。无论 N 为多少，每秒都传输 8000 个帧。传输 SDH 信号最小的帧是 STM－1，STM－1 帧由 9 行 270 列组成，共 9 × 270 = 2430 字节，因此，STM－1 线路的传送速率为 9 行 × 270 列 × 8bit × 8000 帧/s = 155. 52 Mbit/s。更高等级的 STM－N 是将 STM－1 同步复用而成的，4 个 STM－1 构成 STM－4，4 个 STM－4 构成 STM－16 等。目前 SDH 网络以 2. 5 Gbit/s 的 STM－16 光纤线路和 10 Gbit/s 的 STM－64 为主，一些主干网已铺设了 40 Gbit/s 的 STM－256 光纤线路。

SDH 的网元（网络单元，即网络设备）由终端复用器、中继器、分插复用器（ADM）、数字交叉连接设备（DXC）等组成。SDH 的所有设备都是电设备，而 SDH 的线路又是光纤，因此，从输入光纤来的光信号必须经过光电转换变成电信号，对 SDH 帧中的开销字段进行处理，再经过电光转换发送到输出光纤上。

目前在 SDH 网络中常使用多业务传输平台（MSTP）设备，用来把其他各种网络接入到 SDH 网络中。

2. OTN

光传送网（Optical Transport Network，OTN）是向全光网发展过程中的过渡产物，OTN 在子网内是全光传输，而在子网边界处采用光/电/光（光传输，电处理）转换技术。OTN 采用的关键技术是光交叉连接（OXC）技术、波分复用（WDM）传输技术、光域内的性能监测和故障管理技术。

ITU－T 把 OTN 定义为一组功能实体，能够在光域上为客户层信号提供传送、复用、选路、监控和主/备切换功能。ITU－T G. 709 定义了 OTN 的帧格式，标准的帧格式是 4 行 4080 列，帧头部提供了用于运营、管理、监测和保护（OAM&P）的开销字节，帧尾提供了前向纠错（FEC）字节。

OTN 由光传输段（OTS）、光复用段（OMS）、光通道（OCh）、光传输设备（OUT）、光数据单元（ODU）和光通道净荷单元（OPU）组成。最新定义的 ODU4 考虑了 100 Gbit/s 以太网的封装。

8.5.2 核心交换网络

交换网络是一种点到点通信的网络，由端接设备、交换设备和传输链路组成。端接设备有计算机、手机、智能终端等。交换设备有交换机、路由器等。交换网的实例有 PSTN（公用交换电话网）、X.25 公用分组交换网、ISDN（综合业务数字网）、帧中继网络、ATM（异步传输模式）网络和 IP 交换网络等，这些网络分为电路交换网络和分组交换网络两种。

在电路交换网络中，用户开始通信前必须先呼叫对方，向沿路的交换机申请建立一条从发送端到接收端的物理通路。通信期间这条信道始终被双方独占，即使通信双方都没有数据传输，其他用户也不能使用该信道。通信结束后，该信道变为空闲状态，可以供另一次呼叫使用。

电路交换网络的典型例子是固定电话交换网络 PSTN 和二代的移动电话网络 GSM。PSTN 主要由电话、分支交换机 PBX、程控交换机、业务控制节点和通信链路等组成。用户利用普通调制解调器可以通过 PSTN 接入互联网或彼此直接通信，但速率最高只有 56kbit/s，优点是 PSTN 无需做任何改动。

电路交换网络是面向连接的，当用户开始呼叫时，网络就在两个用户终端之间建立一条专用的通信通路。整个呼叫过程是用信令控制的，信令就是用于控制交换机产生动作的消息。如在电话通信过程中，当用户拨打某个电话号码时，就会产生一条信令消息，通知交换机进行路由选择，并把选好的信道分配给这次呼叫。电话通信的过程也就是电路交换的过程，因此，用于数据通信的电路交换网的通信过程也分为电路建立、数据传输和电路释放 3 个阶段。

在分组交换网中，计算机将数据分割成若干个数据段，再加上控制信息，构成一个分组。交换机根据分组中的目的地址，进行路由选择，等线路空闲时，将分组传送出去。每个分组可以走不同的路径，也可以多个分组走相同路径。根据分组交换网对分组流的不同处理方式，分组交换技术分为虚电路和数据报两种类型。

虚电路分组交换方式来源于电路交换网面向连接的思想。在传输数据前，通过呼叫建立一条通路。与电路交换网的最大区别是，这条物理通路不是独占的，而是与其他用户共享的，称为虚电路，不同用户的分组靠分配给用户的虚电路号来区别。广域网中的 X.25 分组交换网、帧中继网络、ATM 网络都是虚电路分组交换网络。与电路交换网一样，虚电路分组交换过程也分为 3 个阶段：虚电路的建立、数据的传输和虚电路的拆除。

数据报分组交换网是一种无连接网络，当用户有数据要发送时，就把数据封装成若干个分组，然后立即把分组发送到网络中，而不用管接收方的状态。每个分组都带有源地址和目的地址，交换机对每个分组独立进行路由选择。由于分组可以使用任何一条当前可用的路由，每个分组的传输路径可能不同，使得分组可能不按顺序到达，也可能会丢失，这就需要接收方负责分组的重新排序，检测丢失的分组，进行纠错等。典型的数据报分组交换网络就是 IP 网络。

电路交换方式的主要特点是在通信的双方之间建立一条实际的物理通路，并且在整个通信过程中，这条通路被独占。因此，电路交换网一般按时收费，时间长度从电路建立完毕到电路释放为止。费率与所占用的网络资源数量有关，如距离长短、带宽大小等。

数据报分组交换网灵活性好，比较强健，网络上某个节点发生故障对全局影响不大，只要网络上有路径能够到达接收方，网络就能把分组传输到接收方，缺点是无法保证数据的实时传输。

交换技术目前正从电路交换方式转向分组交换方式，并且提出“一切基于 IP（Everything

Over IP 或 All IP)”的目标。下一代网络（NGN）的两大支撑技术——软交换和 IP 多媒体子系统（IMS），采用的都是互联网技术，目前都已铺设在用。核心网络全面转向互联网技术已是大势所趋。

习题

1. 简述 WSN 网关的主要功能。

2. 简述 CAN 与以太网的数据交换的原理。

3. 如何理解 UWB 协议的分层模型？

4. 简述蓝牙的功能。

5. 蓝牙协议栈中常用的协议有哪些？

6. 简述 Wi - Fi 无线局域网的几种组网方式。

7. 蓝牙、ZigBee、Wi - Fi、红外、UWB 和 NFC 都是近距离无线通信技术，请比较它们的性能和应用场合。

8. GPRS 和 CDMA1X 分别是哪个网络的升级？

9. CDMA1X 与 GPRS 相比有何优点？

10. 相对 VOFDM 和 WOFDM，简述 Flash - OFDM 的特点。

11. MBWA 与 Flash - OFDM 的关系是什么？为什么说 Flash - OFDM 既可以支持多用户的数据传输，又可以保证更好的安全性？

12. GSM 网络由哪些部分组成？

13. GSM 系统采用哪种接入方式？

14. 3G 标准有哪几种？我国采用哪种标准？

15. 后 3G 技术都有哪些？

16. 简述 4G 移动通信系统总的技术目标和特点。

17. 4G 和 NGN 的关系是什么？

第9章　互　联　网

物联网中的数据最终要被送往互联网进行远程传输，并利用互联网中的计算设备对数据进行处理。互联网是全球范围内计算机网络的集合，连接这些网络的通信协议是特定的，这就是TCP/IP。

互联网目前正处在从IPv4向IPv6过渡的阶段，移动互联网的快速发展也拓宽了物联网的应用范围。

9.1　互联网体系结构

互联网（Internet，也称为因特网）与所有的通信网络一样，采取了分层结构的管理和组织方式。分层结构可以将复杂的工作简单化、模块化，每个层次只负责网络的一部分工作，各个层次之间设置通信接口，每层的协议只需完成自己的工作，而不用顾及其他层次的功能是如何具体实现的。互联网体系结构采用TCP/IP模型。

9.1.1　TCP/IP模型

TCP/IP是实现互联网的核心技术，主要的特点包括：使用开放的协议标准，所有协议文本（即RFC文档）均可从网上免费获取；独立于计算机硬件、操作系统和通信网络，TCP/IP是一个高层协议栈；使用统一的网络地址分配方案，用户设备和网络设备在互联网中具有全球唯一的地址；采用标准化的应用层协议，可以提供多种可靠的网络服务。

TCP/IP没有官方的模型，一般认为由4个层次组成，从下到上分别为网络接入层、互联网络层、传输层和应用层，如图9-1所示，图中的英文缩写表示各层代表性的协议。与物联网体系结构相比，可以发现二者有很多相似之处。

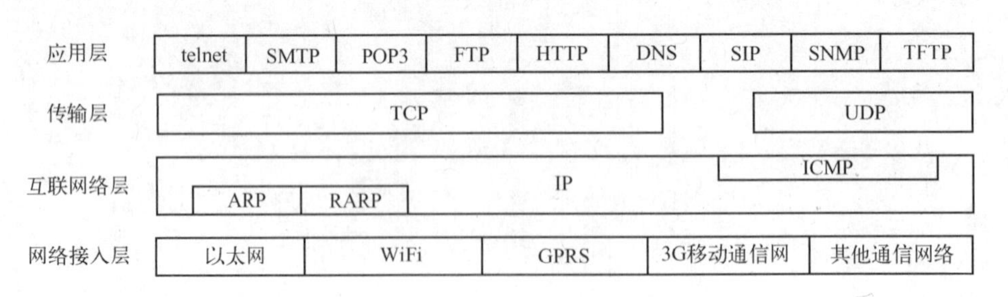

图9-1　TCP/IP体系模型

网络接入层主要负责两个直接相连的网络设备间的通信。这里所说的直接相连，可以是以有线的方式连接，如以太网和ADSL；也可以是无线的方式，如蓝牙和Wi-Fi。接入层的主要工作是将上层的IP数据报封装到各种通信网络的不同格式的帧中。网络接入层的基本功能是为互联网络层发送和接收IP数据报，同时处理传输媒介的物理接口问题。

互联网的网络接入层功能与物联网的接入功能本质上是完全一致的。物联网把所有通信网络看做承载网络，各种接入技术提供了使用这些通信网络的手段，使得传感网、RFID 等产生的数据得以远程传输。同样，互联网把所有通信网络都看做承载网络，网络接入层就是提供各种连接方式，利用各种通信网络，把世界各地的计算机局域网或计算机连接起来，从而传输计算机的数据。从这一点也可以看出，互联网实际上并不关心数据是通过哪个网络传输的，其重点是上层协议，也就是如何提供更好的信息服务，网络接入层的功能和实现基本上是由通信网络方面的技术来考虑的。

互联网络层的任务是路由选择，也就是为通信双方选择一条合适的通信路径。该层最主要的协议是 IP，另外还有一些辅助协议，比如地址解析协议 ARP 和互联网控制报文协议 ICMP 等。

传输层提供端到端之间的进程通信机制，使上层协议感觉不到底层网络的存在，使应用程序不受硬件技术变化的影响。

应用层直接向用户提供服务或者为应用程序提供支持，例如熟知的电子邮件、域名服务、WWW 服务、多媒体通信等。

9.1.2 数据传输的封装关系

互联网采用分层结构的管理和组织方式，从而将不同的互联网功能细化，使复杂的工作简单化、模块化。在分层模型中，根据各个功能之间的调用关系分为不同层次，上层为用户，下层为服务提供者。当上层调用下层的服务时，需要由协议规定哪些参数需要发送或封装。

每个层次都有自己的数据格式，称为协议数据单元（Protocol Data Unit，PDU），也就是所谓的数据报。在不同协议中，PDU 通常有自己特定的名称，如报文（消息）、报文段、数据报、分组（包）、帧等。PDU 由数据字段和控制字段两部分组成。数据字段即用户数据或上层传递来的数据。控制字段用于装载本层协议进行通信时需要的控制信息，如地址、序号、校验码等。控制字段一般位于数据字段的前面，所以称为首部或报头。不过，校验码通常位于数据字段的后面。当上层协议想要实现自己的功能时，必须依靠下层协议来提供服务，上层需要通过层间接口把自己的 PDU 和参数送给下层。下层协议把上层的 PDU 封装到自己 PDU 的数据字段中，然后填写自己的控制字段，最后一层一层发送到网络中传送。例如，利用以太网接入方式登录互联网网站时，账号和密码在以太网上传输的封装过程如图 9-2 所示。图中以太网 MAC 帧实际上还应该附上帧尾，其帧尾是 32 位的 CRC 校验码。

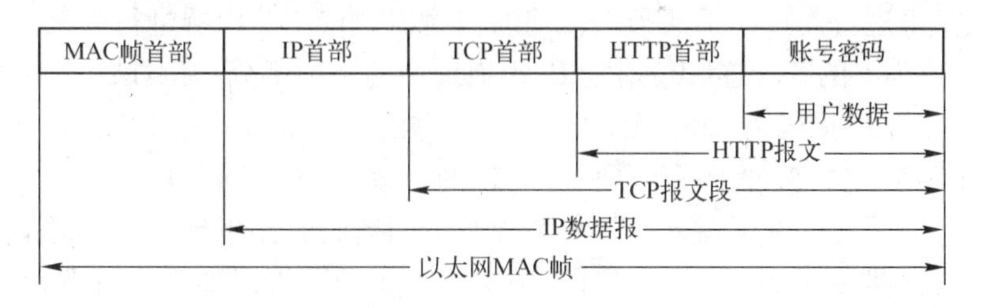

图 9-2　各层协议 PDU 的封装

计算机网卡接收服务器的网页内容时，网页数据同样被层层封装在以太网 MAC 帧中，计算机需要逐层解析各层的 PDU，剥离掉各层的首部，最后把网页数据交付给浏览器，显示在屏幕上。

9.2 IP 协议

互联网协议（Internet Protocol，IP）是互联网的标志性协议，是 TCP/IP 模型中互联网络层的主要协议。IP 协议的主要功能是根据目的终端的 IP 地址，按照路由表把 IP 数据报转发到下一个路由器，经过若干路由器的转发，最终到达目的终端，完成数据的传输。互联网中的每个节点（终端和路由器）都维护一张路由表，路由表是由人工填写的或者由路由协议自动建立的。

IP 协议是一种不可靠、无连接的数据报传送协议，提供尽力而为的服务，也就是有数据时就立即发送到网上，并不管对方是否存在或是否正确接收，其可靠性由上层的传输层协议或应用程序来解决。目前 IP 协议处于 IPv4 版本向 IPv6 版本过渡的阶段，主要是解决 IPv4 地址不够用的问题。

9.2.1 IP 地址

IP 地址就是互联网的全局网络地址，唯一地标识了互联网中的一台设备（主机或路由器）。IP 地址由互联网地址分配机构（Internet Assigned Numbers Authority，IANA）负责统一分配。IANA 把 IP 地址分配给地区因特网地址注册处，如亚太网络信息中心（APNIC），然后再分配给各国的互联网信息中心。具体负责我国 IP 地址分配的单位是中国互联网信息中心（CNNIC）。CNNIC 把 IP 地址分配给互联网服务提供商（ISP），ISP 再分配给用户。

IPv4 地址的长度为 4 字节，采用点分十进制表示，每个字节用点号分开，如 202.113.16.117。有些 IPv4 地址具有特殊用法，如地址 255.255.255.255 称为广播地址，用于主机在所在的本地网络上进行广播；地址 127.x.x.x（x 代表 0 ~ 255）称为环回地址，用于把数据直接返回给本机，即自发自收；地址 10.x.x.x、172.16.x.x ~ 172.31.x.x 和 192.168.x.x 为保留地址，常常用于内网地址；其他 IPv4 地址则称为公网地址。当访问互联网（外网）时，内网地址通过 NAT（网络地址转换）设备转换成公网 IPv4 地址。目前市场上的家用路由器的主要功能就是实现 NAT。NAT 一方面解决了 IPv4 地址不够用的问题，另一方面起到了安全隔离内外网的作用。

利用子网掩码可以把 IPv4 地址按范围分成若干个子网，子网也称为网段。子网之内的计算机使用交换机进行连接，不同子网之间通信时需要使用路由器进行连接。子网掩码长度是 32 位，其中值为 1 的若干连续位对应 IPv4 地址中的子网部分。例如，一台主机的 IP 地址是 192.168.1.6，子网掩码为 255.255.255.0，则它的子网部分就是 192.168.1，表示地址为 192.168.1.x 的所有主机都位于一个子网下。IP 地址和子网掩码有时也写成“192.168.1.6/24”的形式，24 表示子网掩码中“1”的个数。子网掩码的作用是可以让通信双方知道是直接通信还是经路由器转发。一台计算机的 IPv4 地址和子网掩码通常由互联网运营商（ISP）分配给用户，由用户自己填写，也可以通过动态主机配置协议（Dynamic Host Configuration Protocol，DHCP）或基于以太网的点到点协议（Point-to-Point Protocol over Ethernet，PPPoE）等自动获取。

IPv6 的地址长度为 16 字节，采用十六进制冒号标记法，两个字节一组，组间用冒号隔开，如“2001:250:401:b054:213:20ff:feeb:8b39”。IPv6 地址有单播地址、组播地址和任播地址 3 种类型。单播地址定义了一个单独的计算机接口，发送到单播地址的 IPv6 分组必须传递给指定的计算机。IPv6 协议定义了两种类型的单播地址：基于地理和基于服务提供者的单播地址，常用的是第 2 种地址。组播地址用于定义一组主机，发送给组播地址的分组要传递到该组中的每一个成员，组播中的成员可以是永久的也可以是暂时的，比如参加视频会议的系统就可使用暂时的组播地址。至于其他地址类型还包括有兼容地址、映射地址、保留地址等。

IPv6 改变了地址分配的方式，即 ISP 而非用户拥有全局网络地址，当用户改变 ISP 时，其全局网络地址也需相应地更新为新 ISP 提供的地址。这样能够有效地控制路由信息，避免路由表爆满。另外，子网掩码的概念在 IPv6 中也被前缀长度所取代。前缀就是由地址的一些起始比特构成的比特串，即一个地址的前面部分。

用户的 IPv6 地址是自动配置的，有无状态地址自动配置和状态地址自动配置两种方法。无状态地址自动配置是利用邻居发现机制，获得路由器地址前缀，通过“路由器地址前缀 + 本地链路地址标识”的方法生成本机的 IPv6 地址，本地链路地址标识是通过对本地链路地址（通常为以太网 MAC 地址）进行特定的转换算法获得的。状态地址自动配置是利用 DHCP 协议，由 DHCP 服务器分配 IPv6 地址。

9.2.2 IPv4 协议

IPv4 协议当初是由美国国防部为组建 ARPANET 网络而设计的，其思想是利用各种通信网络把数据传输给对方，而这些通信网络的任何部分都可能随时遭受损坏。因此，在设计 IP 时，把数据分成若干个数据报，路由器对每个数据报独立路由，尽力传送给对方。如果数据报出错，路由器就直接丢弃数据报，并且不发出任何信息，也不提供差错控制或流量控制。这种设计方法使得 IP 协议可以面对任何异构的物理网络，ARPANET 亦迅速扩张、更新，演变为今天的互联网。

IPv4 数据报分为报头和数据两部分，这两部分的长度都是可变的，其格式如图 9-3 所示。IPv4 数据报前 5 行（共 20 字节）是每一个报头必须有的字段，其后是选项字段，长度可变，最后是数据字段，长度也是可变的。

<table>
<tr><td></td><td>0</td><td>4</td><td>8</td><td>16</td><td>19 … 31位</td></tr>
<tr><td rowspan="6">报头</td><td>版本</td><td>报头长度</td><td>服务类型</td><td colspan="2">总长度</td></tr>
<tr><td colspan="3">标识符</td><td>标志</td><td>分片偏移量</td></tr>
<tr><td colspan="2">生存期</td><td>协议</td><td colspan="2">报头校验和</td></tr>
<tr><td colspan="5">源地址</td></tr>
<tr><td colspan="5">目的地址</td></tr>
<tr><td colspan="5">选项+填充</td></tr>
<tr><td>数据</td><td colspan="5">数据</td></tr>
</table>

图 9-3　IPv4 数据报格式

IPv4 数据报各字段的含义如下。

1）版本。表示 IP 协议的版本号，在 IPv4 协议中其值为 4。版本字段用于确保发送者、接收者和路由器使用一致的数据报格式。

2）服务类型。IPv4 试图通过该字段提供一些服务质量功能，但几乎所有的路由器都对该字段置之不理。

3）报头长度和总长度。报头长度字段规定了 IPv4 数据报报头部分的长度，其值以 4 个字节为一个单位。总长度字段指出整个 IP 数据报的字节数，包括报头部分和数据部分。通过报头长度字段和总长度字段，可以知道 IP 数据报中数据内容的起始位置和长度。

4）标识符。用于标识一个从源主机发出的数据报。标识符、标志和分片偏移量这 3 个字段与分片有关。每种物理网络都有一个最大传输单元，如果 IP 数据报超过该物理网络的最大传输单元，则必须把 IP 数据报分成若干个较小的分片，才能放入物理网络的帧中进行传输。每个分片都要重新添加上报头，构成新的 IP 数据报。

5）标志。标志字段有 3 位：第 1 位保留；第 2 位称为“不可分片标志”，其值为 1 时，路由器不能对该数据报进行分片，如果该数据报超过物理网络的最大传输单元，则丢弃；第 3 位称为“后续标志”，其值为 1 时，该数据报不是最后的分片，后面还有更多的分片，其值为 0 则表示它是最后的分片或该数据报没有进行分片。

6）分片偏移量。此字段表示分片在原始数据报中的位置。接收端根据标识符、后续标志和分片偏移量，把各个分片重新组装回原始的数据报。

7）生存期。生存期规定了一个数据报可以在互联网上存活的时间。生存期的初始值由源主机设置，每经过一个路由器该字段减 1，减到 0 时，丢弃数据报，以防止数据报在互联网中无休止地巡游。由此可见，生存期在实际中是按最大跳数来计算的，不是按时间计算的。

8）协议。协议字段标识 IPv4 层所服务的高层协议，即数据字段中放入的是哪个协议的 PDU。

9）报头校验和。该字段用于对 IPv4 数据报的报头部分进行差错校验，发现错误则扔掉数据报。IP 协议不对数据字段进行校验。校验和的一般方法是把数据按字节相加，其和作为校验码。IP 协议的报头校验和在计算方法上做了一些变通。

10）源地址和目的地址。这两个字段分别定义了源端和目的端的 IPv4 地址。在数据报的整个传输期间，该两个字段的值不能改变（NAT 除外）。

11）选项 + 填充。提供一些可选功能，选项字段的长度必须是 4 字节的整数倍，若有零头，则填充额外的字节。

12）数据。此字段用于存放上层协议的 PDU。

IP 数据报是按照逐跳转发的形式在互联网中传递的，所谓的“跳”就是路由器。每个路由器都需要维护一张路由表，路由表项一般为 < 目的 IP 地址，下一跳路由器的 IP 地址，标志 >，其中标志用来指明是主机地址还是网络地址、是真正下一跳路由器还是接口等。网络上的路由器并不知道数据报到达任何目的地的完整路径，它只负责按路由表把数据报发送给下一个路由器。路由表由网络管理员设置或由路由协议生成，因此，避免形成环路是非常重要的。

9.2.3 IPv6 协议

IPv4 有着明显的缺陷，首当其冲就是其地址已经分配殆尽，不够计算机使用，更无法谈及物联网感知层的大量设备，而且 IPv4 地址常常需要手工配置；其次，互联网主干路由器的路由表庞大，需要分析和处理的 IPv4 字段又比较多，直接影响路由效率；最后，IPv4 协议缺乏对服务质量和安全的支持，尤其在移动通信环境中，对实时通信流的传输并不能完全满足人们的要求。

为了解决 IPv4 协议的局限性，互联网工程任务组（Internet Engineering Task Force，IETF）研究和开发了 IPv6 协议。与 IPv4 相比，IPv6 具有更大的地址空间、更合适的头部和更强的安全性保障，并提供服务质量保证机制。

1. IPv6 分组格式

IPv6 的协议数据单元称为分组。IPv6 分组由一个 IPv6 首部、多个扩展首部和一个数据字段组成，具体格式如图 9-4 所示。首部部分为固定的 40 个字节。扩展首部可有可无，个数不限，长度不固定。数据字段长度也不固定。IPv6 分组的净荷部分包括扩展首部与数据字段。

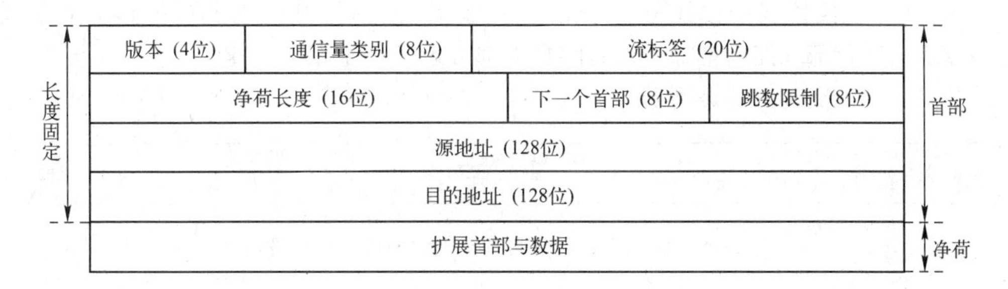

图 9-4　IPv6 分组格式

IPv6 分组各字段的含义如下。

1）版本。其值为 6，表示所使用的 IP 协议的版本号。

2）通信量类别。用于区分在发生拥塞时 IPv6 分组的类别或优先级。

3）流标签。用于标识需要由路由器特殊处理的分组序列，主要用于多媒体传输，以便加速路由器对分组的处理速度。对路由器来说，一个流就是共享某些特性的分组序列，如这些分组序列经过相同路径、使用相同的资源、具有相同的安全性等。在支持流标签处理的路由器中都有一个流标签表，当路由器收到一个分组时，不用进行路由选择，在流标签表中就可以找到下一跳地址。

4）净荷长度。整个 IP 分组除去首部 40 字节后所含的字节数，即扩展首部与数据字段的长度。

5）下一个首部。是一种标识号或协议号，指出跟随在基本首部之后的扩展首部的类型或上层协议的种类。

6）跳数限制。与 IPv4 报头中的生存期字段相同，IPv6 更加名副其实。

7）源地址和目的地址。128 位的 IPv6 地址。

8）扩展首部与数据。扩展首部在后面详述，数据字段是上层协议的协议数据单元。

2. IPv6 扩展首部

与 IPv4 头部比较可以看到，IPv6 首部更改了报头长度、服务类型等字段，取消了分片所用的字段、报头校验和字段以及选项字段，简化了首部格式，采用了固定的字节数，这样有利于路由器快速处理 IPv6 分组。

IPv6 协议取消的 IPv4 字段功能和其他选项功能都放到了扩展首部。如果需要使用这些功能，则在基本首部中的"下一个首部"字段中，指出使用了哪种类型的扩展首部。如果 IPv6 没有采用扩展首部，那么基本首部中的"下一个首部"指出净荷字段是哪种高层协议的 PDU。

IPv6 扩展首部分为如下几类：逐跳选项首部、目的选项首部、路由首部、分片首部、认证首部和封装安全净荷首部等。一般的 IPv6 分组并不需要这么多的扩展首部，只是在中间路由器或目的节点需要一些特殊处理时，发送主机才会添加一个或多个扩展首部。每一类扩展首部都包含自己的首部结构以及对应的意义，例如，目的选项首部用于为中间节点或目的节点指定分组的转发参数，常被用在 IPv6 移动节点与代理的实现上。

每个扩展首部都有一个"下一个首部"字段。当 IPv6 分组包含多个扩展首部时，由"下一个首部"字段担当链接任务，如图 9-5 所示。图中的 IPv6 分组带有两个扩展首部，分别为逐跳选项首部和路由首部，最后的数据部分承载的上层协议 PDU 是 TCP 报文段。括号中的数字表示扩展首部的类型号或上层协议的协议号。

IPv6分组首部 下一个首部：逐跳选项首部 (0)	逐跳选项首部 下一个首部：路由首部 (43)	路由首部 下一个首部：TCP (6)	TCP报文段

图 9-5　IP 首部、扩展首部与上层协议的封装方法

9.2.4　IP 协议的辅助协议

IP 协议缺少差错控制和查询机制，不能反映网络的任何状况。当 IP 数据包（IPv4 数据报或 IPv6 分组，简称包）在网络传输过程中出现问题时，如找不到可以到最终目的节点的路由器、数据包因超过最大跳数被丢弃、目的主机在预定时间内没有收到所有数据包的分片等，如果发送方能够及时了解这种情况，就能采取相应的措施加以解决。互联网控制报文协议（Internet Control Message Protocol，ICMP）就是为弥补 IP 的不足而专门设计的协议，它提供了一种差错报告与查询机制来了解网络的信息。计算机上用于检查网络连通性的 ping 命令就是利用 ICMP 协议实现的，ICMP 协议也是邻居发现协议和组播侦听发现协议的基础。

IPv4 中的地址解析协议（Address Resolution Protocol，ARP）则提供了由计算机的 IP 地址查询其物理地址（MAC 地址）的机制，反向地址解析协议 RARP 则提供了由物理地址查询其 IP 地址的机制。在 IPv6 中，ARP 和 RARP 的功能被纳入到 ICMP 中。

1. ICMP 协议

ICMP 协议的主要功能是进行错误报告和网络诊断等。ICMP 只报告错误，但不纠正差错，差错处理仍需要由高层协议去完成。ICMP 报文必须放在 IP 数据包的数据字段中发送，作为 IP 协议的辅助协议，它不能独立于 IP 协议单独存在，而实现 IP 协议时，也必须同时实现 ICMP 协议。

针对 IPv4 和 IPv6，ICMP 也相应有 ICMPv4 和 ICMPv6 两个版本，不同之处在于 ICMPv6 合并了 ICMPv4、ARP 等多个协议，定义了新的功能和报文。ICMPv6 报文类型主要分为两种：差错报文与信息报文。具体的 ICMPv6 报文类型如图 9-6 所示。

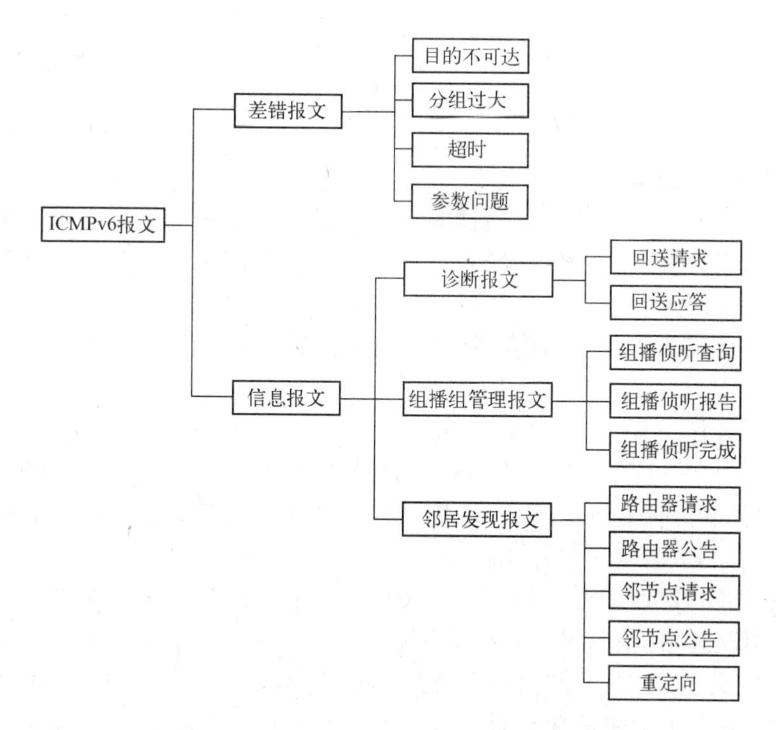

图 9-6　ICMPv6 的报文类型

差错报文主要用于报告 IPv6 分组在传输过程中出现的错误，这一部分功能与 ICMPv4 大体相同。具体的 ICMPv6 差错报文类型有：目的不可达、分组过大、超时和参数问题。

信息报文主要用于提供网络诊断功能和附加的主机功能，如网络通达性诊断、组播侦听发现和邻居发现等。ping 命令就是利用回送请求报文和回送应答报文实现的。

2. 邻居发现协议

邻居发现（Neighbor Discovery，ND）是指用一组 ICMPv6 信息报文，来确定相邻节点之间关系的过程。邻居发现协议（RFC 4861）取代了 IPv4 中的 ARP 地址解析功能、ICMPv4 中的路由器发现和重定向功能，并增加了地址前缀发现、下一跳地址确定、邻居不可达检测、重复地址检测等新功能。

主机使用邻居发现协议可以发现所连接的路由器，获取路由器地址及其前缀以及其他配置参数。路由器使用邻居发现协议可以通告该路由器的存在、主机配置参数和地址前缀。

邻居发现协议有 5 种报文类型：路由器请求报文、路由器公告报文、邻节点请求报文、邻节点公告报文和重定向报文。

路由器请求报文和公告报文实现路由器发现功能，用来标识与给定链路相连的路由器，并获取路由器地址前缀和配置参数。这对于 IPv6 地址的自动配置是非常重要的。

路由器请求报文通常由网络中的主机发出，而路由器公告报文则是由 IPv6 路由器周期性地发送，或者作为对路由器请求报文的应答而发出。路由器公告报文包含了主机配置需要的一些信息，如地址前缀、链路最大传输报文长度、特定路由等，用来帮助主机确定链路上可使用的路由器以及哪一个本地路由器可被配置为默认路由器。

邻节点请求报文也是由主机发出，用于解析链路上其他 IPv6 主机接口网卡的 MAC 地址，检查邻节点是否可以到达，是否有正在使用的重复地址。邻节点公告报文则是对请求报文的应答。

重定向报文则是路由器用来通知主机更改传输路径的报文。在重定向报文中，路由器通告主机下一跳有一个更好的路由器可以到达目的地，从而使主机重新选择路由。

3. 组播侦听发现协议

IP 组播技术是一种允许主机（组播源）发送单一数据包同时到多台主机的网络技术。当需要将一个节点的数据传送到多个节点时，无论是采用重复点对点通信方式，还是广播方式，都会严重浪费网络带宽。组播作为一点对多点的通信，是节省网络带宽的有效方法之一。组播能使一个或多个组播源只把数据包发送给特定的组播组，而只有加入该组播组的主机才能接收到数据包。目前，IP 组播技术被广泛应用在网络音频/视频广播、网络视频会议、多媒体远程教育、虚拟现实游戏等方面。

IPv4 对组播的支持是可选的，而 IPv6 必须支持组播。IPv4 一般采用互联网组管理协议（Internet Group Management Protocol，IGMP），而 IPv6 则采用组播侦听发现（Multicast Listener Discovery，MLD）协议。

MLD 是在 IGMPv2 的基础上改进的，采用了 IGMP 的思想，却没有使用 IGMP 的报文格式，而是使用 ICMPv6 的信息报文来实现组播功能，因此，MLD 实际上是 ICMPv6 的一个子集。MLD 协议定义了在主机和路由器之间交换的一系列报文，即 ICMPv6 中的组播组管理报文，路由器使用这些报文来发现它所连接的子网上所有主机的组播地址。在 IPv6 地址中，组播地址以 FF 开头，且只能被用作目的地址。MLD 的目的是让每一个组播路由器知道本地链路上哪些侦听者对哪些组播地址和源地址感兴趣。IPv6 将具有相同组播地址的多台主机的集合称为组播组。组播组成员的身份是动态的，一个组播组中的成员数没有限制，主机可以在任何时候加入或离开一个组播组。组播组可以跨越多个 IPv6 路由器，即跨越多个子网。这种配置也就要求了 IPv6 路由器能够支持 IPv6 组播，同时也要求主机具有通过 MLD 协议来进行加入或退出组播组的能力。

针对对组播功能的支持，主机和路由器表现在不同方面。对主机而言，主机首先要生成 IPv6 组播地址，并通过发送一个组成员报文，将自己注册到一个组播组中。然后通知本地路由器，它正在侦听一个指定组播地址的组播通信流。当需要发送组播分组时，主机构造一个包含目标 IPv6 组播地址的 IPv6 数据包。主机如果要接收组播分组，应用程序则通知 IPv6 协议层接收目的地址为指定组播地址的组播数据包。对路由器而言，路由器会根据组播转发表将组播数据包从适当的接口转发出去。路由器需要记录每条链路上的组播地址及其是否存在组成员，这要依靠主机发送组成员报告报文来确定。组播路由器还需要互相通告组成员，这样无论组成员位于网络中的何处，都可以接收到 IPv6 组播报文。

MLD 有 3 种报文类型：组播侦听查询报文、组播侦听报告报文和组播侦听完成报文，即 ICMPv6 的 3 种组播组管理报文。

侦听查询报文和侦听报告报文是主机和路由器之间确定组播关系时所使用的报文。查询报文由路由器发送，分为两种报文类型：一般查询和特定查询。一般查询是查询哪个组播地址存在组成员。特定查询是查询指定组播地址上是否存在组成员。主机在接收到指定组播地址的组播分组或响应查询报文时，通过组成员报告报文作为响应，来报告它侦听的组播地址。

组播侦听完成报文是为确定组播组成员中已经没有任何成员，由组播组的最后一个组成员响应组播路由器的查询报文时发送。

9.2.5 IPv4 向 IPv6 的过渡

虽然 IPv6 协议在地址空间、可扩展性、路由以及安全性等方面都有很大的改进，但 IPv4 协议与 IPv6 协议的不兼容，意味着从 IPv4 到 IPv6 的升级需要更换所有的现存路由器。因此，IPv4 向 IPv6 的过渡是一个长期、渐进的过程，并且是一种平滑的过渡，以防止 IPv4 和 IPv6 系统间出现任何问题，同时也要考虑尽量降低 IPv4 向 IPv6 升级时的费用问题。IETF 设计了 3 种策略来解决由 IPv4 向 IPv6 的平滑过渡，分别是双协议栈技术、隧道技术和协议翻译技术。

1. 双协议栈技术

双协议栈技术是指在单个节点可以同时支持 IPv6 和 IPv4 两种协议栈，如图 9-7 所示。由于双协议栈技术能够在互联网络层提供 IPv6 和 IPv4 两种类型的服务，其他协议层次都不做任何改动，因此支持双协议栈的节点即能与支持 IPv4 协议的节点通信，也能与支持 IPv6 协议的节点通信。

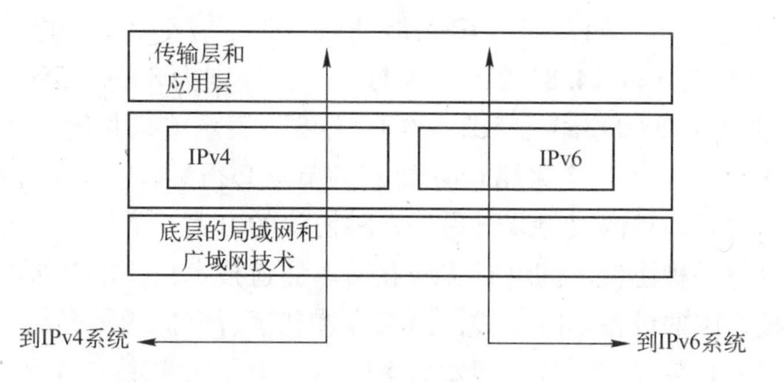

图 9-7　双协议栈模型

双协议栈主机发送数据时，为了确定对方使用哪个版本的协议，主机需要根据对方的域名（通常为网址）向域名服务器进行查询。如果域名服务器返回一个 IPv4 地址，那么源主机就发送一个 IPv4 数据报；如果返回一个 IPv6 地址，就发送一个 IPv6 分组。两者之间互不影响。

双协议栈技术是适用面最广的一种转换技术，但由于其必须实现 IPv4 协议，则必然会有 IPv4 地址资源紧缺限制的问题。在 Windows 系统中，通过添加 IPv6 协议组件，可以很容易地把计算机升级为一个双栈主机，但能否进行双协议通信，则取决于网络中的路由器是否支持双协议栈技术。

2. 隧道技术

隧道技术是指使 IPv6 分组能够穿透 IPv4 网络，从外部看来就像在 IPv4 网络中开通了一条通路用于 IPv6 分组的传输。隧道技术的基本过程是在隧道的入口节点把 IPv6 分组封装到 IPv4 数据报中，并在 IPv4 网络中传送，在到达隧道的出口节点后，由出口节点从 IPv4 数据报中还原出 IPv6 分组，如图 9-8 所示。为了更清楚地说明利用 IPv4 数据报携带 IPv6 分组，IPv4 协议头部中的协议类型字段的值设置为“41”。

隧道类型有很多，根据封装操作发生的位置的不同，隧道可以分为路由器到路由器、主机到路由器、主机到主机 3 种。根据嵌套协议的不同，可以分为 IPv4 over IPv6 隧道和 IPv6 over IPv4 隧道。根据隧道终点地址的获得方式，可以分为配置型隧道（如手工隧道）和自

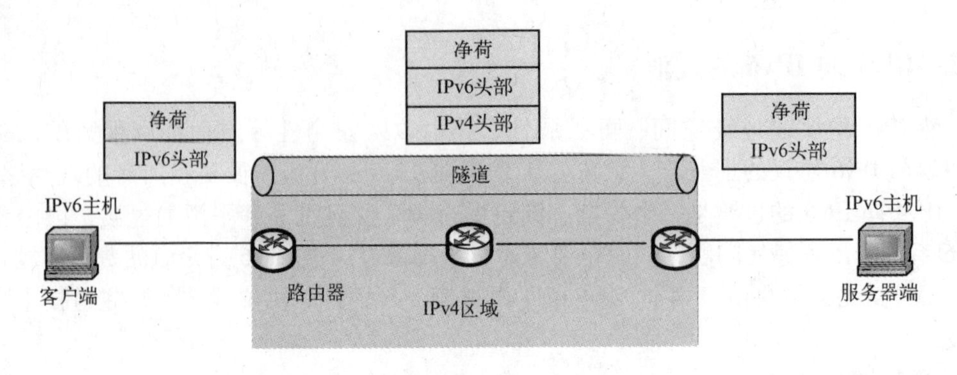

图 9-8　路由器到路由器的隧道技术

动型隧道（如隧道代理、ISATAP、6to4、6rd 隧道等）。下面简单介绍 6to4 隧道技术的实现机制。

6to4 隧道可以将多个 IPv6 节点通过 IPv4 网络连接到 IPv6 网络。它要求使用一种称为 6to4 的 IPv6 特殊地址格式（如 2002：IPv4 地址::，“::”表示冒号之间的字节值均为 0）。比如节点的 IPv4 地址为 138.14.85.210，转换为十六进制为 8a0e：55d2，在 6to4 隧道机制中获得的 IPv6 前缀就是 2002:8a0e:55d2::/48，“48”表示前缀长度。6to4 地址是自动从节点的 IPv4 地址派生出来的，每个采用 6to4 机制的节点必须具有一个全球唯一的 IPv4 地址。

隧道技术采用的是一种协议封装于另外一种协议的方式，适用于运行一种协议的设备或者节点穿过运行另外一种协议的网络时实现互通。隧道技术只要求升级隧道的入口和出口设备，不需要网络核心中的设备运行双栈，网络部署和运行维护相对容易，能充分利用已有投资，但隧道端点需要封装和解封装，转发效率较低，也无法实现 IPv4 和 IPv6 的互访。

3. 协议翻译技术

如果通信双方使用的是不同协议就无法使用隧道技术。例如，如果 IPv6 网络中的一台主机想要访问 IPv4 网络中的服务器时，由于服务器只能识别 IPv4 格式，因此需要使用协议翻译技术，把 IPv6 的头部转换为 IPv4 的头部，如图 9-9 所示。

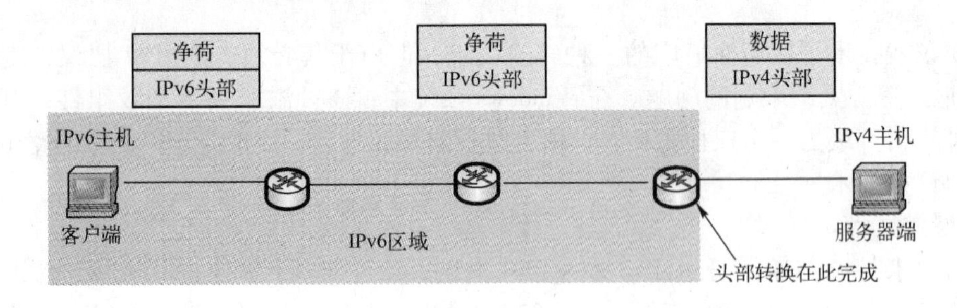

图 9-9　协议翻译技术

协议翻译技术是指将数据包从一种协议族格式转换成另一种协议族格式。IP 的翻译技术可以分为两类：一类是无状态翻译技术，如无状态 IP 协议/ICMP 协议转换（SIIT）、无状态的地址翻译 IVI 技术等；另一类是有状态翻译技术，如运营商级的网络地址转换（Carrier - Grade NAT，CGN）、Socket64 技术等。

无状态翻译技术利用特定地址前缀关系实现 IPv4 和 IPv6 地址的无状态翻译，网络设备无需保留转换状态，因此转发效率较高，但要求 IPv4 地址与 IPv6 地址之间实现 1∶1 映射，因此不会节省 IPv4 地址，不能解决 IPv4 地址用尽的问题。

有状态翻译技术需要在 NAT 设备上保留转换状态，NAT 设备自身性能会成为网络瓶颈。

在协议翻译技术中，比较常用的是网络地址协议翻译（NAT - PT）。它的基本原理是在将 IPv6 地址转换为 IPv4 地址时，利用 IPv4 地址池中指定的 IPv4 地址配合未使用的上层协议端口号给 IPv6 使用，建立 IPv6 和 IPv4 地址的映射表。

9.3 互联网传输层协议

传输层负责数据从一个进程到另一个进程的传递，进程就是主机上正在运行着的应用程序，可见传输层协议提供的是端到端的数据传输服务。传输层可以保证服务传输的质量，同时也可以提供流量控制和差错控制机制。

传输层为上层的应用层协议和应用程序屏蔽了下层的网络细节，使上层应用认为它们在直接通信。互联网的传输层协议有两个：UDP 和 TCP，分别提供无连接的不可靠服务和面向连接的可靠服务。在无连接服务中，数据从一方直接发送给另一方，不保证对方能否收到。在面向连接的服务中，发送方和接收方之间需要先建立一个连接，然后再传送数据，并确保数据的正确交付。

9.3.1 进程到进程的数据传递

IP 可以把数据包通过各种通信网络传递到目的主机上，至于把数据交给哪个应用程序（严格讲是进程），则由传输层负责。传输层引入端口的概念，每个端口都有一个 16 位的标识符，称为端口号，用于标识主机上的各个通信进程，如图 9-10 所示。

端口号的范围在 0 ~ 65 535 之间，客户端进程和服务器进程分别使用各自的端口号进行数据交换。有些端口号已经被固定分配给一些应用层协议，称为熟知端口，其值一般小于 1024，如 21 端口分配给了文件传输协议 FTP，25 端口为邮件传输协议 SMTP，80 端口分配给了浏览网页时使用的 HTTP 协议。服务器一般只提供 Web、邮件或文件传输等特定服务，因此服务器的端口号一般是固定的，且使用熟知端口，以便客户端的应用程序能与之进行通信。端口号在 49 152 ~ 65 535 之间的为动态端口和私有端口，可以任意分配给客户端的进程使用。主机打开一个端口，意味着有一个相应的进程正在等候发送给它的数据。

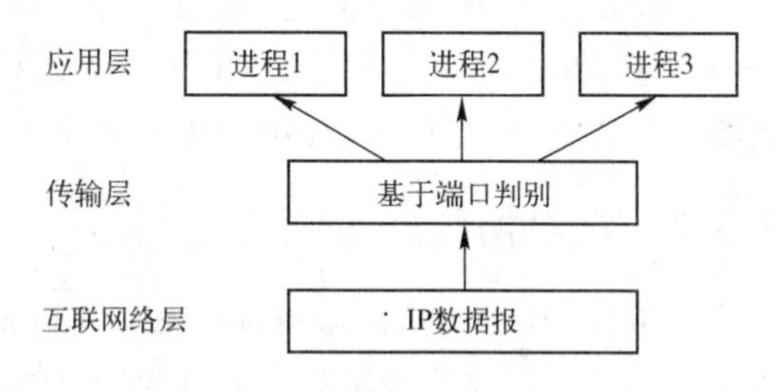

图 9-10 利用端口号区分不同进程

由上可知，在进程到进程的传递中不仅需要全局唯一的 IP 地址，同时还需要端口号。二者结合才能在网络上唯一标识出某台主机上的一个应用程序。IP 地址和端口号的结合称为套接字。传输层协议通信时需要使用一对套接字地址：客户端套接字地址和服务器套接字地址，其中包含了源 IP 地址、源端口号、目的 IP 地址和目的端口号。

9.3.2 UDP 协议

用户数据报协议（User Datagram Protocol，UDP）可以为上层应用提供简单、不可靠的无连接传输服务。UDP 的协议数据单元常称为报文，其格式如图 9-11 所示。源端口号字段用于标识发送方的应用程序。目的端口号字段用于标识接收方的应用程序。长度字段表示整个 UDP 报文的长度。校验和字段用于检验 UDP 报文（还包括 IP 协议的一些字段）是否传输出错，由于 UDP 提供的是不可靠服务，校验和字段实际上用处不大。数据字段用于封装应用程序的数据。

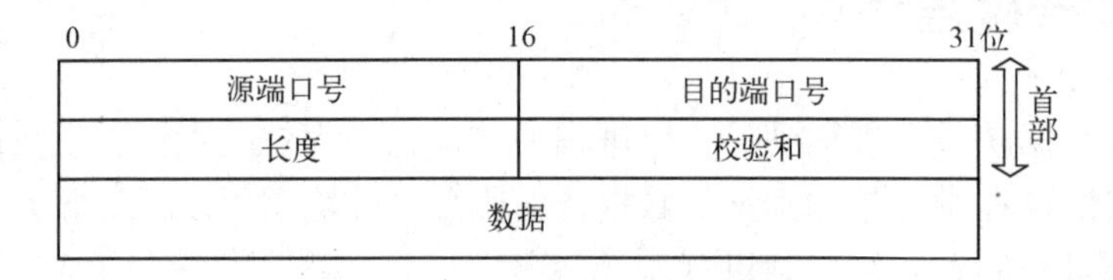

图 9-11 UDP 报文格式

可以看出，UDP 协议很简单，它只是简单地把上层来的数据封装成 UDP 报文，交给 IP 协议发送出去，并把收到的 UDP 报文根据端口号交付给相应的应用程序。这种简单性为物联网的数据传输带来很多好处。UDP 协议的优势有如下几点。

1）传输数据时不需要先建立连接，数据一旦准备好，就可以直接发送出去，节省了复杂、耗时的建立连接的过程。

2）数据传输过程不需要维护任何状态信息，比如发送方和接收方的缓存大小、拥塞控制等参数，占用的系统资源少。

3）UDP 协议报文格式简单，首部字节较少，属于轻量级的通信开销。

正是由于 UDP 的以上优点，虽然它并不是一个可靠的协议，但在语音、视频、感测数据等要求实时传输的应用上，UDP 协议显示了其不可替代的必要性。即使传统上需要可靠传输的文件下载软件，现在也使用 UDP 进行传输了。

9.3.3 TCP 协议

传输控制协议（Transmission Control Protocol，TCP）可以为上层应用程序提供可靠、面向连接、基于字节流的服务。通过 TCP 面向连接的控制机制，数据通信的双方可以保证数据不会出现错误，更不会出现数据丢失或者乱序的现象。

当应用程序想要发送数据时，首先与对方建立 TCP 连接，然后把数据放入缓冲区中。TCP 把缓冲区中的数据看做是字节流，并对每个字节进行按序编号。TCP 根据自己的判断或应用程序的要求，把缓冲区中的数据封装成报文段（TCP 的协议数据单元称为报文段）。报文段的首部包含有源端口号、目的端口号、序号、标志位等控制字段，其中序号字段表示数据第 1 个字节的序号，8 个标志位分别用于连接请求、连接终止、确认、拥塞控制等。

1. TCP 连接的建立与终止

任何面向连接的协议都需要 3 个过程：连接建立、数据传输和连接终止。建立连接的目的有如下几点：确认对方的存在；分配系统资源，如数据缓冲区；互相告知自己的初始参数，如初始序号等。TCP 采用一种带有序号确认的三次握手方式建立连接，如图 9-12 所示。

第一次握手是由连接的请求者（图中的 A）发起的。在表示连接请求的报文段中，包含有请求者的初始序号。接收方从该初始序号开始，对收到的数据字节进行排序，从而解决乱序问题。

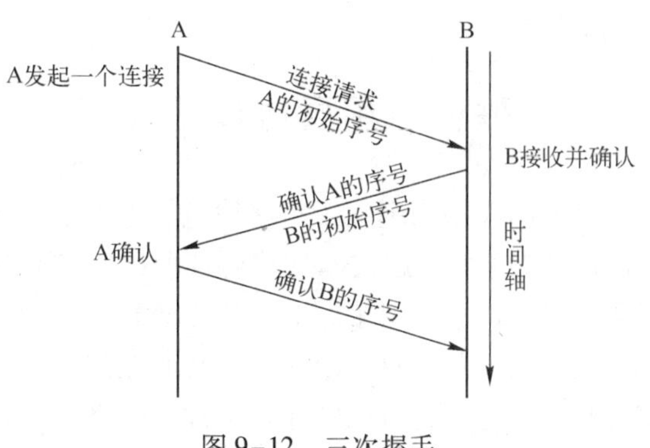

图 9-12　三次握手

第二次握手是接收方发出的表示同意的报文段，同时包含了接收方自己的初始序号以及对请求方初始序号的确认。如果接收方没有运行相应的应用程序或系统资源不够，则会发送表示连接终止的报文段，告诉请求方不同意建立连接。

第三次握手是请求方对接收方初始序号的确认。接收方收到第三次握手报文段后，意味着 TCP 的连接已成功建立，接下来就可以按序发送数据了。

数据传输完成后，通信双方的任何一方都可以选择关闭连接。关闭连接需要三次握手甚至四次握手过程，以确保双方都已正确收到对方的最后一个字节。连接终止后，系统会收回分配给该次连接的资源。由于系统资源有限，而 TCP 协议可以同时建立很多连接，因此，系统或应用程序通常会限制 TCP 的最大连接数。

2. TCP 的控制机制

虽然为 TCP 提供服务的下层协议是 IP 协议，而且 IP 协议不提供可靠保证，但 TCP 之所以称为传输控制协议，就是因为它可以提供差错控制、流量控制和拥塞控制等功能，以确保数据传输的可靠性。

1）差错控制。TCP 处理的差错包括报文段失序、丢失、重复和损坏。与常见的差错控制方法不同，TCP 不反馈任何差错情况，而是采用超时重发的机制纠正错误。TCP 只对已接收到的正确报文段提供确认反馈，表示截至某一序号之前的所有数据字节都已正确接收，对于校验错误的报文段一律无视，对于乱序到达的报文段暂不确认，暂时存储起来，并标记为乱序，直到接收到按序到达的全部报文段后，再一起确认，一并提交给应用程序。对于长时间没有得到确认的报文段，发送方的重传计时器就会超时，这时会重传这个 TCP 报文段。

2）流量控制。流量控制是用于确保发送方发送的数据不会超出接收方接收能力的一种技术。TCP 采用的是信用量流量控制方法，在这种方法中，通信双方会根据自己接收缓冲区的使用情况，告诉对方自己还能接收多少字节的数据，即信用量，对方发送的数据量不应超过信用量。TCP 报文段首部中的窗口字段就是表示信用量的。

3）拥塞控制。拥塞是指各计算机发送的数据量超过路由器的处理能力，造成网络拥挤堵塞，从而丢弃数据包的现象。流量控制有助于解决拥塞问题，但流量控制只能限制两台计算机之间的通信量，不能限制其他计算机的通信量，而且判决依据是计算机自己的状况，并非网络的状况。拥塞控制就是发送方根据网络状况调整自己的发包速率，从而减轻路由器的负担。TCP 平时会根据报文段及其确认的往返时间调整重传计时器的值，防止网络拥塞时仍快速地重发报文段。当重发计时器超时、收到重复确认等情况发生时，TCP 知道有数据包丢失，说明网络发生了拥塞，这时会采用慢启动算法和拥塞避免算法，调整发包速率。慢启动算法是当发生拥塞时，TCP迅速减少发包量，然后再逐步提高发包速率，发包量是按指数增长的。拥塞避免算法结合了慢启动算法，把发包量的指数增长换成了线性增长。

9.4 互联网应用层协议

互联网应用层定义了很多协议，这些协议为用户的应用程序提供支持，常见的协议有文件传输协议FTP、超文本传输协议HTTP、简单邮件传输协议SMTP、域名系统DNS、会话初始化协议SIP、简单网络管理协议SNMP等。

互联网应用层只提供用于支撑特定应用功能的各种协议，应用系统可以利用这些协议提供的基本功能编写自己的应用程序。为各种应用系统开发的应用程序在物联网中属于物联网的应用层，但在互联网中则不属于互联网应用层的内容。

9.4.1 域名系统

在互联网中，计算机是由IP地址标识的。通信双方是按照IP地址进行路由选择和寻找对方的。应用层面对的是用户，人们难以记住以数字表示的IP地址，因此，采用网址来标识一台计算机比较合乎人们的习惯，也容易进行管理。域名系统（Domain Name System，DNS）的功能就是用来给出网址所对应的IP地址。

域是指按地理位置或业务类型而联系在一起的一组计算机集合，是为了便于管理而进行的管理区域划分。域名不仅包括网址，也包括主机名等其他标识符，用于定位网上的一台或一组计算机。域名是由互联网名称和号码分配机构（ICANN）负责管理的。域名是按树型等级结构组织的，ICANN负责顶级域名的管理以及授权其他区域的机构来管理域名。

由域名得到IP地址的过程称为域名解析。域名解析是由互联网上的一系列域名服务器（也称为名字服务器）完成的，采用的协议称为DNS协议。RFC 1035规定了DNS协议的报文类型和格式。DNS协议是一种客户机/服务器协议，由客户机提出请求，由域名服务器负责解析。

1. 域名服务器

域名服务器维护一个数据库，用于保存域名与IP地址的映射关系。由于互联网的域名数量比较大，因此采用分布式数据库的方法，一台域名服务器一般只负责维护一部分域名的解析工作。

域名系统中最重要的域名服务器是根域名服务器。根域名服务器知道所有二级域中的每个授权域名服务器的网址和IP地址。全世界目前只有13台根域名服务器，其中1台为主根服务器，网址为a. root-servers. net，IPv4地址为198. 41. 0. 4，IPv6地址为2001:503:BA3E::2:30。其余12台均为辅根服务器。我国只有根域名镜像服务器。对于一个新建立的域名服务器，只要知道了根域名服务器的IP地址，就可以通过根域名服务器获得其他的域名服务器信息。

2. 域名解析流程

域名解析存在两种查询方式：递归查询和迭代查询。使用哪种查询方式，由DNS查询报文中的标志字段指定。

递归查询是最常见的查询方式。当客户机申请域名解析时，若域名服务器不能直接回答，则域名服务器会向上级域名服务器发出请求，依次类推，直至把最后查询结果送给客户机，即使结果是“主机不存在”。

迭代查询则是当域名服务器不能给出查询结果时，它就给出若干个其他域名服务器的地址，让请求方去查询其他域名服务器。

在实际中，当在浏览器地址栏输入域名并按〈Enter〉键或点击网页中的一个链接时，理论上会执行如下域名解析过程。

1）客户提出域名解析请求，并将该请求发送给本地域名服务器。

2）本地域名服务器收到请求后，就先查询服务器上的高速缓存，如果有该记录项，则本地的域名服务器就直接把查询到的 IP 地址返回给客户。

3）如果本地域名服务器的高速缓存中没有该纪录，则本地域名服务器就直接把请求发给根域名服务器，然后根域名服务器再返回给本地域名服务器一个被查询域名所属的主域名服务器的地址。

4）本地域名服务器再向上一步返回的主名字服务器发送请求，然后接受请求的主名字服务器查询自己的高速缓存，如果没有该记录，则返回相关的上级的主名字服务器的地址。

5）重复第 4）步，直到找到正确的记录。

6）本地域名服务器把返回的结果保存到高速缓存，以备下一次查询使用，同时将结果返回给客户。

9.4.2 HTTP 协议

超文本传输协议（HyperText Transfer Protocol，HTTP）是一种文本协议，采用客户机/服务器模型，主要用来在浏览器和 Web 服务器之间传输超文本，如图 9-13 所示。

图 9-13　HTTP 协议的通信模型

超文本就是在普通文本中加入指针（超链接），指向文本的其他位置或其他文档，使文档内部或文档之间在内容上建立起联系。超文本通常使用超文本标记语言（HyperText Markup Language，HTML）或可扩展标记语言（Extensible Markup Language，XML）来描述。网页就是一种超文本，因此它的版式、字体大小、图片位置等都是由 HTML 规定的，而如何传输网页，则是由 HTTP 协议规定的。

HTTP 是一种无状态协议，服务器不需要记录先前信息。HTTP 的报文类型有两种：请求报文和响应报文。请求报文包括用户的一些请求，如请求显示图像、下载可执行程序、播放语音或提交登录账号和密码等。响应报文是服务器返回给客户端的请求结果，包括网页内容、登录认证结果、错误指示等。

HTTP 协议是万维网（World Wide Web，WWW，也简称 Web）服务的基础。WWW 是

一种建立在互联网上的、全球性的、交互的、动态的、多平台的、分布式图形信息系统。Web 服务器使用网页的形式把信息呈现给用户。微博、社交网络等都是 WWW 的服务类型，采用的是 Web2.0 技术。Web3.0 以智能处理为特征，与物联网不谋而合，这也是人们把物联网看做是互联网延伸的理由之一。

9.4.3 CoAP 协议

2010 年 IETF 成立了受限 REST 环境（Constrained Restful Environment，CoRE）工作组，致力于研究物联网基于 IPv6 的应用层协议。表述性状态转换（Representational State Transfer，REST）是一种用于超媒体（Hypermedia，交互式的超文本 + 多媒体）分布式系统的软件体系结构设计风格，采用以下设计概念和准则：网络上的所有对象都被抽象为资源；每个资源对应一个唯一的资源标识；通过通用的连接器接口连接；对资源的各种操作不会改变资源标识，并且对资源的所有操作是无状态的。

HTTP 协议其实就是一个典型的符合 REST 准则的协议，但在资源受限的传感器网络中，HTTP 协议过于复杂，开销过大，因此提出了目前还处在讨论状态的受限应用协议（Constrained Application Protocol，CoAP）。

CoAP 协议是为传感器网络和受限 M2M（机器到机器）通信制定的一种应用层协议，具有如下特点：使用 UDP 作为传输层协议并配有可选择的可靠性措施；轻量级的头部开销和解析复杂度；支持网址和 HTTP 的内容类型；简单的代理和缓存功能。

CoAP 协议与 HTTP 协议一样，也采用请求/响应的客户机/服务器交互模式。CoAP 客户机可以直接访问互联网中的 CoAP 服务器。当一个 CoAP 端点（如传感器节点）与一个 HTTP 端点（如 Web 服务器）进行通信时，需要通过转换网关进行协议的转换，如图 9-14 所示。

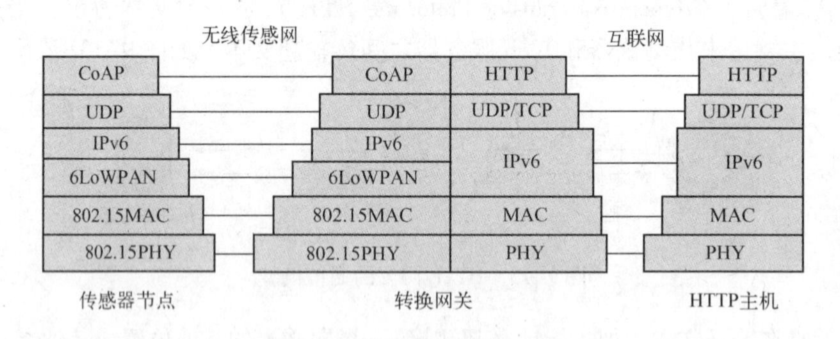

图 9-14　CoAP 与 HTTP 的协议转换

图 9-14 中也给出了在 IEEE 802.15.4 无线个域网（WPAN）上使用 CoAP 协议时的协议栈。传感网中节点使用 CoAP 协议时，CoAP 报文在传输层使用 UDP 发送，但网络层并没有直接使用 IPv6 协议，而是把 IPv6 封装在 6LoWPAN 中。6LoWPAN 的功能是把 IPv6 协议适配到 IEEE 802.15.4 的 MAC 层和物理层上，其原因是，对于资源有限的传感器节点、某些 M2M 终端、低功耗低速的 WPAN 来说，IPv6 对内存和带宽的要求显得过高，因此，6LoWPAN 重点解决了 IPv6 在路由、报头压缩、分片、网络接入、网络管理和邻居发现等方面的问题，使之适应低功耗、低存储容量和低运算能力的环境。

CoAP 协议共定义了 4 种报文类型，分别为证实、非证实、确认和复位报文。值得注意的是，这 4 种报文类型均通过请求/响应的方式进行交互，即使收到一个非证实的请求报文，接收方也需要响应一个非证实报文或一个证实报文。

证实报文必须携带一个请求消息或一个响应消息，其内容不能为空，其作用是通过时间间隔按指数增长的重发机制提供传输的可靠性，直至收到对方回送的确认报文或复位报文。非证实报文不需要确认，例如，重复读取传感器上的数据时，不必对每次读取都要确认。确认报文用于对证实报文的确认。复位报文用于指出收到了一个证实报文，但却无法处理。

9.4.4 SIP 协议

会话初始化协议（Session Initiation Protocol，SIP）是 IETF 在 1999 年提出的一个基于 IP 网络的信令控制协议。SIP 是下一代网络（NGN）的核心协议之一，将蜂窝移动网络和互联网融合在一起，提供基于 IP 的多媒体业务，具有开放性、可扩展性、简单、安全的特点。作为信令控制协议，它可以建立、配置和管理任何类型的点对点通信会话，而不需要关心媒体类型是文字、语音还是短信、视频等。SIP 作为应用层协议，常用于多媒体会议、远程教学、即时通信、IP 电话等各种应用。

1. SIP 协议的组成实体

SIP 协议采用客户机/服务器模型，客户机称为 SIP 用户代理，服务器有 3 种类型：SIP 注册服务器、SIP 代理服务器和 SIP 重定向服务器。

SIP 用户代理通常为用户终端设备，如手机、多媒体手持设备、计算机等。当用户想要发起一个会话时，用户代理就发出一个 SIP 请求消息，指出要与谁进行通信，进行什么类型的通信等。

SIP 注册服务器是一个数据库，保存了同一域中所有用户代理的地址和相关信息，用来为双方的会话提供认证等服务。

SIP 代理服务器接收 SIP 用户代理的会话请求后，查询 SIP 注册服务器，获取接收方用户代理的地址信息，然后将会话邀请信息发给下一个代理服务器，直至接收方用户代理。每个代理服务器都要进行路由决策，并在将请求信息转发到下一个实体之前对其进行相应的修改。

SIP 重定向服务器接受用户代理或代理服务器的请求，并对这些请求发送重定向响应，在响应消息中包含请求的目标用户的可能地址的列表，以便用户代理或代理服务器重新发送请求消息。SIP 重定向服务器可以与 SIP 注册服务器和 SIP 代理服务器同在一个硬件上。

2. SIP 消息类型

SIP 协议是一个基于文本的协议，其消息（也称为报文）分为两种类型：请求消息和响应消息。

请求消息是指从客户机到服务器的消息。常用的 SIP 请求消息有 INTVITE 消息（邀请用户加入呼叫）、BYE 消息（终止两个用户之间的呼叫）、OPTIONS 消息（请求关于服务器能力的信息）、ACK 消息（确认客户机已经收到对 INVITE 的最终响应）、REGISTER 消息（把用户地址和其他信息登记到注册服务器中）和 CANCEL 消息（取消一个 INVITE 请求）等。

响应消息是指从服务器到客户机的消息。SIP 定义了 6 类状态码，分别为 1XX、2XX、3XX、4XX、5XX 和 6XX，其含义与 HTTP 协议的响应码相同，用于指出用户请求的处理结果，如临时响应、成功响应、重定向、未找到、无法处理等。

SIP 协议只用于建立和终止会话。当会话建立后，通信双方则使用其他协议传输多媒体数据，对于语音聊天、视频会议等实时性要求比较高的通信场合，一般使用 RTP（实时传输协议）来传输音、视频数据。RTP 报文是封装在 UDP 协议中传输的。

9.4.5 SDP 协议

会话描述协议（Session Description Protocol，SDP）为会话通知、会话邀请和其他形式的多媒体会话初始化等提供多媒体会话描述。对会话进行描述的目的是告之某会话的存在，并给出参与该会话所必需的信息。

SDP 协议可以传递多媒体会话的媒体流信息，例如，多媒体会议通过会议公告机制将会议的地址、时间、媒体和建立等信息告知每个可能的参会者。

SDP 描述的内容可分为 3 类：会话信息、媒体信息和时间信息。

会话信息包含如下内容：会话名和目的；会话激活的时间区段；构成会话的媒体；接收这些媒体所需的信息（地址、端口、格式等）；会话所用的带宽信息；会话负责人的联系信息等。

媒体信息包含如下内容：媒体类型（文本、视频、音频等）；传送协议（RTP/UDP/IP 等）；媒体格式（G.711μ 律编码音频、H.261 视频、MPEG 视频等）；媒体地址和端口。

时间信息包含会话的时间和结束时间。会话时间可有多组时间段，对于每个时间段，可以指定重复时间。

SDP 协议是一种文本协议，其报文格式非常简单，报文中每行文本的格式都是 <类型> = <值>。其中，类型为单个字符，区分大小写。值是结构化的文本串，一般由多个字段组成，字段之间由一个空格符隔开。类型与值之间的“=”号两侧不能有空白字符。例如，下面是一个 SDP 报文中的一行文本

m = m = video 51372 RTP/AVP 31

其中，类型为 m，表示描述的是媒体类型，m 的值是“m = video 51372 RTP/AVP 31”，表示本次会话是视频通信，在 51372 端口接收视频数据，使用实时传输协议（RTP），属性值 31 表示视频数据为 H.261 视频压缩编码格式。

SDP 协议可以用在不同的协议中，如会话通知协议（SAP）、会话初始协议（SIP）、实时流协议（RTSP）、多用途互联网邮件扩展协议（MIME）和超文本传输协议（HTTP）等。

在 SIP 协议中，SIP 消息分为首部和消息体两部分，消息体部分就是 SDP 协议的报文。也就是说，SIP 在建立会话时，实际上是由 SDP 告知和协商会话细节的。

9.5 移动互联网

移动互联网是一个以宽带 IP 为技术核心的可同时提供语音、传真、图像、多媒体等高品质电信服务的新一代开放的电信基础网络。移动互联网将移动通信网和互联网二者结合起来，使其成为一体，是移动通信网和互联网从技术到业务的融合。移动互联网的核心是互联网，是互联网的补充和延伸，但也继承了移动通信网的实时性、隐私性、便捷性和可定位等特点。

9.5.1 移动互联网的组成

移动互联网是架构在移动通信网络之上的互联网，除了能在移动环境下提供传统互联网的业务，如网页浏览、文件下载、在线游戏等，还能提供基于位置的服务（LBS）、手机电视等业务。移动互联网实际上是电信运营商进军互联网的结果，以此来摆脱被管道化的窘境，即随着电信网中数据业务对话音业务量的超越，电信网的作用越来越被看做仅仅是互联网的承载网络。移动互联网就是电信运营商利用自己的无线接入优势，为大量的手机用户提供具有移动特征的互联网业务。移动互联网的组成结构如图 9-15 所示。

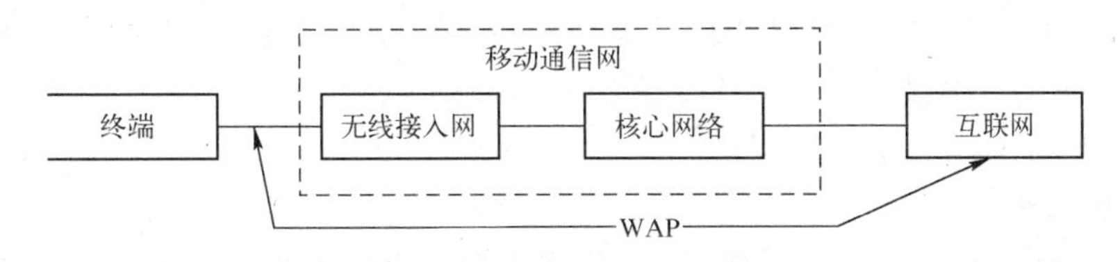

图 9-15 移动互联网的组成结构

终端可以是手机、便携式计算机等任何可移动计算设备，内容涉及手机卡、操作系统、音视频编码、软件标准等。

无线接入网提供无线 IP 接入技术，如 GPRS、CDMA1X、3G、4G 等，内容主要涉及移动通信网的基站收发器和基站控制器。

核心网络是一个有线长途通信网络，可以是采用 7 号信令系统 MAP（移动应用部分）协议的电路交换网络，也可以是采用分组交换技术的 NGN（下一代网络）。3G 核心网络采用的是 IP 交换网络，实现了与互联网的无缝连接。

互联网利用无线应用协议（Wireless Application Protocol，WAP）为移动用户提供各种互联网业务。

9.5.2 移动互联网的体系结构

目前，移动互联网的参与者已不仅仅是电信运营商，一些互联网公司以原来的互联网业务为核心，还有一些终端公司以移动上网为特征，开始向移动互联网领域扩展，提出了各种移动互联网的体系结构。这些体系结构表面看可能差异很大，但它们的共同点都是采用分层的网络协议设计，通过中间件技术在移动应用程序与 TCP/IP之间提供适配性。比较典型的体系结构是由无线世界研究论坛（Wireless World Research Forum，WWRF）和开放移动体系结构（Open Mobile Architecture，OMA）组织分别给出的移动互联网参考模型。

以 WWRF 为例，WWRF 认为移动互联网应该是一种自适应、个性化、知晓周围环境的服务。WWRF 给出的移动互联网参考模型如图 9-16 所示。

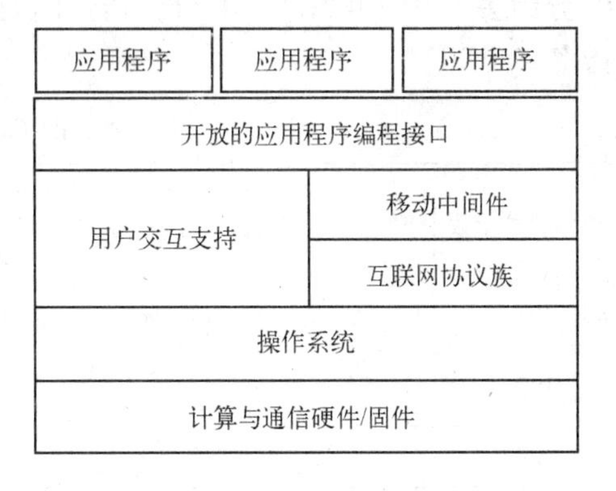

图 9-16 WWRF 的移动互联网参考模型

在该模型中，各应用程序通过开放的应用程序编程接口（API）获得用户交互支持或移动中间件的服务。移动中间件层由多个通用服务元素构成，包括建模服务、存在服务、移动数据管理、配置管理、服务发现、事件通知和环境监测等。互联网协议族就是由 IETF 制定 TCP/IP 模型中的各种协议，如 SIP、HTTP、DNS、TCP、UDP、IPv6、RSVP 等。操作系统层负责与硬件资源的交互，包括应用程序接口、内存管理、资源管理、文件系统、进程管理、设备驱动等。硬件与固件由通过总线进行互联的各单元组成，包括内存、外部存储设备、网络接口、传感器等。

9.5.3 移动互联网的服务质量

目前，“一切基于 IP（或 All IP）”已经是各种通信网的必然选择，但 IP 的尽力而为型服务也凸显出其在服务质量方面的天然缺陷。人们已经习惯了电信运营商在话音业务的服务质量，当电信网转向 IP 技术后，如何保证各种多媒体业务的服务质量，成为电信运营商必须要解决的问题。

1. QoS 的概念

服务质量（Quality of Service，QoS）是指发送和接收信息的用户之间、用户与传输信息的网络之间关于信息传输的质量约定。服务质量包括用户和网络两个方面。

从用户角度来说，QoS 是用户对网络提供的业务性能的满意程度，如图像的清晰程度、等待响应的耐心程度等，是一种主观指标。

从网络角度来说，网络只能识别客观指标，如带宽、延时和丢失率等参数，需要把用户对 QoS 的主观感受映射成相应的网络性能参数，网络通过这些参数来提供不同的服务质量等级。由于网络的每个层次都有自己的性能参数，如物理层的采样率、链路层的连接失败率、网络层的分组丢失率、传输层的平均往返时间等，因此，QoS 常常需要各层的配合，甚至跨层配合。

2. IP QoS 的实现方式

IP 协议仅能提供无差别、尽力而为的服务，无法提供可区分的、保证的服务，因此，利用 IP 提供多媒体通信必须解决 IP 的 QoS 问题。IP QoS 是指 IP 分组通过网络时的性能，这种性能可通过一系列可度量的参量来描述。IP QoS 的目标是提供端到端的服务质量保证，提高网络资源利用率。

ITU－T Y.1541 将 IP QoS 分为 6 类，分别用于不同的业务类型，如表 9-1 所示。这 6 类 QoS 是按照业务对网络性能参数的不同要求而划分的，Y.1541 定义了 4 种网络性能参数：IP 分组丢失率（IPLR）、IP 分组传送时延（IPTD）、IP 分组时延抖动（IPDV）和 IP 分组差错率（IPER）。

表 9-1　IP QoS 分类与端到端性能指标

网络性能参数	网络性能目标值	QoS 类别					
		第 0 类	第 1 类	第 2 类	第 3 类	第 4 类	第 5 类
IPTD	平均 IPTD 的上限值	100 ms	400 ms	100 ms	400 ms	1 s	未规定
IPDV	IPTD ×（$1-10^{-3}$）～ IPTD 的最小值	50 ms	50 ms	不要求	不要求	不要求	未规定
IPLR	IPLR 的上限值	1×10^{-3}	1×10^{-3}	1×10^{-3}	1×10^{-3}	1×10^{-3}	未规定
IPER	IPER 的上限值	1×10^{-4}					未规定

第 0 和第 1 类用于对时延抖动敏感的实时业务，如 IP 语音。第 2 和第 3 类用于对时延抖动不敏感事务数据业务，如信令传送。第 4 类对应仅要求低数据丢失率的批量数据业务或视频流业务。第 5 类则对应传统的尽力而为的 IP 数据业务。

IP QoS 的实现需要路由器的支持，路由器必须能够处理不同业务类型的 IP 分组，进而相应控制网络上的传输时延、时延抖动和分组丢失率等特性。互联网中 IP QoS 的实现方式有两种基本类型：集成服务和区分服务。

集成服务（IntServ）属于资源预留类型，即依照应用程序的服务质量需求，事先规划和预留网络资源。在 IPv4 网络中，常使用资源预留协议（Resource Reservation Protocol，RSVP）提供集成服务类型的 QoS 保证。在 RSVP 中，用户发送信息时，发送端给接收端发送一个路径消息，以指定通信的特性。沿途的每个中间路由器可以拒绝或接受信息请求，如果接受，则为该业务流分配带宽和缓冲区空间，并把相关的业务流状态信息装入路由器中，路由器为每一个业务流维护状态，同时基于这个状态执行数据报的分类、流量监管和排队调度等。

区分服务（DiffServ）属于优先等级化类型，是指网络依据事先规划好的分类规则将业务分组分类，再根据分类后的优先等级处理业务分组。在 IPv6 分组的首部，专门有一个区分服务字段，用于将用户的数据流按照服务质量的要求划分成不同的等级。在区分服务机制下，用户和网络管理部门之间需要预先商定服务等级合约（Service Level Agreement，SLA），根据 SLA 的值，用户的数据流被赋予一个特定的优先等级，当分组流通过网络时，路由器会采用相应的方式来处理流内的分组。

3. 移动互联网的 QoS 技术

移动网络本身有很多提供 QoS 保证的方法。物理层主要是通过降低误码率来提高信道容量，如信道编码、调制技术等。链路层侧重于无线资源的管理和利用，包括无线媒体接入控制协议、无线连接的呼叫接纳控制、无线连接的调度等。网络层主要是通过本地重传、路由优化等提供 QoS 保证，具体有快速无缝的越区切换、动态路由和带宽分配等。

在移动互联网中，除了更复杂的无线传输信道外，还要考虑由越区切换和动态网络引起的 QoS 的问题。越区切换会导致移动终端更换默认网关（即下一跳路由器），这段时间移动终端接收不到数据包。在 IPv6 中，当发现接收到的路由前缀发生了变化，移动终端就会知道自己已经移动到了新的网络中。动态网络表现在当移动终端到达新网络后，网络拓扑也随之变化，移动终端的数据包会重新选择路由。

移动互联网的 QoS 解决方案主要基于 IP QoS 的实现技术，对集成服务和区分服务进行改进和扩展，使之适应移动环境。

针对集成服务，人们提出了移动主机资源预留协议（RSVP with Mobile Hosts，MRSVP）、动态资源预留协议（Dynamic RSVP，DRSVP）等，以解决 RSVP 协议在移动环境下的缺陷。MRSVP 协议通过预测主机未来可能到达的位置，并在这些位置提前预留资源，从而保证移动主机的服务质量，解决了 RSVP 无法感知主机移动的缺陷。DRSVP 协议使用户能够根据网络带宽的变化，动态调整服务质量的要求，解决了 RSVP 在无线链路中即使预留了资源，也会因干扰和衰落导致带宽不确定的问题。

针对区分服务，主要改进了其没有信令、不能动态配置服务质量参数等缺陷。

还有一些移动互联网的 QoS 解决方案是把集成服务和区分服务综合起来，在核心网络上采用区分服务，在无线接入网上采用集成服务。

9.5.4 移动IP技术

移动互联网离不开移动IP技术的支持。移动IP技术是一种在互联网上提供透明移动功能的解决方案，使主机在切换链路后也能保持正常的通信。在TCP/IP中，为了维持分组的通信路由，主机IP地址对应的网络前缀应该与它在互联网中连接点（通常为路由器）的网络前缀一致。如果主机改变了与互联网的连接点，为了使主机有继续通信的能力，在不改变现有IP协议的基础上，有以下两种解决方案。

1）每次改变连接点后，改变主机的IP地址。这会造成主机通信中断。

2）改变连接点后，不改变主机的IP地址，但在整个互联网中加入该主机的特定路由。这会造成路由器的路由表膨胀。

移动IP技术对现行的IP协议进行了扩展，提出了移动IP协议以支持主机的跨子网移动，从而解决了上述问题。

针对IPv4和IPv6，移动IP协议也有两个相应的版本。移动IPv4协议和移动IPv6协议的工作原理基本相同，都是在不改变移动主机IP地址的条件下，采用代理+隧道的方法来转交移动主机漫游时的数据包。下面以移动IPv6协议为例，介绍移动IP技术涉及的术语概念和工作过程。

1. 移动IP技术的术语

在移动IP技术中，涉及的网络有家乡网络和外地网络；涉及的地址有家乡地址和转交地址；涉及的设备实体有移动节点和家乡代理；涉及的事务有注册和绑定；涉及的技术有隧道、源路由和路由优化。这些术语的含义如下。

1）移动节点。是指可以在子网间移动的通信设备，在移动时能够在不改变IP地址的情况下不中断正在进行的通信。移动节点可以是移动主机、移动路由器或是一个移动的网络。

2）家乡网络。用户注册接入的本地网络运营商管理的IP网络。

3）外地网络。用户漫游到外地时所接入的当地IP网络。

4）家乡地址。在家乡链路上分配给移动主机的唯一可路由的单播地址，用作移动主机的固定地址。移动主机家乡地址的网络前缀与家乡网络的网络前缀相同。当使用多个家乡网络前缀时，移动主机可以有多个家乡地址。

5）转交地址。移动主机访问外地网络时通过地址自动配置机制获得的新IP地址，新地址使用外地网络的网络前缀。移动主机同时可以有多个转交地址，各转交地址可以有不同的网络前缀，其中向移动主机的家乡代理注册的那个转交地址作为主转交地址。

6）家乡代理。移动主机在家乡网络时所连接的路由器。当移动主机离开家乡网络时，移动主机要向家乡代理注册移动主机当前的转交地址。家乡代理根据该转交地址，将其他主机发给移动主机家乡地址的分组转发给移动主机。移动IPv6提供动态家乡代理地址发现机制，当家乡代理重新配置或被其他路由器取代后，移动主机能够向新的家乡代理注册其转交地址。移动IPv4协议还有一个外地代理，而移动IPv6没有外地代理。

7）隧道。家乡代理与漫游到外地（实际上是按路由器划分区域的）的移动主机之间的通道。家乡代理通常采用IP封装IP的方法，把其他主机发送给漫游主机的分组封装起来，再转交给漫游主机。

8）源路由。利用IPv6的扩展首部中的路由首部，指定传输IPv6分组时要经过的路由器列表。移动 IPv6 此时把转交地址看做一个中间路由器的地址。

9）绑定和注册。绑定是在移动主机的家乡地址与转交地址之间建立关联。注册是移动主机向家乡代理发送绑定更新的过程，可使家乡代理获知绑定的生存时间，并配置隧道等。移动 IPv6 还包括通信节点注册，也就是说，除了家乡代理可以建立移动主机家乡地址与转交地址的绑定外，通信节点也可以建立移动主机家乡地址与转交地址的绑定，通过源路由技术直接与移动主机通信，从而避免三角路由（通信节点→家乡代理→移动主机），实现路由优化。

2. 移动 IP 的工作过程

移动 IP 的工作机制包括家乡代理注册、绑定管理、三角路由、家乡代理发现等。具体的工作过程如下。

1）当移动主机处于家乡网络时，其他主机与移动主机按正常的 IPv6 协议进行通信。

2）当移动主机移动到外地网络时，利用 IPv6 的邻居发现协议，得知已到外地网络，然后利用地址自动配置方法，获得外地链路上的新的 IPv6 地址，即转交地址。

3）移动主机将转交地址通知其家乡代理。在保证安全的前提下，也可以通知通信伙伴。如果家乡代理有变化，则采用家乡代理发现机制动态配置新的家乡代理的 IP 地址。

4）家乡代理利用代理邻居发现机制，截获家乡链路上发给移动主机的分组，封装后，通过隧道转发给主转交地址上的移动主机。

5）通信伙伴若不知道移动主机的转交地址，则不用做任何处理，仍然使用移动主机的家乡地址进行三角路由通信。通信伙伴若知道移动主机的转交地址，则采用源路由技术直接与移动主机通信。

9.5.5 WAP 协议

无线应用协议（WAP）用于将互联网的海量信息和业务类型呈现给手机用户。物联网中的手机二维码应用、手机支付等都可以借助 WAP 协议实现其功能。

1. WAP 协议栈

对于移动互联网众多的手机和便携式设备而言，有限的内存、计算能力和带宽资源使其无法运行 TCP/IP 协议栈，因此，WAP 论坛参照 TCP/IP 协议栈定义了一套适应于无线应用环境下的开放通信标准。WAP 1.0 协议栈共有 5 层：无线应用环境层、无线会话协议层、无线事务协议层、无线传输安全层和无线数据报协议层。这 5 层建立在各种承载网络之上。WAP 1.0 协议栈与 TCP/IP 协议栈的对应关系如图 9-17 所示。

TCP/IP	WAP 1.0
HTML	无线应用环境 WAE
HTTP	无线会话协议 WSP 无线事务协议 WTP
TLS/SSL	无线传输层安全 WTLS
TCP/UDP	无线数据报协议 WDP
IP	GSM　CDMA　3G　蓝牙　IP　Wi-Fi

图 9-17　WAP 1.0 协议栈与 TCP/IP 协议栈的对应关系

WAP 1.0 协议栈各层的功能如下。

1）无线应用环境（Wireless Application Environment，WAE），规定了无线设备的应用框架，构建了一个通用的应用平台。其组成模块包括 WAE 用户代理（在无线设备上执行的软件）、内容生成器（运行在服务器上，为用户生成标准格式的内容）、标准内容编码（定义了一些通用的数据格式，如无线标记语言）、无线电话应用（为呼叫和特性控制机制而提供的一套电话扩展应用）。无线标记语言（Wireless Markup Language，WML）与 HTML 功能相同，只是专门为移动应用设计的，考虑了无线环境下的资源有限和传输质量较差的情况。

2）无线会话协议（Wireless Session Protocol，WSP），在客户机和服务器之间建立可靠的会话。WSP 提供两种会话服务：面向连接的会话服务和无连接的会话服务。前者在可靠的 WTP 协议上执行，后者在不可靠的 WDP 协议上执行。

3）无线事务协议（Wireless Transaction Protocol，WTP），为上层提供可靠的事务传输。WTP 适合低带宽无线链路的瘦客户机（存储和处理能力有限的终端），支持异步事务，并通过确认机制保证消息的可靠传送。WTP 可提供 3 个级别的事务传输服务：0 级为响应者不确认；1 级为响应者确认；2 级为响应者回送结果，请求者确认。

4）无线传输层安全（Wireless Transportation Layer Security，WTLS），保证用户与网关之间传输的数据的完整性，通过加密确保数据的私密性，使用数字证书实现鉴权，并具有拒绝服务保护。WTLS 源自 TCP/IP 协议族中的传输层安全协议（Transport Layer Security，TLS）和安全套接字层协议（Secure Socket Layer，SSL）。TLS 是 SSL 的继任者（TLS v1.0 使用的版本号是 SSL v3.1）。TLS/SSL 能以加密技术来保障 TCP 通信的私密性和完整性。

5）无线数据报协议（Wireless Datagram Protocol，WDP），适配各种类型的承载网络，为上层协议提供通用的数据服务。

2. WAP 与 TCP/IP 的互通

WAP 协议的终端访问互联网时需要通过 WAP 网关，如图 9-18 所示。在 WAP 1.0 中，WAP 网关的作用是在 WAP 与 HTTP 之间、WTLS 与 TLS 之间、WBXML 与 WML 之间进行协议转换。其中，采用无线二进制 XML（Wireless Binary XML，WBXML）的目的是将文本形式的 WML 压缩成二进制数据，以减少网络传输的数据量。

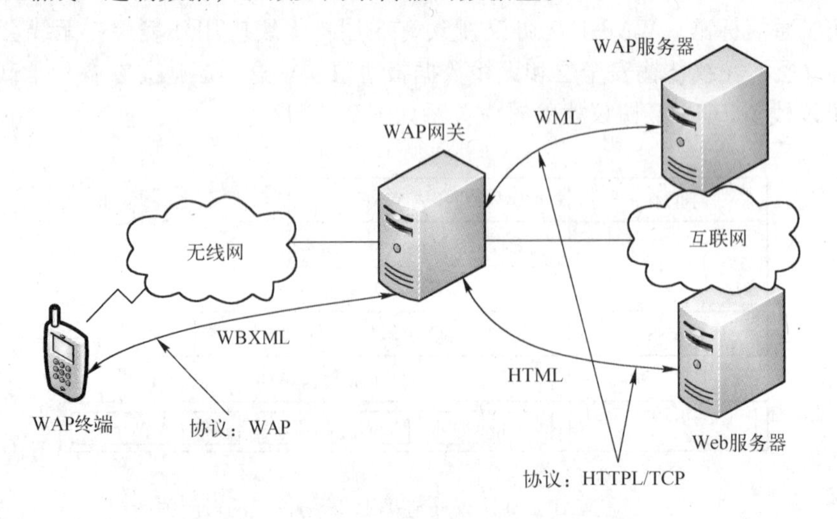

图 9-18　终端通过 WAP 1.0 访问互联网

通常支持 WAP 1.0 的终端只能访问专门的 WAP 网站，而支持 WAP 2.0 的终端则既可访问 WAP 网站也可以访问 Web 网站。这是因为 WAP 2.0 采用了可以与 TCP/IP 直接进行互操作的协议栈，并兼容 WAP 1.0 协议栈。

WAP 2.0 在应用层使用 XHTML（扩展 HTML）标记语言，可以直接在 WAP 终端和服务器之间传递，无需网关进行编码转换。在传输层，WAP 2.0 推出了具有无线特征的 TCP 简化版本，可以与互联网的 TCP 充分交互。

习题

1. 目前互联网所采用的协议模型是什么？一共包括几层？
2. IPv6 协议与 IPv4 的协议有何不同？改进后有何好处？
3. IPv6 协议的 ICMP 报文分为几种？具体用途为何？
4. 在 TCP 协议的三次握手中，通信双方为接下来的数据传输做了哪些准备？
5. DNS 与 ONS 有什么区别？
6. 移动 IPv4 中，移动主机应具有哪两种地址？具体在何处使用？
7. 互联网和物联网体系结构都采用 4 层模型，都有应用层和传输层，这两个层次对于互联网和物联网来说是否一样？
8. 协议翻译技术为什么只转换头部？
9. IP 数据报出错后，发送方是否重传？
10. 传输文件时需要保证文件数据的正确性，文件传输是否必须使用 TCP 协议？能否使用 UDP 协议？
11. TCP 协议是通过调整发包速率进行拥塞控制的，发包速率与传输速率有什么区别？TCP 如何知道网络发生了拥塞？
12. 6LoWPAN 与 ZigBee 的关系是什么？
13. 移动 IP 技术与移动互联网的关系是什么？
14. WAP 与 HTTP 的关系是什么？如何看待 WAP 的发展？

第 10 章　物联网的数据处理

物联网的数据处理体现了数字世界与物理世界的融合，是物联网智能特征的关键所在。物联网数据被采集并传输到应用服务层之后，解决数据计算的速度问题、海量异构数据的存储问题、必要数据的搜索问题以及管理决策的数据挖掘问题等，就成为物联网系统要关注的重点。

物联网的数据处理大部分依赖于互联网提供的基础设施、服务和技术，如数据中心和通信线路等基础设施，云计算、网格计算等服务模式，数据存储和数据挖掘等技术。普适计算则进一步把计算能力延伸至感知层的设备中。

10.1　数据中心

数据中心是信息资源整合的物理载体，在物联网应用和维护数据等方面，有着严格的标准和广泛的使用。数据中心不单是一个简单的服务器统一托管、维护的场所，而且是一个包含大量计算设备和存储设备的数据处理集中地。

数据中心包含服务器集群、高性能计算、存储区域网等重点技术，未来发展方向主要以绿色、大规模虚拟化、云计算及自身的智能化等为主，是物联网大规模数据处理的理想场所。

10.1.1　数据中心的组成

数据中心通常是指可以实现信息的集中处理、存储、传输、交换和管理等功能的基础设施，一般含有计算机设备、服务器、网络设备、通信设备和存储设备等关键设备，如图 10–1 所示。

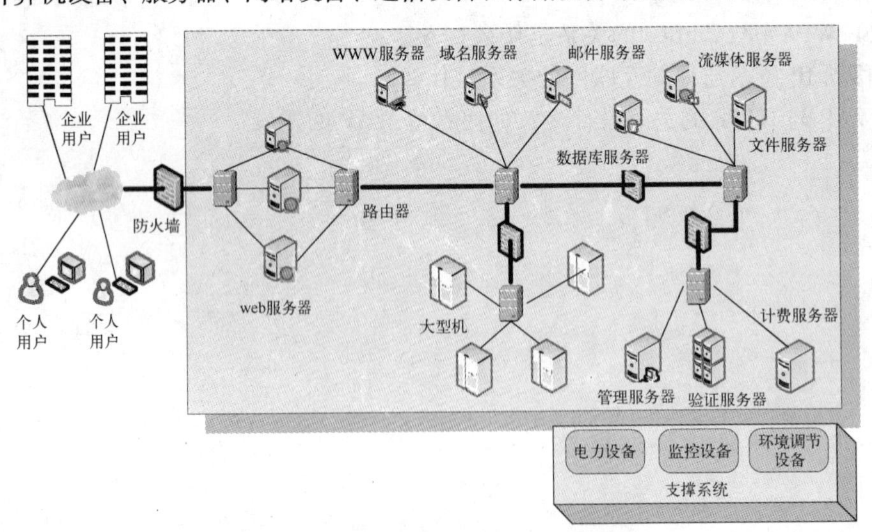

图 10–1　数据中心的组成结构示意图

一个完整的数据中心由支撑系统、计算设备和业务信息系统 3 个逻辑部分组成。支撑系统主要包括建筑、电力设备、环境调节设备、机柜系统、照明设备和监控设备；计算设备主要包括服务器、存储设备、网络设备和通信设备等，支撑着上层的业务信息系统；业务信息系统是为企业或公众提供特定信息服务的软件系统，信息服务的质量依赖于底层支撑系统和计算设备的服务能力。

10.1.2 数据中心的分类与分级

依据业务信息系统在规模类型、服务的对象、服务质量等方面的不同要求，数据中心的规模、配置也有很大的不同。

1. 数据中心分类

数据中心的分类有很多种，按照服务的对象来分，可以分为企业数据中心（Enterprise Data Center，EDC）和互联网数据中心（Internet Data Center，IDC）。

企业数据中心是指由企业或机构构建并所有，服务于企业或机构自身业务的数据中心。它为企业、客户及合作伙伴提供数据处理、数据访问等信息服务。

互联网数据中心由服务提供商所有，此类数据中心必须具备大规模的场地及机房设施，高速可靠的内外部网络环境以及系统化的监控支持手段。

2. 数据中心分级

业界通常采用等级划分的方式来规划和评估数据中心的可用性和整体性能。国内标准GB50174－92《电子计算机机房设计规范》主要从机房选址、建筑结构、机房环境、安全管理及供电电源质量要求等方面对机房分级，包括A（容错型）、B（冗余型）、C（基本型）3个级别。目前，世界上使用最广泛的数据中心标准是美国TIA－942标准。TIA－942《数据中心的通信基础设施标准》根据数据中心基础设施的可用性、稳定性和安全性，将数据中心分为4个等级：TierⅠ、TierⅡ、TierⅢ和TierⅣ。

1）TierⅠ——基本数据中心。TierⅠ的数据中心由一条有效的电力和冷却分配通路组成，没有多余的组成部分，能提供99.671%的可用性。

2）TierⅡ——基础设施部件冗余。TierⅡ的数据中心由一条有效的电力和冷却分配通路组成，带有多余的组成部分，能提供99.749%的可用性。

3）TierⅢ——基础设施同时可维修。TierⅢ的数据中心由多条有效的电力和冷却分配通路组成，但是只有一条道路活跃，有多余的组成部分，并且同时是可维修的，能提供99.982%的可用性。

4）TierⅣ——基础设施故障容错。TierⅣ的数据中心由多条有效的电力和冷却分配通路组成，有多余的组成部分，并且是故障容错，能提供99.995%的可用性。

10.1.3 数据中心的建设

数据中心建设工程是一个集电工、电子、建筑装饰、美学、暖通净化、计算机、弱电控制和消防等多学科、多领域的综合工程。在数据中心的设计施工过程中应对供配电方式、空气净化、安全防范措施以及防静电、防电磁辐射和抗干扰、防水、防雷、防火、防潮、防鼠诸多方面给予高度重视，以确保计算机系统长期正常运行工作。

数据中心可以占用一个房间、一个和多个楼层或整栋建筑。服务器设备一般安装在19英寸机柜中，通常布置成一排，每排机柜之间是人行通道，方便人们操作机柜，如图10-2所示。根据服务器的尺寸大小，服务器机柜分为1U机柜、刀片服务器机柜和大型独立机柜

（有些设备如大型机和存储设备本身就是一个柜状物体）等几种类型。一些数据中心还可能采用集装箱，仅单个集装箱就可以装下 1000 台甚至更多服务器。实际上，一个集装箱就是一个独立的数据中心，而且采用标准的货运集装箱，还可以在应急情况下快速建立数据中心。

图 10-2 数据中心部分机柜

数据中心的建设需要根据用户提出的技术要求，对选址进行实地勘查，依据国家有关标准和规范，结合所建计算机系统运行特点进行总体设计。在设计数据中心时，需要考虑如下几个方面。

1）装修设计。从整体上考虑，数据中心的设计应遵循简洁、明快、大方的宗旨，强调实用性，整个区域采用中性色为基调，所选材料外表最好为亚光，既能使材料的质感得到充分的体现，又避免了在机房内产生各种干扰光。

2）环境控制设备。环境控制设施保证了数据中心的设备有一个适宜的运行环境，包括温度、湿度及灰尘的控制。冷却和通风系统的效能对建造绿色数据中心非常重要，通常采用冷、热通道互相隔离的多级新风过滤系统，如图 10-3 所示。该系统采用下送上回的送风方式可将室外新鲜空气送入机房，同时避免把热空气再回送到冷却后的设备。

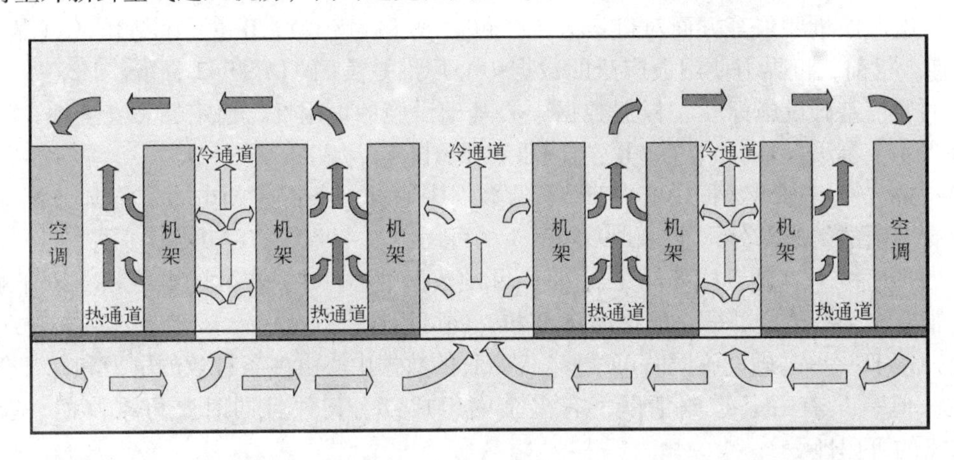

图 10-3 数据中心多级新风过滤系统示意图

3）机房供电系统。电力系统的设计是数据中心基础设施设计中最为关键的部分，关系到数据中心能否持续、稳定地运行。

4）照明系统。优良的光质能减少数据中心工作人员的疲劳，保证操作的准确性。数据中心的照明系统要求灯光不闪烁、不眩光、照明度大，光线分布均匀，不直接照射光面。

5）消防系统。数据中心的消防系统分为消防自动报警系统和消防灭火系统。由于数据中心机房内部火灾主要为电气火灾，而机房的吊顶上、地板下有大量的配电线路，因此需设置吊顶上、吊顶下和地板下三层报警。同时，由于机房内存放有大量的计算机及外联设备，因此灭火时要使用气体灭火。

6）防电磁干扰。抑制电磁干扰的主要办法是系统接地。数据中心机房应安装一个良好的接地系统，使电源中有一个稳定的零电位，作为供电系统电压的参考电压。

10.2 数据库系统

物联网需要采集、存储和处理海量的数据。如何对数据进行稳定的存储、高效的处理和便捷的查询，是物联网应用系统的一个富有挑战性的课题。数据库系统作为一项有着近半个世纪历史的数据处理技术，成为支撑物联网应用系统的重要工具。

10.2.1 数据库的类型

数据库（DataBase，DB）就是存放数据的仓库，具体而言就是长期存放在计算机内的、有组织的、可共享的数据集合。在数据库系统中，数据模型是数据库系统的核心和基础，按照数据模型中数据之间的关系，传统数据库系统可分成网状数据库、层次数据库和关系数据库3类。其中最常见的是关系数据库系统。

随着数据处理的需求发展，统一的数据模型已经不能满足数据管理方法的不同要求，因而产生了演绎数据库、面向对象数据库、分布式数据库、工程数据库、时态数据库、模糊数据库等新型数据库。

10.2.2 数据库的操作

用户对数据库的操作是通过数据库管理系统（Database Management System，DBMS）进行的。DBMS是一种操纵和管理数据库的大型软件，用于建立、使用和维护数据库。它对数据库进行统一的管理和控制，以保证数据库的安全性和完整性。用户通过DBMS访问数据库中的数据，数据库管理员也通过DBMS进行数据库的维护工作。数据库、数据库管理系统和数据库管理员合在一起，统称为数据库系统。

针对关系数据库，常用的DBMS分为两类：一是桌面数据库，例如Access、FoxPro和dBase等；另一类是客户/服务器数据库，例如SQL Server、Oracle和Sybase等。桌面数据库用于小型的、单机的应用程序，它不需要网络和服务器，实现起来比较方便，但它只提供数据的存取功能。客户/服务器数据库主要适用于大型的、多用户的数据库管理系统。应用程序包括两部分：客户机部分用于向用户显示信息及实现与用户的交互；服务器部分主要用来实现对数据库的操作和对数据的计算处理。

DBMS提供结构化查询语言（Structured Query Language，SQL），供用户操作数据库。SQL是一种数据库查询和程序设计语言，用于对数据库中的数据进行查询、更新、添加和删除操作。SQL用户可以是应用程序，也可以是终端用户。SQL语句可嵌入在宿主语言的程序中使用，宿主语言可以是常用的高级语言，如Java、C#等，也可以是网页脚本语言，如PHP、JSP等。

10.2.3 数据库与物联网

数据库系统在物联网中起着数据存储和数据挖掘的关键性作用，然而由于物联网包含着从泛在的小型的传感器设备到大型的超级计算机集群等数以亿计的节点，必然要求对数量巨大的数据进行快速的存储、分析、共享和搜索，如今的关系数据库系统及模型已不再适用，于是出现了类似亚马逊的Dynamo、脸谱的Cassandra、阿帕奇的HBase等非SQL实现的非关系数据库系统。

针对物联网中数据量大、数据异构性强、数据关联性复杂、分布式存储及数据实时性要求高的特征，可以使用分布式实时数据库系统来存储和处理物联网中的数据。分布式实时数据库系统是分布式数据库系统和实时数据库系统相结合的产物，它由分布在不同地点的N个站点通过固定网络连接而成，其中每一个站点都有一个数据库服务器，每个服务器都能支持局部实时事务处理，所有的数据库服务器构成一个分布式数据库系统。分布式实时数据库系统中的事务和数据都可以具有定时特性或显式定时限制。

在物联网系统中，除了分布式实时数据库之外，主动数据库作为一种新的数据库也进入了人们的视线。它是数据库技术与人工智能技术相结合的产物。传统数据库管理系统是一个被动的系统，它只能被动地按照用户所给出的明确请求，执行相应的数据库操作，完成某个应用事务。而主动数据库则打破了常规，除了具有传统数据库的被动服务功能之外，还提供主动服务功能，这一点与物联网的本质特点不谋而合。在物联网的许多应用中，往往需要数据库系统在某种情况下能够根据当前状态主动地做出反应，执行某些操作，向用户提供所需的信息。主动数据库的目标是提供对紧急情况及时反应的功能，同时又提高数据库管理系统的模块化程度。实现该目标的基本方法是采取在传统数据库系统中嵌入“事件-条件-动作”的规则，当某一事件发生后引发数据库系统去检测数据库当前状态是否满足所设定的条件，若条件满足则触发规定动作的执行。

10.3 数据挖掘

物联网技术采用RFID、全球定位系统、传感器等设备采集物体信息，使物品与互联网连接起来，进行信息交换和通信，实现智能化识别、定位、跟踪、监控和管理。可以看出，物联网数据的类型十分复杂，包括传感器数据、RFID数据、二维码、视频数据、音频数据、图像数据等。物联网数据的产生、采集过程具有实时不间断到达的特征，数据量随时间的延续而不断增长，具有潜在的无限性。如何从大量的数据中获得有价值的信息，从而达到为决策服务的目的，是物联网运用数据挖掘技术的主要目的。

10.3.1 数据挖掘的过程

数据挖掘是指从大量的、不完全的、有噪声的、模糊的、随机的数据中提取隐含在其中的、人们事先不知道的但又是潜在有用的信息和知识的过程。

数据挖掘是一个反复迭代的人机交互和处理的过程，历经多个步骤，并且在一些步骤中需要由用户提供决策。数据挖掘的过程主要由3个阶段组成：数据处理、数据挖掘和对挖掘结果的评估与表示。其中每个阶段的输出结果都将成为下一个阶段的输入。

1. 数据处理

数据处理是进行数据挖掘工作的准备阶段。该阶段需要对物联网中大量格式不一、杂乱无章的数据进行处理和转换，主要包含如下4个方面。

1）数据准备。确定用户需求和总体目标，并了解数据挖掘在该领域应用的相关情况和背景知识。

2）数据选取。搜索所有与业务对象有关的内部和外部数据信息，确定需要关注的目标数据，根据用户的需要，从原始数据库中筛选相关数据或样本。

3）数据预处理。对数据选择后得到的目标数据进行再处理，包括检查数据的完整性和一致性，滤去无关数据，根据时间序列填补丢失数据等。

4）数据变换。将数据转换成一个针对挖掘算法建立的分析模型，主要是通过投影或利用数据库的其他操作减少数据量。

2. 数据挖掘

该阶段对经过处理的数据进行挖掘。数据挖掘的目标一般可以分为两类：描述和预测。描述性挖掘是指刻画数据库中数据的一般特性（相关、趋势、聚类、异常等）。预测挖掘是指根据当前数据进行推断。数据挖掘主要包含如下两个部分。

1）选择算法。根据用户的要求和目标选择合适的数据挖掘算法、模型和参数，如分类决策树算法、聚类算法、最大期望算法和 PageRank 算法等。

2）数据挖掘。运用所选择的算法，从数据中提取用户感兴趣的知识，并以一定的方式表示出来，这是整个数据挖掘过程的核心。

3. 知识评估与表示

数据挖掘结束后，需要对挖掘的结果（发现的模式）进行测试和评估。经过评估，系统能去掉冗余的或者无关的模式。如果模式不满足用户的要求，就需要返回到前面的某些处理步骤中反复提取，有的则可能需要重新选择数据、采用新的数据变换方法、设定新的参数值、甚至换一种算法。另外还需要将挖掘出来的结果可视化，或者把结果转化成用户容易理解的表示方法。

10.3.2 数据挖掘的方法

数据挖掘融合了人工智能、统计和数据库等多种学科的理论、方法和技术，挖掘方法有很多：基于信息论，如决策树；基于集合论，如模糊集、粗糙集；基于仿生学，如神经网络、遗传算法、机器发现；基于其他方法，如分形。其中主要的挖掘方法及其重点如下。

1）统计分析方法，主要用于完成知识总结和关系型知识挖掘，对关系表中各属性进行统计分析，找到它们之间存在的关系。

2）决策树，是一种采用树型结构展现数据受各变量影响情况的分析预测模型。它是建立在信息论基础之上对数据进行分类的一种方法。它首先通过一批已知的训练数据建立一棵决策树，然后采用建好的决策树对数据进行预测。

3）粗糙集，这种方法是将知识理解为对数据的划分，每一个被划分的集合称为概念，主要思想是利用已有的知识库，将不精确或不确定的知识用已有知识库中的知识来近似刻画处理。

4）神经网络，是一种模拟人脑思考结构的数据分析模式，即从输入变量或数值中获取经验，并根据学习经验所得的知识不断调整参数，从而得到资料。神经网络法可以对大量复杂的数据进行分析，并能完成对人脑或计算机来说极为复杂的模式抽取及趋势分析。

5）遗传算法，是一类模拟生物进化过程的智能优化算法，模拟生物进化过程中的“物竞天择，适者生存”规律，利用生物进化的一系列概念进行问题的搜索。

6）联机分析处理技术，这种方法是用具体图形将信息模式、数据的关联或趋势呈现给决策者，使用户能交互式地分析数据的关系。

10.3.3 物联网中的数据挖掘

物联网中的数据特征明显不同于互联网。相对于传统的数据挖掘技术，物联网的数据挖掘技术应该具备以下两个最重要的特点。

1. 异构数据的处理

物联网数据的最大特点就是异构性，物联网感知层产生的数据来自各种设备和环境，存在大量的结构化数据、半结构化数据和非结构化数据，无法用特定的模型来描述。这种海量多源异构数据的挖掘是目前物联网数据挖掘的一个难题，严重影响着物联网应用中的数据汇总分析和处理工作。

2. 分布式数据挖掘

大量的物联网数据储存在不同的地点，中央模式系统很难处理这种分布式数据。同时，物联网中的海量数据需要实时处理，采用中央结构的话，对硬件中央节点的要求非常高。

采用分布式数据挖掘可以有效地解决分布式存储带来的问题。分布式数据挖掘技术是数据挖掘与分布式计算的有机结合。按照数据模型的生成方式，分布式数据挖掘可分为集中式和局部式两种。集中式是先把数据集中于中心点，再分发给局部节点进行处理的模式，这种模式只适用于数据量较小的情况。在物联网应用中，更多使用的是局部式数据模式。在局部式数据模式中，有一个全局控制节点和多个辅助节点。全局控制节点是整个数据挖掘系统的核心，由它选择数据挖掘算法和挖掘数据集合。而辅助节点则从各种智能对象接收原始数据，再对这些数据进行过滤、抽象和压缩等预处理，然后保存在局部数据库。这些辅助节点之间可以互相交换对象数据，处理数据和信息，去除冗余和错误信息。同时，辅助节点还受控于全局控制节点，它们将已经预处理过的信息集合交由全局节点做进一步处理。

10.4 搜索引擎

面向物联网的搜索服务将物联网感知客观物理世界的浩瀚信息进行整理分类，帮助人们更快、更高效地找到所需要的内容和信息。因此，只有能提供“普适性的数据分析与服务”的搜索引擎才能够诠释出物联网“更深入的智能化”的内涵。

10.4.1 搜索引擎的分类

搜索引擎是一种帮助互联网用户查询信息的搜索工具，它以一定的策略在互联网中搜集、发现信息，对信息进行理解、提取、组织和处理，并为用户提供检索服务，从而起到信息导航的目的。它的主要任务是在互联网上主动搜索网页信息并将其自动索引，其索引内容存储于可供查询的大型数据库中。当用户输入关键字查询时，搜索引擎会向用户提供包含该关键字信息的所有网址，并对这些信息进行组织和处理后以一定的方式排列展示到用户面前。

搜索引擎的种类有很多，根据索引方式、检索内容和检索方式的不同，分为全文搜索引擎、目录索引类搜索引擎和元搜索引擎。

全文搜索引擎指的是收集了互联网上所有的网页并对网页中的每一个词（即关键词）建立索引数据库。从搜索结果来源的角度，全文搜索引擎又可细分为两种：一种是拥有自己的检索程序，俗称“蜘蛛”程序或“机器人”程序，并自建网页数据库，搜索结果直接从自身的数据库中调用，如百度。另一种是租用其他引擎的数据库，并按自定的需求排列搜索结果，如 Lycos 中国、21CN 等搜索引擎。

目录索引类搜索引擎虽然有搜索功能，但在严格意义上算不上是真正的搜索引擎，仅仅是按目录分类的网站链接列表而已，用户不用输入关键词，仅靠分类目录也可找到需要的信息。它是由网站专业人员人工形成信息摘要，并将信息置于事先确定的分类框架中。导航网站通常使用这种方法，如“网址之家”等。

元搜索引擎没有自己的数据，而是将用户的查询请求同时递交给多个搜索引擎，再将返回的结果进行重复排除、重新排序后，作为自己的结果返回给用户。这类搜索引擎的优点是返回结果的信息量更大、更全，缺点是不能够充分使用搜索引擎的功能，用户需要做更多的筛选。典型应用有搜魅网、抓虾聚搜等网站。

10.4.2　搜索引擎的组成和工作原理

搜索引擎的工作一般包括如下 3 个过程：在互联网中发现、搜索信息；整理信息，建立索引；根据用户信息进行检索并对检索结果排序。

搜索引擎的系统结构如图 10–4 所示，可分为搜索器、索引器、检索器和用户接口 4 部分。

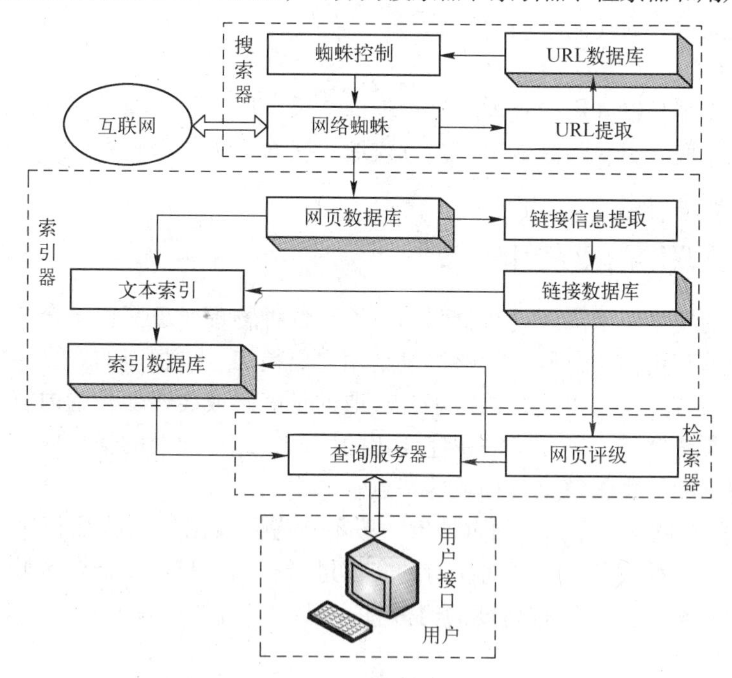

图 10–4　搜索引擎系统结构

1. 搜索器

搜索器也称为网络蜘蛛或称网络爬虫，其功能是在互联网中漫游，发现和搜集信息。它通常是一个计算机程序，能自动访问互联网，沿着网页中的所有 URL（即网页中的链接）爬到其他网页，并把从网页中提取的 URL 送入 URL 数据库，同时把爬过的所有网页收集回来送往网页数据库。

目前有两种搜集信息的策略：一种是从一个起始 URL 集合开始，顺着这些 URL 中的超级链接，以宽度优先、深度优先或启发式方式循环地在互联网中发现信息，这些起始 URL

可以是任意的URL，但常常是一些非常流行、包含很多链接的站点，如Yahoo等；另一种是将Web空间按照域名、IP地址或国家域名划分，每个搜索器负责一个子空间的穷尽搜索。

搜索器搜集的信息类型多种多样，包括HTML、XML、FTP文件、字处理文档、多媒体信息等。现在常用分布式、并行计算技术来提高信息发现和更新的速度。商业搜索引擎的信息发现可以达到每天几百万网页。

2. 索引器

索引器的功能是理解搜索器所搜索的信息，从中抽取出索引项，用于表示文档以及生成文档库的索引表。在图10-4中，索引器把来自网页数据库的文本信息送入文本索引模块以建立索引，形成索引数据库。同时进行链接信息提取，把链接信息（包括超文本、链接本身等）送入链接数据库，为网页评级提供依据。

3. 检索器

检索器的功能是根据用户的查询在索引库中快速检出文档，进行文档与查询的相关度评价，对将要输出的结果进行排序，并实现某种用户相关性反馈机制。具体来说就是用户提交查询请求给查询服务器，查询服务器在索引数据库中进行相关网页的查找，同时网页评级模块把查询请求和链接信息结合起来，对搜索结果进行相关度的评价，并提取关键词的内容摘要，形成最后的显示页面返回给用户。

4. 用户接口

用户接口的作用是输入用户查询、显示查询结果、提供用户相关性反馈机制，主要的目的是方便用户使用搜索引擎，高效率、多方式地从搜索引擎中得到有效、及时的信息。典型的用户接口就是浏览器。

10.4.3 面向物联网的搜索引擎

物联网时代的搜索引擎应该是将物联网技术与各种物理对象紧密结合的产物，能够主动识别物体并提取其有用信息，同时能够提供给用户更精确、更智能的查询结果。

目前的搜索引擎是由人工输入关键字，获取的是静态或缓慢变化的内容；而物联网搜索引擎面对的是由传感器等自动生成的快速变化的信息，二者面对的信息内容和数据特征差异极大。面向物联网的搜索引擎具有如下的特点。

1）搜索内容的时空性强。与网页搜索一般不考虑网页出处的特征相比，实体搜索的查询内容有很强的区域性，所以无需对所有的实体进行查询，只需在指定区域范围查找实体即可。此外，需要检索的信息具有高度的时效性，只有实时的或预测将来的数据对用户才有意义。

2）实体搜索。物联网面对的是物品和移动终端，信息源的处理能力和带宽有限。针对存储资源、能量及通信能力均受限的感知层设备进行搜索时，搜索引擎必须采用轻量计算技术。搜索实体的位置是物联网搜索引擎必须提供的服务，而实体的移动性使其在网络中始终维持注册最新的信息成为一个很大的挑战。

3）查询输入方式多样。物联网下的搜索系统应具有识别不同用户以不同表达方式输入的查询语句的功能，能够处理使用各种自然语言的查询语句，方便地查找对应实体。

4）安全和隐私问题。同网页搜索相比，物联网搜索服务的安全和隐私问题变得更加重要。与Web服务器相比，传感器的资源受限使得在其上实现安全管理功能更加困难。

5）多媒体搜索。物联网搜索引擎应该能够为用户提供文本、音频、视频等多媒体信息。多媒体搜索技术主要包括基于文本描述的多媒体搜索技术和基于内容的多媒体搜索技术两种，而物联网中的多源异构数据需要依赖各种基于特征和上下文的智能多媒体搜索技术，甚至需要依靠数据挖掘技术反过来改善搜索的性能。

总之，面向物联网的搜索服务和基于 Web 的网页搜索服务在数据形式、时效性、存储检索方法等方面均存在较大差异。

10.5 海量数据存储

在物联网中，无所不在的移动终端、RFID 设备、无线传感器每分每秒都在产生数据，同互联网相比，数据量提升了几个量级。随着数据从 GB、TB 到 PB 量级的海量急速增长，存储系统由单一的磁盘、磁带、磁盘阵列转向网络存储、云存储等，一批批新的存储技术和服务模式不断涌现。

10.5.1 磁盘阵列

磁盘阵列的原理是将多个硬盘相互连接在一起，由一个硬盘控制器控制多个硬盘的读写同步。如图 10-5 所示显示了一个典型的磁盘阵列。磁盘阵列中比较著名的是独立冗余磁盘阵列（Redundant Arrays of Inexpensive Disks，RAID）。

图 10-5 磁盘阵列

1. RAID 级别

组成磁盘阵列的不同方式称为 RAID 级别，不同的 RAID 级别代表着不同的存储性能、数据安全性和存储成本。目前 RAID 分为 0～7 共 8 个级别，还有一些基本 RAID 级别的组合形式，如 RAID 10（RAID 0 与 RAID 1 的组合）、RAID 50（RAID 0 与 RAID 5 的组合）等。

RAID0 无数据冗余，存储空间条带化，即对各硬盘相同磁道并行读写。RAID0 具有成本低、读写性能极高、存储空间利用率高等特点，适用于音视频信号存储、临时文件的转储等对速度要求极其严格的特殊应用。

RAID1 是两块硬盘数据完全镜像，安全性好，技术简单，管理方便，读写性能良好。因为 RAID1 是一一对应的，所以必须同时对镜像的双方进行同容量的扩展，磁盘空间浪费较多。

RAID5 对各块独立硬盘进行条带化分割，相同的条带区进行奇偶校验，校验数据平均分布在每块硬盘上。RAID5 具有数据安全、读写速度快、空间利用率高等优点，是目前商业中应用最广泛的 RAID 技术，不足之处是如果一块硬盘出现故障，整个系统的性能将大大降低。

2. RAID 技术特点

RAID 最大的优点是提高了数据存储的传输速率和容错功能。

在提高数据传输速率方面，RAID 把数据分成多个数据块，并行写入/读出多个磁盘，可以让很多磁盘驱动器同时传输数据，以提高访问磁盘的速度。而这些磁盘驱动器在逻辑上又是一个磁盘驱动器，所以使用 RAID 可以达到单个的磁盘驱动器几倍、几十倍甚至上百倍的速率。

在容错方面，RAID 通过镜像或校验操作来提供容错能力。由于部分 RAID 级别是镜像结构的，如 RAID1，在一组盘出现问题时，可以使用镜像解决问题，从而大大提高了系统的容错能力。而另一些 RAID 级别，如 2、3、4、5 则通过数据校验来提供容错功能。当磁盘失效的情况发生时，校验功能结合完好磁盘中的数据，可以重建失效磁盘上的数据。

3. RAID 的实现

RAID 的具体实现分为“软件 RAID”和“硬件 RAID”。

软件 RAID 是指通过网络操作系统自身提供的磁盘管理功能，将连接的普通 SCSI 卡上的多块硬盘组成逻辑盘，形成阵列。软件 RAID 不需要另外添加任何硬件设备，所有操作皆由中央处理器负责，所以系统资源的利用率会很高，但是也会因此使系统性能降低。

硬件 RAID 是使用专门的磁盘阵列卡来实现的，提供了在线扩容、动态修改 RAID 级别、自动数据恢复、超高速缓冲等功能。同时，硬件 RAID 还能提供数据保护、可靠性、可用性和可管理性的解决方案。

10.5.2 网络存储

由于直接连接磁盘阵列无法进行高效的使用和管理，网络存储便应运而生。网络存储技术将“存储”和“网络”结合起来，通过网络连接各存储设备，实现存储设备之间、存储设备和服务器之间的数据在网络上的高性能传输，主要用于数据的异地存储。网络存储有 3 种方式：直接附加存储（Direct Attached Storage，DAS）、网络附加存储（Network Attached Storage，NAS）和存储区域网（Storage Area Network，SAN）。

1. 直接附加存储 DAS

DAS 存储设备是通过电缆直接连接至一台服务器上，I/O 请求直接发送到存储设备。DAS 的数据存储是整个服务器结构的一部分，其本身不带有任何操作系统，存储设备中的信息必须通过系统服务器才能提供信息共享服务。

DAS 的优点是结构简单，不需要复杂的软件和技术，维护和运行成本较低，对网络没有影响，但它同时也具有扩展性差、资源利用率较低、不易共享等缺点。因此，DAS 存储一般用于服务器在地理分布上很分散，通过 SAN 或 NAS 在它们之间进行互连非常困难或存储系统必须被直接连接到应用服务器的场合。

2. 网络附加存储 NAS

在 NAS 存储结构中，存储系统不再通过 I/O 总线附属于某个服务器或客户机，而直接通过网络接口与网络直接相连，由用户通过网络访问。NAS 实际上是一个带有服务器的存储设备，其作用类似于一个专用的文件服务器。这种专用存储服务器去掉了通用服务器的大多数计算功能，而仅仅提供文件系统功能。与 DAS 相比，数据不再通过服务器内存转发，而是直接在客户机和存储设备间传送，服务器仅起控制管理的作用。

3. 存储区域网 SAN

存储区域网是存储设备与服务器通过高速网络设备连接而形成的存储专用网络，是一个独立的、专门用于数据存取的局域网。SAN 通过专用的交换机或总线建立起服务器和存储设备之间的直接连接，数据完全通过 SAN 网络在相关服务器和存储设备之间高速传输，对于计算机局域网（LAN）的带宽占用几乎为零，其连接方式如图 10-6 所示。

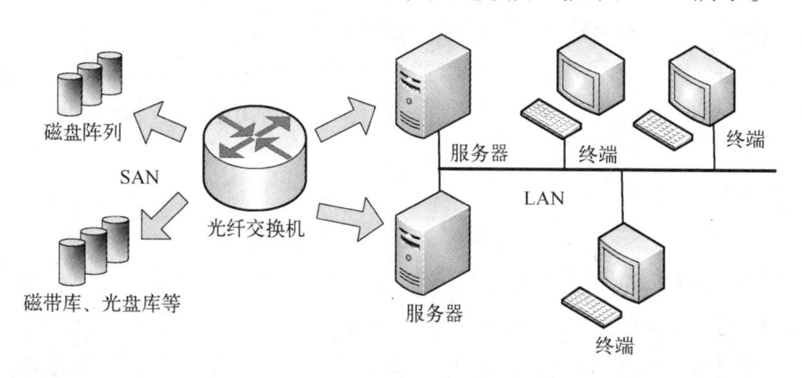

图 10-6　SAN 的网络连接方式

SAN 按照组网技术主要分为 3 种：基于光纤通道的 FC-SAN、基于 iSCSI 技术的 IP－SAN 和基于 InfiniBand 总线的 IB-SAN。图 10-6 中 LAN 部分一般采用以太网交换机组网。

在 SAN 方式下，存储设备已经从服务器上分离出来，服务器与存储设备之间是多对多的关系，存储设备成为网上所有服务器的共享设备，任何服务器都可以访问 SAN 上的存储设备，提高了数据的可用性。SAN 提供了一种本质上物理集中而逻辑上又彼此独立的数据管理环境，主要应用于对数据安全性、存储性能和容量扩展性要求比较高的场合。

10.5.3　云存储

云存储是在云计算的基础上发展而来的，它是指通过集群应用、网格技术或分布式文件系统等功能，将网络中大量各种不同类型的存储设备通过应用软件集合起来协同工作，共同对外提供数据存储和业务访问的存储系统。云存储承担着最底层的数据收集、存储和处理任务，对上层提供云平台、云服务等业务。

云存储通常由具有完备数据中心的第三方提供，企业用户和个人用户将数据托管给第三方。云存储服务主要面向个人用户和企业用户。在个人云存储方面，主要是一些云存储服务商向个人用户提供的云端存储空间，如阿里云向每个天语云手机用户提供 100G 免费的云存储空间。在企业级云存储方面，通过高性能、大容量云存储系统，数据业务运营商和 IDC 数据中心可以为无法单独购买大容量存储设备的企业提供方便快捷的存储空间租赁服务。

与传统的存储设备相比，云存储是一个由网络设备、存储设备、服务器、应用软件、公用访问接口、接入网、和客户端程序等多个部分组成的复杂系统。各部分以存储设备为核心，通过应用软件对外提供数据存储和业务访问服务。

云存储系统的结构模型由存储层、基础管理层、应用接口层和访问层组成。

1）存储层。存储层是云存储的基础，它将多种存储设备互连起来，形成一个海量的数据池，进行海量数据的统一管理。存储层可使用任何网络存储方式。

2）基础管理层。基础管理层是云存储最核心的部分，该层通过集群、分布式文件系统、网格计算、文件分发、P2P、数据压缩、数据加密和数据备份等技术，实现云存储中多个存储设备之间的协同工作，使多个存储设备可以对外提供同一种服务，并提供更大更强更好的数据访问性能。

3）应用接口层。应用接口层是云存储运营商提供的应用服务接口，直接面向用户。不同的云存储运营商可以根据实际业务类型，开发不同的应用服务接口，提供不同的应用服务。如数据存储服务、空间租赁服务和数据备份服务等。

4）访问层。任何一个授权用户都可以通过标准的公用应用接口来登录云存储系统，享受云存储服务。当然，云存储运营商不同，云存储提供的访问类型和访问手段也不同。

10.6 云计算

云计算是近年来兴起的一种技术和服务模式。云计算是一种基于互联网的高性能计算模式，它是分布式处理、并行处理和网格计算的融合发展。在云计算中，对数据的处理、存储等都是在互联网数据中心的多台服务器上进行的。“云”指的就是提供资源的网络，它可以为用户提供按需服务。

云计算延伸的概念还有云存储、云安全、云电视、云手机等，涉及服务交付模式和虚拟化技术等各个领域。

10.6.1 云计算的概念

云计算目前没有统一的定义，较一致的观点是认为它描述了一种基于互联网的新的IT服务增加、使用和交付模式，这种模式能够提供按需的、动态的、易扩展的和虚拟化的资源。

从用户角度来看，采用云计算服务模式，用户不再面对实际的物理设备，不再为租用运营商的整个物理设备（如服务器）付费，而是为运营商提供的计算能力和存储能力付费，用户使用多少计算能力就支付多少费用，就像支付电费、水费那样实现按需付费。

从运营商角度来看，运营商将大量的计算资源用网络连接起来，统一进行管理和调度，构成一个计算资源池为用户服务。运营商采用虚拟化技术把一台服务器或服务器集群的计算能力分配给多个用户，也可以根据用户需求关闭或开启物理设备，以节省运营成本。

云计算提供的服务模式可分为3类：基础设施即服务（Infrastructure as a Service，IaaS）、平台即服务（Platform as a Service，PaaS）和软件即服务（Software as a Service，SaaS）。

IaaS将硬件设备等基础资源封装成服务供用户使用，典型的IaaS例子有亚马逊云计算系统的弹性云EC2和简单存储服务S3。

PaaS提供用户应用程序的运行环境。如微软的云计算操作系统MWA（Microsoft Windows Azure）。PaaS的实质是将互联网的资源服务化为可编程接口，为第三方开发者提供有商业价值的资源和服务平台。

SaaS将应用软件作为服务项目。它的针对性较强，只提供较为单一的软件化服务。典型的例子如 Salesforce 公司提供的在线客户关系管理（Client Relationship Management，CRM）服务。

云计算在商业应用上又分为公众使用的公共云、企业内部使用的私有云以及商业使用的企业云。

公共云是指在互联网上将云服务公开给一般用户使用。公共云的特点就是将个人数据从私人计算机移动到公开的云计算系统上，且免费开放给任何人使用。例如在互联网上更新博客、分享照片等日常网络活动，都属于公共云提供的服务。

企业内部数据更注重的是安全性问题。私有云可由公司自己的 IT 机构建造，也可由云提供商进行建造。

企业云也就是专门应用在商业领域的商业云系统。如亚马逊、salesforce 等公司都是为商业公司提供云计算服务的供应商。

10.6.2 云计算的体系结构

云计算系统是为用户提供服务的硬件以及系统软件的集合体。云计算系统首要考虑的问题是，如何充分利用互联网上的软硬件设施处理数据以及如何发挥并行系统中各个设备的最大功能。

目前，云计算系统还没有一个统一的技术架构，这使得各个大型公司对云计算的实现形式差别较大。云计算系统的体系结构大致如图 10-7 所示，这种体系结构体现了云计算与面向服务的体系结构（Service Oriented Architecture，SOA）的融合。SOA 是一种软件设计体系结构，常用于构建企业 IT 应用。基于 SOA 的应用程序的功能单元能够通过统一的方式进行互操作。

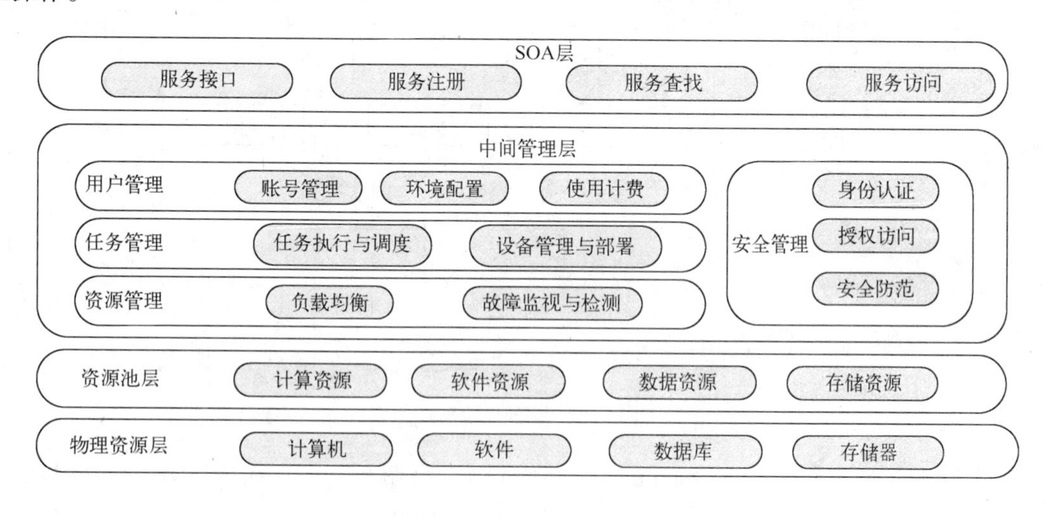

图 10-7　云计算体系结构

云计算体系结构大致分为 4 层：物理资源层、资源池层、中间管理层和 SOA 层。物理资源层由一些包括计算机、存储器等在内的基础设施组成。资源池层通过将大量的物理资源层设备进行同构整合，结合成庞大、高效的服务器集群。中间管理层负责对分布式的服务器群进行统一管理和调度，使资源能够高效和安全地提供服务。SOA 层封装了下面 3 层的服务，并以友好的界面形式传递给用户，提供丰富的服务。

10.6.3 云计算系统实例

主导云计算发展方向的主要有互联网公司和电信运营商。目前云计算已进入实用阶段，例如阿里巴巴公司启动的“阿里云”计划主要面向国内中小企业，利用低成本计算机集群构建互联网上的分布式存储。中国移动的“大云”计划构建了大规模的虚拟主机、网络存储、搜索引擎等多层次的云计算业务。亚马逊（Amazon）是最早进入云计算领域的厂商之一，其云计算平台能够为用户提供强大的计算能力、存储空间和其他服务。微软公司的云计算平台（Windows Azure）则被认为是 Windows NT 之后最重要的产品。

1. 亚马逊云计算

亚马逊 Web 服务（Amazon Web Services，AWS）是目前业内应用最为广泛的公有云产品，它能够为各种规模的企业提供云计算设备服务，以满足公司 IT 业务的弹性需求。

AWS 云计算平台主要包括弹性计算云（Elastic Compute Cloud，EC2）、简单存储服务（Simple Storage Service，S3）和简单数据库服务（SimpleDB）3 个云计算基础设施服务。

1）EC2。EC2 是亚马逊提供的云计算环境的基本平台。利用亚马逊提供的各种 API 接口，用户可以按照自己的需求随时创建、增加或删除实例。而且 EC2 借由提供 Web 服务的方式让用户可以弹性地运行自己的 Amazon 机器映像文件，用户也可以随时运行、终止自己的虚拟服务器。EC2 基本架构如图 10-8 所示，主要有亚马逊机器映像、实例、弹性块存储等几个模块。

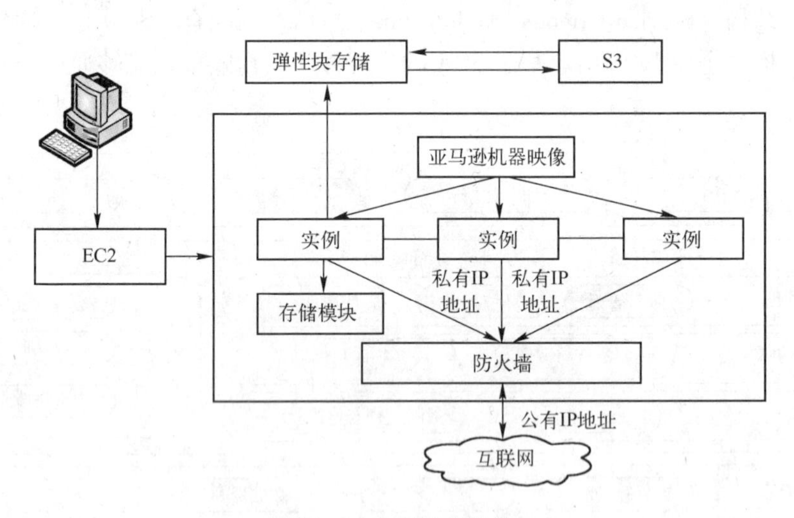

图 10-8　EC2 基本架构

亚马逊机器映像（Amazon Machine Image，AMI）是服务器的一份原始拷贝，封装了用户的应用程序、配置等。它的概念类似于用于系统备份的 GHOST 文件，是用户云计算平台运行的基础。用户在创建了自己的 AMI 之后，就可以用它来启动任意数量的实例。

在用户创建好 AMI 之后，实际运行的系统就成为一个实例。EC2 的实例是虚拟服务器，是从机器映像克隆而来的，实例上运行何种客户操作系统取决于机器映像。

在 EC2 中，实例本身携带一个存储模块作为临时的存储空间。对于较大或需要长期保存的数据，用户需要通过弹性块存储（Elastic Block Store，EBS）模块来完成。EBS 允许用户创建卷，卷类似于移动硬盘。每个卷作为一个设备挂载在任何一个实例上。每个 EBS 最多 20 个卷。

EC2 模块间的通信以及系统与外界通信是通过 IP 地址来进行的。EC2 中的 IP 地址包括公共 IP 地址、私有 IP 地址和弹性 IP 地址。EC2 的实例在创建后都会分配到前两种 IP 地址，实例之间通过私有 IP 地址进行通信，而与外界通过公有 IP 地址通信。公有 IP 地址、私有 IP 地址通过 NAT（网络地址转换）技术进行转换。

配置防火墙是出于对网络传输数据的安全性的考虑。EC2 防火墙引入了安全组的概念。安全组作为一组规则用来决定哪些网络流量能被实例所接受。一个用户可创建 100 个安全组。当一个组的规则改变后，改变的规则自动适用于组中所有的成员。另外，用户在访问 EC2 时需要使用安全外壳协议（Secure Shell，SSH）密钥对进行登录。

2）S3。S3 是亚马逊推出的一个公开存储服务。Web 应用程序开发人员可以使用它临时或永久存储任意类型的数字资产，包括图片、视频、音乐和文档。

S3 的存储系统中有 3 个基本概念：桶、对象和键。S3 的存储单元基本结构如图 10-9 所示。

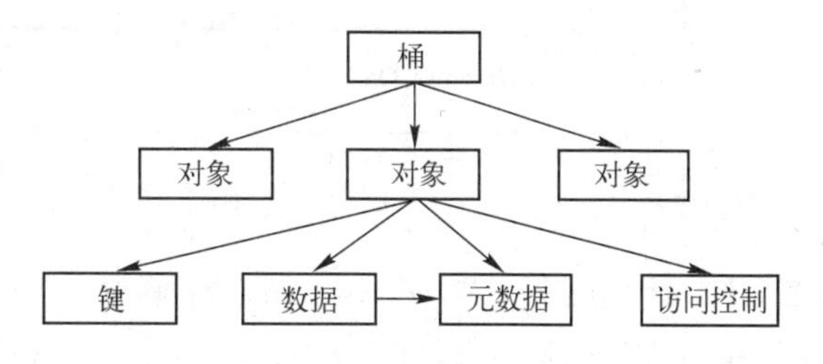

图 10-9　S3 的存储单元基本结构

桶是 S3 的基本构建块。存储在 Amazon S3 中的每个对象都包含在一个桶中。可以认为桶相当于文件系统上的文件夹（即目录），但每个桶及其内容都可以通过 URL 访问。例如，如果有一个名为“abc”的桶，就可以使用网址 http：//abc. s3. amazonaws. com 访问它。桶的名称空间在 S3 中的所有账户的所有桶之间共享，因此，桶的名称必须在整个 S3 中是唯一的。

对象是存储在 S3 的桶中的数据。可以把对象看做是要存储的文件。存储由两部分组成：数据和元数据。数据是要实际存储的 Word 文档、视频文件等。元数据用于描述对象，也就是描述数据的数据。在 S3 桶中存储的每个对象由一个唯一的键标识，类似于文件系统文件夹中的文件名。桶中的每个对象必须有且只有一个键。桶名称和对象的键共同组成 S3 中存储对象的唯一标识。

桶、键和对象为构建数据存储提供灵活的解决方案。可以使用这些构建块简便地在 S3 中存储数据。也可以利用其灵活性，在 S3 之上构建更复杂的存储和应用程序，提供更多功能。

3）SimpleDB（SDB）。SimpleDB 是基于 Web Service 技术的一种扩展，提供了建立在云存储基础上的类似于关系型数据库的基本功能。通过这种方式，软件开发人员可以将数据库完全托管在云上，节省了开发时间与成本。SimpleDB 支持 Java、C#、Perl 和 PHP 4 种编程语言，并提供了相应的 API 函数库和开发工具包。

2. 微软云计算 Windows Azure

微软的 Windows Azure 云计算系统提供的服务有云计算操作系统、SQL Azure 云计算数据库和 . NET 服务。

微软云计算操作系统 Windows Azure OS 是一个服务平台，用户可以通过互联网访问微软数据中心的 Windows 系统或应用程序来进行处理、存储数据。除了这些操作以外，微软还提供对平台的管理、负载均衡和动态分配资源等服务。Windows Azure 中最主要的部分由计算服务、存储服务、Fabric 控制器 3 个模块构成，如图 10-10 所示。

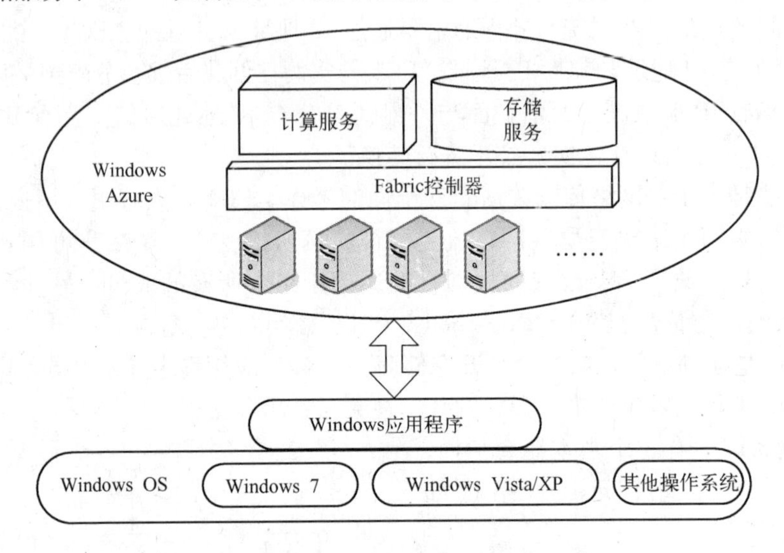

图 10-10 Windows Azure 主要部分

1）计算服务。Windows Azure 计算服务用于支持拥有大量并行用户的大型应用程序。Windows Azure 应用程序的访问，只需要用户通过互联网登录 Windows Azure 入口，注册或输入用户的 Windows Live ID，待验证通过后就能使用微软云计算服务。

2）存储服务。Windows Azure 存储服务是指依靠微软数据中心，允许应用程序开发者在云端存储应用程序数据。Windows Azure 存储为应用程序开发人员提供了 3 种数据存储方式：Blob、Table 和 Queue。

Blob（Binary large objects，二进制大文件存储）提供一个简单的接口存储文件及文件的元数据，可以用来存储影像、视频等。

Table（表格）提供大规模可扩展的结构化存储。一个 Table 就是包含属性的一组实体，应用程序可以操作这些实体，并可以查询存储在 Table 中的任何属性。每个存储账户都可以申请创建一个或多个 Table。Table 没有固定模式，所有的属性都是以 <名称，类型值> 的形式存储的。

Queue 不同于 Table 和 Blob，后两种主要用于数据的存储访问，而 Queue 主要用于 Windows Azure 不同部分之间的通信。

3）Fabric 控制器。Fabric 控制器是 Windows Azure 的大脑，负责平台中各种资源的统一管理和调配。Fabric 由位于微软数据中心的大量服务器组成，由被称为 Fabric 控制器的软件来管理。当用户通过开发者门户把应用程序上传到 Windows Azure 平台的时候，由 Fabric 控制器读取其配置文件，然后根据配置文件中指定的方式进行服务部署。

Windows Azure 面向的是软件开发商，属于典型的平台即服务模式，支持各种程序开发语言。开发者可将自己的 Windows Azure 应用程序通过微软提供的开发者入口部署到云端运行。Windows Azure 会自动为该应用程序分配一个 URL，通过这个 URL 用户就能够访问 Windows Azure 应用程序。

另外，微软云计算服务平台不仅为用户提供了云端应用程序的基础设施，还提供了一系列基于云的服务，如 SQL 服务、.NET 服务等，这些服务可以被云端应用程序和本地程序访问。

10.6.4 云计算系统的开发

云计算的技术主要包括分布式并行计算技术和虚拟化技术。对于研究人员来说，开源的 Hadoop 提供了一个云计算研究平台，VMware 等虚拟化软件可以在一台计算机上搭建和运行多种操作系统平台，CloudSim 云计算仿真器则为开发云计算系统提供了仿真运行环境。

1. 开源云计算系统 Hadoop

Hadoop 是 Apache 开源组织的一个分布式的计算框架，可以在大量廉价的硬件设备组成的集群上运行应用程序，为应用程序提供了稳定可靠的接口。Hadoop 开源云计算平台包括 HDFS 分布式文档系统、MapReduce 分布式平行计算框架和 Hbase 分布式数据库。Hadoop 的云计算架构如图 10-11 所示。

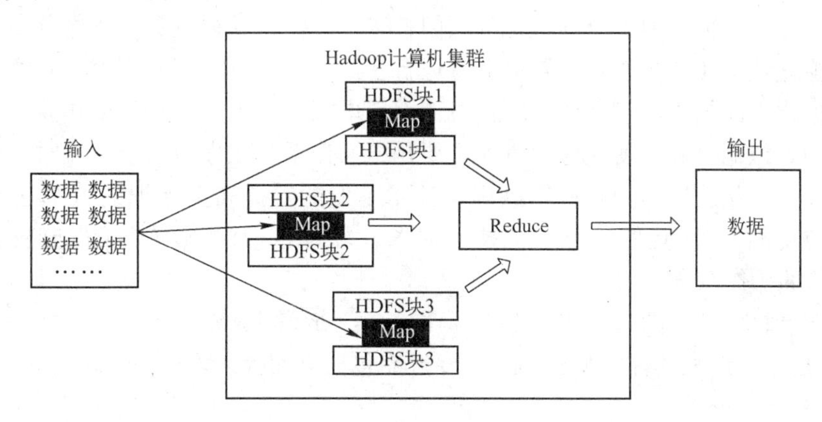

图 10-11 Hadoop 的云计算架构

Hadoop 分布式文件系统（Hadoop Distributed File System，HDFS）是分布式计算的存储基础，具有高容错性和极高的数据处理功能。当 HDFS 检测到错误时，会自动运行数据恢复。这种机制是由于其内部的名称节点（NameNode）。NameNode 负责记录文档与存储块的对应关系，并定期进行文档区块的备份工作。另外，HDFS 数据采用一次写入、多次读出的访问模式，提供单一的目录系统，可以处理高达 10PB 的数据量。

MapReduce 是大型数据的分布式处理模型架构，也是一种编程模型，通过映射（Map）和化简（Reduce），把数据分割成若干块，分配给各个计算机进行运算处理。MapReduce 代表了在大型计算机集群上执行分布式数据处理的方式，这种数据处理方式适合海量数据的并行处理。

Hbase 是一个开源的、基于列存储模型的分布式数据库。它是由 Java 语言开发的，以 HDFS 文档系统为存储基础，提供类似于分布式数据库的功能。

2. 云计算虚拟化技术

虚拟化技术是云计算系统的核心组成部分之一，是将各种计算及存储资源充分整合和高效利用的关键技术。虚拟化技术中的核心内容是虚拟机。虚拟机是指在一台物理主机上虚拟出多个虚拟计算机，其上能同时运行多个独立的操作系统，这些客户操作系统通过虚拟机管理器访问实际的物理资源。

虚拟化的目的在于实现 IT 资源利用效率和灵活性的最大化。虚拟化技术是云计算、云存储服务得以实现的关键技术之一。云计算之所以采用虚拟化技术，首要因素是节约成本、便于管理。对个人用户使用桌面虚拟机来说，可能感觉不是很明显。然而对于 IDC 等运营场景来说，虚拟化所带来的便捷性则是革命性的，比如繁琐的装机过程从传统的安装操作系统变成了简单的系统镜像文件拷贝，节约了大量的时间和人力。对于动则需要上万台机器的云计算服务运营来说，低成本效果显而易见。另外，每个虚拟机都是在给定的资源容器中工作的，相互之间实现了资源隔离，为云计算的安全提供了一定的保证。

虚拟化技术的类型有全虚拟化、半虚拟化和硬件辅助虚拟化 3 种。

全虚拟化也称为原始虚拟化技术，全虚拟化是指虚拟机模拟了完整的底层硬件，包括处理器、物理内存、时钟、外设等，使得为原始硬件设计的操作系统或其他系统软件完全不做任何修改就可以在虚拟机中运行。

半虚拟化是另一种类似于全虚拟化的热门技术。它使用虚拟机管理程序分享存取底层的硬件。半虚拟化技术使得操作系统知道自身运行在一个虚拟机管理程序上，它的客户操作系统集成了虚拟化方面的代码。操作系统自身能够与虚拟进程进行很好的协作。

硬件辅助虚拟化也称为硬件虚拟机，主要是指操作系统在虚拟机上运行时，必须靠系统的硬件来完成虚拟化的过程。硬件辅助虚拟技术不但能够提高全虚拟的效率（虚拟机的产品都加入该类功能），而且使用半虚拟技术的 Xen 软件也通过该项技术做到支持 Window、Mac 之类闭源的操作系统。

目前在云计算中常用的虚拟机产品有 VMware、Xen 和 KVM 等。

VMware 是全球最大的虚拟化厂商，主要产品包括桌面版的 VMware workstation 和企业版的 VMware ESX Server。

Xen 虚拟化技术由剑桥大学计算机实验室发明，随后成立公司，投入商业化发展。Xen. org 提供了 Xen 云平台（Xen Cloud Platform，XCP）。Xen 云平台提供虚拟化装置，由大量安装 XCP 软件的计算机组成庞大的 Xen Server 集群，负责提供所有的计算和存储资源。

KVM 是基于 Linux 内核的虚拟机，是以色列的一个开源组织提出的一种新的虚拟机解决方案，也称为内核虚拟机。

3. 云计算仿真器 CloudSim

CloudSim 仿真软件模拟的是一个支持数据中心、服务代理人、调度和分配策略的云计算平台，帮助研究人员加快云计算有关算法、方法和规范的发展。

CloudSim 能够提供虚拟化引擎，用来在数据中心节点上帮助建立和管理多重的、独立的、协同的虚拟化服务。在对虚拟化服务分配处理器内核时，CloudSim 能够在时间共享和空间共享之间灵活切换。

CloudSim 提供基于数据中心的虚拟化技术、虚拟化云的建模和仿真功能，支持云计算的资源管理和调度模拟。用户可以根据自己的研究对平台进行扩展，重新生成平台后，就可以在仿真程序中调用自己编写的类、方法、成员变量等。

CloudSim 的软件结构框架和体系结构组件包括 SimJava 层、GridSim 层、CloudSim 层、用户代码层 4 个层次，如图 10-12 所示。其组件工具均为开源的。

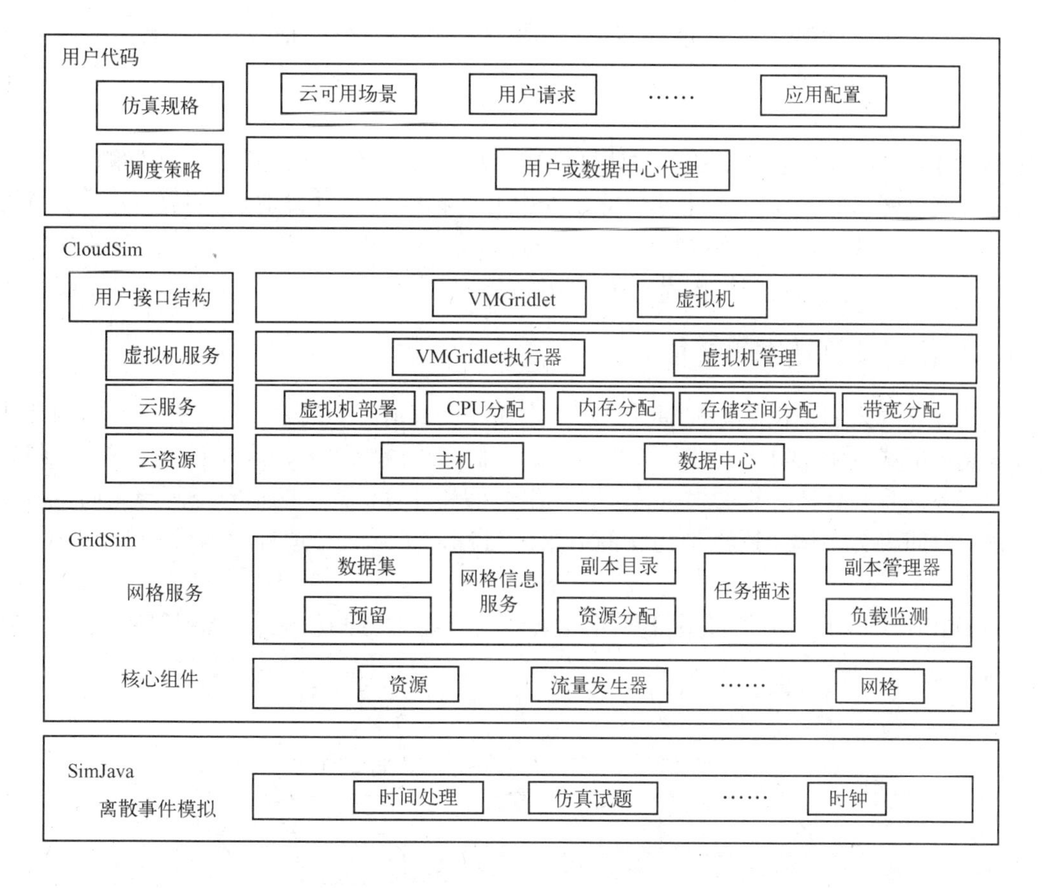

图 10-12　CloudSim 体系结构

用户代码层是需要用户进行代码设计的部分，使用的是 CloudSim 层所提供的 API 接口。

CloudSim 层除了提供用户接口之外，还将数据中心的资源虚拟化为资源池，打包对外向用户代码层提供服务。

GridSim 层是在 SimJava 的基础上开发的，它提供丰富的函数库以支持模拟网格环境中的异构资源、应用程序、负载均衡和资源调度。

最底层的 Simjava 层是用 java 编写的一个可以提供仿真 API 的软件包，主要是以事件驱动方式对离散事件进行模拟，同时解决了仿真中时钟和多线程同步等问题。

10.7　普适计算

随着计算、通信和数字媒体技术的互相渗透和结合，计算机在计算能力和存储容量提高的同时体积也越来越小。今后计算机的发展趋势是把计算能力嵌入到各种设备中去，并且可以联网使用。在这种情况下，人们提出了一种全新的计算模式，就是普适计算。

在普适计算模式中，人与计算机的关系将发生革命性的改变，变成一对多、一对数十甚至数百。同时，计算机也将不再局限于桌面，它将被嵌入到人们的工作、生活空间中，变为手持或可穿戴的设备，甚至与日常生活中使用的各种器具融合在一起。

在物联网中，处理层负责信息的分析和处理。由于物品的种类不计其数，属性千差万别，感知、传递、处理信息的过程也因物、因地、因目的而异，而且每一个环节充斥了大量的计算。因此，物联网必须首先解决计算方法和原理问题，而普适计算能够在间歇性连接和计算资源相对有限的情况下处理事务和数据，从而解决了物联网计算的难题。可以说，普适计算和云计算是物联网最重要的两种计算模式，普适计算侧重于分散，云计算侧重于集中，普适计算注重嵌入式系统，云计算注重数据中心。物联网通过普适计算延伸了互联网的范围，使各种嵌入式设备连接到网络中，通过传感器、RFID 技术感知物体的存在及其性状变化，并将捕获的信息通过网络传递到应用系统。

10.7.1 普适计算技术的特征

普适计算为人们提供了一种随时、随地、随环境自适应的信息服务，其思想强调把计算机嵌入到环境或日常工具中，让计算机本身从人们的视线中消失，让人们的注意力回归到要完成的任务本身。普适计算的根本特征是将由通信和计算机构成的信息空间与人们生活和工作的物理空间融为一体，这正是物联网追求的目标，实际上普适计算概念的提出也早于物联网。

如图 10-13 所示显示了普适计算下信息空间与物理空间的融合，融合需要两个过程：绑定和交互。

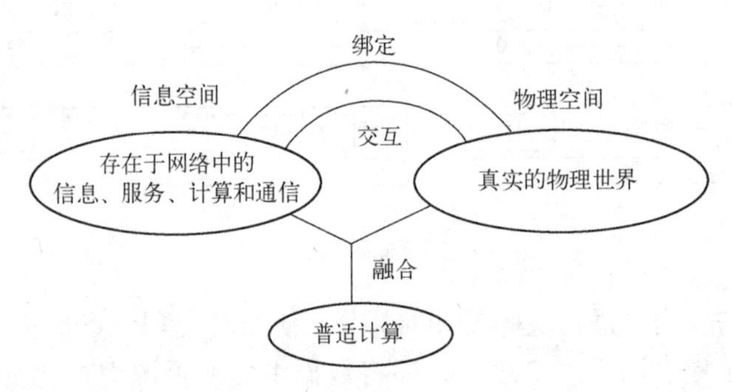

图 10-13　普适计算下信息空间与物理空间的融合

信息空间中的对象与物理空间中的物体的绑定使物体成为访问信息空间中服务的直接入口。实现绑定的途径有两种：一是直接在物体表面或内部嵌入一定的感知、计算、通信能力，使其同时具有物理空间和信息空间中的用途，如美国麻省理工媒体实验室的 Things That Think 项目，可以让计算机主动提供帮助，而无需人去特意关注；二是为每个物体添加可以被计算机自动识别的标签，可以是条码、NFC 或 RFID 电子标签，如 HP 的 Cool Town 计划，该计划基于现有的 Web 网络技术的普适计算环境，通过在物理世界中的所有物体上附着一个编码有 URL 信息的条形码来建立物体与其在 Web 上的表示之间的对应，从而建立一个数字化的城市。

信息空间和物理空间之间的交互可以从两个相对方向看。一是信息空间的状态改变映射到物理空间中，其最主要的形式是数字化信息可以无缝地叠加在物理空间中，如已经广泛采用的各种电器上的显示屏；二是信息空间也可以自动地觉察物理空间中状态的改变，从而改变相应对象的状态或触发某些事件，如清华大学的 Smart Classroom 研究，就是采用视觉跟踪、姿态识别等方法来判断目前教室中老师的状态。信息空间和物理空间之间无需人的干预，即其中任一个空间状态的改变可以引起另一个空间的状态的相应改变。

在信息空间和物理空间的交互过程中，普适计算还要具备间断连接与轻量计算两个特征。间断连接是服务器能不时地同用户保持联系，用户必须能够存取服务器信息，在中断联系的情况下，仍可以处理这些信息。所以，企业计算中心的数据和应用服务器能否同用户保持有效的联系就成为一个十分关键的因素。由于部分数据要存储在普适计算设备上，使得普适计算中的数据库成为一个关键的软件基础部件。

轻量计算就是在计算资源相对有限的设备上进行计算。普适计算面对的是大量的嵌入式设备，这些设备不仅要感知和控制外部环境，还要彼此协同合作；既要主动为用户“出谋划策”，又要“隐身不见”；既要提供极高的智能处理，又不能运行复杂的算法。

10.7.2 普适计算的系统组成

普适计算的系统组成主要包括普适计算设备、普适计算网络和普适计算软件 3 部分。

1）普适计算设备。普适计算设备可以包含不同类型的设备。典型的普适计算设备是部署在环境周围的各种嵌入式智能设备，一方面自动感测和处理周围环境的信息，另一方面建立隐式人机交互通道，通过自然的方式，如语音、手势等，自动识别人的意图，并根据判断结果做出相应的行动。智能手机、摄像机、智能家电目前都可以作为普适计算设备。

2）普适计算网络。普适计算网络是一种泛在网络，能够支持异构网络和多种设备的自动互连，提供人与物、物与物的通信服务。除了常见的电信网、互联网和电视网外，RFID 网络、GPS 网络和无线传感器网络等都可以构成普适计算的网络环境。

3）普适计算软件。普适计算的软件系统体现了普适计算的关键所在——智能。普适计算软件不仅需要管理大量联网的智能设备，而且需要对设备感测到的人、物信息进行智能处理，以便为人员和设备的进一步行动提供决策支持。

10.7.3 普适计算的体系结构

普适计算还没有统一的体系结构标准，人们定义了多种层次参考模型。有人把普适计算分为设备层、通信层、协同处理层、人机接口层 4 层。也有人把普适计算分为 8 层：物理层、操作系统层、移动计算层、互操作计算层、情感计算层、上下文感知计算层、应用程序编程接口层和应用层。

物理层是普适计算操作的硬件平台，包括微处理器、存储器、I/O 接口、网络接口、传感器等。

操作系统层负责计算任务的调度、数据的接收和发送、内部设备的管理，主要包括传统的嵌入式实时操作系统。

移动计算层负责计算的移动性，提供在移动情况下计算的不间断能力。

互操作计算层负责服务的互操作性，提供协同工作的能力。

情感计算层负责人机的智能交互，赋予计算机人一样的观察、理解和生成各种情感特征的能力，使人机交互最终达到像人与人交流一样自然、亲切。

上下文感知计算层负责服务交付的恰当性，能够根据当前情景做出判断，形成决策，自动地提供相应服务。

应用程序编程接口（API）层负责向应用层提供标准的编程接口函数。

应用层提供普适计算下的新型服务，如移动会议、普遍信息访问、智能空间、灵感捕捉、经验捕获等。

10.7.4 普适计算的关键技术

普适计算是多种技术的结合，集移动通信、计算技术、小型计算设备制造技术、小型计算设备上的操作系统及软件技术等多种关键技术于一身。由于普适计算是一个庞大而又复杂的系统，因此，普适计算需要运用到多种技术对自身系统进行支持。关键的几种技术包括人机接口技术、上下文感知计算、服务的组合、自适应技术等。

1. 人机接口技术

从普适计算设计的角度来看，要实现普适计算的不可见性和以人为中心的计算思想，系统必须给用户提供一种接近于访问物理世界的自然接口，如语音输入、眼睛显示等。目前，普适计算的接口技术的研究主要集中在以下两个方面。

1）接口的自适应性，即系统能够根据用户使用的设备类型，产生适合于该设备的接口。允许应用程序根据用户接口的抽象定义，结合目标设备的特点，自动生成恰当的界面。

2）不可见的用户接口，即系统除了提供传统的基于图形窗口和命令行的接口之外，还要提供多种自然的人机交互方式，如语音、手势、手写等。

2. 上下文感知计算

在普适计算环境中，人会连续不断地与不同的计算设备进行隐性的交互。在这个交互过程中，计算系统实际上是根据与用户任务相关的上下文信息提供服务的。所谓上下文，是指任何可用于表征实体状态的信息，这里的实体可以是个人、位置、物理的或信息空间中的对象。上下文信息的最小集合是“5 何”，即何时、何地、何人、何事、何因。除了与用户有关的这“5 何”外，普适计算所用的上下文信息还应该包括周围环境的信息。上下文感知计算是指每当用户需要时，系统能利用上下文向用户提供适合于当时任务、地点、时间和人物的信息或服务。因此，可以说上下文感知是实现普适计算环境中蕴涵式人机交互的基础。例如清华大学的 Smart Classroom 就是用视觉跟踪、姿态识别等方法来判断目前教室中的上下文的。

3. 服务的组合

在普适计算环境下，单一的服务很难满足用户的需求，这就需要进行服务的组合。而普适计算环境因其所具有的动态性、资源约束性和上下文感知性使其服务的组合面临特有的问题和挑战。首先，系统需要从提供的服务中发现能够组合的服务，这主要包括服务的匹配和服务的选择。在此过程中需要适应动态变化的网络环境，如服务的动态加入和删除等。其次，系统需要有一个或者多个服务协调器来协调和管理参与组合的服务。最后，系统需要在错误发生时进行错误的检测与修复。

4. 自适应技术

在普适计算环境中，各种设备自身的资源，包括计算能力、存储量等都有较大的差异。系统中的移动设备经常随着用户的移动而出现在不同的环境中，这就导致了普适计算环境处于不停的变化当中。为此，需要解决自适应的问题，即系统能够根据自身的资源状态，采取一定的策略来保证应用程序平滑执行。

普适计算系统中采用的自适应策略主要有以下几种：对用户情境自适应，即系统通过用户的情境信息，推测用户的意图，自动改变用户的执行程序；对设备资源自适应，即根据设备的能力和当前资源状况，确定设备运行的程序；对系统资源状态自适应，即根据系统的资源状态，以会话方式选择下一步的活动；保留系统，即系统预留一定的资源来满足某些用户的最低服务请求。

习题

1. 数据中心包括哪几个逻辑部分？各包含哪些具体设备？
2. 美国标准 TIA－942 把数据中心分为几级？每级的特点是什么？
3. 数据中心在物联网应用中的作用是什么？
4. 按照数据模型的特点，传统数据库系统可分成哪几种？
5. 关系数据库中的关系模型由哪几部分组成？
6. 数据挖掘过程中的数据处理阶段主要完成哪些工作？
7. 数据挖掘主要的挖掘算法有哪些？
8. 物联网中的数据挖掘应具备哪些特点？
9. 在抓取网页时，网络蜘蛛采用怎样的抓取策略？
10. 现有的多媒体搜索引擎存在的问题有哪些？
11. 简述面向物联网的搜索的基本要素和实现过程。
12. 网络存储技术的类型包括哪些？
13. 云存储的相关技术有哪些？
14. 云计算按服务类型可以分为几大类？
15. 云计算的技术体系结构可以分为哪几层？
16. 微软云计算的 Windows Azure OS 由哪几个重要模块组成？各部分作用是什么？
17. 简述计算模式的发展历程。
18. 普适计算的关键技术有哪些？
19. 普适计算、云计算、泛在网、物联网之间的关系是什么？

第 11 章　物联网的安全与管理

物联网的安全与管理涉及物联网的各个层次，鉴于物联网目前的专业性和行业性特点，与互联网相比，物联网的安全与管理显得更为重要。

11.1　物联网的安全架构

物联网融合了传感器网络、移动通信网络和互联网，这些网络面临的安全问题物联网也不例外。与此同时，由于物联网是一个由多种网络融合而成的异构网络，因此，物联网不仅存在异构网络的认证、访问控制、信息储存和信息管理等安全问题，而且其设备还具有数量庞大、复杂多元、缺少有效监控、节点资源有限、结构动态离散等特点，这就使得其安全问题较其他网络更加复杂。

物联网的体系结构分为 4 层，物联网的安全架构也相应地分为 4 层，如图 11-1 所示。物联网的安全机制应当建立在各层技术特点和面临的安全威胁的基础之上。

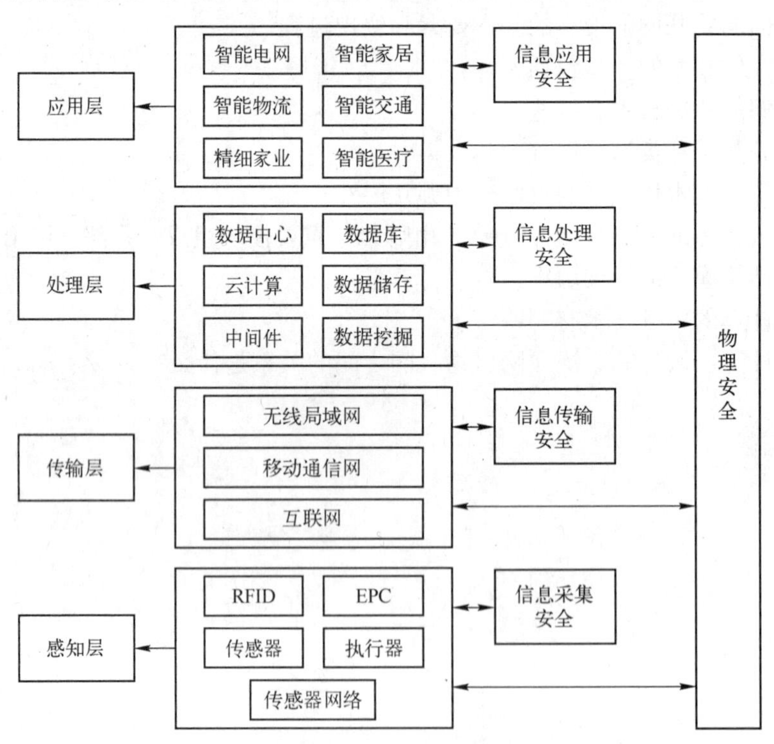

图 11-1　物联网的安全架构

物联网的安全包括信息的采集安全、传输安全、处理安全、应用安全和整个网络的物理安全。

信息采集安全需要防止信息被窃听、篡改、伪造和重放攻击等。主要涉及 RFID、EPC、传感器等技术的安全。采用的安全技术有高速密码芯片、密码技术、公钥基础设施（Public Key Infrastructure，PKI）等。

信息传输安全需要保证信息在传递过程中数据的机密性、完整性、真实性和可靠性，主要是各种通信网络和互联网的安全。采用的安全技术主要有虚拟专用网、信号加密、安全路由、防火墙、安全域策略等。

信息处理安全需要保证信息的处理和储存安全等，主要是云计算、数据中心等的安全。采用的安全技术主要有内容分析、病毒防治、攻击监测、应急反应、战略预警等。

信息应用安全需要保证信息的私密性和使用安全等，主要是个体隐私保护和应用系统安全等。采用的安全技术主要有身份认证、可信终端、访问控制、安全审计等。

物理安全需要保证物联网各层的设备（如信息采集节点、大型计算机等）不被欺骗、控制、破坏。主要涉及设备的安全放置、使用与维护、机房的建筑布局等。

11.2 物联网的安全威胁与需求

物联网结构复杂、技术繁多，面对的安全威胁的种类也就比较多。结合物联网的安全架构来分析感知层、传输层、处理层以及应用层的安全威胁与需求，不仅有助于选取、研发适合物联网的安全技术，更有助于系统地建设完整的物联网安全体系。

11.2.1 感知层的安全

感知层的任务是全面感知外界信息，与传统的无线网络相比，由于感知层具有资源受限、拓扑动态变化、网络环境复杂、以数据为中心以及与应用联系密切等特点，使其更容易受到威胁和攻击。

1. 感知层的安全威胁

感知层可能遇到的安全问题包括末端节点安全威胁、传输威胁、拒绝服务、路由攻击等。

1）末端节点安全威胁。物联网感知层的末端节点包括传感器节点、RFID 标签、移动通信终端、摄像头等。末端节点一般较为脆弱，其原因有如下几点：一是末端节点自身防护能力有限，容易遭受拒绝服务（Denial of Service，DoS）攻击；二是节点可能处于环境恶劣、无人值守的地方；三是节点随机动态布放，上层网络难以获得节点的位置信息和拓扑信息。根据末端节点的特点，它的安全威胁主要包括：物理破坏导致节点损坏；非授权读取节点信息；假冒感知节点；节点的自私性威胁；木马、病毒、垃圾信息的攻击以及与用户身份有关的信息泄露。

2）传输威胁。物联网需要防止任何有机密信息交换的通信被窃听，储存在节点上的关键数据未经授权也应该禁止访问。传输信息主要面临的威胁有中断、拦截、篡改和伪造。

3）拒绝服务。拒绝服务主要是指故意攻击网络协议实现的缺陷，或直接通过野蛮手段（如向服务器发送大量垃圾信息或干扰信息）耗尽被攻击对象的资源，目的是让目标网络无法提供正常的服务或资源访问，使目标系统服务停止响应或崩溃。如试图中断、颠覆或毁坏网络，还包括硬件失败、软件漏洞、资源耗尽等，也包括恶意干扰网络中数据的传送或物理损坏传感器节点，消耗传感器节点能量。

4）路由攻击。路由攻击是指通过发送伪造路由信息，干扰正常的路由过程。路由攻击有两种攻击手段。其一是通过伪造合法的但具有错误路由信息的路由控制包，在合法节点上产生错误的路由表项，从而增大网络传输开销、破坏合法路由数据、或将大量的流量导向其他节点以快速消耗节点能量。还有一种攻击手段是伪造具有非法包头字段的包，这种攻击通常和其他攻击合并使用。

2. 感知层的安全需求

感知层的安全需求应该建立在感知网络自身特点、服务节点特征以及用户要求的基础上。一般的感知网络具有低功耗、分布松散、信令简练、协议简单、广播特性、少量交互甚至无交互的特点，因此解决感知层的安全问题时，应尽可能少用能量及带宽资源、所设计的安全算法、密钥体系和安全协议应该既能保证安全又足够精简。针对感知层特有的安全需求，具体的解决方案如下。

1）感知层节点常常应用在无人看管的场合，因此并不能保证节点设备的绝对安全，但可以通过增加设备的冗余来提高整个系统的抗毁性。

2）根据用户的实际需求，通过对称密码或非对称密码的方案实现节点之间在通信前的身份认证。

3）通过限制网络的发包速度和同一数据包的重传次数，来阻止利用协议漏洞导致以持续通信的方式使节点能量资源耗尽的攻击。

11.2.2 传输层的安全

物联网的传输层主要用于把感知层收集到的信息安全可靠地传输到信息处理层。在信息传输中，可能经过一个或多个不同架构的网络进行信息交换。大量的物联网设备接入到传输层，也使其更容易产生信息安全问题。

1. 传输层的安全威胁

传输层可能遇到的安全问题有传输的安全问题、隐私的泄露问题、网络拥塞和 DoS 攻击、密钥问题等。

1）传输的安全问题。传输的安全问题是通信网络存在的一般性安全问题，会对信令的机密性和完整性产生威胁。

2）隐私的泄露问题。由于一些物联网设备很可能处在物理不安全的位置，这就给了攻击者窃取用户身份等隐私信息的机会。攻击者可以根据窃取的隐私信息，借助这些设备对通信网络进行一些攻击。

3）网络阻塞和 DoS 攻击。由于物联网设备数量巨大，如果通过现有的认证方法对设备进行认证，那么信令流量对网络来说是不可忽略的，很可能会带来网络拥塞，网络拥塞会给攻击者带来可乘之机，从而对服务器产生拒绝服务攻击。

4）密钥问题。传统的通信网络认证是对终端逐个进行认证，并生成相应的加密和完整性保护密钥。当网络中存在大量的物联网设备时，如果也按照逐一认证产生密钥的方式，则会给网络带来大量的资源消耗。同时，未来的物联网存在多种业务，对于同一用户的同一业务设备来说，逐一对设备进行认证并产生不同的密钥也是对网络资源的一种浪费。

2. 传输层的安全需求

传输层的网络安全需求并不是物联网研究范畴的新课题，早在各种通信网络标准制定和通信网络建设初期，安全问题就已被相关组织所关注，并制定了一系列的标准算法、安全协议和解决方案。针对不同的网络特征及用户需求，采取一般的安全防护或增强的安全防护措施基本能解决物联网通信网络的大部分安全问题。

通信网络的安全需求主要包括如下几个方面：接入鉴权；话音、数据及多媒体业务信息的传输保护；端到端和节点到节点的机密认证、密钥协商与管理机密性算法选取的有效机制；在公共网络设施上构建虚拟专网（VPN）的应用需求；用户个人信息或集团信息的屏蔽；各类网络病毒、网络攻击、DoS 攻击的防护等。

11.2.3 处理层的安全

处理层对接收到的信息加以处理，要求能辨别出哪些是有用信息，哪些是无用信息甚至是恶意信息。处理层的安全性能同样取决于物联网的智能程度。

1. 处理层的安全威胁

处理层可能遇到的安全威胁包括信息识别问题、日志管理问题、配置管理问题和软件远程更新问题。

1）信息识别问题。物联网由于某种原因可能无法识别有用的信息，无法甄别并有效防范恶意的信息和指令。导致出现信息识别问题的情况有：超大量终端提供了海量的数据，使得系统来不及识别和处理信息；智能设备的智能失效，导致效率严重下降；自动处理失控；非法人为干预造成故障；设备从网络中逻辑丢失等。

2）日志管理问题。在传统网络中，各类业务的日志审计等安全信息由各业务平台负责。而在物联网环境中，终端无人值守并且规模庞大，对这些终端的日志等安全信息进行管理成为新的安全问题。

3）配置管理问题。攻击者可以通过伪装成合法用户向网络控制管理设备发出虚假的配置或控制命令，使得网络为节点配置错误的参数和应用，向节点执行器发送错误的命令，从而导致终端不可用，破坏物联网的正常使用。

4）软件远程更新问题。由于物联网的终端节点数量巨大，部署位置广泛，人工更新终端节点上的软件十分困难，因此需要远程配置和更新。提高这一过程的安全保护能力十分重要，否则攻击者可以利用这一过程将病毒等恶意攻击软件注入终端，从而对整个网络进行破坏。

2. 处理层的安全需求

处理层的安全需求主要体现在对信息系统和控制系统的保护上，包括如下几个方面：对信息系统数据库信息的保护，防泄露、篡改或非法授权使用；有效的数据库访问控制和内容筛选机制；通过安全可靠的通信确保对节点的有效跟踪和控制；确保信息系统或控制系统采集的节点信息及下达的决策控制信息的真实性，防篡改、假冒或重放；安全的计算机信息销毁技术；叛逆追踪和其他有效的信息泄露追踪机制；对信息系统及控制系统的安全审计等。

11.2.4 应用层的安全

应用层利用处理层处理好的信息完成服务对象的业务需求。应用层的安全问题就是物联网业务的安全问题，其关注更多的是物联网中用户的安全需求。

1. 应用层的安全威胁

应用层面临的安全威胁主要有隐私威胁、业务滥用、身份冒充、重放威胁和用户劣性。

1）隐私威胁。大量使用无线通信、电子标签和无人值守设备，使得物联网应用层隐私信息威胁问题非常突出。隐私信息可能被攻击者获取，给用户带来安全隐患。物联网的隐私威胁主要包括隐私泄露和恶意跟踪。

2）业务滥用。物联网中可能会产生业务滥用攻击，例如非法用户使用未授权的业务或者合法用户使用未定制的业务等。

3）身份冒充。物联网中存在无人值守设备，这些设备可能被劫持，然后用于伪装成客户端或者应用服务器发送数据信息、执行操作。例如针对智能家居的自动门禁系统，通过伪装成基于网络的后端服务器，可以解除告警、打开门禁。

4）重放威胁。攻击者可以通过发送一个目的节点已经接收过的信息，来达到欺骗系统的目的。

5）用户劣性。应用的参与者可能否认或抵赖曾经完成的操作和承诺。例如，用户否认自己曾发送过某封电子邮件。

2. 应用层的安全需求

智能电网、智能交通、智能医疗、精细农业等物联网应用的安全需求既存在共性也存在差异。

共性的安全需求包括如下几个方面：对操作用户的身份认证、访问控制；对行业敏感信息的信源加密及完整性保护；利用数字证书实现身份鉴别；利用数字签名技术防止抵赖；安全审计。

差异性体现在物联网不同应用系统的特性安全需求上，这需要针对各类智能应用的特点、使用场景、服务对象和用户的特殊要求，进行有针对性的分析研究。

11.3 物联网安全的关键技术

作为一种多网、多技术融合的网络，物联网安全涉及各个网络的不同层次和各种技术的不同标准。针对互联网、移动通信网、RFID、数据中心等的安全研究已经经历了很长时间，物联网将这些成熟的安全技术应用到自身的安全体系中是十分必要的。另外，对于一些安全研究难度比较大的网络和技术，如传感网等，则需要重点考虑相应的安全技术。

11.3.1 密钥管理技术

密钥系统是安全的基础，是实现物联网安全通信的重要手段之一。密钥是一种参数，它是在明文转换为密文或将密文转换为明文的算法中输入的数据。密钥管理是处理密钥自产生到最终销毁的整个过程的所有问题，包括密钥的产生、存储、备份/装入、分配、保护、更新、控制、丢失、吊销和销毁等。其中分配和储存是比较棘手的问题。密钥管理不仅影响系统的安全性，而且涉及系统的可靠性、有效性和经济性。

密钥管理需要进行的工作包括：产生与所要求安全级别相称的合适密钥；根据访问控制的要求，决定应该接受密钥的实体；用可靠的办法将密钥分配给开放系统中的用户；利用其他渠道发放密钥，如网上银行等采用的手机短信密码，有时甚至需要进行人工的物理密钥的发放。

密钥管理系统有两种实现方法：对称密钥系统和非对称密钥系统。

对称密钥系统如图 11-2 所示。在对称密钥系统中，加密密钥和解密密钥是相同的。目前经常使用的一些对称加密算法有数据加密标准（Data Encryption Standard，DES）、三重 DES（3DES，或称 TDEA）和国际数据加密算法（International Data Encryption Algorithm，IDEA）等。

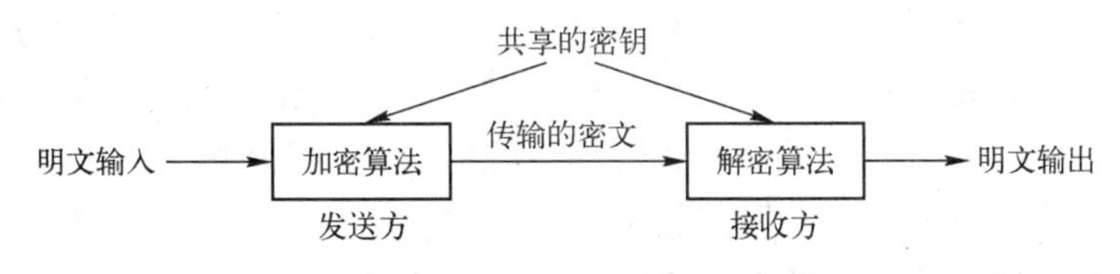

图 11-2　对称密钥系统

非对称密钥系统也称为公钥密钥系统，有两种模型：加密模型和认证模型，如图 11-3 所示。非对称密钥系统有两个不同的密钥，它可将加密功能和解密功能分开。一个密钥称为私钥，它被秘密保存；另一个密钥称为公钥，不需要保密，供所有人读取。非对称密钥系统的加密算法也是公开的，常用的算法有 RSA（以 Rivest、Shamir 和 Adleman 三人的名字命名）算法、消息摘要算法第 5 版（Message Digest，MD5）、数据签名算法（Digital Signature Algorithm，DSA）等。

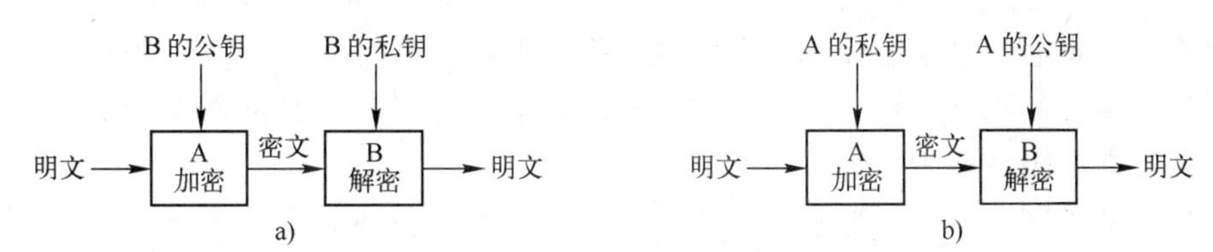

图 11-3　非对称密钥系统
a）加密模型　b）认证模型

加密模型用于信息的保密传输，发送者使用接收者的公钥加密，接收者收到密文后，使用自己的私钥解密。

认证模型用于验证数据的完整性和数字签名等。例如，目前互联网上大型的文件一般会附上 MD5 值，供下载完成后验证文件的完整性，同时也防止对文件的篡改。在认证模型中，发送者使用自己的私钥加密，接收者使用发送者的公钥解密。由于只有发送者知道自己的私钥，其他人很难生成同样的密文，因此可用于数字签名。

对称密钥系统和非对称密钥系统各有优缺点。对称密钥系统的算法简单，但在管理和安全性上存在不足。非对称密钥系统的算法比较复杂，加解密时间长，但密钥发放容易，安全性高。互联网不存在计算资源的限制，非对称和对称密钥系统都可以使用。而在物联网中，无线传感器网络和感知节点存在计算资源的限制，对密钥系统提出了更多的要求，应该综合考虑对称与非对称密钥系统。

针对物联网尤其是无线传感器网络的特性，物联网密钥管理系统面临两个主要的问题：一是如何构建一个贯穿多个网络的统一密钥管理系统，并与物联网的体系结构相适应；二是如何解决无线传感器网络的密钥管理问题，如密钥的分配、更新、组播等问题。

在无线传感器网络中，密钥的建立和管理过程是其保证安全的首要问题。无线传感器网络中的密钥管理方法根据密钥的节点个数可以分为对密钥管理方案和组密钥管理方案。根据密钥产生的方式又可分为预共享密钥模型和随机密钥预配置模型。另外还有基于位置的密钥预分配模型、基于密钥分发中心的密钥分配模型等。

实现统一的密钥管理系统可以采用两种方式：一是以互联网为中心的集中式管理方式，由互联网的密钥分配中心负责整个物联网的密钥管理，一旦传感器网络等其他网络接入互联网，便通过密钥中心与传感器网络汇聚节点进行交互，实现对网络中节点的密钥管理；二是以各自网络为中心的分布式管理方式，在此模式下，互联网和移动通信网比较容易解决，但无线传感网络由于自身特点的限制，密钥管理系统的设计需求上有所不同，特别要充分考虑无线传感器网络传感节点的限制和网络组网与路由的特征。可见，解决无线传感器网络的密钥管理是解决物联网密钥管理的关键。无线传感器网络的需求主要体现在：密钥生成或更新算法的安全性，前向私密性，后向私密性和可扩展性，抗同谋攻击，源端认证性和新鲜性。

11.3.2 虚拟专用网技术

在建设企业专网时，企业的异地局域网之间的互连有 3 种方法：自己铺设线路，租用电信网专线和采用虚拟专用网技术。前两种方法都比较昂贵。

虚拟专用网（Virtual Private Network，VPN）指的是依靠互联网服务提供商（Internet Service Provider，ISP）和其他网络服务提供商（Network Services Provider，NSP）在公用网络上建立专用数据通信网络的技术。在虚拟专用网中，任意两个节点之间的连接并没有传统专网所需的端到端的物理链路，而是架构在公用网络服务商所提供的网络平台之上的逻辑网络，用户数据在逻辑链路中传输。

根据用途的不同，VPN 通常有 3 种解决方案：远程访问虚拟网（Access VPN）、内联网虚拟网（Intranet VPN）和外联网虚拟网（Extranet VPN）。用户可以根据自身需求和 VPN 的以下特点进行选择。

1）安全保障。虽然实现 VPN 的技术和方式很多，但所有的 VPN 均可保证通过公用网络平台传输数据的专用性和安全性。VPN 在非面向连接的公用 IP 网络上建立一个逻辑的、点对点的连接，称为隧道，利用加密技术对经由隧道传输的数据进行加密，以保证数据仅被指定的发送者和接收者了解，从而保证了数据的私有性和安全性。

2）服务质量保证。VPN 可以根据不同要求提供不同等级的服务质量保证，并且可以通过流量预测与流量控制策略，按照优先级分配带宽资源，实现带宽管理，使得各类数据能够被合理地先后发送，并预防阻塞的发生。

3）可扩充性和灵活性。VPN 能够支持通过 Intranet（内联网，企业内部网络）和 Extranet（外联网，企业间的公共合作网络）的任何类型的数据流，方便增加新的节点，支持多种类型的传输媒介，可以满足同时传输语音、图像和数据等应用对高质量传输以及带宽增加的需求。

4）可管理性。VPN 管理主要包括安全管理、设备管理、配置管理、访问控制列表管理、服务质量管理等内容。无论从用户角度还是从运营商角度，都可以方便地进行管理和维护。

VPN 的上述特点使其十分适应物联网构建的要求。VPN 的核心优势是安全，在物联网的传输层中运用 VPN，可以有效地保证信息传递过程中数据的安全性。VPN 运用了4项安全技术：隧道技术、加解密技术、密钥管理技术以及使用者和设备身份认证技术。

在物联网中，VPN需要扩展到远程访问，这就对VPN的安全提出了更高的要求。例如，远程工作人员可能会通过个人计算机进入网络，接触、操作网络核心内容，从而给攻击者提供了机会。虽然远程访问过程中加密隧道是安全的，连接也是正确的，但是攻击者可以通过入侵远程工作的计算机来达到破坏网络的目的。一旦入侵成功，攻击者便能够远程运行VPN客户端软件，进入到整个网络中。因此必须有相应的解决方案堵住远程访问VPN的安全漏洞，使远程访问端与网络的连接既能充分体现VPN的优点，又不会成为安全的威胁。具体的解决办法有：在所有进行远程访问的计算机上安装防火墙并配备入侵检测系统；监控安装在远端系统中的软件，并将其限制在只能在一定权限内使用；安装要求输入密码的访问控制程序；对敏感文件进行加密等。

11.3.3 认证技术

认证指使用者采用某种方式来“证明”自己确实是自己宣称的某人，网络中的认证主要包括身份认证和消息认证。

身份认证用于鉴别用户身份，使通信双方确信对方身份并交换会话密钥。身份认证包括识别和验证。识别是指明确并区分访问者的身份。验证是指对访问者声称的身份进行确认。在身份认证中，保密性和及时性是密钥交换的两个重要问题。为防止假冒和会话密钥的泄密，用户标识和会话密钥等重要信息必须以密文的形式传送，这就需要事前已有能用于这一目的的主密钥或公钥。在最坏的情况下，攻击者可以利用重放攻击威胁会话密钥，或者成功假冒另一方，因此，及时性可以保证用户身份的可信度。

消息认证用于保证信息的完整性和抗否认性，使接收方可以确信其接收的消息确实来自真正的发送方。在很多情况下，用户双方并不同时在线，而且需要确认信息是否被第三方修改或伪造，这就需要消息认证。广播认证是一种特殊的消息认证形式，在广播认证中一方广播的消息被多方认证。

常用的认证方法有用户名/密码方式、IC卡认证方式、动态口令方式、生物特征认证方式以及USB密钥认证方式。常用的认证机制包括简单认证机制、基于Kerberos网络认证协议的认证机制、基于公共密钥的认证机制以及基于挑战/应答的认证机制。这些方法和机制各有优势，被应用在不同的认证场景中。

在物联网的认证过程中，传感器网络的认证机制比较重要。传感器网络中的认证技术主要包括基于轻量级公钥的认证技术、预共享密钥的认证技术、随机密钥预分布的认证技术、利用辅助信息的认证、基于单向散列函数的认证等。

互联网的认证是区分不同层次的，网络层的认证就负责网络层的身份鉴别，业务层的认证就负责业务层的身份鉴别，两者独立存在。但在物联网中，业务应用与网络通信紧紧地绑在一起，认证有其特殊性。例如，当物联网的业务由运营商提供时，就可以充分利用网络层认证的结果而不需要进行业务层的认证；当业务是敏感业务如金融类业务时，一般业务提供者会不信任网络层的安全级别，而使用更高级别的安全保护，这个时候就需要做业务层的认证。

11.3.4 访问控制技术

访问控制是对用户合法使用资源的认证和控制，按用户身份及其所归属的某项定义组来限制用户对某些信息项的访问或限制对某些控制功能的使用。访问控制是信息安全保障机制的核心内容，是实现数据保密性和完整性的主要手段。访问控制的功能主要有防止非法的主题进入受保护的网络资源，允许合法用户访问受保护的网络资源以及防止合法的用户对受保护的网络资源进行非授权的访问等。

访问控制可以分为自主访问控制和强制访问控制两类，前者是指用户有权对自身所创建的访问对象（文件、数据表等）进行访问，并可将对这些对象的访问权授予其他用户和从被授予权限的用户那里收回其访问权限；后者是指系统（通过专门设置的系统安全员）对用户所创建的对象进行统一的强制性控制，按照预定规则决定哪些用户可以对哪些对象进行什么类型的访问，即使用户是创建者，在创建一个对象后，也可能无权访问该对象。

访问控制技术可分为入网访问控制、网络权限控制、目录级控制、属性控制和网络服务器的安全控制。对于系统的访问控制，有几种实用的访问控制模型：基于对象的访问控制模型；基于任务的访问控制模型；基于角色的访问控制模型。目前信息系统的访问控制主要是基于角色的访问控制机制及其扩展模型。

在基于角色的访问控制机制中，一个用户先由系统分配一个角色，如管理员、普通用户等，登录系统后，根据用户的角色所设置的访问策略实现对资源的访问。显然，这种机制是基于用户的，同样的角色可以访问同样的资源。对物联网而言，末端是感知网络，可能是一个感知节点或一个物体，仅采用用户角色的形式进行资源的控制显得不够灵活，因此需要寻求新的访问控制机制。

基于属性的访问控制是近几年研究的热点。如果将角色映射成用户的属性，就可以构成属性和角色的对等关系。基于属性的访问控制是针对用户和资源的特性进行授权，不再仅仅根据用户 ID 来授权。由于属性的增加相对简单，随着属性数量的增加，加密的密文长度随之增加，这对加密算法提出了新的要求。为了改善基于属性的加密算法，目前的研究重点有基于密钥策略和基于密文策略两个发展方向。

11.3.5 入侵检测技术

入侵检测就是鉴别正在发生的入侵企图或已经发生的入侵活动。入侵检测是对入侵行为的检测，通过收集和分析网络行为、安全日志、审计数据、关键点信息以及其他网络上可以获得的信息，检查网络或系统中是否存在违反安全策略的行为和被攻击的迹象。入侵检测作为一种积极主动的安全防护技术，提供了对内部攻击、外部攻击和误操作的实时保护，在网络系统受到伤害之前拦截入侵行为。

从检测事件的性质来说，入侵检测主要分为异常入侵检测和误用入侵检测。

异常入侵检测是基于行为的检测方法，是根据入侵行为的异常特性识别入侵。它检测与可接受行为之间的偏差。如果可以定义每项可接受的行为，那么每项不可接受的行为就应该是入侵。首先总结正常操作应该具有的特征（用户轮廓），当用户活动与正常行为有重大偏离时即被认为是入侵。这种检测模型漏报率低，误报率高。因为不需要对每种入侵行为进行定义，所以能有效检测未知的入侵。

误用入侵检测是基于知识的检测技术，它根据攻击模式等入侵形式特征识别入侵。检测与已知的不可接受行为之间的匹配程度。如果可以定义所有的不可接受行为，那么每种能够与之匹配的行为都会引起告警。收集非正常操作的行为特征，建立相关的特征库，当监测的用户或系统行为与库中的记录相匹配时，系统就认为这种行为是入侵。这种检测模型误报率低、漏报率高。对于已知的攻击，它可以详细、准确地报告出攻击类型，但是对未知攻击却效果有限，而且特征库必须不断更新。

目前主要的入侵检测技术有如下几种：基于人工免疫系统的入侵检测方法；基于神经网络的入侵检测方法；基于遗传的入侵检测方法；基于聚类的入侵检测方法；基于专家系统的入侵检测方法；基于分布式协作与移动代理技术的入侵检测方法。

在物联网中，接收到的数据按指数增长，并且广泛使用加密技术。传统的入侵检测系统不能识别加密后的数据，无法形成有效的检测机制，除此之外，还存在不能很好地与其他网络安全产品相结合等问题。因此，入侵检测技术需要不断改进分析技术，增进对大流量网络的处理能力，并向高度可集成性发展。

11.3.6　容侵容错技术

容侵是指在网络中存在恶意入侵的情况下，网络仍然能够正常地运行。容错就是当由于种种原因在系统中出现了数据、文件损坏或丢失时，系统能够自动将这些损坏或丢失的文件和数据恢复到发生事故以前的状态，使系统能够连续正常运行的一种技术。容侵容错技术在网络、数据库以及应用系统中都有十分重要的应用。而对于物联网，无线传感器网络的容侵容错性则是十分重要的安全保障。

无线传感器网络的安全隐患在于网络部署区域的开放性以及无线电网络的广播特性，攻击者往往利用这两个特性，通过阻碍网络中节点的正常工作，进而破坏整个网络的运行，降低网络的可靠性。无人值守的恶劣环境导致无线传感器网络缺少传统网络中的物理上的安全，传感器节点很容易被攻击者俘获、毁坏或妥协。现阶段无线传感器网络的容侵技术主要集中于网络的拓扑容侵、安全路由容侵以及数据传输过程中的容侵机制。

由于传感器节点在能量、储存空间、计算能力和通信带宽等诸多方面都受限，而且通常工作在恶劣的环境中，导致传感器节点经常会出现失效的状况。无线传感网的容错性体现在当部分节点或链路失效后，网络能够对传输的数据进行恢复或者使网络结构自愈，从而尽可能减小节点或链路失效对无线传感器网络功能的影响。目前无线传感器网络容错技术的研究主要集中在网络拓扑中的容错、网络覆盖中的容错以及数据检测中的容错机制等。

11.3.7　隐私保护技术

隐私就是反映使用者日常行为的信息。网络隐私权是指公民在网络上的个人数据信息、隐私空间和网络生活安宁受法律保护，禁止他人非法知悉、侵扰、传播或利用的权利。在现代社会中，隐私的保护不仅是安全问题，也是法律问题，欧洲通过了《隐私与电子通信法》对隐私保护问题给出了明确的法律规定。

在物联网的发展过程中，大量的数据涉及个体的隐私问题，如个人出行路线、消费习惯、个体位置信息、健康状况、企业产品信息等，如果无法保护隐私，物联网可能面临由于侵害公民隐私权而无法大规模广泛应用的问题。因此，物联网中的隐私保护是其面临的一项重要挑战。

物联网很多技术都与隐私保护有关，例如 RFID、传感器网络、互联网、数据管理、云计算等。物联网中隐私侵犯的主要特点有：侵犯形式的多样性；侵权主体的多元化；侵权手段的多样化与智能化以及侵权后果的严重化与复杂化。

从技术角度来看，隐私保护技术主要有两种方式：一是采用匿名技术；二是采用署名技术。

匿名技术主要包括洋葱路由（类似洋葱，沿途路由器层层加密）等匿名方法，主要应用于以下场合。

1）移动通信。移动通信在为用户提供随身携带、使用方便的服务的同时，也为攻击者跟踪使用者留下了隐患，因此采用匿名技术实现隐蔽的网络连接是十分必要的，隐蔽连接包括两个方面：位置隐蔽性用以保证用户的位置与行踪秘密；数据来源/目的的隐蔽性用以实现用户身份的匿名性。

2）互联网。互联网匿名技术的应用包括匿名电子邮件、隐蔽浏览和消息发布以及匿名网络通信系统等。匿名电子邮件利用简单邮件传输协议 SMTP 和相应的匿名连接协议组合而成。隐蔽浏览和发布系统是采用超文本传输协议 HTTP 的转递代理，通过代理过滤掉 HTTP 头中有关用户的信息，实现隐蔽的网页浏览和消息发布。匿名网络通信是一种综合性的隐蔽网络连接系统，采用的是匿名链迭代协议（把多个代理串接起来），可实现隐蔽的远程登录、网页浏览、邮件发送、电子支付、匿名拍卖等功能。

3）匿名移动代理。匿名移动代理指的是代表某一匿名用户沿一个指定的路径做某个特定信息处理的软件模块，主要由软件代码和信息库组成，所做处理包括信息采集或商务协商。为保证代理的匿名性和可识别性，由代理服务中心和分级证书机构生成代理的软件代码并签发数字证书。移动代理所具有的信息加密和签名具有安全保障，其隐蔽路径一般通过洋葱路由方法实现。

署名技术是一种用来防止第三者对信息进行篡改或冒他人之名来接收信息的技术。它的作用同现实社会中的签名、印章的作用是相同的，即接收机密信息的人可据此了解信息是否被篡改。更重要的是，署名技术具有保护原作者所做文件的功能，非原作者不能对它进行否定。署名技术与密码技术有着紧密的关联，大致可分为通用密钥的署名技术和公开密钥的署名技术。由于使用通用密钥的署名技术时，接收方可以更改署名的主题，因此一般采用公开密钥的署名技术。隐私偏好平台技术（Platform for Privacy Preferences，P3P）是一种主要的署名技术，是由万维网联盟（World Wide Web Consortium，W3C）制定的 Internet 隐私保护技术。

除了上述两种方式外，隐私保护还包括对等计算、基于安全多方计算的隐私保护、私有信息检索、位置隐私保护、时空匿名、空间加密等方式。将这些技术合理地应用在物联网中，对物联网的隐私保护有着重要意义。

11.4 物联网的管理

国际电联（ITU）和国际标准化组织（ISO）提出网络管理的 5 大功能，即故障管理、配置管理、计费管理、性能管理和安全管理。其中故障管理使管理中心能够监视网络中的故障，并能对故障原因进行诊断和定位；配置管理用来定义网络、初始化网络、配置网络、控制和监测网络中被管对象的功能集合；计费管理，即记录用户使用网络的情况，统计不同线路、不同资源的利用情况，建立度量标准，收取合理费用；性能管理的目标是衡量和调整网络特性的各个方面，使网络的性能维持在一个可以接受的水平上；安全管理即对网络资源以及重要信息的访问进行约束和控制。

目前的计算机网络、通信网络都是按照这 5 个功能进行管理的，物联网亦不例外。然而，物联网有许多新的特点，如物联网的接入节点数量极大、网络结构形式多异、节点的生效和失效频繁、核心节点的产生和调整往往会改变物联网的拓扑结构等。因此，物联网的管理还应该包括以下几个方面的内容：传感网中节点的生存、工作管理；传感网的自组织特性和传感网的信息传输；传感网拓扑变化及其管理；自组织网络的多跳和分级管理；自组织网络的业务管理等。

物联网的网络管理主要从其自组织、分布式特性入手，建立网络管理模型，提出相应的网络管理解决方案。

11.4.1 物联网的自组织网络管理

无线传感器网络是物联网感知层的核心技术之一，它是一种自组织网络（Ad Hoc 网络，简称自组网），其主要特点是无线、多跳和移动。现有的网络管理体系及系统结构都是面向固定网络的，在动态网络环境下都难以保证完成正常的网络管理任务，即它们的移动性和抗毁能力差。因此，物联网的自组织网络管理是物联网能否成功运行的关键。

物联网的自组织网络管理可分为拓扑管理、移动性管理、功率管理、QoS 管理和网络互联管理等几个方面。

1. 拓扑管理

由于自组网的拓扑是动态变化的，因此，要求拓扑控制算法不仅能在初始时建立具有某种性质（或者优化目标）的网络拓扑结构，而且在拓扑变化时，算法能够重构网络，保障网络的连通性，并且以较小的开销维护网络已有的属性。

通过拓扑管理，物联网可以达到如下目的：提高网络的业务性能，即提高吞吐量；保证网络的连通性，提高网络的可靠性能；实现功率的优化，从而降低总功率和平均功率；保障网络的服务质量。

2. 移动性管理

由于自组网节点的移动性会造成网络拓扑的动态变化，因此，对网络节点的移动性管理是十分必要的。为了更好地组织和管理移动节点，可以采用分群的策略。群的划分应遵循以下原则：采用不固定的群结构和群首；群首的功能完全由管理者控制；群的规模要适中，群中群首与一般成员间距离以一跳为好；需要周期性地分群或修改群结构，并对群的划分进行刷新，但重新分群不应过于频繁；在网络发生突变的情况下，及时相应改变网络的结构。

在自组网中，采取分群策略有助于简化管理者的管理任务。为了不过多增加网络负荷，仅当网络拓扑结构发生显著变化时，才对其做出响应。

3. 功率管理

在物联网中，功率控制管理不仅针对终端设备，而且更多地针对由电池供电的网络节点。在无线传感器网络中，很多路由协议和分簇算法考虑了功率管理，并且在 MAC 层加入了休眠机制。由于节点在休眠模式下消耗的能量远小于节点发射、接收和空闲时消耗的能量，因此，应该使节点尽量处于休眠状态，但为了保证数据的正常传输，必须提供合理的唤醒机制。

在无线传感器网络中，通过降低传感器节点无线通信发射功率，功率管理提供了降低功耗的方法。在保证网络的双向连通性的条件下，尽量降低节点发射功率是功率管理的基本目标。对节点自身的计算和传感资源的动态管理也是功率管理的一个重要方面。

4. QoS 管理

为了使自组网适用于各种实时业务应用，如话音信息和多媒体信息，网络必须具有 QoS 管理机制。在互联网中，最常用的 QoS 机制有集成服务和区分服务两种。集成服务的思想是预留一定的资源；区分服务的思想是区别对待不同类型的数据。自组网可以对这两种机制加以修改，资源预留时根据用户所要求的带宽范围决定数据流的接入与否，当网络趋于拥塞时，每个接入流只保证最小要求带宽，当网络空闲时，逐步扩大使用带宽。QoS 资源管理协议可以和 QoS 路由算法联合起来提供服务质量保证。

5. 网络互联管理

自组网的互联管理包括自组网之间的互联、自组网与 IP 网或蜂窝移动网的互联等。与其他网络互联，自组网只能作为末端网络，即只允许出自本网节点或终结于本网节点的数据流通过。两个自组网通过 IP 网互联时，IP 网作为通信隧道传输自组网的数据。

11.4.2 物联网的分布式网络管理模型

网络管理一般采用管理者 - 代理模型。管理者是运行在计算机上的一组应用程序，从各代理处收集设备信息，供网络管理员和网管软件进行处理。代理是运行在被管理的设备内部的一个应用程序，用于监控设备。

互联网使用的网络管理协议是简单网络管理协议（Simple Network Management Protocol，SNMP）。SNMP 是一个面向对象的协议，可以管理网络中的所有子网和设备，以统一的方式配置网络设备、控制网络和排除网络故障。SNMP 网络管理系统由管理者、代理、管理信息库 MIB 和 SNMP 4 部分组成。

物联网是一种异构集成网络，不能直接全面使用 SNMP 协议，但可以采用同样的管理者 - 代理模型。在分布式网络管理模型中，有些代理也担当管理者的部分功能。物联网分布式网络管理模型由网管服务器、分布式网络代理和网关设备组成，其中，分布式网络代理是基于自组网的监测、管理和控制单元，具有网络性能检测与控制、安全接入与认证管理、业务分类与计费管理等功能，监测并管理各分布式网络代理中的被管理设备。分布式网络代理的功能模型如图 11-4 所示。

分布式网络代理作为物联网分布式网络管理模型中物联网网络监测、管理和控制系统的核心，是其所在管理群内唯一授权的管理者。各分布式网络代理应能动态地发现其他的分布式网络代理，在数据库级别上共享网管信息，并且能实现相互间的信息发送和传递，完成彼此之间的定位和通信；同时还要负责维护物联网管理网络的正常运行，实时维护分布式网络代理节点及其备用节点的创建、移动、退出及网络重构；最后还要能够实现与用户和网管服务器的交互与管理策略的制订。

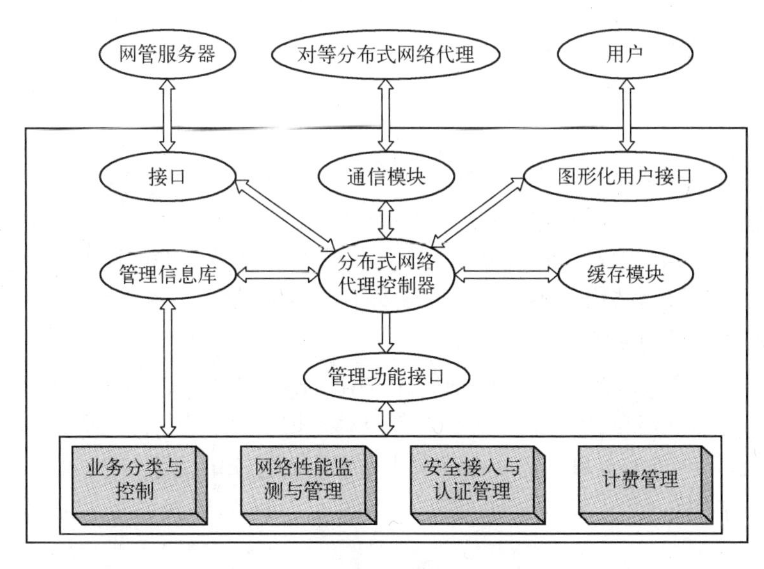

图 11-4　分布式网络代理功能模型

分布式网络代理之间是以自组织的方式形成管理网络，按预先制定的通信机制共享网管信息。各分布式网络代理定时或在网络管理服务器发送请求时，传递相关的统计信息给网管服务器，大大减轻了网管服务器的处理负荷，也大大减少了管理信息的通信量。此外，即使管理站临时失效，也不影响分布式网络代理的管理，只是延缓了相互之间的通信。用户还可通过图形化用户接口配置管理功能模块，提高用户可感知的 QoS。

在物联网管理模型中，网络监测与控制系统的作用是评估网络的服务质量以及动态效率，从而为网络结构调整优化提供参考依据，其基本功能是连续地收集网络中的资源利用、业务传输和网络效率相关参数，如收集网络路由、网络流量、网络拓扑和业务传输的状况，进行分析汇聚和统计，形成汇聚报告，同时根据用户和网管服务器的性能监测管理要求，执行监测配置，并按此配置进行监测控制，实现统计运算、门限告警、监测报告，并根据监测管理策略设置监测参数。对于不同的网络拓扑结构，其搜索算法、网络形成机制、节点加入/离开机制、网络波动程度、网络结构等都不尽相同，所以必须按照实际网络特性制定不同的拓扑发现策略和测量方法，实现拓扑测量。

为了实现物联网网络监测、管理与控制的模型，需研究适合分布式网络代理之间交换信息的通信机制，研究适合于分布式网络代理网络的拓扑结构、路由机制、节点定位和搜索机制，研究节点加入、离开以及邻居节点的发现机制，并引入相应的安全和信任机制，提高网络的相对稳定性、恢复弹性和容错能力，以实现分布式管理系统对于分布式网络代理网络动态变化的适应能力和健壮性。自组织的分布式网络代理通信网络平台要监控网络间的通信控制和信息传输，协调网络通信，保证网络间数据传输的可靠安全。

11.4.3　物联网的网络管理方案

基于物联网的自组织特性以及节点地位的对等性和有限的节点能力，集中式网络管理方案不能适应其实际管理的需要。因此，目前物联网的网络管理方案以自组网的分布式网络管理为主，其网络管理方案大致可分为 3 类：基于位置的管理方案、基于移动性感知的管理方案以及基于代理和策略驱动的管理方案。

1. 基于位置的管理方案

基于位置的管理方案主要有采用分簇算法的网络管理（Clustering Algorithm Applied to the Network Management，CAANM）方案、分布式位置管理（Distributed Location Management，DLM）方案和基于 Quorum 机制的管理（Management with Uniform Quorum System，MUQS）方案。

CAANM 基于 SNMP 协议，采用与 Ad Hoc 网络管理协议（Ad Hoc Network Management Protocol，ANMP）类似的结构，不同之处主要体现在管理者除了可以直接与代理通信外，还可以与簇首节点进行信息交互。

DLM 方案是一种分布式位置管理方案，使用的是一种格状的分级寻址模型，不同级别的位置服务器携带不同级别的位置信息。当节点移动时，只有很少一部分的位置服务器进行更新。在 DLM 中，每个节点具有唯一的 ID，并能通过全球定位系统获知自身的位置。在每个节点传输范围相同的情况下，DLM 要求网络最小分区的对角线长度要小于节点的传输范围。

MUQS 方案在逻辑上使用了两级结构，将网络中的节点分为骨干节点和非骨干节点。这种两级结构只用于移动性管理，路由协议仍在整个平面上进行，即多跳路由可以跨越骨干节点和非骨干节点。

2. 基于移动性感知的管理方案

基于移动性感知的管理方案有局部转发位置管理（Locally Forwarding Location Management，LFLM）方案和组移动性管理（Group Mobility Management，GMM）方案。

LFLM 方案是一种能感知节点运动的管理方案。LFLM，使用了一种混合的网络结构，总体上分为两级，第一级是由网络中的节点构成组，每个组具有组头；由第一级的头组成第二级，采用第一级中组的构成方法，在第二级中又形成队。LFLM 是对传统分级网络中基于指针位置管理方案的一种改进。

GMM 方案是一种基于节点组移动性的管理方案，通过观察节点群组的运动参数，如距离、速度以及网络分裂的加速度等，来预测网络的分裂。GMM 的运动模型比较准确，主要是因为采用了组运动加速度这个参数，从而提高了对节点运动速度的估计准确度，同时也提高了对网络分裂和融合预测的准确性。

3. 基于代理和策略驱动的管理方案

基于代理和策略驱动的管理方案有游击管理体系结构（Guerrilla Management Architecture，GMA）方案。这是一种基于策略的管理方案，网络中能力较高的节点称为管理节点，承担智能化的管理任务，采用两级结构，管理者进行策略的控制和分配，游击式的管理节点通过相互协同完成整个网络的管理。

4. 各种网络管理方案的比较

在上述 3 类管理方案中，基于位置的管理方案更为简单，适用于节点移动性较低的网络。随着网络节点移动性的增加，管理开销上升较快，同时管理效率迅速下降。

基于移动性感知的管理方案由于要完成移动性感知，使其对节点处理能力要求相对更高，同时由于移动性的计算将会增加能量的消耗。由于在实际的网络中节点的运动行为往往不会孤立出现且具有一定的群组运动特性，因此这种方案具有较好的适用性。

基于代理和策略驱动的管理方案是目前适用范围最广的方案，它注重管理策略如何交互，且由于其策略代理具有复制和迁移等特性，使其能适应网络的动态变化，具有较高的管理效率。

习题

1. 为什么说物联网的安全具有其特殊性？
2. 物联网安全的核心是什么？
3. 物联网感知层可能遇到的安全问题有哪些？
4. 物联网应用层的共性安全需求有哪些？
5. 请简要回答密钥管理的含义。
6. VPN 应用的安全技术有哪些？
7. 误用入侵检测有哪些特点？
8. 为什么说物联网中的隐私保护是一项重要挑战？
9. 请简要介绍物联网的管理内容。
10. 分布式物联网网络管理模型主要由哪几部分组成？请尝试画出分布式物联网网络模型简要示意图。
11. 请列举分布式网络代理的功能。
12. 网络管理通常采用什么模型？由哪几部分组成？各部分的功能是什么？

第 12 章　物联网应用

物联网的应用领域非常广泛，遍及各行各业，智能电网、智能交通、环境保护、政府工作、公共安全、智能家居、安防报警、视频监控、智能消防、工业控制、环境监测、老人护理、个人健康、智慧校园等都是物联网应用的具体体现。物联网的应用技术与实际环境联系比较密切，在建设不同用途的物联网时，选用的感知设备、接入技术、承载网络等可能迥然不同。

12.1　智能电网

智能电网是传统电网的发展趋势，它融合了众多的技术领域，是传统供电技术的重大变革。随着物联网技术的发展，越来越多的技术被应用到了电力传输领域，极大地加快了传统电网技术向智能电网技术的发展步伐。

12.1.1　智能电网的特点

智能电网也称为智能供电网络，是下一代电力生产、传输和分布的解决方案。当前的传统电网技术已经难以满足自身的维护管理，由于缺乏与用户的互动性，也难以满足现代生活和生产的各种电力需求。智能电网作为一种新型的电网模式，用来解决目前电力供应领域里所面临的资源短缺、信息交互不足、供给不平衡等问题。

智能电网建立在集成的、高速双向通信网络的基础上，通过先进的感测技术、设备技术、控制方法和决策支持技术的应用，实现电网的可靠、安全、经济、高效和环保的目标。可见，智能电网意味着一种基于计算机驱动的、自动的、双向供电的系统，可以提供实时的数据信息，通过这些实时信息，智能电网可以调控电力供给，满足各种电力需求。

智能电网源于智能能源技术的应用，智能能源技术是用于优化发电资源和电力传输技术。与传统电网相比，智能电网的特点有如下几项：自愈、激励和用户参与、抵御攻击、提供满足用户需求的电能质量、容许各种不同发电形式的接入、启动电力市场和资产的优化高效运行等。

智能电网是一个“自愈”性的网络，也就是说智能电网通过传感器设备和监控设备系统，持续地采集电网运行数据，通过智能电网中的宽带通信功能，将本地与远程设备之间的供电故障、电压过低、电能质量差、电路过载等供电问题发送到节点处理中心，根据决策支持算法，动态控制供电功率流，避免限制和中断电力供应，防止供电事故的发生，并当出现事故后尽快恢复供电服务。

供电企业可以采取分时电价等激励措施，鼓励家庭消费者错峰使用电量。在分时电价中，电价会随用电高峰和波谷浮动变化，消费者可以通过电力部门提供的一套在线电力查看接口，查看智能电网提供的各种电力信息和相应时段的电价，并且根据电价的变化，主动调整电量的使用。智能电网可以实现自动化的电力统筹功能，当电量需求接近饱和时，电网系统可以自动地执行一套预先设计好的计划，将电能从不是特别重要的应用中转输到电力紧张的电力应用中，尽量减少用电高峰期间投入额外的发电机等设施。智能电网是一种非常不容易受到影响的、更加富有弹性的供电网络，智能电网可以抵御多种攻击。它能够抵御针对电网多个部分的并发攻击和多重的长时间的协同攻击。

智能电网将以不同的价格提供不同等级的电能质量，此外，电力系统中输电和配电时产生的电能质量问题将会被降至最低，由终端用户过载导致的冲击将会得到缓冲，从而阻止用户对电力系统中的其他终端用户造成影响。

智能电网还将能够使用清洁能源，吸收各种可再生能源和分布式发电设备的电力输入，通过一种非常简单的互联方式，把多种形式的发电站和蓄电系统无缝地集成起来。各种环保形式的能源，如风能、水电、太阳能等在智能电网中将发挥出重要的作用。增强的输电系统可以满足将遥远的不同位置的用电设备和各种发电站以尽可能小的电能损耗连接起来。

智能电网通过增强输电途径、汇总需求响应等方式，促进其更大的市场参与性。智能电网通过错峰定价等激励措施，促使消费者调整自己的用电需求，并加强新技术的开发，从而降低能耗。

优化资产的一个重要途径是改善负载因素和降低供电系统损耗。此外，先进的信息技术将提供大量的数据和信息用于同现有的企业级系统进行整合，从而显著提高电力系统自身的处理能力，以优化整个电力系统的操作和维护过程。有了这一整套现代化信息技术以及大型管理决策系统的支持，智能电网的操作和维护方面的成本开支将会得到有效的管理。

12.1.2 智能电网的功能框架

智能电网的功能框架可分为 AMI（高级计量体系）、ADO（高级配电运行）、ATO（高级输电运行）和 AAM（高级资产管理）4 个部分，如图 12-1 所示。这 4 部分实现了整个智能电网的运行、维护、管理和信息交互功能。图中缩写 SCADA 表示监控和数据记录系统，EMS 表示能量管理系统，GIS 表示地理信息系统，ISO 表示独立系统运行组织（协调和监控区域内各电网的运行）。

高级计量体系（Advanced Metering Infrastructure，AMI）包含各种智能仪表。通过智能仪表，电网公司可以与用户建立双向的即时通信，同时为用户提供各种实时供电信息。此外 AMI 还能够为消费者提供完善的终端耗电设备智能管理功能，可以使消费者的各种联网用电设备同供电负载建立起敏感而紧密的联系，大大提高终端耗电设备的电量利用率，并且防止各种停电事故的发生。在智能电网中，AMI 主要用于加强需求一方的用电管理，致力于逐步建立完善的电力市场，实时地根据用电需求自动分配电能，科学地实现可控的节能减排。通过 AMI 系统能更灵活有效地调控电力供需，通过智能电表提供的实时用电信息，来改变用户的用电行为模式，节约用电。另外也通过差异电价，进一步降低峰时用电，避免增建电厂的庞大投资。这种对电力供需双方都有利的体系设计，有助于全面大幅度地实现节能减排。AMI 系统本身除了各种智能计量设备之外，更重要的还有电能管理和交易服务、通信与数据处理服务以及连接到用户家中的智能家电。AMI 可以管理用户家中的各种智能家电，如智能冰箱、智能电视、智能空调等，能让用户更轻松而有效地节能，使家庭生活变得更加环保省电。

AMI 在开放的系统和建立共享信息模式的基础上，整合系统中的数据，优化电网的运行和管理。通过智能终端和智能电表，在用户之间、用户和电网公司之间的电网上构建数据

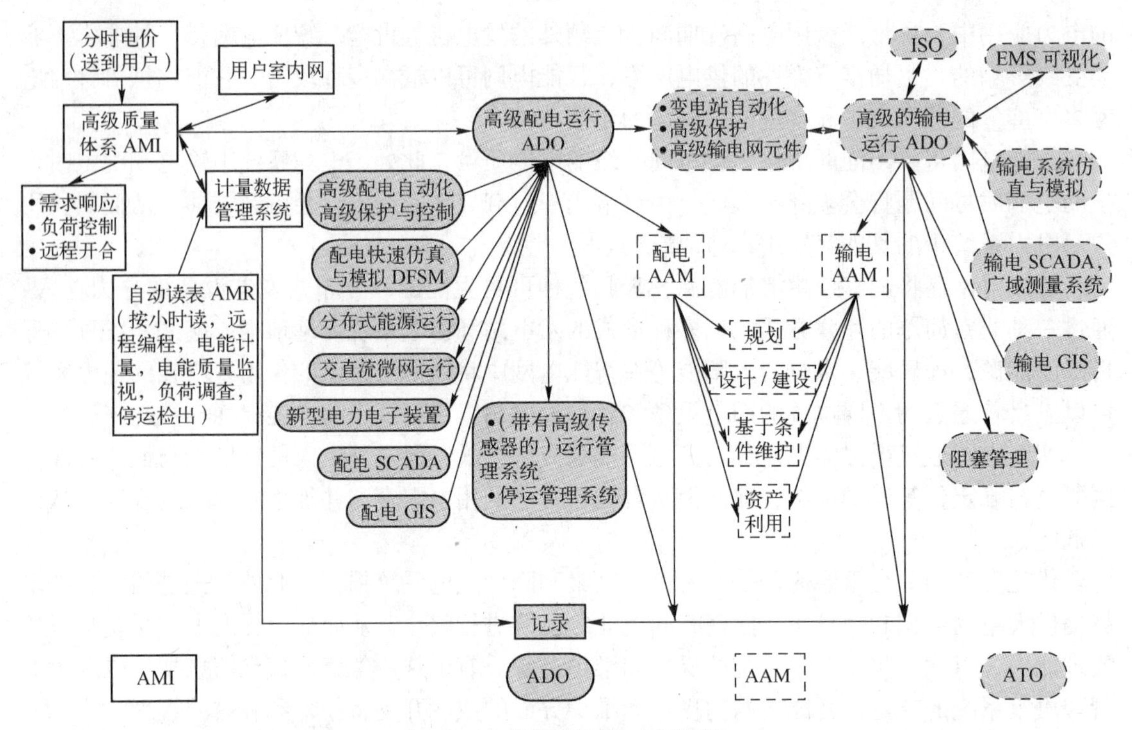

图 12-1　智能电网的功能框架

网络,实现数据读取的实时、高速和双向。智能电表可以远程编程,按小时读取,可以实现自动电能计量、电能质量监视、负荷调查和停运检错等功能,从而减少抄表开销、防止盗电行为、快速定位用户故障和缩短停电时间。智能电表也可以作为互联网路由器,推动电力部门采用电力线接入方式,提供互联网业务和传播电视信号,从而实现电信、电网、电视网、互联网在内的四网融合,统一整合传输通道,实现资源的共享,提高资源的利用率。另外,在用户室内安装可由电力部门无线控制的自动室内控制器(如控制空调的设定温度),可以降低居民区用电峰荷,减轻峰时供电的压力,同时也减少了用户用电开支。

高级配电运行(Advanced Distribution Operation,ADO)的技术组成和功能主要包括高级配电自动化、高级保护与控制、配电快速仿真与模拟、新型电力电子装置、分布式能源(DER)并网运行、交直流微网运行(微网是一种利用储能装置将不同类型的新能源渗透到传统能源输送系统中的分布式发电技术)和管理系统(带有高级传感器)运行等。

ADO 的主要功能是实现系统自愈。为了实现系统自愈,电网应具有灵活、可重构的配电网络拓扑结构和实时监视、自动分析系统运行状态的能力。分析能力既包括识别故障早期征兆的预测能力,也包括对已经发生的扰动做出响应的能力。在系统中安放大量的监视传感器并把它们连接到一个安全的通信网上是做出快速预测和响应的关键。ADO 的核心软件是快速建模与仿真(Fast Simulation and Modeling,FSM)模块,其中包括风险评估、自愈控制与优化等软件系统。FSM 为智能电网提供预测能力和决策支持,以期达到改善电网的稳定性、安全性、可靠性和运行效率的目的。ADO 中的配电快速仿真与建模(DFSM)用于提供电网的自愈功能,主要包括网络重构、电压与无功控制、故障恢复和系统更新保护等自愈功能。

ADO 中的高级配电自动化(ADA)是智能电网实现自愈的基础。ADA 自动控制整个配电网，并对分布式能源进行集成。分布式能源的上网运行会在配电网支路上造成双向潮流（潮流指电网各处电压、有功功率、无功功率等的分布），这与传统电网完全不一样，因此，ADA是一种革命性的配电网管理与控制方法，它能够提供实时的仿真分析和辅助决策工具，能够支持分布式智能控制技术和各种高级应用软件。

高级输电运行（Advanced Transmission Operation，ATO）强调阻塞管理和降低大规模停运的风险。ATO同AMI、ADO和AAM密切配合，实现输电系统的（运行和资产管理）优化。ATO的技术组成和功能主要包括变电站自动化、输电的地理信息系统、广域测量系统、高速信息处理、高级保护与控制、模拟仿真和可视化工具、高级的输电网络元件和先进的区域电网运行。

高级资产管理（Advanced Asset Management，AAM）同AMI、ADO和ATO的集成将大大改进电网的运行和效率。实现AAM需要在系统中安装布置大量可以提供系统参数和设备（资产）"健康"状况的高级传感器，传感器之间自组成网，并把所收集到的实时信息集成到7个过程中：优化资产使用的运行；输/配电网规划；基于条件（如可靠性水平）的维修；工程设计与建造；顾客服务；工作与资源管理；模拟与仿真。

智能电网的4个运行部分之间密切关联。AMI同用户建立通信联系，提供带时标的系统信息。ADO使用AMI的通信功能收集配电信息，改善配电运行。ATO使用ADO信息改善输电系统运行和管理输电阻塞，使用AMI让用户了解电力供需现状。AAM使用AMI、ADO和ATO的信息与控制功能，改善运行效率和资产使用。只有这4个部分衔接紧密，无缝融合才能使得整个电网系统的资源实现最大的使用效率。

12.1.3 智能电网的组成

作为物联网技术的典型应用，智能电网体系中各模块之间通过物联网技术互通互联，将传统的电网系统变革成为一个完整的智能能源管理体系。整个智能电网体系分为智能输电配电系统、信息技术支持系统、设备资产管理系统和市场运维服务系统等几大组成模块，几大模块系统间通过物联网技术紧密相连，如图12-2所示。

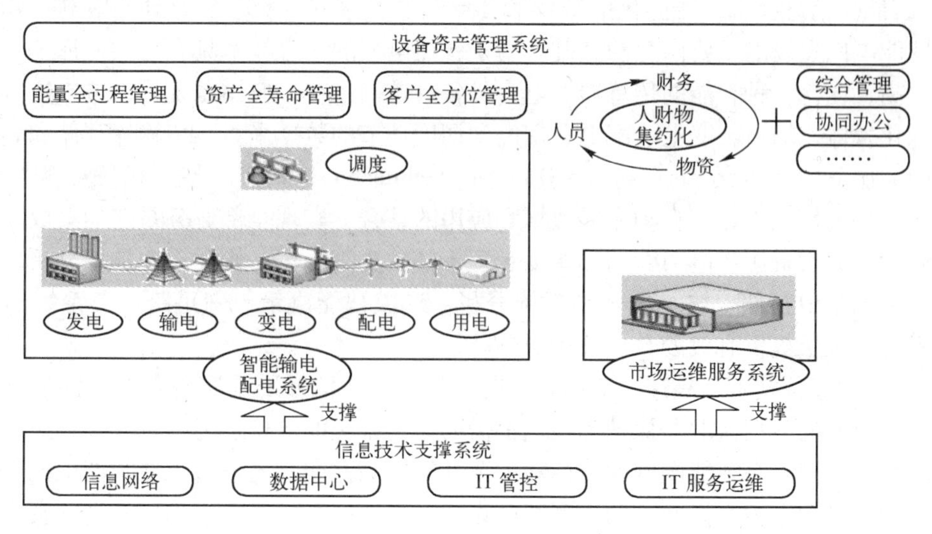

图12-2 智能电网的组成

智能输电配电系统是整个智能电网的核心主体，包含发电、输电、变电和配电等几部分，各部分通过大量的传感器设备自组织成各种传感器网络。传感器不断收集供电设备的运行状态，通过传感器网络将收集的数据传递到信息化技术支持系统中的信息集成处理系统，供中央调度系统分析决策。

信息技术支持系统是整个智能电网体系的数据处理和决策支撑中心，该系统包含信息网络、数据中心、IT 管控和 IT 服务运维 4 部分，可实现信息标准化、信息集成、信息展现和信息安全等功能。信息化技术支持系统维护整个智能电网的运转状态和数据处理，它通过中央调度系统统筹支配智能输电配电系统正常运转，智能监控电力负载，统筹输电配电，同时兼顾吸收调度各种分布的电源部分，如各种分立的小型风电系统、太阳能发电系统以及消费者富余的电能资源的加入。

设备资产管理系统包括全面风险管理、能量全过程管理和资产设备全寿命管理等部分，通过信息化技术支持系统收集设备的运行健康状况，管理整个电网各部分设备，保障资产安全健康。

市场运维服务系统面向用户，根据信息化技术支持系统监控的电网负荷状态浮动调整电价，同时使用信息化技术支持系统提供的各种电力接口向用户提供管理电量资源的查询系统。电网用户通过查询系统提供的各种电力信息调配自身电力资源的使用，并可将自身富余的电力资源反过来卖给电网。此外，市场运维服务系统将在每个电网用户家中配置智能电表，供用户管理家庭电力资源的使用和家庭智能家电的运转，同时智能电表也可将用户接入到智能电网提供的四网融合方案中，使电网用户可以通过智能电表接入由智能电网承载的互联网、电信网和广播电视网系统，从而降低未来社会的基础资源冗余度，避免重复性的设备资源消耗。

12.1.4 智能电网的关键技术

智能电网至少需要如下 6 项技术的支持，这些技术已被广泛应用在智能电网领域，其中许多技术也在其他行业中使用。

1）智能化信息技术。智能化信息技术贯穿发电、输电、变电、配电、用电、调度各环节，是智能电网建设的重要内容和基础。基于智能电网的信息技术具有 3 大特征：一是数字化程度更高，内含各种智能的传感器、电力设备、控制系统、应用系统等，可以连接更多的设备，深化发电、输电、变电、配电、用电和调度环节的数据采集、传输、存储和利用；二是利用面向服务的体系结构（Service Oriented Architecture，SOA）整合相关业务数据和应用，建立统一的信息平台，自动完成数据和应用的整合，实现全部业务系统的集成；三是利用生产管理、人力资源、电力营销和调度管理等辅助决策数据，构建一个辅助分析系统，实现业务数据的集中存储、统一管理和系统分析，形成智能决策，满足跨业务系统的综合查询，为管理决策层提供有效的数据分析服务。

2）智能化通信技术。高速、双向、实时、集成的通信系统是实现智能电网的基础。一方面，智能电网的数据获取、保护和控制都需要通信系统的支持；另一方面，建立以电网和通信紧密联系的网络是智能电网的目标和主要特征。高性能的通信系统使智能电网成为一个动态的实时信息和电力交换互动的大型基础设施，可以提高电网供电的可靠性和资产的利用率，繁荣电力市场，抵御电网受到的攻击，从而提高电网自身的价值。以通信技术为基础的智能电网通过连续不断地自我监测和校正，并利用先进的信息技术，实现电网各系统的自愈功能。通信系统还可以监测各种扰动，并进行补偿，重新分配潮流，避免事故的扩大。

3）智能化测量技术。智能化测量技术是实现智能电网的手段。参数测量技术是智能电网基本的组成部分，可以获得相关数据并将其转换成数据信息，提供给智能电网的各个系统使用。智能化测量技术可以评估电网设备的健康状况和电网的完整性，防止窃电、缓减电网阻塞等。基于微处理器的智能电表将有更多的功能，除了可以计量不同时段的电费外，还可储存电力公司下达的高峰电力价格信号及电费费率，并通知用户相应的费率政策，用户可以根据费率政策自行编制时间表，自动控制电力的使用。

4）智能化设备技术。智能电网将广泛应用先进的设备技术，以提高输配电系统的性能。智能电网中的设备充分应用材料、超导、储能、电力电子和微电子等技术的最新研究成果，以提高功率密度、供电可靠性、电能质量和电力生产的效率。智能电网通过采用新技术以及在电网和负荷特性之间寻求最佳的平衡点来提高电能质量，通过应用和改造各种各样的先进设备，如基于电力电子技术和新型导体技术的设备，来提高电网输送容量和可靠性。配电系统中需要引进新的储能设备和电源，同时考虑采用新的网络结构，如微电网。

5）智能化控制技术。智能化控制技术是指在智能电网中通过分析、诊断和预测电网状态，确定和采取适当的措施，以消除、减轻和防止供电中断和电能质量扰动的控制方法。智能化控制技术将优化输电、配电和用户侧的控制方法，实现电网的有功功率和无功功率的合理分配。

智能化控制技术的分析和诊断功能将引进预设的专家系统，在专家系统允许的范围内采取自动控制措施，而且措施的执行将在秒一级水平上，这一自愈电网的特性将极大提高电网的可靠性。先进的控制技术需要一个集成的高速通信系统以及对应的通信标准以处理大量的数据。先进控制技术将支持分布式智能代理软件、分析工具以及其他应用软件。先进控制技术不仅给控制装置提供动作信号，而且也为运行人员提供信息。

6）智能化决策支持技术。智能化决策支持技术将复杂的电力系统数据转化为系统运行人员可理解的信息，利用动画技术、动态着色技术、虚拟现实技术以及其他数据展示技术，帮助系统运行人员认识、分析和处理紧急问题，使系统运行人员做出决策的时间从小时级缩短到分钟级，甚至秒级。

12.1.5 智能电网发展状况

智能电网作为物联网应用之一，不仅能够大大提高能源使用效率，也必将延伸至其他物联网应用领域，例如给家电和电动汽车等配备智能电表和通信功能。为了确保长远竞争力，各国都抓紧投资研发建设，以便创立并获得对自己有利的智能电网技术标准，竞争比较激烈。

1）美国的智能电网改造。2008 年，美国科罗拉多州波尔得市成为全美第一个智能电网城市，与此同时，美国还有 10 多个州正在开始推进智能电网发展计划。2009 年，美国政府宣布铺设或更新约 4800 km 输电线路，并为美国家庭安装 4 万多个智能电表。

2）日本的智能电网发展。日本根据自身国情，主要围绕大规模开发太阳能等新能源，确保电网系统稳定，构建智能电网。日本政府计划在与电力公司协商后，开始在孤岛进行大规模的构建智能电网试验。

3）欧洲电力企业的智能电网建设实践。欧洲通过超级智能电网计划，充分利用潜力巨大的北非沙漠太阳能和风能等可再生能源，发展满足欧洲的能源需要，完善未来的欧洲能源系统。欧洲智能电网技术研究主要包括网络资产、电网运行、需求评估和计量、发电和电能存储4 个方面。

4）我国智能电网的研究与建设。国家电网公司大力推进特高压电网、“SG186”工程、一体化调度支持系统、资产全寿命周期管理、电力用户用电信息采集系统和电力通信等建设，打造坚强电网，强化优质服务，为智能电网建设奠定了扎实的基础。首先，以宽带网络为主要标志的电网信息基础设施已具规模，数据交换体系建设加快，各种生产自动化系统获得广泛应用；自主研发的能量管理系统（EMS）等在省级以上调度机构得到了广泛应用，变电站实现了计算机监控和无人、少人值守；地理信息系统（GIS）已开始应用于输电、变电和配电管理等业务。其次，以提高信息化水平和生产效率为目标的生产运营管理信息系统，如电网生产运行管理系统、设备检修管理、变电站建设视频监控系统等，在电网生产管理业务方面发挥了重要作用。最后，以提高经济效益、优质服务为中心的电力客户服务系统，如集中抄表计费、用电查询等系统，直接提供了高效快捷的客户服务，电力负荷管理、电力营销管理等现代化管理手段得以广泛应用。

12.2 智能交通

道路交通系统的发达程度对社会的发展有着重要影响，但目前道路交通系统存在汽车车速慢、耗能高、尾气排放量大、路网运行效率低、交通安全事故频发等问题。智能交通这一概念就是为解决这些问题而提出的，它利用物联网技术将车辆、驾驶员、道路设施和管理部门联系起来，通过把握交通流背后的信息流，完成对交通信息的采集、传输、处理和发布，从而实现交通的智能化和自动化，建设一种安全、畅通、环保的道路交通系统。

12.2.1 智能交通系统概述

智能交通系统（Intelligent Transportation Systems，ITS）是通过将传感器技术、RFID 技术、无线通信技术、数据处理技术、网络技术、自动控制技术、视频检测识别技术、GPS 技术、信息发布技术等综合应用于整个交通运输管理体系中，从而建立起实时、准确、高效的交通运输控制和管理系统。ITS 的关键技术包括标识和传感技术、网络与通信技术、智能化软件与服务技术，其主要应用领域为交通管理、道路运输、设施建设与管理、运载工具管理等。智能交通系统的发展对建设安全、畅通、环保、节能的交通运输体系有着重要意义。

在交通系统中，凡是跟交通运输行业的信息化、智能化有关的内容都可以归为 ITS。智能交通系统的工作流程是：首先通过布设各种传感器，采集动态的交通信息；然后利用基于无线或有线的网络通信技术，传输和汇集源头数据；最后进行数据的融合处理，完成对交通基础设施和交通流量的监控管理，为出行者和管理者提供服务。

12.2.2 智能交通的体系结构

智能交通作为物联网在交通运输领域的应用，遵循物联网的体系结构。智能交通系统由交通信息采集、互联通信、交通状况监视、交通控制和信息发布 5 大子系统组成。智能交通通过前端的感知技术、中间的传输技术以及后端的信息处理技术，实现了车辆与道路、出行者与车辆、出行者与管理者之间的互联互通，形成了一个智能化系统。

ITS 系统使用大量的嵌入式设备用于雷达测速、运输车队遥控指挥、车辆导航等方面，同时通过大量的传感器采集、存储公路城市交通各个路段的交通数据，进行分析和显示，以供交通管理部门了解交通状况，对拥堵路段进行疏通，也便于司机进行合理的避让。如在有些路段，常可以看见一些大的 LED 显示屏，显示某路段车流拥堵或是交通事故，请绕行之类的提示。同时，ITS 系统内集成的 GPS 车辆监控子系统，还可以通过无线通信的方式在中心站和各子站之间传输各种交通、天气等信息，各子站配备的 GPS 接收机用以获取自己当前的位置、时间等数据，通过无线通信方式传输给中心站；中心站将汇总的各子系统位置信息，送往电子地图（监控子系统是由基于电子地图的监控软件构成），显示各子站的运动轨迹，再由系统监控软件实现对各子站的状态监控，并可利用无线通信对各子站进行调度指挥。这样就实现了对各子站的监控管理。

智能交通系统具有典型的物联网架构，由感知层、传输层、处理层和应用层组成，如图 12-3 所示。

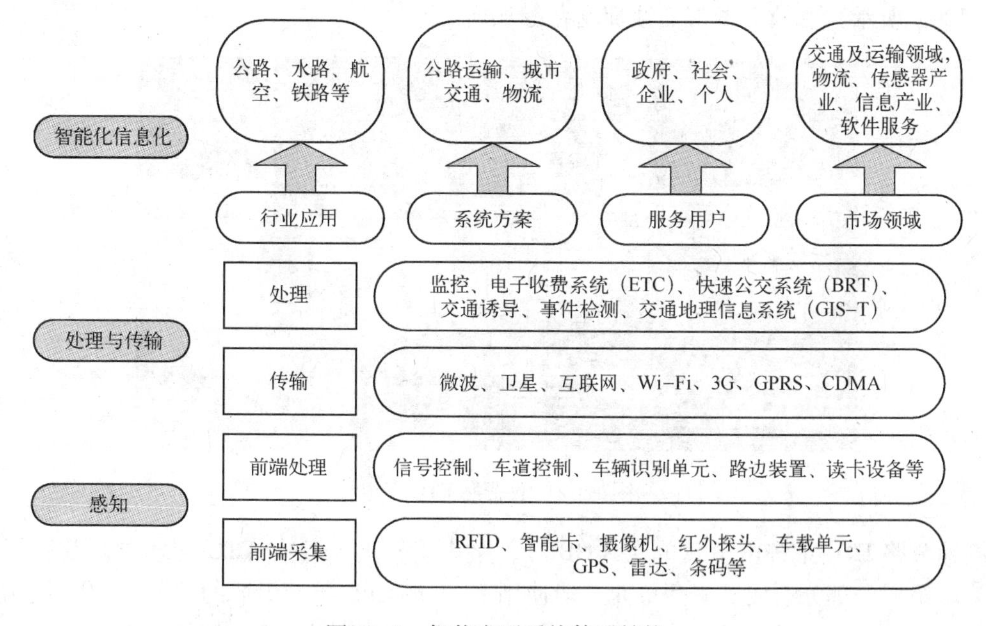

图 12-3　智能交通系统体系结构

感知层主要通过传感器、RFID、二维码、定位、地理信息系统等技术实现车辆、道路和出行者等多方面交通信息的感知。其中不仅包括传统交通系统中的交通流量感知，也包括车辆标识感知、车辆位置感知等一系列对交通系统的全面感知功能。常用的交通信息感知技术有标识技术、地理感知技术、交通流量采集技术等。交通流量采集技术主要有基于卫星定位、基于蜂窝网络和基于固定传感器（磁频线圈检测器、波频检测器和视频摄像头）等几种类型。

传输层主要实现交通信息的高可靠性、高安全性传输，这是智能交通系统中相对独立的部分。在智能交通系统的传输层中，互联网和移动通信网等公共通信网络是重要的核心网络；接入技术及各种延伸网（包括车路通信、车车通信等）等交通信息传输技术是主要的应用技术。其中接入技术主要分成有线接入和无线接入两类：有线接入主要包括光纤接入和铜线接入（如电话线和以太网）；无线接入一般包括成熟的蜂窝移动通信网络（如 GSM 和

3G）或者无线局域网技术。前者适用于固定位置部署的检测器（如部署在路口的摄像头和线圈检测器），而后者适用于移动感知设备（如 GPS 浮动车）。

处理层主要实现传输层与各类交通应用服务间的接口和能力调用，包括对交通流数据进行清洗、融合以及与地理信息系统的协同等。

应用层包含种类繁多的应用，既包括局部区域的独立应用（如交通信号的控制服务和车辆智能控制服务等），也包括大范围的应用（如交通诱导服务、出行者信息服务和不停车收费等）。

12.2.3 ETC

电子收费系统（Electronic Toll Collection，ETC）是物联网技术在智能交通中的典型应用。电子收费系统通过在车辆上安装具有身份标识的标签，在收费口安装对应的通信和计费装置来实现对车辆信息的自动识别并完成电子货币的结算。ETC 实现了道路的不停车收费，使用该系统的车辆只要按照限速要求驶过收费道口即可，收费过程可由无线通信和计算机操作自动完成，避免了以前在收费站前停靠缴费的过程。ETC 主要应用在高速公路收费站（如图 12-4 所示）和收取城市交通拥堵费等场所。

图 12-4　收费站 ETC 车道

高速公路 ETC 系统由车载单元（OBU）、路边装置（RSU）、ETC 管理中心及后端的银行结算系统 4 个部分组成。车载单元一般使用 IC 卡加 CPU 单元组成的“双片式”结构，其中 IC 卡存储账号、余额等信息，CPU 单元存储车主、车型等物理参数并为车载单元与路边设备之间的高速数据交换提供保障。路边装置负责完成与车载单元的高速通信，实时读取通过车辆中车载单元的数据，进行合法性判断后，发送控制信号，并将车辆通信信息发送到管理中心。ETC 管理中心对整个系统进行监控和管理，与银行收费系统进行通信和业务处理数据交换。后端的银行收费系统对收到的扣费请求进行结账和对账处理。

如图 12-5 所示为利用 RFID 技术实现 ETC 的一个实例，射频模块采用 CC1101 芯片，单片机采用 STC89C52 芯片。有源的电子标签放在车辆上，当车辆通过 ETC 收费口时，电子标签就会把车辆的 ID（身份标识）发送给收费口的读写器；读写器会通过串口将车辆 ID 传送给计算机上的程序；由该程序查找相应的数据库，找到车辆的对应信息，计算出所需缴费的金额，完成扣费后将缴费信息发回给读写器；读写器收到扣费信息后再通过射频模块将缴费信息发给车辆；车辆中的电子标签收到缴费信息后会在其 LED 七段数码管处显示出所扣费用。

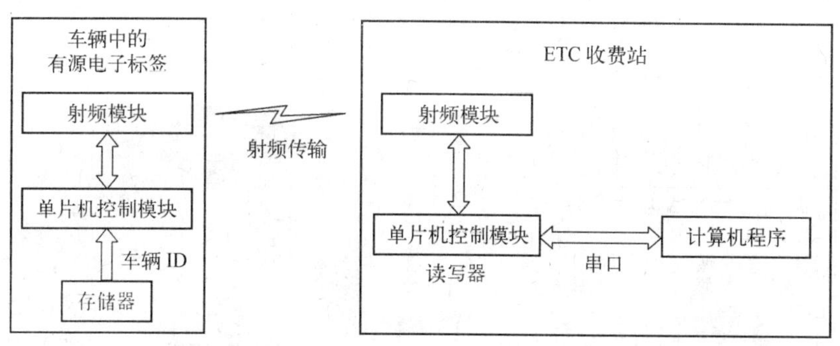

图12-5　利用RFID技术实现ETC

12.3　智能物流

物流（Logistics）是一种古老而传统的经济活动，是指物品从供应地到接收地的实体流动过程。现代物流包括运输、储存、装卸、搬运、包装、流通加工、配送、信息处理等环节。智能物流是在物流系统自动化的过程中逐渐形成的，它通过使用RFID等技术减少了人工干预。物联网概念的起源之一就来自智能物流系统。

12.3.1　智能物流的概念

智能物流是建立在电子商务物流的基础上，利用物联网的各种技术和设备，通过信息的采集、传输、处理和管理，将物品从供应地准确、及时、安全、保质保量地送达接收地。

电子数据交换（Electronic Data Interchange，EDI）是智能物流中常用的一个概念。EDI最早出现在20世纪60年代的美国，曾用于贸易、运输、保险、银行和海关等行业的数据交换与处理。由于EDI可以提供一套统一的数据格式标准，因此也被广泛应用于在线订货、库存管理、发货管理、报关、支付等物流环节中。EDI系统模型如图12-6所示。下面通过EDI模型来讲述智能物流系统的组成和作业流程。

供应者在接到订货单后制定货物运送计划，并把货物清单及发货安排等信息转化为EDI数据发送给物流企业和接收者。这样物流企业就可以预先制定车辆配送计划，接收者也可以提前安排或调整自己的销售计划。

供应者根据具体的合同要求和货物生产计划生产出产品后，经过分拣配货，根据每批产品的具体信息形成条形码，把打印出来的条形码贴在产品上，同时把每批运送产品的品种、数量、包装等信息通过EDI发送给物流企业和接收者。

物流企业从供应者处收到货物，利用条形码扫描仪读取产品的条形码，并与先前收到的产品数据进行核对，确认运送的货物信息正确。在之后的运输过程以及物流配送中心对产品的整理、集装、存储、分发等过程中，物流企业可以通过EDI系统产生数据，一则方便自身的快速处理，二则可以转发给供应者和接收者方便进行跟踪管理。在将产品运送至接收者处时，还要通过EDI将产品的批次、数量等具体信息发送给接收者，用于产品接收和运费结算。

接收者收到产品后，利用条形码扫描仪读取产品条形码，并于先前供应者和物流企业收到的具体产品信息进行核对确认。然后利用EDI系统向供应者和物流企业发送收获确认信息，同时利用EDI系统进行结算。

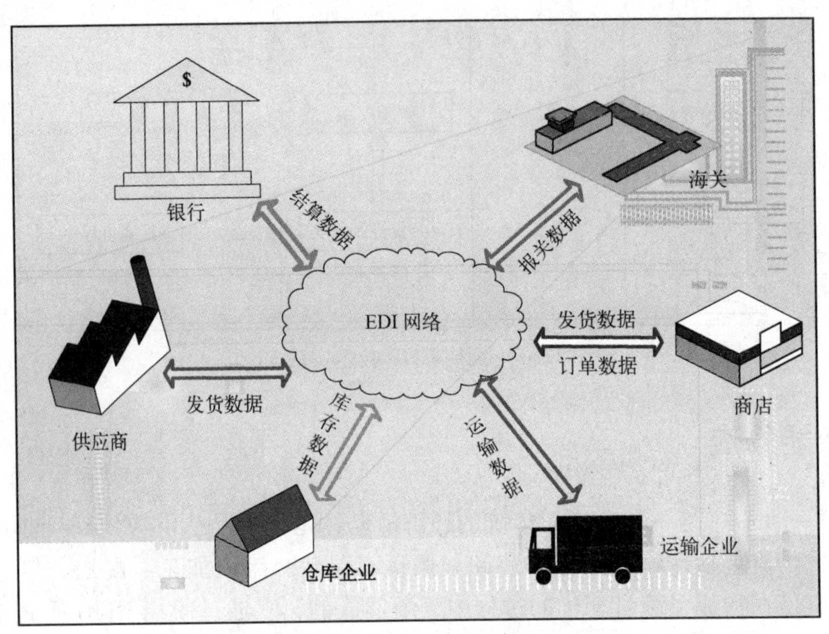

图 12-6　EDI 系统模型

智能物流是对 EDI 的继承，采集的信息更多，自动化程度更高，实时控制能力更强。智能物流利用物联网的各种技术，实现货物从供应者向需求者移动的整个过程。整个智能物流管理体系可以为供方提供最大化利润，为需方提供最佳服务，同时消耗最少的自然资源和社会资源。

12.3.2　智能物流的体系结构

智能物流作为物联网的重要应用，其体系结构也同样分为感知层、传输层、处理层和应用层，如图 12-7 所示。

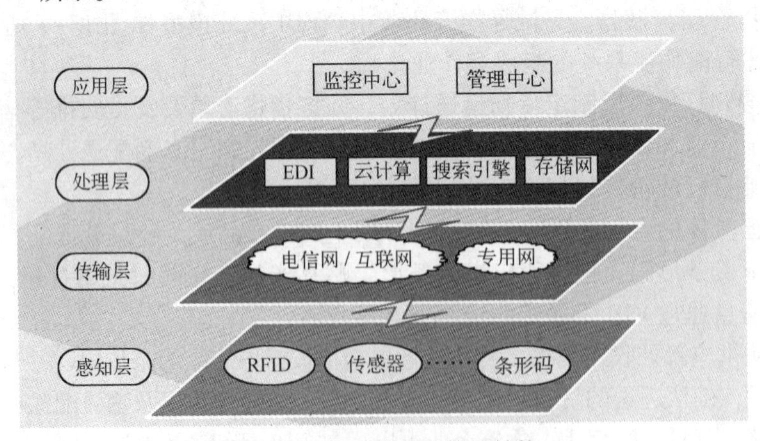

图 12-7　智能物流的体系结构

1）感知层。智能物流的感知层大量使用物品编码、自动识别和定位系统。对具体商品的标识是物流的第一步，只有识别才可能实现物品在物流链中的流通。目前，在物流系统中，条形码仍是应用最为普遍的物品编码系统。条形码可以用于标识物体、货物、集装箱、各种单据，甚至车辆、人员等信息，可以充当整个物流环节的链条。

传感器作为物联网的基础，也渐渐被引入物流系统中，用来感知货物（如食品）所处环境的温度、湿度，有利于货物的保存。同时，传感器可以感知运输车辆的重量，为控制管理中心判断车辆超载和货物送出情况提供实时准确的资料。

2）传输层。传输层负责感知层与处理层之间的数据传输。互联网作为物联网的核心，在数据传输方面，有着不可代替的作用。由于货物的流动性，物流传输环节使用电信移动网络传输信息比较适合。随着电信移动网络传输速率的增加和覆盖范围的扩大，电信网络正在对物流互联网数据进行分流。

一些特殊场合会使用专用网络，例如军事后勤保障中的智能物流系统。面对现代化、信息化的战争形势，军用网络无疑负担起了快速、安全传输物流信息的重任。

3）处理层。处理层在高性能计算技术的支撑下，通过对网络内的海量物流信息进行实时高速处理，对物流数据进行智能化挖掘、管理、控制与存储，为上层服务管理和控制建立起一个高效、可靠和可信的支撑技术平台，其中云计算、搜索引擎等为智能物流提供了新的支持手段。云计算可为海量物流数据处理提供一种高效的处理方式，搜索引擎可以帮助管理、监控中心人员从存储区快速提取调用物流信息。

4）应用层。应用层为供货方和最终用户提供物流各环节的状态信息，为物流管理者提供决策支持。智能物流系统中的管理中心可以根据实时准确的物流数据，及时调度、调控物流的各个环节。例如，当温度传感器测得冷鲜肉所处环境温度偏高时，监控中心会得到警报，同时该冷藏室的冷藏系统会自动调整室内温度。

12.3.3 智能物流的相关技术

智能物流是个庞大的系统，随着物联网技术的发展，一些新的技术被引入到物流系统，如无线射频识别技术、EPC 系统、定位技术等。

1. 无线射频识别

与条形码相比，无线射频识别 RFID 系统反应速度快，数据容量大，可以进一步提高物流系统的自动化水平。使用 RFID 的物流系统具有如下优点。

1）增加供应链的可视性，提高供应链的适应性能力。通过在供应链全过程中使用 RFID 技术，从商品的生产、运输直到零售商和最终用户，商品在整个供应链上的分布情况以及商品本身的信息，都可以完全实时、准确地反映在企业的信息系统中，大大增加了企业供应链的可视性，使得企业的整个供应链和物流管理过程变成一个完全透明的体系。快速、实时、准确的信息使得企业乃至整个供应链能够在最短的时间内对复杂多变的市场做出快速的反应，提高供应链对市场变化的适应能力。

2）降低库存水平，提高库存管理能力。库存成本是物流成本的重要组成部分，因此降低库存水平成为现代物流管理的一项核心内容。将 RFID 技术应用于库存管理中，企业能够实时掌握商品的库存信息，从中了解每种商品的需求模式，及时进行补货，结合自动补货系统以及供应商库存管理（VMI）解决方案，提高库存管理能力，降低库存存量。

3）有助于企业资产实现可视化管理。在企业资产管理中使用 RFID 技术，对叉车、运输车辆等设备的运作过程采用标签化的方式进行实时的追踪，可实现企业资产的可视化管理，有助于企业对其整体资产进行合理的规划使用。

2. EPC

EPC 旨在为每一件商品建立全球的、开放的标识标准，实现全球范围内对单件产品的跟踪与追溯，从而有效提高供应链管理水平、降低物流成本。

EPC 可以用在自动仓储库存管理、产品物流跟踪、供应链系统管理、产品装配、生产管理和产品防伪等多个物流环节。EPC 的独特魅力和众多知名企业的加盟，使得物流企业也在不断向 EPC 网络靠拢。有了庞大的 EPC 网络，全球的物流企业就有了一种高效的手段将物品流和信息流结合，并能实现全球化电子物流的“大同世界”。

3. 定位技术

小到某件物品在仓库中的存放位置，大到运输车辆的实时位置和行进路线，智能物流大量采用各种定位技术对物品进行跟踪管理。目前常用的定位技术有 GPS 定位、基站定位、Wi－Fi 定位、声波定位等。其中，GPS 定位技术被广泛运用到如下的物流领域。

1）车辆跟踪调度。系统建立了车辆与系统用户之间迅速、准确、有效的信息传递通道，用户可以随时掌握车辆状态，迅速下达调度命令。同时，可以根据需要对车辆进行远程控制，还可以为车辆提供服务信息。

2）实时调度。调度中心接到货主的叫车电话后，立即以电话、短信、即时通信等方式，通知离其位置最近的空载物流车，并将货主的位置信息显示在车载液晶显示屏上。物流车接到调度指令后前往载货。

3）车辆定位查询。调度中心随时了解物流车辆的实时位置，并能在中心的电子地图准确地显示车辆当时的状态（如速度、运行方向等信息）。

4）运力资源的合理调配。系统根据货物派送单产生地点，自动查询可供调用车辆，向用户推荐与目的地较近的车辆，同时将货单派送到距离客户位置最近的物流基地，保证了客户订单快速、准确地得到处理。同时地理信息系统 GIS 的地理分析功能可以快速地为用户选择合理的物流路线，从而达到合理配置运力资源的目的。

5）敏感区域监控。物流涵盖的地理范围非常广，GPS 能使管理者实时获知各个区域内车辆的运行状况、任务的执行情况和安排情况，让所辖区域的运输状况一览无余。例如，在运输过程中，某些区域可能经常发生货物丢失、运输事故等状况，当运输车辆进入该区域后，系统就可以自动及时地给予车辆提示信息。

12.3.4 智能物流中的配送系统

物流配送是物流的重要环节，也是体现智能物流高效、快捷的标尺。基于电子标签技术的智能物流配送系统如图 12-8 所示，整个系统可分为电子标签应用、仓储物流中心管理、多级计算机控制 3 个方面。

1. 电子标签应用

物流配送实际上是物流、信息流、资金流的相互流通过程，如何高效、快捷、方便、安全地传递物流信息，是现代物流需要解决的关键问题。利用电子标签技术，在物流配送的每个节点，从营销总部、配送中心、分销中心直到零售商、客户，均可实现对物流信息的识别、控制与管理，以期能够根据客户订单，快速准确地集结其所需求的货物。在物流配送系统中，电子标签常用于如下几个子系统。

1）基于远距离电子标签的固定识别系统。该系统由电子标签、电子标签读写器以及数据交换、信息管理系统等组成，置于配送中心货物进出口处。系统总体上可以分为硬件和软件两部分。硬件部分包括电子标签和 RFID 读写器。每张电子标签的序列号唯一，通信过程

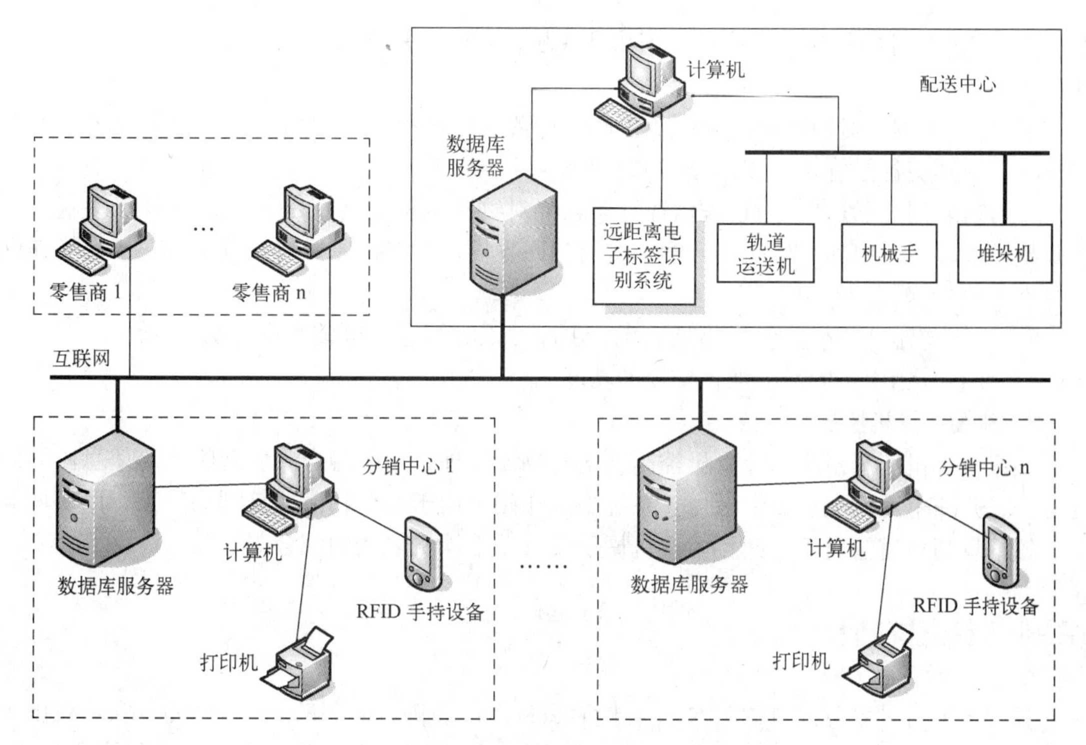

图 12-8　智能物流配送系统示意图

中所有数据均加密以防止信号被拦截。读写器部分包括控制部分、存储器、I/O 端口、与电子标签通信有关的编解码器以及射频天线。软件部分实现计算机与读写器的数据交换，进而实现电子标签信息的写入与读取。

2）进货识别系统。当货物进入轨道输送机时，进货识别系统根据 RFID 读写器读取的电子标签信息，正确判断出货物的相关信息，如商品名称、种类、等级、时间、存放地点、来源等，并与仓储物流中心管理系统交互这些信息。

3）仓库货物的自动摆放与提取系统。该系统通过 RFID 读写器读取进库物品表面上电子标签中的相关信息，根据货物库存和货架信息，按照货物存放位置的优化算法，控制轨道输送机、四自由度机械手、自动堆垛机将物品自动存入货架。反之，自动堆垛机根据要求接收计算机的命令将货物从指定位置提出，并由可编程控制器（PLC）机械手、轨道输送机将货物送出。

2. 仓储物流中心管理

仓储物流中心管理系统实现进库、出库、库存管理与控制以及进销存报表管理等。具体功能如下。

1）订单管理。订单管理包括网上订单受理系统、电话或传真订单受理系统、常规订单受理系统。

2）进库管理。系统登记物品名称、种类、等级、时间、存放地点、来源等信息，并分配电子标签，通过电子标签读写器在电子标签内写入相关信息，然后入库。

3）出库管理。物品从库房内调出时需经管理人员进行电子签名、审批、核验，其结果将存储到相应数据库中。物品出库时，若发现出库物品与审核数据不符，系统将给出报警提示。符合出库条件的物品，系统记录该物品代号、名称、去向、出库时间、审批人、经手人等信息。

4）库存管理。对制造业或服务业生产、经营全过程的各种物品以及其他资源进行管理和控制，使其储备保持在经济合理的水平上。

5）进销存报表管理。通过进销存管理软件对物流全程进行跟踪管理，从订单接获、物料采购、入库、领用到产品完工入库、交货、回收货款、支付原材料款等，每一步都能提供详尽准确的数据。

6）查询与统计功能。包括物品入库、出库、临时管理、审核查询与统计等。

7）与各分销中心的网上数据交换的功能。

3. 多级计算机控制

多级计算机控制系统是计算机控制技术与物流管理技术的融合，实现物流与信息流的协调统一，并使得物流配送成本最低。系统中工作站可用于整个物流的管理与决策，以协调电子标签信息与轨道输送机、四自由度机械手及自动堆垛机之间的配合与控制。

12.4 精细农业

我国人口占世界总人口的22%，耕地面积只占世界耕地面积的7%。因此，农业在国民经济中具有举足轻重的地位。我国农业发展正处于从传统向现代化大农业过渡的进程当中，急需用现代科学技术进行改造，用现代经营形式去推进，用现代发展理念来引领。因此，物联网的快速发展，将会为我国农业发展提供一个全新的平台，也必将对传统产业改造升级起到巨大的推动作用。

12.4.1 精细农业概述

精细农业（Precision Agriculture）是当今世界农业发展的新潮流，是由信息技术支持、根据空间变异定位、定时、定量地实施一整套现代化农事操作技术与管理的系统。其基本涵义是根据作物生长的土壤性状，调节对作物的投入，即一方面要查清田地内部的土壤性状与生产力空间变异，另一方面要确定农作物的生产目标，通过系统诊断、优化配方、技术组装、科学管理，调动土壤生产力，以最少或最节省的投入达到最好的效益，并能够改善环境，高效地利用各类农业资源。

精细农业主要由10个系统组成，包括全球定位系统、遥感系统、农田地理信息系统、农田信息采集系统、农业专家系统、智能化农机具系统、环境监测系统、系统集成、网络化管理系统和培训系统。目前，食品安全溯源系统也逐渐成为精细农业研究应用的一个新的方向。

精细农业的核心是全球定位系统（GPS）、遥感系统（RS）和农田地理信息系统（GIS），即通常所指的“3S”（GPS、RS、GIS）。其贯通点在于：由全球卫星定位系统为农机具提供实时的位置信息，指导精细作业；利用遥感系统采集农业生产全程各时段资料，包括土壤和作物水分监测、作物营养状况监测、农作物病虫害监测等；最后由应用地理信息系统整理分析土壤和作物的信息资料，将之作为属性数据，并与矢量化地图数据一起，制成具有实效性和可操作性的田间管理信息系统。在3S的基础上，结合决策支持系统、专家系统、计算机自动控制技术以及物联网技术等，达到“以适量投入，获取较好经营利润”、“减少资源消耗，保护生态环境”等多种不同优化目标。

精细农业主要应用包括精细土壤测试、精细种子工程、精细平衡施肥、精细播种、精细灌溉、作物动态监测和精细收获等。

12.4.2 精细农业相关技术

精细农业的实现需要各个系统的相互配合，这些都需要全球定位系统（GPS）技术、遥感系统（RS）技术、地理信息系统（GIS）技术等精细农业相关技术的支持。下面介绍目前精细农业应用中需要的一些重要技术。

1. 全球定位系统（GPS）技术

GPS 配合 GIS，可以引导飞机飞播、施肥、除草等。GPS 设备装在农具机械上，可以监测作物产量、计算虫害区域面积等。GPS 在精细农业的具体应用如下。

1）土壤养分分布调查。在采样车上配置装有 GPS 接收机和 GIS 软件的计算机，采集土壤样品时，利用 GPS 准确定位采样点的地理位置，计算机利用 GIS 绘制土壤样品点位分布图。

2）监视作物产量。在收割机上配置 GPS 接收机、产量监视器（不同的作物有不同的产量监视器）和计算机，当收割作物时，产量监视器记录作物的产量，GPS 记录每株作物的地点，计算机据此绘制出每块土地的产量分布图。结合土壤养分分布图，就可以找到影响作物产量的相关因素，从而实施具体的施肥、改造等措施。

3）土地面积的测绘。利用 GPS 可以准确划定病虫害区域，跟踪害虫的扩散，定位害虫迁飞路径。

2. 遥感系统（RS）技术

遥感技术属于非接触性传感技术，指的是从不同高度的平台上使用不同的传感器，收集地球表层各类地物的电磁波信息，并对这些信息进行分析处理，提取各类地物特征，以探求和识别各类地物的综合技术。

遥感系统主要由信息源、信息获取、信息处理、信息应用 4 部分组成。信息源是指需要利用遥感技术进行探测的目标物。信息获取是指运用遥感设备接收、记录目标物电磁波特性的探测过程。信息获取部分主要包括遥感平台和遥感器，其中遥感平台是用来搭载传感器的运载工具，常用的有车载、手提、气球、飞机和人造卫星等；遥感器是用来探测目标物电磁波特性的仪器设备，常用的有照相机、扫描仪和成像雷达等。信息处理是指运用光学仪器和计算机设备对所获取的遥感信息校正、分析和解译处理，从遥感信息中识别并提取所需的有用信息。信息处理设备包括彩色合成仪、图像判读仪和数字图像处理机等。信息应用是指专业人员按不同的目的将遥感信息应用于各业务领域的使用过程。

通过不同波段的反射光谱分析，遥感系统可提供农田内作物生长环境、生长状况，并能实时地反馈到计算机中，帮助了解土壤和作物的空间变异情况，以便进行科学管理和决策。

3. 地理信息系统（GIS）技术

地理信息系统（Geographic Information System，GIS）是集计算机科学、地理学、环境科学、信息科学和管理科学为一体的新兴学科。GIS 利用计算机技术管理空间分布数据、地理分布数据，进行一系列操作和动态分析，以提供所需要的信息和规划设计方案。

GIS 是精准农业的技术核心，它可以将土地边界、土壤类型、灌水系统、历年的土壤测试结果、化肥和农药等使用情况以及历年产量结果做成各自的地理信息图，统一进行管理，并能通过对历年产量图的分析，得到田间产量变异情况，找出低产区域，然后通过产量图与其他因素图层的比较分析，找出影响产量的主要限制因素。在此基础上制定出该地块的优化管理信息系统，指导当年的播种、施肥、除草、病虫害防治、灌水等管理措施。

4. 决策支持系统（DSS）技术

决策支持系统（Decisions Support System，DSS）以管理科学、运筹学、控制论和行为科学为基础，运用计算机技术、模拟技术和信息技术为决策者提供所需要的数据、信息和背景材料，通过分析、比较和判断，帮助明确决策目标和识别存在的问题，建立或修改决策模型，提供各种备选方案，并对各种方案评价和优选。

在精细农业领域内，决策支持系统综合了专家系统和模拟系统，可根据农业生产者和专家在长期生产中获得的知识，建立作物栽培与经济分析模型、空间分析与时间序列模型、统计趋势分析与预测模型和技术经济分析模型。

5. 变量施肥技术（VRF）

变量施肥技术（Variable Rate Fertilization，VRF）是精细农业的重要组成部分，它是以不同空间单元的产量数据与土壤理化性质、病虫草害、气候等多层数据的综合分析为依据，以作物生长模型、作物营养专家系统为支持，以高产、优质、环保为目的的施肥技术，从而可以实现在每一操作单元上按需施肥，有效控制物质循环中养分的输入和输出，防止农作物品质变坏及化肥对环境的破坏，大大提高了肥料的利用率，减少了多余肥料对环境的不良影响，降低生产成本，增加农民收入。

6. 计算机分类处理技术

计算机分类处理是从遥感影像上提取地类信息的一种重要手段。传统的分类方法只考虑地物的光谱特性，采用影像元进行逐点分类的方法，由于没有利用光谱以外的其他辅助信息，因而分类精度不高，如植被类型的分布就经常受到地形、地貌等因素的影响。因此，合理利用地形等辅助信息参与影像的分类，或利用这些信息对影像的分类结果进行后续处理，能达到提高分类精度的目的。

7. 获取机械产量计量与产量分布图生成技术

获取农作物小区产量信息，建立小区产量空间分布图，是实施“精细农业”的起点，是实现作物生产过程中科学调控投入和制定管理决策措施的基础。

8. 农田信息采集与处理技术

农田信息采集与处理是实施“精细农业”实践的基础工作，是地理信息系统和作物生产管理辅助决策系统的主要数据参数源，还是智能化农机具行为的基本依据。射频识别技术和无线传感网络技术都可以被应用到农田信息采集、信息传输的过程中。例如，使用 RFID 技术的田间管理监测设备能够自动记录田间影像与土壤酸碱度、温湿度、日照量甚至风速、雨量等微气象，详细记录农产品的生长信息。

9. 系统集成技术

系统集成技术的目的是要解决各子系统间的接口设计、数据格式、通信协议标准化等问题，以便将上述技术协作起来，构成一个完整的精细农业技术体系。

12.4.3 精细农业的应用实例

20 世纪末，精细农业技术已在我国北京、新疆、黑龙江、广东等地进行了中等规模的试验，同时一些高校和科研院所也开展了精细农业技术的研究，并取得了初步成果，如采摘机器人技术、变量施肥播种技术、变量灌溉决策支持技术等。部分成果如遥感农情诊断技术、GIS 支持下的精耕细作技术，已经用于大面积生产。下面用一个实例来介绍物联网中的精细农业系统。

该系统在网络方面采取了多种传输方式，其中远程通信采用无线 GPRS 网络，近距离传输采取无线 ZigBee 网络和有线 RS485 串行总线相结合，传感数据的传输可工作在有线和无线两种模式下，以保证网络系统的稳定运行。该系统的组成和网络拓扑如图 12-9 所示。采用无线 ZigBee 网络上传传感器数据时，ZigBee 发送模块将传感器的数据传送到 ZigBee 路由节点；采用有线 RS485 传输传感器数据时，通过电缆将数据传送到 RS485 节点上。无线 ZigBee 模式具有部署灵活、扩展方便等优点；有线 RS485 模式具有高速部署、数据稳定等优点，RS485 标准的传输距离可达 1200 m。

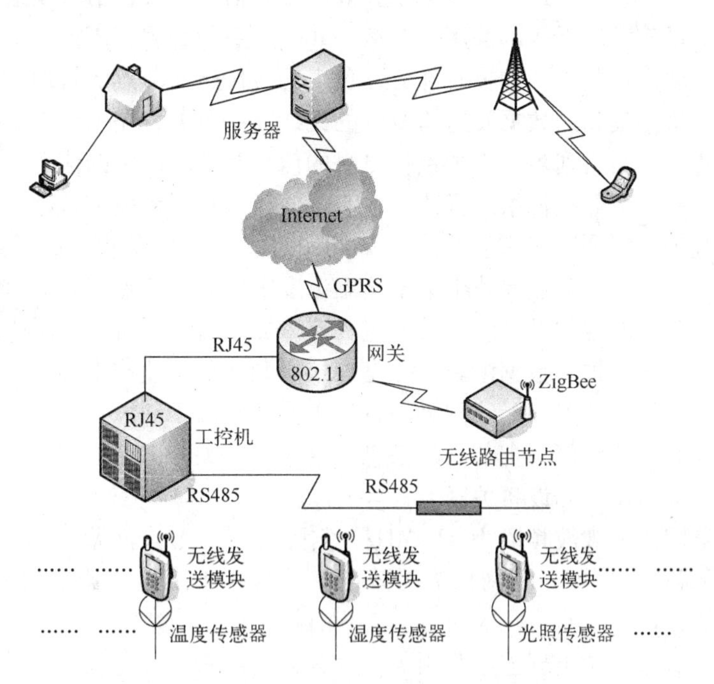

图 12-9　精细农业系统的组成和网络拓扑

系统一般通过 ZigBee 的方式在最底层组建网络，连接本地的采集节点和控制节点，然后通过 3G 无线路由器接入到互联网，实现整个精细农业系统的互联互通。

该系统中的精细灌溉系统由传感器节点、无线路由节点、无线网关、监控中心 4 大部分组成，如图 12-10 所示。

各传感器节点通过 ZigBee 构成自组网络，监控中心和无线网关之间通过 GPRS 进行土壤及控制信息的传递。每个传感节点通过温度和湿度传感器自动采集土壤信息，并结合预设的湿度上下限进行分析，判断是否需要灌溉及何时停止。每个节点通过太阳电池供电，电

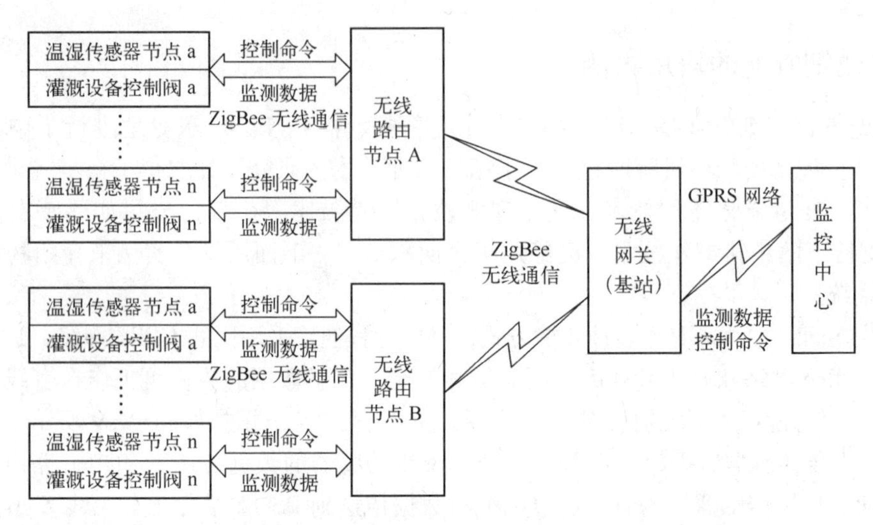

图 12-10　基于无线传感器网络的节水灌溉控制系统组成框图

池电压被随时监控，一旦电压过低，节点就会发出报警信号。报警信号发送成功后，节点进入睡眠状态直到电量充满。无线网关用于连接 ZigBee 无线网络和 GPRS 网络，它是基于无线传感器网络的节水灌溉控制系统的核心部分，负责无线传感器节点的管理。温湿度传感器分布于监测区域内，将采集到的数据发送给就近的无线路由节点，路由节点根据路由算法选择最佳路由，建立相应的路由列表，表中包括自身的信息和邻居网关的信息。路由节点通过网关连接到广域网，最后把数据传给远程监控中心，便于用户远程监控管理。

精细灌溉系统采用混合网，底层为多个 ZigBee 监测网络，负责监测数据的采集。每个 ZigBee 监测网络有一个网关节点和若干个土壤温湿度数据采集节点，采用星型结构，中心的网关节点作为每个监测网络的基站。网关节点具有双重功能：一是充当网络协调器的角色，负责网络的自动建立、维护和数据汇集；二是连接监测网络与监控中心，与监控中心交换信息。此系统具有自动组网功能，无线网关一直处于监听状态，新添加的无线传感器节点会被网络自动发现，这时无线路由会把节点的信息送给无线网关，由无线网关进行编址并计算其路由信息，更新数据转发表和设备关联表等。

该系统传感器网络的载波频段为 433 MHz，实际部署时节点间距为 50 ~ 100 m，每个子网包含 20 个传感器节点，各个子网构成对等网。土壤含水率传感器采用 ECH20 水分传感器，工作电压为 2.5 V。

由于网络部署区域经常出现连续阴雨天气，为方便部署，传感器节点采用 4 节 1.5 V 的 AA 电池供电，通过稳压芯片控制工作电压为 3.0 V。节点 MAC 层采用 CSMA/CA 协议，网络层采用洪泛协议，在能量管理上采用休眠/同步机制，使全部节点同时工作，然后同时进入休眠状态以节省能量，通信时利用网络层的洪泛机制进行全网同步。

网关节点采用太阳能供电，工作电压 12 V，为保证网关节点在雨季也能正常工作，蓄电池容量为 12 Ah。

12.5　智能环保

智能环保是指通过布设在水体、陆地、空气中的传感设施及太空中的卫星，对水体、大气、噪声、污染源、放射源、废弃物等重点环保监测对象进行状态、参数、位置等多元化监测感知，并结合3G、宽带网络和软件技术，对海量数据进行传输、存储和数据挖掘，实现远程控制和智能管理。

智能环保系统将物联网技术应用于环境保护领域，有效整合了通信基础设施资源和环保基础设施资源，使通信基础设施资源服务于环保行业的业务系统运营，提高了系统信息化水平和基础设施的利用率。可以说物联网应用于环境保护领域是信息通信技术发展到一定阶段的必然结果，也是环保领域信息化、自动化、智能化、网络化的必然趋势。

12.5.1　智能环保系统的架构和相关技术

一个城市的智能环保系统通常采用分布式数据采集、集中式管理的模式，根据实际情况可建立“前端采集＋中心管理”的二级架构，也可以采取基于授权的多级管理的阶梯架构方式，上、下级之间的监控指挥中心通过预留接口传递数据，如图12-11所示。前端监控点将采集到的数据送往下级指挥中心，下级指挥中心再将经过分析和统计后的数据逐级上传到上一级环保监控指挥中心。

智能环保系统利用传感器、多跳自组织传感器网络以及其他传统信息采集装置，共同协作，采集覆盖区的环境监测信息。感知环节的装置种类各异且数量巨大，相关技术主要包括数据采集、处理以及传感器的部署、自组织组网和协同工作等。传输环节通常利用异构的网络接入技术和基础核心网络技术，包括FTTH、3G、Wi-Fi等接入技术以及NGN核心网等。处理环节面对众多的数据来源和庞大的数据量，一方面需要具有极强的数据处理能力和分发能力；另一方面需要结合特定流程和规则进行数据分析和利用。因此，系统将会利用各种数据处理分析技术和信息分发平台技术，其中以云计算和P2P技术为代表。

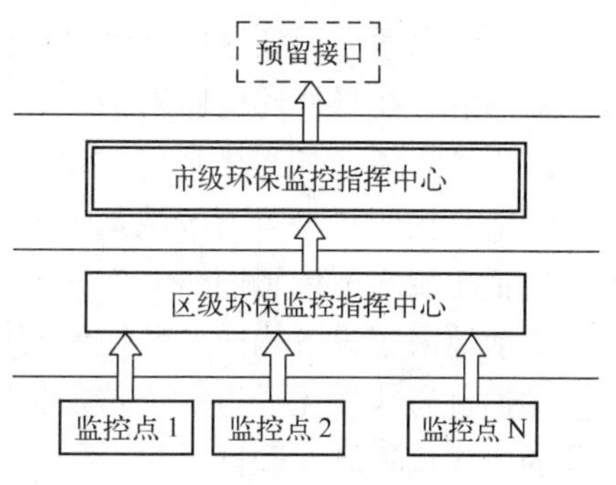

图12-11　城市智能环保系统架构

12.5.2　智能环保系统的组成

智能环保系统包括前端采集设备、环境监测网络、接入和传输网络以及指挥中心。

1. 前端采集设备

前端采集设备以环保监测主机为核心，数据监控子系统将各监测点的环保监测主机采集的数据和具体污染类型对应，存储在数据库中，进行实时展现和数据分析。检测范围包括水站、气站、噪声等多种检测对象，每种对象又有多种指标（如二氧化硫浓度、烟尘浓度、水质等）。各种指标由中心平台统一表述，以保证数据含义的一致性。

在大气污染监测中，气体传感器可分为以下几类：半导体气体传感器、电化学气体传感器、固体电解质气体传感器、接触燃烧式气体传感器和光化学性气体传感器等，如图12-12所示。

在水体污染和土壤污染的监测中，利用传感器监测重金属含量的技术主要有：光纤化学传感器技术、微电极阵列技术、纳米阵列电极技术、激光诱导击穿光谱技术、生物传感器技术等。另外监测有机物污染的技术主要包括：基于荧光机制的光线感知技术、基于生化需氧量

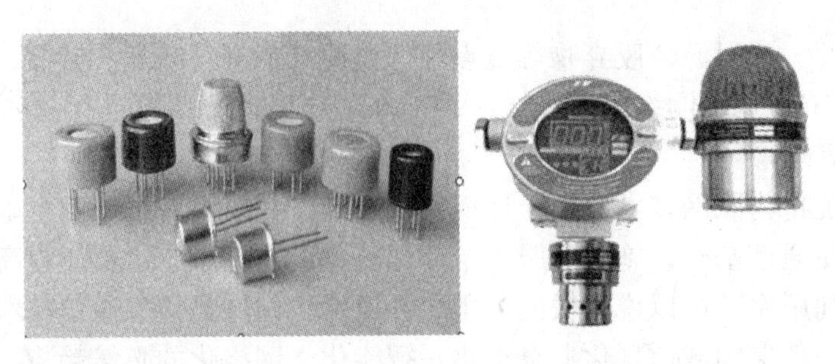

图 12-12　半导体气体传感器和电化学气体传感器

的生物感知技术、渐逝波感知技术、表面声波化学感知技术和化学阻抗感知技术等。另外视频监控子系统配备专用摄像机和前端视频服务器，主要针对重点污染源进行远程视频监控，向客户提供视频浏览、图像抓拍、语音监听、存储、云台控制等视频监控功能。

2. 环境监测网络及其接入

由于环境监测网络可能部署在恶劣环境条件下，因此，无线传感器网络成为物联网智能环保必不可少的基础设施。在城市环境中，由于有大量的手机用户和机动车辆，可以将各种环境探测传感器内置到这些移动设备中，用以监测城市环境信息，形成城市中的协作感知环境监测网络。在野外环境监测中，传感器节点往往部署在人们不易接近的区域，利用监测环境中的移动物体（如野生环境中的动物等）的移动性来收集传感信息，形成环境监测中的稀疏网络，从而解决监测区域基本通信设施和供电设施缺乏的问题。另外常用的环境感知网络还包括无线水下传感网络、无线地下传感网络等。

由前端采集设备构成的环境监测网络可以采用多种方式接入互联网。多方式接入是指支持前端通过有线或无线方式上传数据，前端采集的数据通过 GPRS、CDMA 1X、Wi-Fi 或者有线的方式接入到互联网。

3. 指挥中心

指挥中心由服务器、管理终端和浏览终端组成，工作人员通过计算机或 3G 手机对环境监测网络中的设备进行监测。采集的信息先送往连接系统各节点的信息中转站，中转站利用数据融合技术、不确定性数据处理技术、环境预测技术等对信息进行处理，同时负责警情上传分发、报警联动和音、视频流的转发工作，并在系统前端主机与客户端之间提供流媒体通路，以减轻网络和设备的负载压力。指挥中心统筹管理整个系统的配置和运作，随时掌握远程监控数据，通过实时视频监视环境污染状况。

12.5.3　智能环保系统实例

早在物联网概念提出之前，环境保护已经是传感网探索和实践并大力推进的热点领域之一。环保物联网的建设强化了环境执法，提升了污染监控效率，促进了节能减排。有人预测，环保与城市管理将成为物联网初期起步的重点。

下面以无锡市太湖治藻护水系统为例，了解水环境保护系统的感知层和传输层的解决方案。无锡市利用物联网技术开发了太湖水污染监测系统，以加大太湖水污染防治力度，切实改善水环境质量。该系统的感知层负责水质、蓝藻等信息的实时采集，对污染进行全程定位、跟踪和监控。该系统利用光纤化学传感器监测水质中的重金属离子。光纤化学传感器工作原理如图 12-13 所示。

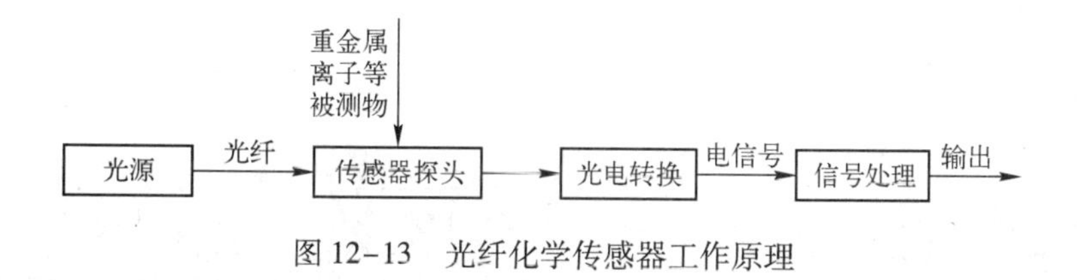

图 12-13　光纤化学传感器工作原理

光源发出的光经由光纤进入调制区（固定有敏感试剂），被测物质（如含有重金属离子污染物的水体）与试剂作用会引起光的强度、波长、频率、相位、偏振态等光学特性发生变化，被调制的信号光经过光纤送入光探测器和一些信号处理装置，最终获得被测物的信息。以水体环境中的镍离子污染检测为例，由于镍的水合离子在可见光区有 3 个吸收峰，因此，采用白炽灯、光纤、单色仪和硅电池构成传感器，测量镍的水合离子在 740nm 处（其中的一个吸收峰值）的吸光度值，就可以计算出镍离子的浓度。

传输层负责将收集到的信息通过 GPRS 等手段传输至水利局现有的中心设备，由处理层进行数据处理分析。由于部分传感器位于水下，信息的收集需要通过无线水下传感网络。无线电波在水下衰减严重，且频率越高衰减越大，不能满足远距离组网的要求。考虑到声波是唯一能在水介质中进行长距离传输的能量形式，因此水下传感网络采用了水下声学相关技术进行通信和组网。水下声学调制解调器的工作原理为：发送数据时，数据信息经过调制编码，通过水声换能器的电致伸缩效应将电信号转换成声信号发送出去；接收信号时，利用水声换能器的压电效应进行声电转换，将接收的信息解码还原成有效数据。

12.6　智能家居

智能家居最能体现物联网对生活方式的改变。想象一下，当人们回到家中，随着门锁被开启，家中的安防系统自动解除室内警戒，廊灯缓缓点亮，空调自动启动，最喜欢的背景交响乐轻轻奏起；不论在办公室还是在外地出差，都能通过计算机或者智能手机上网轻松控制家电，这一切只是智能家居系统为人们提供的一部分服务。本节主要从智能家居系统的起源、发展、子系统和技术需求等方面介绍物联网技术在智能家居系统中的应用和市场前景。

12.6.1　智能家居的功能

智能家居源于 1984 年出现的智能大楼。智能家居以住宅为平台，利用综合布线技术、网络通信技术、安全防范技术、自动控制技术和音、视频技术等，集成与家居生活有关的设施，构建高效的住宅设施和家庭日程事务的管理系统，提升家居的安全性、便利性、舒适性和艺术性，并实现环保节能的居住环境。智能家居提供的功能如图 12-14 所示。

智能家居系统包含的主要子系统有家居布线系统、家庭网络系统、智能家居（中央）控制管理系统、家居照明控制系统、家庭安防系统、背景音乐系统、家庭影院与多媒体系统、家庭环境控制系统 8 大系统。其中，智能家居控制管理系统、家居照明控制系统、家庭安防系统是必备系统，家居布线系统、家庭网络系统、背景音乐系统、家庭影院与多媒体系统、家庭环境控制系统为可选系统。

通俗地说，智能家居是融合了自动化控制系统、计算机网络系统和网络通信技术于一体的网络化、智能化的家居控制系统。智能家居为用户提供了更方便的家庭设备管理手段，比

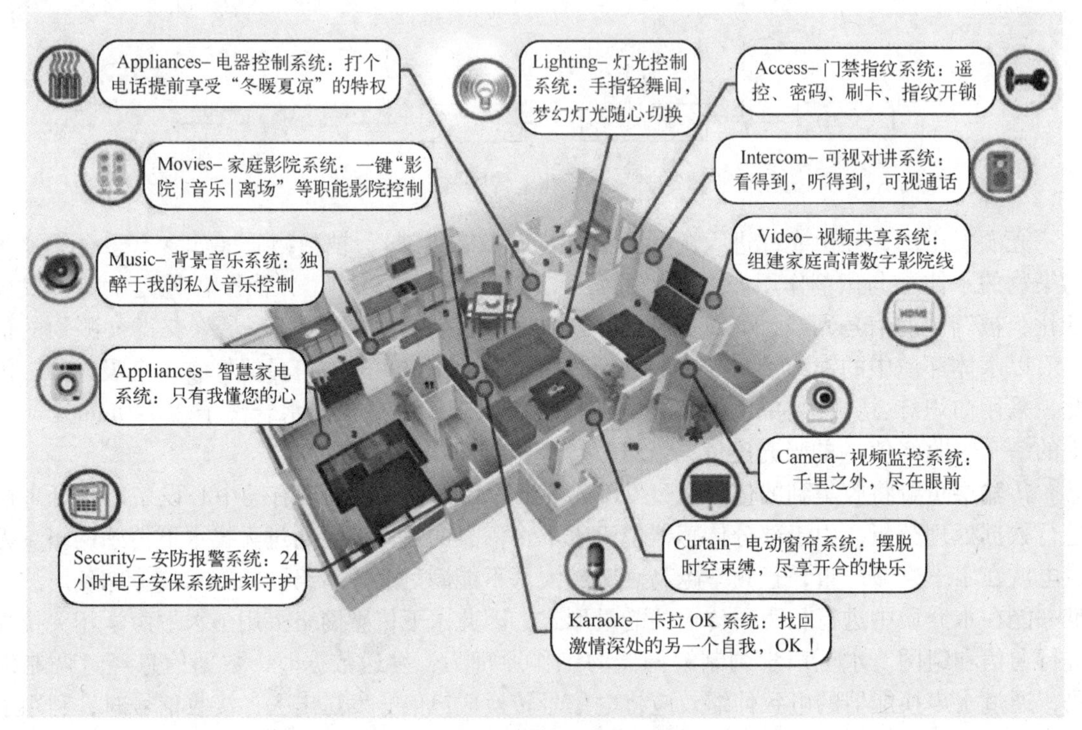

图 12-14　智能家居功能示意图

如，通过无线遥控器、计算机或者语音识别等技术控制家用设备，使多个设备形成联动。同时，智能家居内的各种设备相互间也可以通信，不需要用户指挥也能根据不同的状态互动运行，从而给用户带来最大程度的高效、便利、舒适与安全。

12.6.2　智能家居的技术需求

智能家居系统的运转需要各个子系统相互配合，需要传感器技术、网络通信传输技术、自动控制技术、安全防范技术等智能家居相关技术的支持才能实现。

1. 传感器技术

传感器技术是目前研究的热点问题，尤其是无线传感器，其应用非常广泛。目前，随着物联网技术的发展，传感器技术越来越多地应用到智能家居当中。智能家居使用的传感器如图 12-15 所示。

1）门磁传感器，用于保安监控和安全防范系统。由于该传感器体积小，安装方便，无线信号在开阔地能传输 200 m，在一般住宅能传输 20 m，能够很好地对门窗或其他重要部位的状态起到监控和预警作用。

2）可燃气体探测器，主要用于探测可燃气体，在智能家居中用于检测煤气或天然气泄漏问题。目前使用最多的是催化剂型和半导体型两种类型。

3）水浸传感器，用于检测家庭环境中的漏水情况。在日常生活中，由于器材的老化或者人为的疏忽，家庭供水系统泄漏是经常发生的事情。水浸传感器一般分为接触式和非接触式两种。接触式水浸传感器一般都配有两个探针，当两个探针同时被液体浸泡时，两个探针之间就有电流通过，从而检测到有漏水的情况。非接触式水浸传感器根据光在两种不同媒质界面发生全反射和折射的原理，检测漏水的存在。

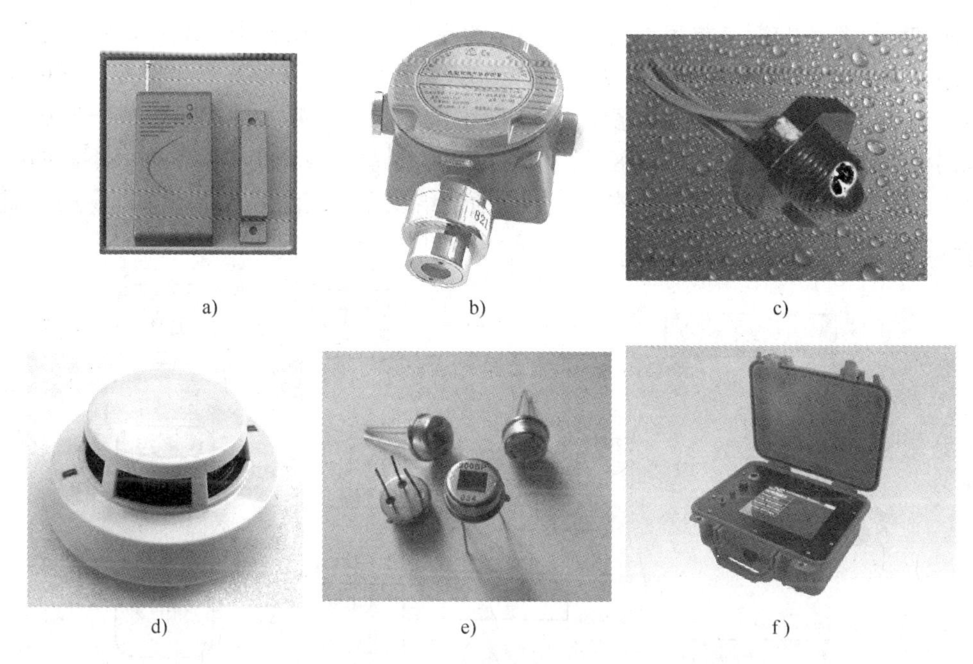

图 12-15　智能家居常用的传感器

a）门磁传感器　b）可燃气体探测器　c）水浸传感器　d）烟雾传感器　e）红外传感器　f）读数传感器

4）烟雾传感器，主要用于检测家居环境中烟雾的浓度，防范火灾。通常使用离子式烟雾传感器，它的主要部分是一个电离腔。电离腔由两个电板和一个电离辐射的放射源组成，放射源发出的射线可以电离腔内的氧和氮原子，产生带正电和带负电的粒子，并在电离腔内移动形成微小电流。当烟雾进入电离腔时，会导致这一电流下降，从而测量出烟雾信息。

5）红外传感器，主要用于探测是否有非法人员入室。红外传感器探头在探测人体发射的红外线辐射后会释放电荷，以此判断人的存在。该传感器功耗低、隐蔽性好，而且价格低廉；缺点是容易受各种热源和光源干扰。

6）光线传感器，通常用于检测光线的强弱程度，为智能照明提供数据依据，主要利用了光敏二极管对光照敏感的特性。

7）读数传感器，在智能抄表和家庭节能中有着广泛的应用。读数传感器由现场采集仪表和信号采集器构成。每当水、电、煤气仪表读数出现变化时，现场采集仪表实时产生一个脉冲读数，信号采集器作为一个计数装置，在收到现场采集仪表发送过来的脉冲信号后，对脉冲信号进行取样，获取各类仪表的读数变化。

2. 网络通信传输技术

家庭里的电器、家具装置等通过有线或无线传输技术连接起来，组成家庭网络，然后通过家庭网关连接到互联网。家庭网络的组建有两种方式：有线网络和无线网络。

1）智能家居中的有线传输技术。有线传输方式由于其可靠性高、协议设计方便、低耗能的特点，是目前智能家居网络中的首选传输方式。智能家居中的有线传输方式有多种，如电力载波 X-10 和 CEBus（Consumer Electronics Bus）、电话线的 HomePNA（Home Phoneline Network Alliance）、LonWorks 总线、RS 485 总线和 CAN 总线等，这些实现方案有各自的优缺点，适用于要求不同数据传输率以及数据传输范围的场合。

家居智能化技术起源于美国，最具代表性的是 X-10 传输技术。X-10 协议是以电力线为传输媒介对电子设备进行远程控制的通信协议，广泛应用于家庭安全监控、家用电器控制和住宅仪表读数等方面。X-10 系统由发送控制盒和多个接收控制组件组成，通过设置不同的编码可以对各个接收组件加以区分。使用时，控制盒和各个接收组件插入不同的电源插座，家用电器和这些接收控制组件连接。用户通过给发送控制盒输入指令实现家用电器设备的远程控制，如图 12-16 所示。

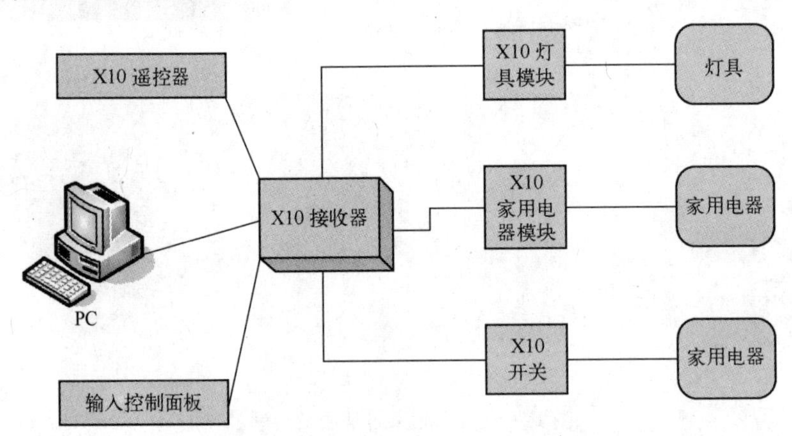

图 12-16　基于 X-10 技术的家庭控制网络

通过 X-10 通信协议，网络系统中的各个设备可以实现资源的共享。X-10 因其布线简单、功能灵活、扩展容易而被人们广泛接受和应用。但是在我国，由于受电网特性限制，X-10 传输技术面临传输速度慢（60Hz 供电系统，传送一个指令需 0.883s）、抗干扰性能差等问题，其推广和应用有一定的困难。

2）智能家居中的无线传输技术。有线传输方式所有的控制信号必须通过有线方式连接，控制器端的信号线多而复杂，一旦遇到问题，排查也相当困难。无线传输机制相对于有线传输机制易于部署和扩展，将广泛应用于未来的智能家居。蓝牙、Wi-Fi、ZigBee 等无线传输技术都可用于智能家居。

蓝牙可以在手机、掌上电脑（PDA）、无线耳机、笔记本电脑、相关外设等众多设备之间进行无线信息交换。但由于成本高、功耗高的缺点，蓝牙技术在智能家居领域的应用遇到了一定的困难。

Wi-Fi 目前在家庭中的主要用处就是利用无线路由器组建家庭计算机局域网，家里的多台笔记本电脑可以同时访问 Internet。但 Wi-Fi 网络的功耗高，目前在智能家居的应用中一般起辅助补充的作用。

值得一提的是 ZigBee 技术。ZigBee 之前被称为 Home RF Lite（家庭射频精简版），顾名思义，ZigBee 其实是为家庭网络量身定做的技术。ZigBee 低功耗、低成本的特点奠定了其目前在组建家庭网络方面的优势地位，其与 IPv6 的结合能大大提高智能家居的网络质量。

3. 自动控制技术

智能家居控制系统是以 HFC（光纤铜缆混合接入）、以太网、现场总线、公共电话网、无线网为传输网络，计算机网络技术为技术平台，现场总线为应用操作平台，构成一个完整的具有家庭通信、家庭设备自动控制、家庭安全防范等功能的控制系统。

当前的智能家居控制系统正朝着拥有无线远程控制能力、高速多媒体数据传输能力的方向发展，控制功能更广泛，控制界面更友好。控制功能包括事件提醒、灯光控制、电动窗帘控制、空调和地暖温度控制，多种场景设置及电子日历，用户可以按照自己的意愿选择配置智能家居功能，可以通过电话、互联网、手机和其他无线终端随时随地进行设置和控制，畅享安心、舒适、便利、节能的高品位生活。

4. 安全防范技术

目前家庭住户安防技术水平普遍较低，传统的安防系统只能提供一部分火灾、漏水、煤气泄漏等意外事故发生时的报警功能，但采集数据有限，误报率较高，并且不能实现远程报警。对于非法闯入，传统的安防设施不仅影响火灾等灾难来临时的逃生通道，而且这些简单的防入侵系统也不能记录犯罪证据。

智能家居安全防范主要包括多火灾报警、可燃气体泄漏报警、防盗报警、紧急求救、多防区的设置、访客对讲等。家庭控制器内按等级预先设置若干个报警电话号码，在有报警发生时，按等级的次序依次不停地拨通上述电话进行报警。同时，各种报警信号通过控制网络传送至小区物业管理中心，并可与其他功能模块实现可编程的联动，如可燃气体泄漏报警后，关闭燃气管道上的开关装置。

12.6.3 智能家居物联网应用实例

智能家居物联网的应用实例很多，目的是为用户提供舒适、安全、节能环保的服务，下面从智能家电、智能照明、家庭安防 3 个方面介绍物联网技术在智能家居领域的应用。

1. 智能家电

智能家电是微处理器和计算机技术引入家用电器设备后形成的产品，具有自动检测故障、自动控制、自动调节以及与控制中心通信等功能。未来智能家电主要朝着多种智能化、自适应化和网络化 3 个方向发展。多种智能化是指家电尽可能在其特有的工作功能中模拟多种智能思维或智能活动。自适应化是指家电根据自身状态和外界环境的变化，自动优化工作方式和过程的能力，这种能力使得家电在其整个生命周期中都能处于最有效、最节省能源的状态。网络化是指家电之间通过网络实现互操作，用户可以远程控制家电，通过互联网双向传递信息。

智能冰箱是智能家电的代表性产品。1999 年由英国推出的智能冰箱，通过条形码扫描仪来对储存和消耗食品进行登记，冰箱的显示屏可向用户显示食品的保质期，还会提醒用户储存的牛奶等食品是否已快吃完，能将需要重新购买的食品列成购物清单，以方便用户购买。现在生产的智能冰箱更多融合了先进的网络技术、无线传输技术和自动控制技术，通过因特网、手机短信、移动或固话，用户可以在任何时间、任何地点远程操控家里的冰箱，查看冰箱里的食物情况。用户所发送的控制信号通过家庭网关，以无线通信方式控制冰箱，无需布线也不影响房间美观。冰箱的运行情况、机身故障等信息可通过电子邮件、手机短信和电话即时通知用户或售后厂商。

智能冰箱的系统组成包括 RFID 监控模块、食品管理系统模块和无线通信模块 3 部分，如图 12-17 所示。RFID 监控模块通过食品上的 RFID 标签读取食品的属性，如生产日期、保质期等。食品管理模块是冰箱的核心，实现家庭食品库存显示等主要功能，通过与互联网连接，获取营养学等一些信息，为健康食谱搭配等功能提供工作依据，还可以与食品供应商的智能物流系统连接，按照用户的指令，订购所需的各种食品。无线通信模块负责将冰箱内的食品状况以及冰箱的运行情况通知给用户。

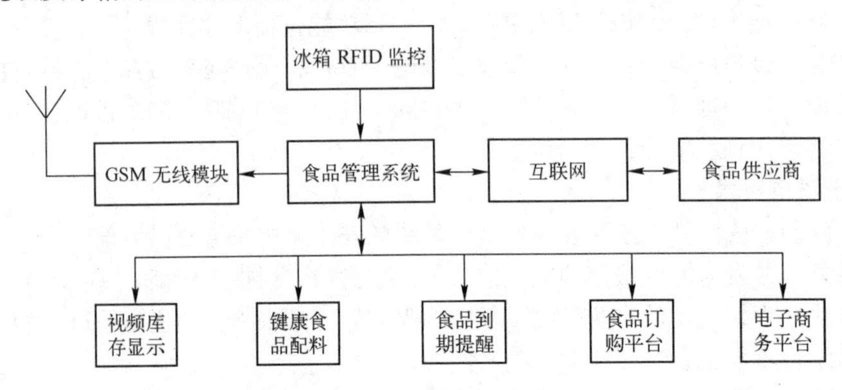

图 12-17　智能冰箱系统组成

作为智能家电的典型代表，云电视体现了嵌入式系统与物联网技术对传统家电理念的巨大变革。云电视是应用云计算、云存储技术的电视产品，将云电视连上互联网，就可以随时从外界调取自己需要的资源或信息。例如，在云电视里安装各种即时通讯软件，就可以在看电视的同时进行社交、办公等。以 TCL 超级智能云电视为例，该电视内部装载了定制的 Android 嵌入式操作系统，通过内置闪联协议，可以实现互联网和局域网内设备的互联互通、多媒体互动、远程控制等功能，具有强大的多屏互动功能，可以将互联网视频网站的影视资源推送到云电视上进行播放。用户不仅可以通过云电视观看传统的电视节目，还可浏览网页，装载各种互联网应用程序和游戏等。

在海尔公司推出的“海尔物联之家”U－home2.0 美好住居解决方案中，各个家电通过网络连接在一起，可以通过家庭网络控制中心进行信息交互。所有家电由智能遥控器统一控制，遥控器还可以与用户手机进行绑定。通过自主研发的多款物联网核心控制芯片，整合电网、电信网、互联网和广电网，实现了人与家、人与家电、家电与环境之间的智慧对话，用户可以随时随地通过连接到 Internet 的计算机或智能手机与家电进行“对话”。除了智能家电，该解决方案还包含了智能窗帘、智能灯光、故障反馈、网络监控等多个应用子系统。

2. 智能照明

目前我国照明消耗的电力占电力总消耗的比重很大。在传统的家庭照明系统中，不仅用电效率低，造成很大的能源浪费，而且为了达到理想的照明效果，操作比较烦琐。设计智能照明系统，既能够提高能源利用率，也能够很好地改善家居环境。

家庭智能照明系统中，用户通过发射器输入指令，接收器则按照指令驱动被控设备在特定的模式下工作。光强传感器、颜色传感器组成信息感知层，通过家庭内部的通信布线将收集的光信息传送至智能光照控制中心，光照控制中心通过对采集的信息数据加以分析，并按照预先的设置，以最优化的方式和手段调控光照设备。通过用户状态识别系统可以判断用户的位置，并对用户的下一位置做出预判，以切换照明模式，达到节能效果。

3. 家庭安防

在城市生活中，火灾、煤气泄漏、入室抢劫与盗窃是 3 类最为常见的安全事故。为保障人身和财产安全，许多家庭安装了防盗网或者烟雾报警器等安全防护设备，但是这些传统的安防设备往往孤立运行，缺乏系统联动性，作用效果有限。

家庭安防系统是指通过各种安防探头、报警主机、摄像机、读卡器、门禁控制器、接警中心以及其他安防设备为住宅提供防盗报警服务的综合系统。它包含了3大子系统：闭路电视监控子系统、门禁子系统和防盗报警子系统，如图12-18所示。

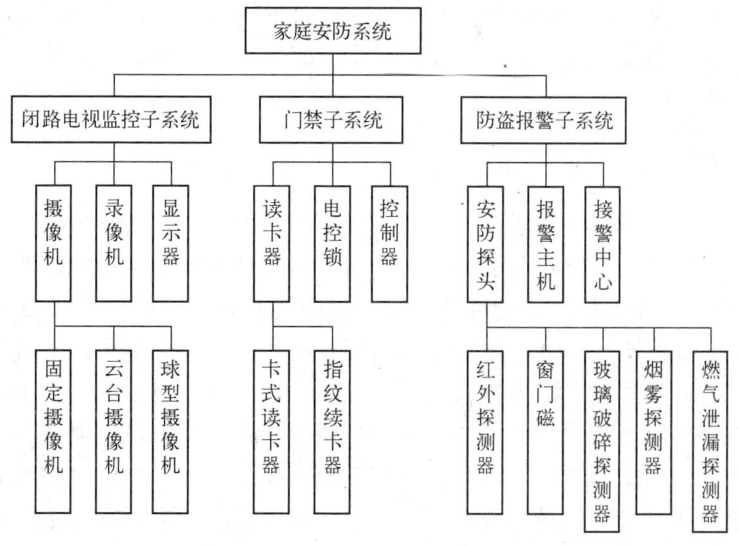

图12-18 家庭安防系统组成

闭路电视监控子系统在家庭安防系统建设中占有重要的位置，是家庭安防的第一道防线。一般来说闭路监控系统是由开发商为整个小区建设的，很少针对业主的住宅建设监控系统，这就需要业主自行建设该系统。摄像机按照主流的技术可分为模拟摄像机和网络摄像机，采用模拟摄像机只能在住宅内联网监控，如果需要远程监控则需要采用网络摄像机，若住宅没有固定的全球IP地址，则首先需要申请一个ADSL宽带上网服务，然后购买一台支持动态域名解析的路由器，再申请一个动态解析的域名，业主就可以通过标准IE浏览器输入预先申请的域名访问家中的摄像机了。

门禁子系统经历了从早期的门锁管理到后来的基于IC卡的电子门禁系统等多个阶段。智能家庭门禁系统由前端的身份认证模块、家庭网络、家庭控制中心和自动门锁4个部门组成。其中身份认证模块负责识别访客的身份，常见的技术手段有生物特征识别（如人脸特征识别）、RFID射频技术和可视对讲技术等；家庭网络主要负责将认证模块的认证信息发送给家庭控制中心。为了减少家庭布线的数量，认证信息主要以无线方式传输。为了保证认证信息的安全，传输过程中还会采用动态密钥和AES加密等信息安全技术。家庭控制中心负责识别用户身份认证信息，并控制自动门锁的开关。

防盗报警子系统由安防探头、报警主机和接警中心构成。安防探头可以是红外微波双鉴探测器、窗磁、门磁、玻璃破碎探测器、烟雾探测器、紧急按钮和燃气泄漏探测器等。接警中心在智能家居与家庭安防系统具有重要的地位，是系统的关键。广义的接警中心是指智能化系统的中心控制室，狭义的接警中心仅指防盗报警系统的报警中心。根据我国的实际情况，可以将狭义的接警中心分为3类：小区管理中心、110接警中心和专业保安服务公司接警中心。

12.7 智慧医疗

“看病难、看病贵”一直是困扰世界上大多数国家医疗改革的核心问题。要建立一个真正以人为本的健康医疗体系，必须使医疗服务的成本和质量平衡发展，而智慧医疗为此提供了可行性。

智慧医疗是通过物联网实现患者与医务人员、医疗机构、医疗设备之间的互动，及时采集医疗信息，准确、快速地进行处理，使整个医疗过程更加高效便捷和人性化。

智慧医疗涵盖了健康监控、疾病治疗、药品追踪等方面，涉及很多技术，其中独具特色的是无线传感器体域网技术。

12.7.1 医用传感器

医用传感器是指用于生物医学领域的传感器，是一种能感知人体生理信息并将其转换成与之有确定函数关系的电信号的电子器件。下面介绍几种常见的医疗传感器。

1）体温传感器。体温传感器的种类很多，常用的有接触式的电子体温计和非接触式的红外热辐射式温度传感器等。电子体温计利用某些物质的电阻、电压或电流等物理参数与环境温度之间存在的确定关系，将体温以数字的形式显示出来。与传统的水银温度计相比，电子体温计具有测量时间短、测量精度高、读数方便等特点。红外热辐射式的温度传感器根据普朗克辐射定律进行工作，即当物体的温度高于绝对零度时，都要以电磁波形式向周围辐射能量，其辐射频率和能量随物体的温度而定。人体也会向外辐射红外线能量，当体温改变时，所辐射的红外线能量就会改变。红外辐射式的温度传感器就是根据检测人体表面的辐射能量而确定体温的。

2）电子血压计。电子血压计是一种测量动脉血液收缩压和舒张压的仪器。电子血压计一般采用科氏音法原理，利用袖带在体外对动脉血管加以变化的压力，通过体表检测出脉管内的血压值。通常使用袖带充气，阻断动脉血流；然后缓慢放气，在阻断动脉点的下游监听是否出现血流；当开始监听到科氏音，即开始有血流通过时，袖带内的压力为动脉内的收缩压，当血流完全恢复正常时，袖带内的压力为动脉舒张压。

3）脉搏血氧仪。脉搏血氧仪利用血液中的氧合血红蛋白和还原血红蛋白的光谱吸收特性，用不同波长的红光和红外光交替照射被测试区（一般为指尖或耳垂），通过检测红光和红外光的吸光度变化率之比推算出动脉血氧饱和度。脉搏血氧仪提供了一种无创伤测量血氧饱和度的方法，可以长时间监测，为临床提供了快速、便捷、安全可靠的测定方式。脉搏血氧仪还可以检测动脉脉动，因此也可以计量被测者的心率。

12.7.2 体域网和身体传感网

体域网（Body Area Network，BAN）的范围只有几米，连接范围仅限体内、体表及其身体周围的传感器和仪器设备。无线体域网（Wireless BAN，WBAN）是人体上的生理参数收集传感器或移植到人体内的生物传感器共同形成的一个无线网络，其目的是提供一个集成硬件、软件和无线通信技术的泛在计算平台，为健康医疗监控系统的未来发展提供必备的条件。WBAN 的标准是 IEEE 802.15.6TG，该标准制定了 WBAN 的模型，分为物理层、数据链路层、网络层和应用层。

体域网技术目前一般用于组建身体传感网（Body Sensor Network，BSN）。BSN 特别强调可穿戴或可植入生物传感器的尺寸大小以及它们之间的低功耗无线通信。这些传感器节点能够采集身体重要的生理信号（如温度、血糖、血压和心电信号等）、人体活动或动作信号以及人体所在环境的信息，处理这些信号并将它们传输到身体外部附近的本地基站。

根据所在人体的位置，可将 BSN 中的传感器节点分为 3 类：可植入体内的传感器节点，包括可植入的生物传感器和可吸入的传感器；可穿戴在身体上的传感器节点，如葡萄糖传感器、非入侵血压传感器等；在身体周围并且距离身体很近的用于识别人体活动或行为的周围环境节点。基于以上分类，根据传感器节点的监控/监测目标，BSN 网络可分为 3 种：仅包含第 1 类传感器节点的植入式 BSN 网络；仅包含第 2 类传感器节点的可穿戴式 BSN；由以上 3 类传感器节点任意组合的混合式 BSN。

BSN 的系统架构分为 3 个层次。第 1 层包含一组具有检测功能的传感器节点或设备，能够测量和处理人体的生理信号或所在环境的信息，然后将这些信息传送给外部控制节点或头节点，还可以接受外部命令以触发动作。第 2 层是具有完全功能设计的移动个人服务器或主节点，进一步还包括汇聚节点或基站，用于负责与外部网络的通信，并临时存储从第 1 层收集上来的数据，以低功耗的方式管理各个传感器节点或设备，接收和分析感知数据以及执行规定的用户程序。第 3 层包括提供各种应用服务的远程服务器，例如，医疗服务器保留注册用户的电子医疗记录，并向这些用户、医务人员和护理人员提供相应的服务。

习题

1. 四网融合是哪四网？传统的电力线互联网接入技术与智能电网中的互联网接入技术有什么区别？
2. 根据智能电网和传统电网的主要特征，简要对比两者之间的不同。
3. 智能交通系统中主要应用到哪些物联网技术？
4. 常用的交通信息感知技术有哪些？
5. 什么是智能物流？与传统物流相比，智能物流有哪些特点？
6. 智能物流体系结构各层用到的主要技术有哪些？
7. 请列举智能物流的应用。
8. 智能物流与智能交通的关系是什么？
9. 精细农业的关键技术有哪些？
10. 精细灌溉系统由几部分组成？
11. 除精细灌溉以外，试举例说明精细农业在其他方面的应用。
12. 水污染监测系统中的组网技术有什么特点？
13. 如何理解智能家居与物联网的关系？智能家居与传统家居的区别是什么？
14. 智能家居的关键技术有哪些？
15. 举出一些其他智能家电的例子。
16. 家庭安防包含哪些子系统？它们的主要作用是什么？
17. 常用的医用传感器有哪些？
18. 无线传感网 WSN 和体域网 BAN 的区别和联系是什么？
19. 畅想智慧医疗将会怎样改变医疗卫生质量。

第 13 章　物联网标准及发展

没有规矩，不成方圆。对于一项技术来说，能否得到广泛的应用，能否形成产业化、规模化，创造大量的经济价值，标准的制定显得格外重要。物联网覆盖的技术领域非常广泛，涉及总体架构、感知技术、通信网络技术、应用技术等各个方面，并且新的技术层出不穷，如果各行其是，结果将是灾难性的，不能形成规模经济，不能形成整合的商业模式，也不能降低研发成本。因此，统一技术标准，形成一个管理机制，是物联网必须要面对的问题。

随着物联网的快速发展，物联网标准体系也在不断地完善。世界各大标准机构和企业组织都已投入到物联网标准的制定工作中，一系列重要的技术标准已经发布并投入实际应用，还有大量的标准正在紧锣密鼓地制定中。通过了解物联网的各种技术标准，可以清楚物联网的历史演变、目前的研究重点和未来的发展趋势，并对物联网的各种技术之间的关系了然于心。

13.1　物联网标准的体系框架

物联网标准体系是由具有一定内在联系的物联网标准组成的有机整体，它影响着整个物联网发展的形式、内容与规模。标准的全面性与先进性直接影响着物联网产业的发展方向和发展速度。

物联网标准体系由感知层技术标准体系、传输层技术标准体系、处理层技术标准体系、应用层技术标准体系和公共类技术标准体系组成，如图 13-1 所示。这些标准对物联网的技术和应用做了规范说明，涵盖了物联网的体系架构、组网通信协议、协同处理组件、接口、网络安全、编码标识、骨干网接入、服务、应用等多方面的内容。

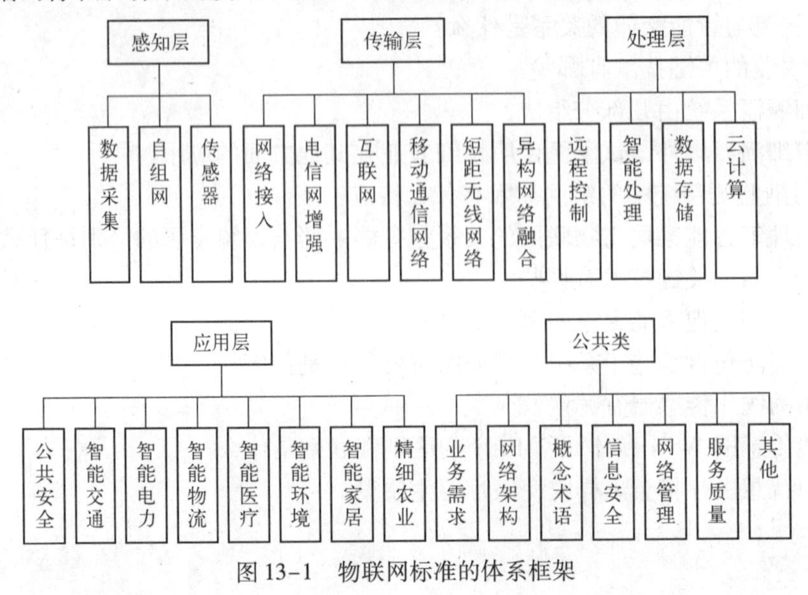

图 13-1　物联网标准的体系框架

在物联网标准的体系框架中，感知层技术标准体系包括编码、自动识别、传感器等数据采集技术标准和自组织网络关键技术标准；传输层技术标准体系包括各种网络标准和接入网络技术标准以及异构网络融合等承载网支撑技术标准；处理层技术标准体系包括信息管理、业务分析管理、数据存储等物联网业务标准；应用层技术标准体系包括智能医疗、智能交通、智能电网、精细农业等物联网应用子集标准；公共技术类标准包括物联网的体系结构、概念术语、网络管理、信息安全、服务质量（QoS）等标准。

图 13-2　参与全球物联网标准制定的一些组织及徽标

目前，世界各个标准化组织都在投入力量，积极加速物联网的标准化进程，以便为物联网产品的研发和应用提供重要的支持。参与物联网标准制定的一些组织及徽标如图 13-2 所示。由于标准化组织众多，对同一事物的理解和侧重点就有所不同，采用术语不尽相同，因此，了解各个标准化组织的研究领域及其制定的技术标准，对于理解物联网的各种术语、概念及他们之间的关系都大有裨益。

13.2　国际物联网标准制定现状

世界各国都十分重视物联网的发展，也投入了大量的人力物力。2009 年 1 月，“智慧地球”成为美国国家战略中的一部分。2009 年 6 月，欧盟委员会也递交了《欧盟物联网行动计划》。从物联网的架构、机器对机器通信（M2M）、泛在网络、互联网、传感网到移动网络技术，国际上都有物联网标准组织在进行研究，如国际电信联盟（ITU）、欧洲电信标准化协会（ETSI）、国际标准化组织/国际电工委员会（ISO/IEC）、美国电气及电子工程师学会（IEEE）、互联网工程任务组（IETF）、ZigBee 联盟、第三代合作伙伴计划（3GPP）和 EPC global 等。

其中，ITU－T 及 ETSI 在物联网总体框架方面的系统研究比较具有代表性。ITU－T 从传感网角度研究总体架构，ETSI 从 M2M 的角度研究总体架构。ISO/IEC、IEEE 则在感知技术（主要是对无线传感网的研究）方面的研究比较有代表性。IETF 在互联网方面的研究具有代表性。ZigBee 联盟主要针对 ZigBee 技术的一些标准。3GPP 则在通信网络技术方面进行研究，主要从 M2M 业务对移动网络的需求方面进行研究，并只限定在移动网络层面。

虽然各个国际组织侧重方面各有不同，但在应用技术方面都有一些研究，主要是针对特定的物联网应用制定标准。在智能测量、城市自动化、消费电子应用、汽车应用等领域均有相当数量的标准正在制定中，这与传统的计算机和通信领域的标准体系有很大不同（传统的计算机和通信领域标准体系一般不涉及具体的应用），这也说明了“物联网是由应用主导的”的观点在国际上已成为共识。

总的来说，国际上物联网标准制定工作还处于起步阶段，目前各个标准组织自成体系，各不相同，标准内容涉及框架、编码、传感、数据处理和应用等。

13.2.1　国际电信联盟电信标准化组织（ITU – T）

国际电信联盟电信标准化分部（ITU Telecommunication Standardization Sector，ITU – T）是专门制定电信相关国际标准的机构，创建于 1993 年，其前身是国际电报电话咨询委员会（Consultative Committee for International Telegraph and Telephone，CCITT），总部设在日内瓦。

由 ITU – T 制定的国际标准通常被称为推荐标准，也称为建议书。仅 2007 年，ITU – T 就制定了 160 多项新的和经修订的标准（ITU – T 建议书），涵盖了从核心网络到 IPTV（网络电视）等通信网络技术和业务的各个方面。

ITU – T 是最早进行物联网研究的标准组织。2005 年在突尼斯举行的信息社会世界峰会上，ITU – T 发布了著名的《ITU 互联网报告 2005：物联网》。ITU – T 的研究内容主要集中在泛在网总体框架、标识及应用 3 个方面。泛在网研究方面已经从需求阶段进入框架研究阶段；标识研究方面 ITU – T 与 ISO 通力合作，主推基于对象标识（OID）的解析体系；在应用方面 ITU – T 已经展开了对健康和车载方面的研究。

ITU – T 的标准化工作由其各个研究组承担，与物联网有关的研究组主要有如下几个。

1）SG11。第 11 研究组主要研究信令要求、协议和测试规范，制定电话呼叫和其他此类呼叫（如数据呼叫）在网络中的处理方式。第 11 研究组是 7 号信令系统（SS7）的开山鼻祖，没有这一信令系统，全球范围的电信系统就无法实现互操作。目前 SG11 正朝着互联网和下一代网络（NGN）的方向发展。此外，该组还成立了专门的问题组“NID 和 USN 测试规范”，主要研究节点标识（NID）和泛在传感网络（USN）的测试架构。

2）SG13。第 13 研究组负责下一代网络（NGN）和未来网络标准的制定工作。第 13 研究组已制定了包括基于 IP 的网络和 NGN 的全球标准，具体涉及质量、安全和支持固定/移动融合的移动性，以实现用户随时随地以任何装置无缝地使用所有的服务。SG13 已制定了传感网和射频识别方面的标准，今后将继续重点关注泛在网、分布式业务网、临时网、物联网、节能网、近期未来网和超 NGN 网络。同时，它还在虚拟专用网（VPN）方面开展了大量工作，特别是 VPN 在各种网络上实现的标准。目前，该组的工作主要集中在基于 NGN 的泛在网、泛在传感网需求及架构、支持标签应用的需求和架构、身份管理（IDM）、NGN 对车载通信的支持等方面的研究。

3）SG16。第 16 研究组主要研究多媒体编码、系统和应用，负责领导开展 ITU – T 有关多媒体终端、系统和应用的研究工作，内容包括多媒体技术的终端、框架、协议、安全、移动性、互通和服务质量。此外，该组还成立了专门的问题组展开泛在网应用的相关研究，内容涉及业务和应用、标识解析方面。如泛在传感网络的应用和业务、智能交通系统（ITS）的车载网关平台、电子健康（E – Health）的多媒体架构等。

4）SG17。第 17 研究组主要负责协调 ITU – T 内所有研究组所涉及的安全问题。SG17 制定 ITU – T X.509 建议书（关于经过公众网络的电子认证标准）是一个重要的安全参考标准，它是设计与公共密钥基础设施（PKI）有关应用的基石，被广泛用于多种应用之中，如保障网络上浏览器与服务器之间连接的安全性和提供数字签名等。如果该标准不被广泛采纳，则不可能实现电子商务的崛起。

除了上述研究组的工作之外，ITU－T 还在智能家居、车辆管理等应用方面开展了一些研究工作。

13.2.2 欧洲电信标准化协会（ETSI）

欧洲电信标准化协会（European Telecommunications Standards Institute，ETSI）是欧盟（当时为欧共体委员会）1988 年建立的一个非盈利性的电信标准化组织，总部设在法国南部的尼斯。ETSI 的标准化领域主要是电信业，并涉及与其他组织合作的信息及广播技术领域。

ETSI 目前有来自 62 个国家的超过 700 名成员，涉及电信行政管理机构、国家标准化组织、网络运营商、设备制造商、专用网业务提供者、用户研究机构等，至今已发布了 8000 多项标准或技术报告。

ETSI 组织由全体大会、常务委员会、技术机构、特别委员会和秘书处组成。其中技术机构可分为 3 种：技术委员会（TC）及其分委会、ETSI 项目组和 ETSI 合作项目组。ETSI 目前下设了 27 个技术委员会及工作小组，其中一些委员会和工作小组的情况如下。

1）TC EE（环境工程技术委员会），定义电信设备（包含安装在用户端的）的关于环境和基础方面的标准，主要包括环境条件和环境测试、供电问题和机械结构 3 个领域。

2）TC SEC（安全技术委员会），负责提供关于安全方面的 ETSI 技术报告和标准，向其他技术委员会提供关于安全方面的建议和援助。

3）TC TM（传输和复用技术委员会），负责传送网及其组成部分（包含无线中继，不包括卫星系统）的全方面标准化工作以及传送网接口的传输特性，定义传送网组成部分的功能及实现规范，例如传送路由、路由器、分段、系统、功能命名、天线、电缆光纤等。

4）TC TMN（电信管理网技术委员会），负责协调各技术委员会有关电信网络管理的工作，以便能更快地进行关于电信管理网的要求和规范的交流与统一。

5）TC M2M（M2M 技术委员会），ETSI 采用 M2M（机器到机器通信）的概念对物联网进行总体框架方面的研究，是目前在物联网总体架构方面最有影响力的标准组织。TC M2M 的主要研究目标是从端到端的全景角度研究机器到机器通信，并与 NGN 的研究及 3GPP 已有的研究展开协同工作。TC M2M 的主要职责有如下几个方面：制定详细的 M2M 体系结构，建立一个端到端的 M2M 高层体系架构；找出现有标准不能满足实际需求的地方，并制定相应的具体标准；将现有的子系统或组件映射到 M2M 体系结构中；解决方案间的相互操作性；硬件接口的标准化；与其他标准化组织进行交流及合作。

13.2.3 国际标准化组织/国际电工委员会（ISO/IEC）

国际标准化组织（International Organization for Standardization，ISO）成立于 1947 年 2 月 23 日。ISO 负责除电工、电子领域和军工、石油、船舶制造之外的很多重要领域的标准化活动。ISO 现有 162 个成员，包括 162 个国家和地区，其最高权力机构是每年一次的“全体大会”，日常办事机构是中央秘书处，设在瑞士日内瓦。ISO 的宗旨是在世界上促进标准化及其相关活动的发展，以便于商品和服务的国际交换，在智力、科学、技术和经济领域开展合作。ISO 通过其 3274 个技术机构开展技术活动，其中技术委员会（简称 SC）共 724 个，工作组（WG）2478 个，特别工作组 72 个。

国际电工委员会（International Electrotechnical Commission，IEC）成立于 1906 年，总部

设在日内瓦，是世界上成立最早的国际性电工标准化机构，负责有关电气工程和电子工程领域中的国际标准化工作。IEC 现在有技术委员会（TC）95 个，分技术委员会（SC）80 个。

ISO 与 IEC 使用共同的技术工作导则，遵循共同的工作程序。在信息技术方面 ISO 与 IEC 在 1987 年成立了联合技术委员会（JTC1），负责制定信息技术领域中的国际标准。信息技术包括系统和工具的规范、设计和开发，涉及信息的采集、表示、处理、安全、传送、交换、显示、管理、组织、存储和检索等内容。JTC1 的秘书处由美国标准学会（ANSI）担任，它是 ISO/IEC 最大的技术委员会，其工作量几乎是 ISO/IEC 的 1/3，发布的国际标准也占 1/3，且更新很快。ANSI 下设 20 多个分委员会，计算机网络体系结构的 OSI（开放系统互联）7 层参考模型就是其制定的。

对于物联网标准的研究，ISO/IEC 主要集中在传感器网络、信息交换、信息安全、软件工程和自动识别等技术的标准制定，其工作由联合技术委员会（JTC1）下设的工作组（WG）与分技术委员会（SC）来完成。与物联网相关的工作组和分技术委员会主要有如下几个。

1）JTC1 SC6。SC6 主要负责系统间的通信与信息交换的研究，研究范围涉及开放系统之间的信息交换的通信领域标准化，包括网络的底层协议和高层协议。该领域的某些重要方面的工作是与 ITU－T 和其他标准化机构合作完成的。

2）JTC1 SC7。SC7 主要的研究领域为软件与系统工程，内容包括软件产品和系统的工程化的过程、支持工具和支持技术的标准化。

3）JTC1 SC17。SC17 主要的研究领域为卡与身份识别，包括行业应用和相关设备领域的标准化。

4）JTC1 SC25。SC25 主要的研究领域为信息技术设备的互连，内容包括信息技术设备用的接口、协议和有关互联媒体的标准化，通常用于商务和住宅环境。不包括通信网络及其接口的标准制定。

5）JTC1 SC27。SC27 主要的研究领域为信息技术安全技术，主要工作是信息技术安全的一般方法和技术的标准化。不包括在应用中的嵌入机制的标准化。

6）JTC1 WG7。WG7 是 2009 年成立的传感器网络工作组，致力于传感器网络的标准化工作。

除此之外，JTC1 SC22、SC28、SC29、SC31、SC32、SC35、SC37 也进行了有关物联网标准的制定工作。

13.2.4 美国电气与电子工程师学会（IEEE）

美国电气与电子工程师学会（Institute of Electrical and Electronics Engineers，IEEE）是一个比较分散的组织，它以地理位置或者技术中心作为组织单位（例如 IEEE 费城分会和 IEEE 计算机协会），总部设在美国纽约市。IEEE 在全球 160 多个国家拥有 40 多万名会员，拥有 300 多个地方分会。在专业上，它有 38 个专业技术协会和 7 个专业技术委员会。

IEEE 作为全球最大的专业技术组织，在电气及电子工程、计算机、通信等领域中，发表的技术文献占到了全球同类文献的 30%。IEEE 也制定了一些智能电网、智能交通等方面的标准。在通信网络方面，IEEE 主要关注局部网络的标准制定，著名 IEEE 802 系列标准就是局域网、城域网和个域网方面的技术标准。

以短距离通信网络为例，IEEE 802.15 工作组专门对无线个人局域网（WPAN）的标准化进行研究。该工作组设置了 5 个任务组，分别制定适合不同应用的标准，这些标准在传输速率、功耗和支持的服务等方面存在一些差异。各任务组的工作如下。

1）TG1，第 1 任务组负责制定 IEEE 802.15.1 标准，即蓝牙无线通信标准，该标准适用于手机、PDA 等设备的中等速率、短距离通信。

2）TG2，负责制定 IEEE 802.15.2 标准，研究 IEEE 802.15.1 标准与 IEEE 802.11 标准的共存，即蓝牙和无线局域网的共存。

3）TG3，负责制定 IEEE 802.15.3 标准，研究超宽带（UWB）标准。此标准适用于局域网等中多媒体方面高速率、近距离通信的应用。

4）TG4，负责制定 IEEE 802.15.4 标准，研究低速无线个人局域网（WPAN）。此标准把低能量消耗、低速率传输、低成本作为重点目标。目的在于为个人或者家庭范围内不同设备之间的低速互联提供统一标准。IEEE 802.15.4 是 ZigBee 网络的基础。

5）TG5，负责制定 IEEE 802.15.5 标准，研究无线个人局域网（WPAN）的无线网状网（MESH）组网。此标准的目的在于提供 MESH 组网的 WPAN 的物理层与 MAC 层的必要机制。

13.2.5 第三代合作伙伴计划（3GPP）

第三代合作伙伴计划（The 3rd Generation Partnership Project，3GPP）成立于 1998 年，旨在研究制定并推广基于演进的 GSM 核心网络的 3G 标准。3GPP 的会员包括 3 类：组织伙伴、市场代表伙伴和个体会员。3GPP 的组织伙伴包括欧洲电信标准化协会（ETSI）、日本无线工业及商贸联合会（ARIB）、日本电信技术委员会（TTC）、韩国电信技术协会（TTA）、美国 T1 电信标准委员会和中国通信标准化协会（CCSA）6 个标准化组织。3GPP 市场代表伙伴不是官方的标准化组织，它们是向 3GPP 提供市场建议和统一意见的机构组织，总共有 6 个：GSM 协会、UMTS 论坛、IPv6 论坛、3G 美国、全球移动通信供应商协会和 TD－SCDMA 技术论坛。

作为移动网络技术的主要标准组织，3GPP 的研究重点是物联网的网络能力增强。它针对 M2M 的研究主要从移动网络出发，研究 M2M 应用对网络的影响，包括网络的优化技术等，并且只研究移动网的 M2M 通信，只定义 M2M 业务，不具体定义特殊的 M2M 应用。

13.2.6 互联网工程任务组（IETF）

互联网工程任务组（Internet Engineering Task Force，IETF）成立于 1985 年底，是全球互联网最具权威的技术标准化组织，当前绝大多数国际互联网技术标准都出自 IETF。IETF 的工作组分为 8 个重要的研究领域，每个研究领域有 1～3 名领域管理者，这些领域管理者均是互联网工程指导小组的成员。

在物联网标准方面，IETF 主要集中在物联网感知层的 IPv6 协议标准的制定上，以便解决异构网络的互联和海量感知层节点的标识问题。IETF 研究物联网 IPv6 问题的工作组有如下 3 个。

1）6LowPan。6LowPan（IPv6 over Low－power and Lossy Networks，在低功耗网络中运行 IPv6）工作组成立于 2006 年，属于 IETF 互联网领域，主要讨论如何把 IPv6 协议适配到

IEEE 802.15.4 MAC 层和 PHY 层协议栈上。该工作组已完成了 RFC4919（在低功耗网络中运行 IPv6 协议的假设、问题和目标）和 RFC4944（在 IEEE802.15.4 上传输 IPv6 报文）标准。

2）RoLL。RoLL（Routing over Low Power and Lossy Networks，低功耗路由算法）工作组成立于 2008 年 2 月，属于 IETF 路由领域的工作组，主要讨论低功耗网络中的路由协议，制定了各个场景的路由需求以及传感器网络的 RPL（Routing Protocol for LLN，低功耗网络的路由协议）。目前已经制定了 4 个应用场景的路由需求，包括 RFC5826（家庭自动化应用）、RFC5673（工业控制应用）、RFC5548（城市应用）和 RFC5867（楼宇自动化应用）。

3）CoRE。CoRE（Constrained RESTful Environment，即受限 REST 环境，REST 是指在资源有限的网络中进行设计的准则）工作组成立于 2010 年 3 月，属于应用领域，主要讨论资源受限网络环境下的信息读取操控问题，旨在制定轻量级的应用层协议（Constrained Application Protocol，CoAP）。CoRE 工作组的内容界定在为受限节点制定相关的 REST 形式的协议上。

13.2.7 EPCglobal

EPCglobal 是国际物品编码协会（EAN）和美国统一代码委员会（UCC）组成的一个合资公司，是一个受业界委托而成立的非盈利组织，负责 EPC 网络的全球化标准，以便更加快速、自动、准确地识别供应链中的商品。EPCglobal 的主要职责是在全球范围内对各个行业建立和维护 EPC 网络，保证供应链各环节信息的自动、实时识别。

在物联网标准制定上，EPCglobal 主要致力于编码体系、射频识别系统和信息网络系统的研究。EPCglobal 制定的 RFID 标准体系面向物流供应链领域，可以看成是一个应用标准。EPCglobal 的目标是解决供应链的透明性和追踪性，透明性和追踪性是指供应链各环节中所有合作伙伴都能够了解单件物品的相关信息，如位置、生产日期等。为此 EPCglobal 制定了 EPC 编码标准，可以实现对所有物品提供单件唯一标识，同时也制定了空中接口协议、读写器协议。除了信息采集以外，EPCglobal 非常强调供应链各方之间的信息共享，为此制定了信息共享的物联网相关标准，包括 EPC 中间件规范、对象名解析服务 ONS、物理标记语言 PML。这样从信息的发布、信息资源的组织管理、信息服务的发现以及大量访问之间的协调等方面做出了规定。

除了上面介绍的一些组织外，还有很多国际组织参与了物联网标准的制定，例如参与制定 ZigBee 标准的 ZigBee 联盟，参与制定智能电网标准的美国国家标准与技术研究院（NIST），参与制定智能家居标准的数字生活网络联盟（DLNA）等。

13.3 我国物联网标准制定现状

我国早在上世纪 90 年代就开始了物联网产业的相关研究和应用试点的探索。2010 年 3 月，“加快物联网的研发应用”第一次写入中国政府工作报告。如今，我国已有涉及物联网总体架构、无线传感网、物联网应用层面的众多标准正在制定中，并且有相当一部分的标准项目已经在相关国际标准组织中立项。我国研究物联网标准的组织主要有国家传感器网络标准工作组、中国通信标准化协会、闪联标准工作组、电子标签标准工作组以及中国物联网标准联合工作组等。

13.3.1 国家传感器网络标准工作组（WGSN）

国家传感器网络标准工作组（China Standardization Working Group on Sensor Networks，WGSN）成立于2009年9月。它是由国家标准化管理委员会批准筹建，全国信息技术标准化技术委员会批准成立并领导，从事传感器网络标准化的全国性技术组织。

传感器网络标准工作组下设11个标准项目组（PG）和2个项目研究组（HPG），它们分别是：PG1国际标准化项目组、PG2标准体系与系统架构项目组、PG3通信与信息交互项目组、PG4协同信息处理项目组、PG5标识项目组、PG6安全项目组、PG7接口项目组、PG8电力需求调研项目组、PG9传感器网络网关项目组、PG10无线频谱研究与测试项目组、PG11传感器网络设备技术要求和测试规范项目组、HPG1机场围界传感器网络防入侵系统技术要求项目组以及HPG2面向大型建筑节能监控的传感器网络系统技术要求工作组。

目前WGSN已有一些标准正在制定中，并代表中国积极参加ISO、IEEE等国际标准组织的标准制定工作。由于成立时间尚短，目前WGSN还没有形成可发布的标准文稿。

13.3.2 中国通信标准化协会（CCSA）

中国通信标准化协会（China Communications Standards Association，CCSA）成立于2002年，主要任务是通信标准的研究工作。CCSA共有10个技术工作委员会（TC），3个特别任务组（ST）。10个TC（TC1和TC3~TC11，没有TC2）的研究领域分别是IP与多媒体通信、网络与交换、通信电源与通信局站工作环境、无线通信、传送网与接入网、网络管理与运营支撑、网络与信息安全、电磁环境与安全防护、泛在网、移动互联网应用与终端。3个ST（ST2、ST3、ST4）的研究领域分别是通信设备节能与综合利用、应急通信、电信基础设施共建共享。

在物联网标准制定方面，CCSA已经先后启动了《无线泛在网络体系架构》、《无线传感器网络与电信网络相结合的网关设备技术要求》等标准的研究与制定。2010年成立的TC10就是面向泛在网相关技术，已经进行了《泛在物联应用——无线城市——承载网技术要求》、《泛在物联应用——医疗健康监测系统——业务场景及技术要求》、《泛在网/物联网在重点基础设施的应用》等项目研究。

13.3.3 闪联标准工作组（IGRS）

闪联标准工作组（Intelligent Grouping and Resource Sharing，IGRS）成立于2003年，成员包括学术机构、网络运营商、设备制造商等，基本涵盖了产业链的各个环节。工作组设有应用场景、核心协议、开发平台和工具、测试验证、服务质量等共20个技术组，负责推进信息设备资源共享协同服务标准的起草、修改、送审等相关工作，并负责协调、解决与IGRS相关的技术问题。2005年，IGRS1.0版本（闪联标准）被正式颁布为国家行业推荐性标准。

闪联标准是新一代网络信息设备的交换技术和接口规范，在通信及内容安全机制的保证下，支持各种3C（计算机、消费电子和通信）设备的智能互联、资源共享和协同服务，实现“3C设备+网络运营+内容/服务”的全新网络架构。

13.3.4 我国其他物联网标准组织

我国其他物联网标准组织还有电子标签标准工作组、中国物联网标准联合工作组等。除一些标准化组织之外，一些运营商也进行了积极的研究。例如，中国电信开发了 M2M 平台，该平台基于开放式架构设计，可以在一定程度上解决标准化问题。中国移动制定了 WMMP 标准（企业标准），并在网上公开进行 M2M 的终端认证测试工作。

电子标签标准工作组是2005 年由信息产业部科技司正式发文批准成立的。电子标签标准工作组致力于我国拥有自主产权的 RFID 标准的制定，设立了7 个专题组：总体组、标签与读写器组、频率与通信组、数据格式组、信息安全组、应用组和知识产权组。

中国物联网标准联合工作组是2010 年在工信部和国标委的指导下成立的，由电子标签标准工作组、传感器网络标准工作组等 19 个相关标准组织共同组成，以便充分整合物联网相关标准化资源，协调标准化的整体工作。

13.4 物联网的重要标准

物联网的重要标准蕴含在物联网体系结构的各个层次中，感知层、传输层、处理层和应用层都有自己相应的技术标准。

13.4.1 感知层标准

感知层作为物理世界和信息世界的衔接层，是物联网的基础。感知层通过各种感知设备收集用户所需要的信息，然后对采集到的基础数据进行信息处理，从而完成对物理世界的认知过程。感知层主要涉及物品编码、EPC 系统、RFID、传感器和传感网等方面的技术标准。

1. 物品编码的重要标准

物品编码涉及两个方面：编码及其载体。编码体系有 GTIN、EPC 等，载体有一维条码、二维码、电子标签等。在制定物品编码标准时，不仅要确保物品编码的长度、结构等符合编码要求外，还需要对载体进行规定。一般情况下，不同的代码结构拥有不同的载体，如 GTIN－13 采用 EAN－13 条码，而 GTIN－14 则使用 ITF－14 条码。有关一维条码、二维码的部分标准如表 13-1 所示，表中的 NF、EN、JIS 和 GB 等分别代表法国、欧洲、日本和中国的标准。

表 13-1　一维条码、二维码部分标准举例

一 维 条 码	二 维 码
NF Z63－300－9：EAN/UPC 条码规范	EN ISO/IEC 15438：PDF417 条码规范
ISO/IEC 15420：EAN/UPC 条码规范	NF Z63－323：PDF417 条码规范
JIS X0507：EAN/UPC 基本规范	ISO/IEC 24728：MicroPDF417 条码规范
BS EN 797：EAN/UPC 符号规范	JIS X0508：PDF417 条码规范
GB/T 15425：UCC/EAN－128 条码规范	GB/T 21049：汉信码规范
EN 800："Code39" 条码规范	prEN ISO/IEC 18004：QR 码规范
JIS X0531：EAN/UCC 应用标识符和 FACT 数据标识符及维护	ANSI MH10.8M：材料装卸用成件货物和运输包装件的条码符号

EPC 编码体系，将条码使用的 GTIN（全球贸易项目代码）编码结构有选择性地整合进来，把二者在编码结构设计、实现方式、应用目的和应用效应等方面紧密联系起来。在产品分类体系方面，EAN. UCC（EAN：欧洲物品编码协会，UCC：美国统一代码委员会）全球电子商务基础信息平台则采用全球产品分类（GPC）和联合国标准产品与服务分类(UNSPSC)作为主数据的分类标准。GPC 编码选用 4 层 8 位的 UNSPSC 作为 GPC 产品的主体分类，用于产品的检索和查询。UNSPSC 是 GPC 的主体目录。

2. RFID 技术的重要标准

RFID 技术发展速度较快，国际标准化组织 ISO、以美国为首的 EPCglobal、日本 UID（Ubiquitous ID）等标准化组织纷纷制定 RFID 相关标准，并在全球积极推广这些标准。

ISO/IEC 的 JTC1/SC 31 是 ISO 和 IEC 国际两大标准化组织联合技术委员会从事制定 RFID 国际标准的机构，SC 31 子委员会负责的 RFID 标准主要涉及数据标准（如编码标准 ISO/IEC 15691、数据协议 ISO/IEC 15692、ISO/IEC 15693）、空中接口标准（ISO/IEC 18000 系列）、测试标准（性能测试 ISO/IEC 18047 和一致性测试标准 ISO/IEC 18046）和实时定位（ISO/IEC 24730 系列应用接口与空中接口通信标准）等几个方面的标准，如图 13-3 所示。

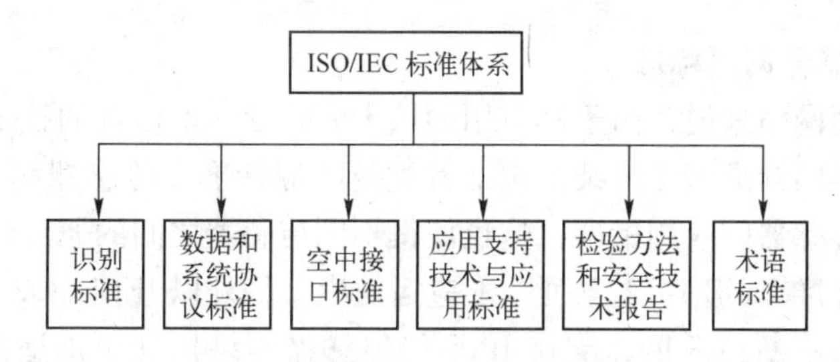

图 13-3　ISO/IEC RFID 标准体系

与 ISO 通用性 RFID 标准相比，EPCglobal 标准体系是面向物流供应链领域，可以看成是一个应用标准，其目标是解决供应链的透明性和追踪性。为此，EPCglobal 制定了从信息采集到信息共享的一整套的标准，包括 EPC 编码标准、空中接口协议和读写器协议、EPC 中间件规范、对象名解析服务（ONS）、EPCIS（EPC 信息服务）等。EPCglobal 的策略是尽量与 ISO 兼容，但涉及的范围更加广泛。

日本泛在中心 UID 的目标也是构建一个完整的标准体系，从编码体系、空中接口协议到泛在网络体系结构都推出了自己的规定。目前，日本已经放弃了自己的 RFID 标准，改用 EPC 的 RFID 标准。

有关 RFID 技术的一些具体标准如表 13-2 所示，其中数据协议很多是有关物品编码的，如 EPC 标签数据标准（TDS V. 1.6）版用于定义电子产品编码，也规定 Gen 2 RFID 的内存内容。

表 13-2　RFID 相关部分标准举例

标准类型	标 准 举 例
识别技术	ISO/IEC 15418：EAN/UCC 应用识别器和事实数据识别器及维护
	ISO/IEC 15963：项目管理的射频识别、射频标签的唯一识别
	ISO/IEC 10536：非接触集成电路卡
	EPCglobal：阅读器管理 1.0.1 版

（续）

标准类型	标 准 举 例
数据和系统协议	ISO/IEC 15424：数据载体/特征标识符
	ISO/IEC 15418：EAN. UCC 应用标识符及 ASC 数据标识符
	EPCglobal：GS1 EPC 标签数据标准 1.6 版
	EPCglobal：GS1 EPC 标签数据转换（TDT）1.6 版
	ISO/IEC 15962：项目管理的射频识别（RFID）数据协议：数据编码规则和逻辑存储功能
空中接口	ISO/IEC 18000－1：项目管理的射频识别——第 1 部分：参考结构和标准化参数的定义
	ISO/IEC 18000－4：项目管理的射频识别——第 4 部分：2.45 GHz 的空中接口通信用参数
	EPCglobal：用于 860～960 MHz 通信的第 1 类第 2 代 UHF RFID 协议 1.2.0 版
应用支持技术与应用	ISO/IEC 11784：基于动物的无线射频识别的代码结构
	ISO/IEC 17363：货运集装箱
	ISO/IEC 17364：可回收运输单品
检验方法和安全技术报告	ISO/IEC TR 18046：自动识别和数据捕获技术——射频识别装置性能检验方法
	ISO/IEC TR 18047－3：射频识别装置合格检验方法——第 3 部分：13.56 MHz 空中接口通信的检验方法

3. 传感器和传感器网络标准

对于传感器及其网络来说，由于其应用领域十分广泛，所涉及的技术、环境等要素具有差异，因此，传感器的标准繁多复杂，包括各类传感器标准、传感器测试与测量方法标准、特性与术语标准、传感器的应用标准，这也使得不同传感器之间的兼容性很差。为解决这一问题，传感器接口标准 IEEE 1451 系列标准应运而生。另外以 IEEE 802.15.4 标准为代表的传感器网络标准也在不断地发展，支持 IPv6 的传感器网络标准更加适用于物联网的应用。传感器网络相关部分标准如表 13-3 所示。

表 13-3 传感器网络相关部分标准举例

标 准 类 型	标 准 举 例
传感器	IEEE 1309：频率为 9 KHz～40 GHz 的电磁传感器和探针
	EN 61757－1：光纤传感器
	NF L72－415：机载温度传感器
	JB/T 9246：涡轮流量传感器
	IEC 61757－1：纤维光学传感器
传感器测试与测量方法	IEEE 475：300 MHz－40 GHz 场干扰传感器的测量程序
	GB/T 15478：压力传感器测试试验方法
	ISO 5347：振动与冲击传感器的校准方法
	ASME MC 88.1：压力传感器的动态校准导则
传感器特性与术语	IEEE528：惯性传感器术语
	GB/T 7665：传感器通用术语
	ISO 8042：惯性传感器的特性规定
传感器应用	ISO 15839：水质——水质在线传感器/水质分析设备的规范及性能试验
	ISO/TS 19130：用于地理定位的成像传感器模型
	ISO/IEC 19784－4：生物计量传感器功能提供程序接口
	QC/T 29032：汽车用空气滤清器堵塞报警传感器
	JIS F9704：船舶用电子压力传感器
	NF E86－601－6：监控井用传感器

（续）

标 准 类 型	标 准 举 例
传感器接口	IEEE 1451.1：网络能力应用程序（NCAP）的信息模型
	ANSI/IEEE 1451.4：混合式通信协议和传感器电子数据表格（TEDS）格式
	OGC SWE：传感器 WEB 网络框架协议
传感器网络	IEEE 802.15.4：低速无线个人区域网
	IETF RFC4944：在 IEEE 802.15.4 上传输 IPv6 报文
	IETF RFC5826：低功耗网络中 IPv6 路由协议规范——家庭自动化应用

13.4.2 传输层标准

传输层负责感知层和处理层之间的数据传递，是物联网的信息传输通道。传输层标准主要包括互联网、移动通信网、短距离无线通信网等方面的技术标准。

互联网发展到现在，标准化已经十分成熟，TCP/IP、路由协议等都已十分完善。各种有线接入网（以太网、ADSL 等）和无线接入网（移动通信网 GPRS、3G、4G 等）标准已经制定或酝酿了很长时间。

由于物联网终端节点数量比较大、形式比较复杂，另外在一些场景对终端的移动性也有所要求，所以无线通信网络建设的程度对于物联网网络层的建设有很大的影响。目前，无线通信网络的技术，从低功耗的短距离无线传输（如 Wi－Fi）到城域范围内的无线传输（如 WiMAX），都发展十分迅速，相关标准可分为无线个域网标准、无线局域网标准和无线城域网标准。互联网和无线网络的相关部分标准如表 13-4 所示。

表 13-4　互联网和无线网络的相关部分标准举例

标准类型	标 准 举 例
互联网	ANSI/IEEE 802.3：局域网和城域网——带碰撞探测的载波侦听多路访问（CSMA/CD）的访问方法和物理层规范
	IEEE 802.5：局域网和城域网——令牌环存取方法及物理层规范
移动通信网	WCDMA：宽带码分多址
	CDMA2000：宽带 CDMA 技术
	TD－CDMA：时分同步 CDMA 技术
	3GPP（Release98、Release4、Release5 等）：从 GPRS 到 WCDMA 技术的演化
短距离无线通信网络	ANSI/IEEE 802.15 系列标准：无线个人区域网（WPANsT）相关内容规范 GB/T 15629.15：低速无线个域网（WPAN）媒介访问控制和物理层（PHY）规范
	ISO/IEC 8802－11：无线 LAN 媒介访问控制（MAC）和物理层（PHY）规范
	ISO/IEC 29341－8 系列标准：无线局域网配置服务和访问点装置等内容规范
	IEEE 802.11：无线 LAN 媒介访问控制（MAC）和物理层（PHY）规范
	ANSI/IEEE 802.11 系列标准：无线 LAN 媒介访问控制（MAC）和物理层（PHY）规范相关内容的修订
	GB 15629.11：无线局域网媒介访问控制（MAC）和物理层（PHY）规范
	IEEE 802.16 系列标准：固定宽带无线存取系统的空中接口相关内容规范
	ANSI/IEEE 802.16 系列标准：IEEE 802.16 的一致性标准相关内容
	ANSI P802.16 系统标准：IEEE 局域网和城域网标准相关内容
	ANSI/IEEE 802.20：支持车辆移动性的移动宽带无线访问系统的物理层和媒介访问控制层规范

13.4.3 处理层标准

处理层负责为物联网处理、储存信息，完成对应用系统的支持与管理，主要涉及云计算平台、数据中心、海量存储和远程控制等方面的技术标准。

处理层比较复杂，包含了大量的新兴技术（例如云计算）和先进理念（例如智能管理）。这些技术的标准化进程应该说还处于起步阶段。例如，目前云计算的标准化工作正在火热的进行中，各大标准组织都在近几年内成立了云计算标准的工作组。例如，ISO/IEC 在 2009 年成立了“云计算 IT 治理研究组”（JTC1/SC7）和“云计算研究组”（JTC1/SC38）；分布式管理任务组（DMTF）在 2009 年成立了“DMTF 开放式云标准孵化器”等。另一方面，在处理层中的一些技术（例如远程控制技术、数据中心、网络存储技术等）历经了一段时间的发展，部分标准的制定工作已经完成。处理层相关部分标准如表 13-5。

表 13-5 处理层相关部分标准举例

标准类型	标准举例
远程控制技术	IEC 60870 系列标准：远程控制设备和系统相关内容规范
	ISO/IEC 24752 系列标准：通用远程控制台相关内容规范
	EN 60870：遥测设备和系统相关内容规范
数据中心	ISO/IEC 24764：一般数据中心用有线系统
	DIN EN 50173：通用布线系统——数据中心
	ANSI/TIA -942：数据中心用远程通信基础设施标准
	BS EN 50173：通用布线系统——数据中心
	GB 50174：电子信息系统机房设计规范
	GB 50462：电子信息系统机房施工及验收规范
网络存储技术	ISO/IEC 14776：小型计算机系统接口（SCSI）系列协议
	ANSI X3 系列标准：SCSI-3 相关内容规范
	ANSI NCITS 309：串型储存器结构 SCSI-3 协议
	ANSI INCITS 系列标准：SCSI 的相关内容规范
	ISO/IEC 11989：互联网小型计算机接口（iSCSI）管理的应用程序接口（API）
	InfiniBand：InfiniBand 体系结构规范 1.2 版
	ATA-Over-Ethernet（AOE）：标准以太网传输 ATA 磁盘命令协议

13.4.4 应用层标准

应用层通过各行业实际应用的管理平台和运行平台为用户提供特定的服务，是物联网价值的直观体现。应用层利用经过分析处理的数据，完成与行业需求的结合，从而实现物联网的智能应用。智能电网、智能家居、智能交通、智能物流、智能医疗、精细农业等物联网应用都有自己的行业标准，如表 13-6 所示。

智能电网的相关标准涉及智能电网的综合与规划、变电、配电、调度、通信信息等方面，每个标准都从描述、需求、现状、差距和建议 5 个方面进行了论证。IEC 的智能电网战略工作组（IEC/SMB/SG3）提出的“IEC 智能电网标准化路线图”给出了智能电网的标准框架，其中包含了智能电网的装置和系统达到互用性的协议和模型标准。我国 2009 年发布了《国家电网公司智能电网技术标准体系规划》。IEEE 2011 年批准了有关智能电网互操作的 IEEE 2030 标准。

表 13-6　应用层相关标准举例

标准类型	标准举例
智能电网	IEC 61850：变电站的通信网络和系统系列标准
	IEC/TS 62351：动力系统管理及其关联的信息交换 数据和通信安全系列标准
	NIST V1.0：NSIT 智能电网标准体系 V1.0
	IEEE P2030：电力系统与终端用户和负荷的互动、互操作导则、术语、特征、功能特性和评价判据、工程原则的应用、实践可选方案
智能家居	HomePlug AV：利用电力线传送高速数据的电力线网络系统的规范
	GB/Z 20177：控制网络 LONWORKS 技术规范系列协议
	DLNA：家用数字设备的无线网络和有线网络的互联规范
	ITU－T G.9954：以太数据通过同轴电缆传输（EOC）规范 HOMEPNA3.0
	ANSI/ASHRAE135（BACent）：楼宇自动控制网络数据通信协议
智能交通系统	ISO 14906：道路运输和交通远程信息管理——电子收费——专用短程通信的应用接口定义
	ISO 14817：交通信息和控制信息——智能交通系统（ITS）/运输信息和控制系统（TICS）数据词典和中央数据记录要求
	ITU－T Y.2281：利用下一代网络（NGN）提供网络化车辆服务与应用的框架
	IEEE 1488（ISO/IEC 8824－1）：智能交通系统的信息装置模板的试验用标准

智能家居的国际标准还缺乏完整的体系，而且在智能家居的不同环节如家庭网络、综合布线和通信技术等方面都有多种标准共存。国际上从事家庭网络标准化的组织机构主要分为电信行业机构和 IT/家电行业机构两类。前者主要涉及与公网连接的内容，研究领域集中在以家庭网关为核心的网络架构、家庭网络的 QoS、安全机制以及与家庭网络相关的电信业务。后者关注家庭内部的设备如何互联，主要采用 UPnP（即插即用）技术实现内容共享、影音娱乐等。国内智能家居标准化组织主要有 3 个，分别是以联想公司为首的闪联信息设备资源共享协同服务标准工作组（Intelligent Grouping and Resource Sharing，IGRS）、以海尔公司为首的 e 家佳（ITopHome）和以电信为首的中国通信标准化协会（CCSA）。

智能交通系统的核心技术主要包括通信技术、交通电子地图（DB）技术与应用技术，主要的标准即围绕着这些技术进行制定。国际上研究 ITS 标准化的组织主要有 ITU－T、ISO 和 ETSI。ITU－T 中研究 ITS 标准化的工作组主要有 SG12、SG13 和 SG16，其中 SG12 成立的汽车通信焦点工作组（FGCarCOM）主要研究车内通信的质量参数和测试方法、汽车免提系统和无线信道的交互作用、车内语音识别系统的要求及测试流程、超宽带系统与其他音频组件或车内系统交互的要求及测试流程等。ISO 中研究 ITS 标准化的工作组主要有 TC22 和 TC204。其中 TC22/SC3（电子电气设备分技术委员会）负责制定汽车电子电气和车载电子局域网络通信标准，目前已发布了包括电子连接器、电缆、通信网络、智能开关和诊断系统等在内的 166 项相关标准。TC204（智能交通系统技术委员会）负责研究 ITS 总体系统和架构，包括智能交通系统领域的联运和多式联运、交通管理、商业运输、紧急服务和商业服务等。

13.4.5　公共类技术标准

公共类技术应用在物联网的每一层，它对感知层、传输层、处理层和应用层提供同一种技术支持。公共类技术包括体系结构、网络管理、信息安全、服务质量等，这些技术标准有些已经包括在前文介绍的一系列标准中，有些则是仅针对这项技术制定的。公共类技术相关部分标准如表 13-7 所示。

表 13-7 公共类技术的相关部分标准举例

标准类型	标准举例
体系结构	ITU - TY. 2060：物联网概述
	ITU - TY. 2061：NGN 环境下面向机器通信的应用支持需求
	ITU - TY. 2080：分布式业务网络的体系结构
网络管理	IETF RFC2572：简单网络管理协议（SNMP）框架体系结构
	ISO/IEC 7498 -4：开放系统互连——基本参考模型第 4 部分——管理框架
	ITU - T M. 30：电信管理网的原理
	IEEE 802. 1F：IEEE 802 管理信息的通用定义和规程
	ANSI X9. 112：无线网络管理和安全
信息安全	ISO/IEC 7498 -2：开放系统互连——基本参考模型第 2 部分——安全体系结构
	ISO/IEC 9796：安全技术——消息还原的数字签名方案
	ISO/IEC 13335 -4：信息技术安全管理指导方针——安全措施的选择
	NIST FIPS PUB 140 -2：密码模型的安全需要
	NIST SP 800 -44：公共 WEB 服务器安全指南
	ITU - T X. 509：认证框架指南
QoS	ISO/IEC 14476：增强通信传输协议
	IETF RFC 2205：资源预留协议（RSVP）
	ITU - T Y. 1221：IP 网络中的流量控制和拥塞控制

物联网体系结构方面的标准可以厘清物联网各种技术之间的关系脉络。2012 年，ITU - T 通过了 Y. 2060“物联网概述”标准草案，该标准是由中国工信部电信研究院提交的，标准涵盖了物联网的概念、术语、技术视图、特征、需求、参考模型、商业模式等基本内容。

网络管理是所有通信网络必不可少的研究内容。不论是感知层的传感器网络，还是传输层的无线通信网，或是处理层的智能管理，都离不开网络管理。网络技术不断发展，网络结构越来越复杂，网络管理在整个网络中的重要性越来越大，只有高效、快速的网络管理才能让各种网络运转顺畅。

信息安全是指信息网络的硬件、软件及其系统中的数据受到保护，不因偶然的或者恶意的原因而遭到破坏、更改、泄露，系统连续、可靠、正常地运行，信息服务不中断。

在网络业务中，服务质量包括传输的带宽、时延、丢包率等。QoS 是用来解决网络延迟和阻塞等问题的一种技术，当网络过载或拥塞时，QoS 能确保重要业务量不受延迟或丢弃，同时保证网络的高效运行。

13. 5 物联网部分标准简介

目前，已经制定并投入使用的物联网标准十分繁多，而且还有大量的标准在不断地制定、更新中。本节选取了部分具有代表性的标准进行简单介绍。

13. 5. 1 EPCglobal GEN 2

第二代的 EPCglobal 标准（EPCglobal Class1 Gen2，以下简称 Gen2）是 RFID 技术、互联网和 EPC 组成的 EPCglobal 网络的基础。Gen2 标准最初由 60 多家世界顶级技术公司制定，规定 EPC 系统的核心性能。表 13-8 给出了 Gen2 的特点与性能。

表 13-8　Gen2 的特点及性能

需　　求	Gen2 的特点及性能	需　　求	Gen2 的特点及性能
无线电管理条例	符合欧洲、北美和亚洲等地区规定	位掩码过滤	灵活选择命令
存储器存取控制	32 位存取口令，存储器锁定	可选用户存储器	厂家可选
快速识读速度	>1000 个标签/秒	低成本	可从多个供应商采购
密集型识读器操作	密集型识读器操作模式	行业认证计划	EPCglobal 认证
“灭活” 安全	32 位 “灭活” 口令	认证产品	2005 年第二季度开始认证
存储器写入能力	>7 个标签/秒的写入速度		

Gen2 标准与第一代标准相比具有全面的框架结构和较强的功能，能够在高密度识读器的环境中工作，符合全球一致性规定，标签读取正确率较高，读取速度较快，安全性和隐私功能都有所加强。UHF Gen2 协议标准的具体优点如下。

1）开放的标准。EPCglobal 批准的 UHF Gen2 标准对 EPCglobal 成员和签订了 EPCglobal IP 协议的单位免收使用许可费，允许这些厂商着手生产基于该标准的产品，如标签和识读器。

2）尺寸小、存储容量大、有口令保护。芯片尺寸只有原来产品的一半到三分之一，进一步扩大了芯片的使用范围，满足更多应用场合的需要，如芯片可以更容易地缝在衣服的接缝里，夹在纸板中间，成形在塑料或橡胶内，或者整合在顾客的包装设计中。

3）保证了各厂商产品的兼容性。EPCglobal 规定 EPC 标准采用 UHF 频段，即 860 ~ 960 MHz，保证了不同生产商的设备之间的兼容性，也保证了 EPCglobal 网络系统中的不同组件（包括硬件部分）之间的协调工作。

4）设置了 “灭活” 指令（Kill）。新标准赋予用户控制标签的权力，若用户不想使用某种产品或是发现安全隐私问题，则可以使用 kill 指令使标签自行永久性失效。

5）良好的识读性。基于 Gen2 标准的识读器具有较高的读取率和识读速度，其每秒可读 1500 个标签，比第一代识读器要快 5 ~ 10 倍。识读器还具有很好的标签识读性能，在批量标签扫描时避免重复识读，且当标签延后进入识读区域时仍然能被识读，这是第一代标准所不能做到的。

EPCglobal Gen2 协议标准的优点及其免费的特性在全球极大地推广了 RFID 技术，同时吸引了更多的生产商研究利用这项技术以提高其商业运作效率。Gen2 标准于 2006 年得到 ISO 的批准，纳入 ISO 标准体系，成为国际通用的 EPC 标准。

13.5.2　ISO/IEC 14443 和 ISO/IEC 15693

ISO/IEC 14443 和 ISO/IEC 15693 是目前我国常用的两个 RFID 标准，二者都是非接触智能卡的标准，皆以 13.56 MHz 交变信号为载波频率。

ISO/IEC 14443 规定了 4 部分内容，分别是：物理特性；频谱功率和信号接口；初始化和防碰撞算法；通信协议。它定义了 TYPE A/TYPE B 两种类型协议，它们的通信速率都为 106 kbit/s，不同之处主要在于载波的调制深度、二进制的编码方式以及防碰撞机制。

TYPE A 在读写器向卡传递信号时采用的是同步、改进的米勒编码方式，通过 100% ASK（幅移键控）传送；当卡向读写器传送信号时，通过调制载波传送信号，使用 847 kHz 的副载波传送曼彻斯特编码。这种方式的优点是信息区别明显，受干扰的机会少，反应速度快，不容易误操作；缺点是在需要持续不断地提高能量到非接触卡时，能量有可能会出现波动。

TYPE B 在读写器向卡传送信号时则采用了异步、NRZ - L 的编码方式，通过 10% ASK

传送；当卡向读写器传送信号时，则采用的是 BPSK（二值相移键控）编码进行调制。这种方式的优点是信号可以持续不断地传递，不会出现能量波动的情况。

防碰撞技术是 RFID 的核心技术，也是与接触式 IC 卡的主要区别。ISO/IEC 14443－3 还规定了 TYPE A 和 TYPE B 的防冲撞机制，它们的原理不同。前者是基于位碰撞检测协议，后者则是通过系列命令序列完成防碰撞。

TYPE B 与 TYPE A 相比，具有传输能量不中断、速率更高、抗干扰能力更强和外围电路设计简单的优点。

ISO/IEC 15693 规定了 3 部分内容，分别是：物理特性；空中接口和初始化；防碰撞和传输协议。比较这两个协议，ISO/IEC 15693 读写距离较远，而 ISO/IEC 14443 读写距离较近，但应用比较广泛。在防碰撞方面，与 ISO/IEC 14443 不同，ISO/IEC 15693 采用了轮寻机制、分时查询的方式完成防碰撞机制。目前的第二代电子身份证采用的标准是 ISO/IEC 14443 TYPE B 协议。

13.5.3 IEEE 1451 系列标准

IEEE 仪器与测量协会传感器技术委员会与美国国家标准技术研究所联合制定的 IEEE 1451 系列标准是当前智能传感器领域研究的热点之一，它对指导网络化的智能传感器的开发有着十分重要的作用。

制定 IEEE 1451 标准体系的目的是开发一种软硬件的连接方案，将智能变送器（传感器和执行器的统称）连接到网络，使它们能够支持现有的各种网络技术，包括各种现场总线和互联网等。标准体系通过定义一整套通用的通信接口，使变送器在现场级采用有线或无线的方式实现网络连接，大大简化了由变送器构成的各种网络控制系统，解决了不同网络之间的兼容性问题，并为最终实现各个变送器厂家产品的互换性与互操作性提供了参考方案。

1451 标准体系由 8 个子标准组成，内容包括：建立网络化智能传感器的信息与通信的软件模型；定义网络化智能传感器的硬件模型，其中包括网络适配器 NCAP、智能变送器接口模块 STIM 及两者间的有线、无线接口；定义 NCAP 中封装不同网络通信协议接口，支持多种网络模式及总线标准；对智能传感器的数据传输、寻址、中断、触发等做了详细规定；定义电子数据表格 TEDS 及数据格式；定义了全功能式感测器模型。

其中 1451.1 与 1451.2 是最早提出的两个标准，也是 IEEE1451 标准系列中最重要的两个标准。它们共同构成了 IEEE1451 标准的框架结构，为后续标准的提出奠定了理论基础。

1451.1 标准规定了通过对象模型、数据模型和网络模型 3 种模型实现的软件接口，定义对象类是通过定义每个对象类的接口和行为进行的。数据模型规范了符合 IEEE 1451 标准网络化智能传感器所涉及的数据类型。网络适配器 NCAP 中的网络服务接口可封装不同的网络协议，网络化智能变送器模型如图 13-4 所示。

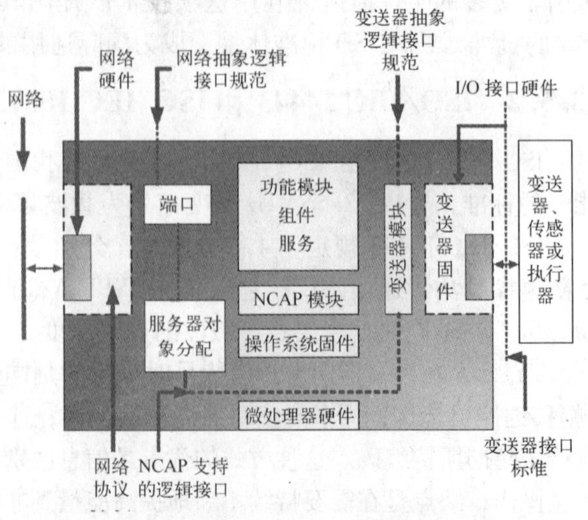

图 13-4　网络化智能变送器模型

IEEE 1451.2 标准通过提供标准的智能传感器接口模块（STIM）（包括传感器电子数据表格 TEDS）、STIM 与 NCAP 间的接口（TII）统一网络化智能传感器基本结构，解决标准不统一的问题，使得智能传感器具有了即插即用的能力。它定义了一个智能变送器接口模型（Smart Transducer Interface Model，STIM），允许任何一个变送器或一组变送器通过一个通用统一的接口来发送接收数据。变送器电子数据表格（TEDS）是 STIM 内部的一个写有特定电子格式的内存区，详细描述了它支持的传感器和执行器的类型、操作和属性，如厂商信息、产品序列号等数据。有了这些信息，每当有新的变送器接入时，STIM 就会利用 TEDS 中存储的这些信息对它们进行自动识别，不用再为它们开发新的驱动程序，实现真正意义上的即插即用。

TII 接口是 IEEE 1451.2 标准定义的连接 STIM 与 NCAP 的数字接口，其针脚定义如图 13-5。

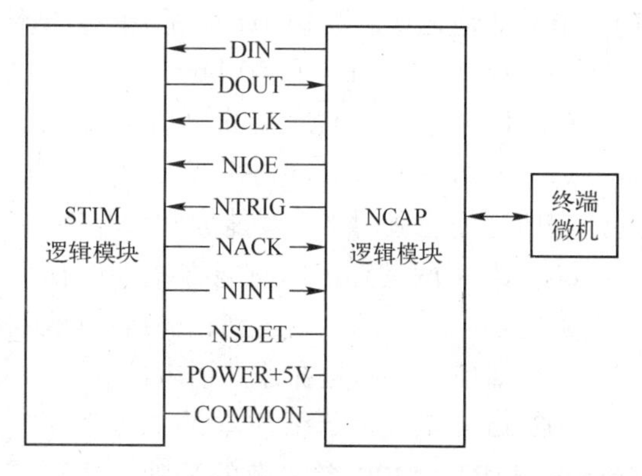

图 13-5　TII 接口针脚定义

TII 基于点对点带同步时钟的串行外设接口（Serial Peripheral Interface，SPI）协议，其逻辑信号定义及功能如表 13-9 所示。

表 13-9　TII 逻辑信号定义与功能

引　脚	有效电平	驱　动　器	功　能
DIN	正	NCAP	NCAP 向 STIM 传输地址和数据
DOUT	正	STIM	STIM 向 NCAP 传送数据
DCLK	正跳变	NCAP	锁存 DIN 和 DOUT 中的数据
NIOE	低电平	STIM	标志数据传输正在进行的信号并限定数据传输范围
NTRIG	负	NCAP	触发信号
NACK	负	STIM	触发应答与数据传输应答
NINT	负	STIM	STIM 向 NCAP 请求服务
NSDET	低电平	STIM	NCAP 探测 STIM 存在
POWER	N/A	NCAP	NCAP 向 STIM 提供 5V 直流电
COMMON	N/A	NCAP	公共信号或信号地

13.5.4　IEEE 802.15.4

对于传感器网络来说，IEEE 802.15.4 是一个极其重要的标准。IEEE 802.15.4 是一个低速率的无线个域网（LR－WPAN）标准，具有简单、成本低、功耗小的特点，能在低成本设备（固定、便携或可移动的）之间进行低数据率的传输。IEEE 802.15.4 标准具有如下特点。

1）在不同的载波频率下实现了 20 kbit/s、40 kbit/s 和 250 kbit/s 3 种不同的传输速率。

2）支持星型和点对点两种网络拓扑结构。

3）有 16 位和 64 位两种地址格式，其中 64 位地址是全球唯一的扩展地址。

4）支持冲突避免的载波多路侦听技术（CSMA/CA）。

5）支持确认（ACK）机制，保证传输可靠性。

IEEE 802.15.4 符合 ISO 的网络 7 层参考模型，但只定义了物理层和数据链路层。802.15.4 提供两种物理层的选择（868/915 MHz 和 2.4 GHz），两种物理层都采用直接序列扩频（DSSS）技术，降低数字集成电路的成本，并且都使用相同的包结构，以便低作业周期、低功耗地运作。2.4 GHz 物理层的数据传输率为250 kbit/s，868/915 MHz 物理层的数据传输率分别是 20 kbit/s 和 40 kbit/s。

802.15.4 非常适宜支持简单器件，一方面是由于其低速率、低功耗和短距离传输的特点，另一方面在 802.15.4 中定义了 14 个物理层基本参数和 35 个媒体接入控制层基本参数，这让它能更好地适用于储存能力和计算能力有限的简单计算器。

802.15.4 网具有信标使能方式和非信标使能方式两种工作方式。在信标使能方式中，协调器定期广播信标，以达到相关器件同步和其他目的；在非信标使能方式中，协调器不会定期地广播信标，而是在器件请求信标时向它单播信标。

802.15.4 低功耗、低成本的优点使得它在很多领域得到了广泛的应用，也是 ZigBee、WirelessHART、MiWi 等规范的基础，这使它在物联网的发展过程中起到了相当重要的作用。

13.5.5 IEC 61850 系列标准

IEC 61850 是由国际电工委员会2004 年颁布的、用于变电站的通信网络和系统的系列标准。该系列标准对自动化产品和变电站自动化系统的设计产生了很大的影响。

IEC 61850 将变电站的通信体系分为 3 层：变电站层、间隔层和过程层，并定义了层与层之间的通信接口。在变电站层和间隔层之间的网络采用以太网或光纤网，网络上运行制造报文规范（Manufacturing Message Specification，MMS）和 TCP/IP。在间隔层和过程层之间的网络采用单点向多点的单向传输以太网。

在智能电网系统中，对变电站自动化的要求越来越高，为方便变电站中各种智能电子设备的管理以及设备间的互联，就需要一种通用的通信方式来实现。IEC 61850 提出了一种公共的通信标准，通过对设备的一系列规范化，使其形成一个规范的输出，实现系统的无缝连接。IEC 61850 作为制定电力系统中通信网络和系统的基础，能大幅度改善信息技术和自动化技术的设备数据集成，有效地减少工程量，节约时间，增加自动化系统使用期间的灵活性。

13.6 物联网标准展望

物联网的标准化正在快速、平稳地进行着，各大标准化机构也都会继续在物联网整体框架、应用技术、业务服务等方面更新升级现有标准和制定发布新的标准。目前，有关物联网标准方面亟需解决的问题如下。

1）同一技术的标准繁多，缺乏权威标准。对于一项技术，有众多的标准化机构、工业联盟同时为其制定标准，比如传感器的标准、家庭网络的标准。缺乏权威标准会使得不同企业生产的产品兼容性很差，不利于该项技术产业化的建设，也不利于整个物联网的建设与发展。因此，标准化机构、工业联盟之间合理的分工合作显得尤为重要。同时，还应该鼓励各个机构制定兼容性更强的技术标准，方便物联网形成产业化的格局。

2）应用层的标准较少，缺乏整体构建的规模化标准。应用层是将物联网技术运用到人们生活当中并使人们从中获益的平台，而物联网的价值正是由它提供的高质量服务体现出来的。目前，除了智能电网、智能交通等少数几个应用的标准化情况比较理想之外，其他应用的标准还处于起步阶段。

3）目前各种技术更新换代较快，技术标准更新需紧跟脚步。众所周知，全球正处于一个技术爆炸的时代，无数的新思想、新概念影响着科学技术的发展，影响着社会前进的脚步。物联网作为一项新兴的技术和产业，无时无刻不经受着技术更新换代的影响。一些新技术需要纳入到物联网技术中，那么这些技术的标准就需要纳入物联网标准体系中。另外一些已有的标准需要跟随着技术水平的提高不断更新版本以适应更高要求的应用。因此只有不断地更新发展，才能使得物联网的标准体系变得更加完整，从而更好地促进物联网的发展。

总之，任何技术的标准化都受两个因素的制约：研发投资和产品投资。标准能否成功地引导产业发展，取决于标准制定的时刻是否恰当。标准的推出有一个关键时间点——研发投资曲线与产品投资曲线的交汇点，也就是在技术已经成熟、研发投资开始下降而产品又不普及的时刻推出标准是最为有利的。物联网的标准化工作关系到物联网未来的发展，把握每种技术的标准制定关键时间点至为重要。

习题

1. 物联网标准化的意义是什么？
2. 物联网标准体系是如何分类的？它们都包含哪些技术？
3. 国际上参与物联网标准化工作的组织有哪些？它们的工作主要在哪些方面？
4. 欧洲电信标准化协会（ETSI）目前下设多少个技术委员会和技术小组？请简要介绍其中的两个委员会或技术小组。
5. 我国参与物联网标准化工作的组织有哪些？
6. 请列出部分条码技术、RFID 技术、传感器技术的相关标准。
7. 支持 IPv6 的传感器网络标准有哪些？
8. 云计算标准的制定工作有何进展？
9. 智能交通的相关标准可分为哪 3 部分？研究的相关组织及其研究内容有哪些？
10. IEEE 1451 系列标准的内容有哪些？
11. 与 GEN 1 相比，EPC GEN 2 的优势有哪些？
12. ISO/IEC 14443 与 ISO/IEC 15693 的区别有哪些？
13. ISO/IEC 14443 的 TYPE A 和 TYPE B 的区别有哪些？
14. Wi-Fi 与 IEEE 802.11 的关系是什么？ZigBee 与 IEEE 802.15.4 的关系是什么？

附录　习题参考答案或提示

第1章　物联网体系结构

1. 答案提示：互联网连接的是人，网络中的一切信息都是由人数字化后提供的，这些信息构成一个虚拟信息空间。物联网连接的是物理的、真实的世界，由传感器等设备给出物体和环境的真实信息，这些信息反应的是物理世界当时所处的真实情况。

2. 参考答案：标识环节的具体产品有接触式的水电卡、非接触式的一卡通等，具体技术有RFID等。感知环节的具体产品有电子秤传感器等，具体技术有MEMS（微机电系统）等。处理环节的具体产品有手机智能芯片等，具体技术有Windows Phone 7嵌入式操作系统等。信息传输环节的具体产品例子有无线路由器，具体技术例子有Wi-Fi网络等。

3. 答案提示：物联网存在各种定义正好说明了物联网处于发展初期，发展也比较迅速。实际上，定义明确意味着发展停滞。

4. 答案要点：物联网侧重物与物、人与物的通信，互联网侧重人与人的通信。互联网是物联网的承载网络，物联网是互联网的应用延伸。互联网强调全球性，物联网强调区域性或行业性。

5. 答案提示：没有公认的分层标准。从网络的分层思想和数据流动来考虑物联网体系结构的分层模型以及层间的相互关系。

6. 答案要点：感知技术、识别技术、接入技术、承载网络技术、支撑技术等，或者具体的RFID、WSN、IP、云计算等。

7. 答案提示：基于ZigBee技术的物流实时跟踪控制管理系统、基于传感技术的智能监狱人员定位系统、智能无线抄表系统、肉品质量追溯管理系统、工地噪音远端无线监控系统等。

8. 答案提示：物体智能化主要是通过嵌入式技术来实现的，利用嵌入技术在物体中植入智能系统，使物体具有一定的智能数据处理能力，能够主动或被动地实现物体与用户的沟通。

9. 答案要点：被感知的物体一般数量较多；实际环境较复杂，不宜布线；需要灵活地部署在各种地理位置上；物体是移动的。

10. 参考答案：服务器、存储设备、交换机、路由器及存放这些设备的机柜；空调设备或其他冷却设备；供电、配电、备电设备和线路；内部网络布线系统和连接外部互联网的线路。

11. 答案提示：《ITU互联网报告2005：物联网》给出了一个例子，生动地说明了物联网对生活方式的影响，其中诸多场合自动发生了物体之间的数据通信。该例子的具体内容如下。

想象一下2020年一位居住在西班牙的23岁学生罗莎一天的生活。

罗莎刚刚和男友吵完架，想自己静一静。她打算开车到法国阿尔卑斯山的一个滑雪胜地过周末，但是车上安装的 RFID 传感器发出警告，指出轮胎出现故障。当她来到汽修厂入口时，厂里的诊断工具利用无线传感技术和无线传输技术对她的汽车进行了检查，并要求其驶向指定的维修台。这个维修台是由全自动的机器臂装备的。罗莎离开自己的爱车去喝咖啡。饮料机知道罗莎喜欢加冰咖啡，当她利用自己的互联网手表安全付款后，饮料机立刻倒出饮料。等她喝完咖啡回来，一对新的轮胎已经安装完毕，并且集成了 RFID 标签，以便检测压力、温度和形变。

这时机器向导提醒罗莎设置轮胎的隐私选项。汽车控制系统里存储的信息本来是为汽车维护准备的，但是在有 RFID 阅读器的地方，旅程的线路也能被阅读。因为罗莎不希望任何人（尤其是男友）知道自己的动向，所以她选择隐私保护来防止未授权的追踪。

然后罗莎去了最近的购物中心购物。她想买一款新的嵌入式媒体播放器和具有气温校正功能的新滑雪衫。那个滑雪胜地使用了无线传感器网络来监控雪崩发生的可能性，这样就能保证罗莎的舒适安全。在法国与西班牙边境，罗莎没有停车，因为她的汽车里包含了她的驾照信息和护照信息，已经自动传送到边检相关系统了。

忽然罗莎的太阳镜接到一个视频电话的请求。她选择了接听，看到她男友正在请求她的原谅，询问她是否愿意共度周末。她喜从心来，用语音命令导航系统禁用隐私保护，这样男友的车就能直接开到她身边了。纵然万物相连，人还是主宰。

12. 答案提示：物联网目前处于发展初期，没有一个明确的阶段划分。物联网的特征就是人们通过互联网无意识地享受真实世界提供的一切服务。

第 2 章 物品信息编码

1. 答案提示：物品编码按编码的作用可分为物品分类编码、物品标识编码和物品属性编码。

物品分类编码用于信息处理和信息交换，是指从宏观上根据物品的特性在整体中的地位和作用对物品进行分层划分；物品标识编码一般作为查询或索引中的数据库关键字，是指对某一个、某一批次或某一品类物品分配的唯一性的编码；物品属性编码可分为固有属性编码和可变属性编码。

2. 答案提示：顺序码是一种最简单、最常见的无含义代码，顺序码从一个有序的字符集中顺序地取出字符分配给各个编码对象，这些字符通常是字母或自然数，如国家标准《人的性别代码》中规定 1 为男性，2 为女性。顺序码的代码简短，使用方便，但是其本身没有给出编码对象的任何其他信息，不便于记忆。顺序码有递增顺序码、分组顺序码和约定顺序码 3 种类型。递增顺序码是指代码值可由预定的数据递增决定；分组顺序码在编码时要先确定编码对象的类别，按各个类别确定它们的代码取值范围，然后在各类别代码取值范围内对编码对象顺序地赋予代码值；约定顺序码不是一种纯顺序码，其只能在全部编码对象都预先知道，且编码对象集合将不会扩展的条件下才能顺利使用。

无序码是将无序的自然数或字母赋予编码对象，无任何编写规律。

有含义码当中的缩写码是将取自编码对象中的一个或多个字符赋值成编码表示；层次码是将分类对象的从属关系和层次关系作为排列顺序的一种代码；矩阵码是一种建立在多维空间坐标位置基础上的代码；特征组合码是由一些代码段组成的复合代码，提供了编码对象的特征，其特征相互独立；组合码是由一些代码段组合的复合代码，提供了编码对象的不同特征，其特征相互依赖；复合码通常由两个或两个以上完整、独立的代码组成；镶嵌式组合码是由相互独立的两部分代码镶嵌组合而成，每一部分的代码长度都是变化的。

3. 答案提示：EAN. UCC 编码体系包含了对流通领域的所有产品与服务的标识代码及附加属性代码，其中附加属性代码不能脱离标识代码而独立存在。标识代码主要包括 GTIN、SSCC、GLN、GRAI、GIAI 和 GSRN 等。

4. 答案：（1）EAN-8，（2）UPC-E，（3）ISBN，（4）39 码，（5）ITF-14，（6）UCC/EAN-128，（7）ISSN，（8）UPC-A，（9）ISMN，（10）EAN-13。

5. 答案提示：二维码按照不同的编码方法通常可分为行排式、矩阵式和邮政码 3 种类型。常见的行排式二维码有 PDF417、49 码、Code 16K、Codablock F 条码等。常见的矩阵式二维码有 Code One、Maxicode、QR 码、Data Matrix 等。常见的邮政码有 Postnet 和 BPO 4-State 等。

6. 答案：（1）Data Matrix，（2）Maxicode 条码，（3）汉信码，（4）QR 码，（5）Vericode，（6）彩码，（7）邮政码，（8）Code49，（9）复合码，（10）PDF417。

7. 答案提示：与一维条码相比，二维码在信息密度、信息容量、编码字符集、纠错能力、安全、对数据库和通信网络的依赖、识读设备及主要用途方面都对一维条码进行了拓宽。一维条码与二维码的具体比较如附表 1 所示。

附表 1　一维条码与二维码的对比

项　目	一维条码	二　维　码
信息密度	低	高
信息容量	小（一般仅能表示几十个数字字符）	大（一般能表示几百个字节）
编码字符集	数字、ASC II 码	数字、字符、文字、图片等
纠错能力	仅探测错误，无法纠错	具备不同安全等级的纠错
安全	不具备加密功能	可加密
对数据库和通信网络的依赖	高	低
识读设备	扫描式识读器进行识读	扫描式和摄像式识读器进行识读
主要用途	标识物品	描述物品

8. 答案提示：应用标识符（AI）由 2~4 个数字组成，用来定义条码数据域，不同的应用标识符用来唯一标识其后数据域的含义及格式。应用标识符之后的附加信息代码由字母或数字字符组成，最长为 30 个字符，数据域可为固定长度，也可为可变长度。应用标识符的使用受规则的支配，有些 AI 必须同另一些 AI 共同出现，如 AI(02)之后就必须紧跟 AI(37)，而有些 AI 不应同时出现，如 AI(01)和 AI(02)。EAN. UCC 系统拥有 100 多个 AI，指示贸易项目、物流单元、位置、资产等各类产品与服务的附加属性代码的含义和结构。

9. 答案提示：日本 UID 标准和欧美的 EPC 标准都是唯一标识符的数据格式标准，主要涉及产品电子编码、射频识别系统及信息网络系统 3 个部分，其思路在大多层面上都是一致的，但是二者在使用的无线频段、信息位数和应用领域等方面有所不同。

10. 答案提示：二者都有空白区、位置探测图形、分隔符、定位图形、校正图形、功能信息等。

11. 答案提示：EPC 系统由 EPC 编码体系、射频识别系统及信息网络系统组成，EPC 编码体系用于标识物品，EPC 射频识别系统用于识别 EPC 标签，EPC 信息网络系统主要有中间件、ONS 和 EPCIS 等。

12. 参考答案：根据文中给出的 SSCC 标识符格式转换成 EPC，步骤如下。

标头 0011 0001；

需要滤值，用位表示，比如说用 000；

去掉扩展位 0；

因为厂商识别代码是 7 位（0614141），使用分区值 5，用位表示为 101；

0614141 进入 EPC 管理者分区中，在 24 位分区中，表示为 0000 1001 0101 1110 1111 1101；

000999777 是系列号，用位表示为 0000 0000 0000 0000 0000 0000 0000 0000 0000 0011 1101 0000 0101 1000 01，去掉校验位 1。

13. 答案提示：EPC 标签数据转换（TDT）标准是关于 EPC 标签数据标准规范的可机读版本，可以用来确认 EPC 格式以及不同级别数据表示间的转换。

EPC 标签数据（TDS）标准规定了 EPC 体系下通用识别符（GID）、全球贸易项目代码（GTIN）、系列货运集装箱代码（SSCC）、全球位置编码（GLN）、全球可回收资产代码（GRAI）、全球个别资产代码（GIAI）的代码结构和编码方法。

识读器协议（RP）标准是一个接口标准，详细说明了在一台具备读写标签能力的设备和应用软件之间的交互作用。

EPCglobal 认证标准定义的内容基于互联网工程特别工作组（IETF）中关键公共基础设施（PKIX）工作组制定的两个 Internet 标准。

14. 答案提示：EPC 二进制码序列对应十进制为 1. 1554. 37401. 2272661；

转换为 EPC URI 为 urn：epc：1. 1554. 37401. 2272661；

去掉前端和序列号得 1. 1554. 37401；

颠倒数列，添加“. onsroot. org”得 37401. 1554. 1. onsroot. org。

15. 答案提示：条码种类较多，不同行业选择各自的条码种类，对于 EAN 一维条码的选择可以参考附图 1。例如普通的不带有附加信息的零售商品使用 EAN - 13 码或 UPC - A 码。对于非零售的配送产品，如果需要在生产线上直接将条码印在外箱，并且需要附加信

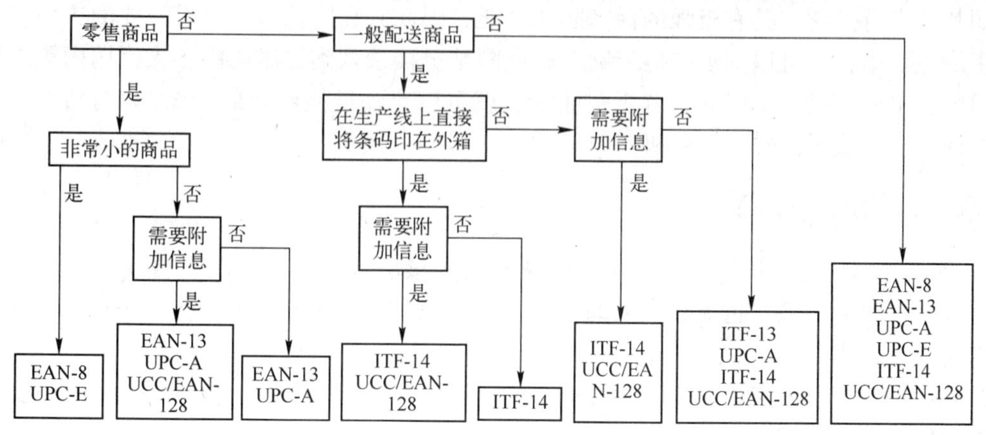

附图 1　常见一维条码的选择

息，则使用 ITF－14 或 UCC/EAN－128 码。

二维码的种类繁多，不同的应用对象和应用场合需要选择最适合的二维码，各种二维码的适用范围比较结果如附表 2 所示。

附表 2　各种二维码的适用范围

类　　型	条码名称	适用范围
行排式	49 码	小型包装容器或物品
	PDF417	EDI/高品质运输/产品行销/设备管理/物品安全管制表
矩阵式	Data Matrix	小零件标识/电路板的零组件
	QR 码	工业自动化生产线管理/表示中日文字
	Maxicode	搜寻追踪/包裹的分拣和跟踪
	Vericode	航空/电子/自动化/制造业/医疗卫生
	田字码	预付款卡/ID 卡/程序卡/自动贩卖机的记录卡
	汉信码	信息安全防伪/证照管理/物品管理

16. 答案提示：电子票的实现过程需由售票单位的网站和售票信息发布平台共同完成。消费者购票时，查找相关的票务信息，根据相关信息的指引，发短信到售票系统，按提示进行手机支付（也可以通过网上支付来完成）。支付完成后，售票系统会把电子票以二维码的形式发送到购票者手机当中，完成购票流程。在消费时，经过终端的验票设备进行检验后，可享受相应的服务。在需要发票、登机凭证的民航等场合，可在机场设置打印票务的自助终端，扫描条码后打印登机凭证。

手机二维码在新闻出版方面应用时，只要读者用手机下载特定的二维码识别软件，再用手机摄像头对着报纸上的二维码进行拍摄，就能够在手机屏幕上看到感兴趣的内容，还可以听到与报纸内容相关的声音。

在制作名片时，将姓名、电话等信息用二维码编码，打印在名片的一角，这样只需用手机拍摄并解码后就可将对方信息储存在自己手机的电话簿里，从而实现方便的电子数据交换。

二维码具有多重防伪特性，它可以采用密码防伪、软件加密及利用所包含的信息如指纹、照片等进行防伪，具有极强的保密防伪性能，因此其在防伪方面具有重要的应用。人们在未来的生活中，还可以实现解码上网，即把网站链接录入到二维码中，人们用内置二维码阅读引擎的手机扫描二维码后，解析网址 IP，就可以自动链接到相应的 WAP 网站上，可直接浏览商品、下载折扣券、用手机购票付款等。

第 3 章　自动识别技术

1. 答案提示：自动识别技术是物联网感知层的核心技术之一，既有自动性，也有主动性，既能获取物的信息，也能获取人的信息，从而把真实世界的万事万物与虚拟世界的信息处理系统连接起来。

2. 参考答案：条码系统是以条码技术为基础的自动识别系统。条码系统由条码生成软件、条码印刷设备、扫描识读设备组成。

3. 答案提示：一维码用于自动销售系统、物流、交通、图书馆管理等。二维码用于电子凭证、表单、证照、存货盘点、资料备援等。

4. 参考答案：电子标签的功能有存储数据、通过天线与读写器进行无线通信；读写器的功能有通过天线与电子标签进行无线通信、实现对标签数据的读写与识别；应用系统的功能是完成各种基于 RFID 的应用。

5. 答案提示：电感耦合及电磁反向散射耦合。

6. 参考答案：低频、高频、超高频和微波 RFID 系统的特点比较如附表 3 所示。

附表 3　低频、高频、超高频和微波 RFID 系统的特点比较

	低　频	高　频	超高频和微波
频率范围	30 ~ 300 kHz，典型工作频率有 125 kHz 和 133 kHz	3 ~ 30 MHz，典型工作频率为 13.56 MHz 和 27.12 MHz	典型工作频率为：433.92 MHz，862（902） ~928 MHz，2.45 GHz，5.8 GHz
工作方式	电感耦合，电子标签需要位于阅读器天线辐射的近场区内	电感耦合，电子标签需要位于阅读器天线辐射的近场区内	电磁耦合，电子标签位于阅读器天线的远场区内
读写距离	小于 0.1 m	小于 1 m	大于 1 m，最大可达 10 m 以上
数据传输	低速，数据少	中速数据传输	高速
应用	低端应用，动物识别等	门禁、身份证、电子车票等	车辆识别、仓储物流、海量物品识别

7. 答案提示：NFC 由 RFID 及网络技术整合演变而来，但 RFID 在作用距离和工作频段与 NFC 都有较大的差异。NFC 目前来看更多的是针对于消费类电子设备相互通信，有源 RFID 则更擅长在长距离识别。

8. 参考答案：接触式 IC 卡，其卡片表面的金属触点与读写设备上的卡座相接触。非接触式 IC 卡，其接收读写设备发射的射频信号并加以存储、整流、滤波、稳压。

9. 参考答案：语音识别系统中常用的特征参数提取技术有线性预测分析技术、Mel 参数和基于感知线性预测分析提取的感知线性预测倒谱、小波分析技术等。

10. 答案提示：如图形图像识别、生物识别（如步态识别）等。

第 4 章　嵌入式系统

1. 参考答案：嵌入式系统是以应用为中心、以计算机技术为基础、软件硬件可裁剪、适应应用系统，对功能、可靠性、成本、体积、功耗严格要求的专用计算机系统。

2. 参考答案：简单划为四个阶段，第一阶段是无操作系统的嵌入算法阶段；第二阶段是以嵌入式 CPU 为基础、以简单操作系统为核心的嵌入式系统；第三阶段是通用的嵌入式实时操作系统阶段，是以嵌入式操作系统为核心的嵌入式系统；第四阶段是以基于 Internet 为标志的嵌入式系统，是一个正在迅速发展的阶段。

3. 参考答案：嵌入式处理器是为完成特殊的应用而设计的特殊目的的处理器。其分类为嵌入式微处理器、嵌入式微控制器、嵌入式 DSP 处理器、嵌入式片上系统。

4. 参考答案：单片机一般是 4 位、8 位或 16 位的数据总线，一般内置存储器，不运行操作系统，侧重于低成本，主要应用于工业控制等领域。ARM 嵌入式系统是 32 位的数据总线，运算速度快，外接大容量存储器，能运行操作系统以适合多种应用。

5. 参考答案：嵌入式操作系统和嵌入式应用软件。

6. 参考答案：结合软件和硬件，嵌入式系统组成框架如附图 2 所示。

7. 参考答案：是一段在嵌入式系统启动后首先执行的背景程序。首先，嵌入式实时操作系统提高了系统的可靠性；其次，提高了开发效率，缩短了开发周期；再次，嵌入式实时操作系统充分发挥了32位CPU的多任务潜力。

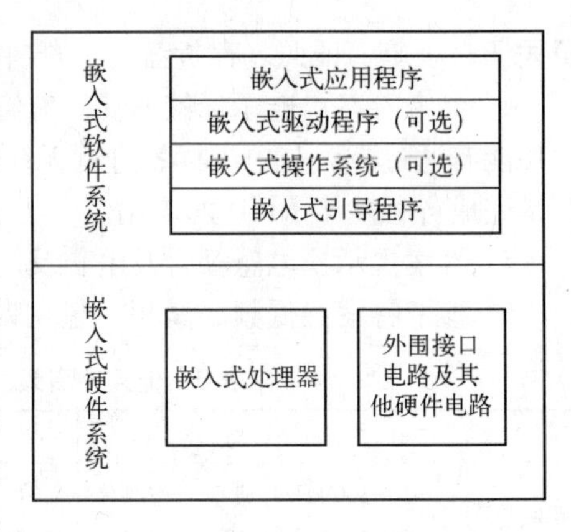

附图2 嵌入式系统组成框架

8. 参考答案：通用计算机系统采用标准化、模块化的设计，其技术要求是高速、海量的信息处理，技术发展方向是处理速度、总线宽度、存储容量的无限提升。而嵌入式系统则采用针对性较强的专业化设计，技术要求是满足具体应用，技术发展方向是在保证应用系统的技术要求和可靠性的前提下，尽可能减小成本、体积和功耗。

9. 参考答案：用于管理存储器分配、中断处理、任务间通信和定时器响应以及提供多任务处理等功能。嵌入式操作系统大大地提高了嵌入式系统硬件工作效率，并为应用软件开发提供了极大的便利。

10. 答案提示：可以从目前比较流行的智能手机操作系统上来对比分析。比如，Android、Windows Phone 8 和 iOS 等。

11. 参考答案：Android 系统体系结构如附图3所示。系统运行在 Linux 内核之上。

附图3 Android 系统体系结构

12. 答案提示：可从物联网终端节点以及设备的功能特点上回答。

13. 答案提示：数码相机、办公类产品、工业控制类产品的例子等。

第5章　定位技术

1. 参考答案：目前世界上的全球卫星定位系统有美国的GPS系统、俄罗斯的GLONASS系统、欧盟的GALILEO系统和中国的北斗卫星定位系统。

2. 参考答案：下面给出GPS计算距离时的简单数学推论，如附图4所示，以地心为原点，Z轴指向北极，卫星在地球上空，而接收器在地球任意一个可接收到GPS信号的位置。

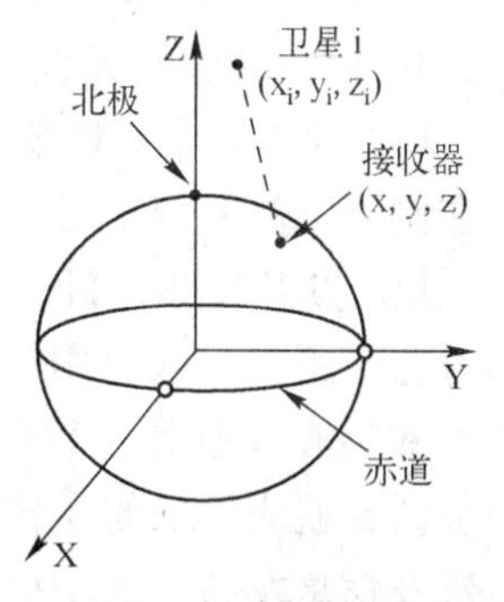

附图4　GPS计算距离

接收器与卫星之间的距离由数学计算公式可知，得到等式 $(x-x_i)^2+(y-y_i)^2+(z-z_i)^2=c^2(t-t_i)^2$，其中 c 是光速，$t_i$ 是接收器接收到每个卫星定位数据时的延迟时间，而每个卫星的位置坐标则记录在卫星的导航电文中。经过整理得 $2x_ix+2y_iy+2z_iz-2c^2t_it=x^2+y^2+z^2+x_i^2+y_i^2+z_i^2-c^2t^2-c^2t_i^2$。因为需要4颗卫星进行定位，所以 i 可以取1，2，3，4，简化得到下列方程组。

$$\begin{cases}(x_1-x_4)x+(y_1-y_4)y+(z_1-z_4)z-c^2(t_1-t_4)t=c_1\\(x_2-x_4)x+(y_2-y_4)y+(z_2-z_4)z-c^2(t_2-t_4)t=c_2\\(x_3-x_4)x+(y_3-y_4)y+(z_3-z_4)z-c^2(t_3-t_4)t=c_3\\2x_4x+2y_4y+2z_4z-2c^2t_4t=x^2+y^2+z^2+x_4^2+y_4^2+z_4^2-c^2t^2-c^2t_4^2\end{cases}$$

其中　$c_i=\frac{1}{2}(x_i^2+y_i^2+z_i^2-x_4^2-y_4^2-z_4^2-c^2t_i^2+c^2t_4^22)$

$i=1,2,3$

解方程后推算出接收器目前所在的位置，即 x，y，z 坐标的值。

3. 参考答案：基于终端的定位技术为GPS全球定位技术，目前所使用的是辅助GPS定位技术。基于网络的定位技术有小区定位、到达角度定位、到达时间差定位以及增强的观测时间差定位。

4. 参考答案：室内定位技术包括基于角度或时间差的定位技术，但主要使用的是位置指纹定位，其特点是定位精度较高，无需硬件设备，但是需要建立样本数据以构建指纹数据库。

5. 参考答案：SoLoMo概念中的Social体现的是位置服务的社会性；Local代表位置服务本身，其除了确定用户的地理位置外还要提供相关的信息服务；Mobile表明当前位置服务的核心技术是移动定位技术，而服务载体则是移动互联网。

6. 参考答案：AR系统的技术关键是三维跟踪注册，按其应用范围可分为户内型与户外型两种。

7. 参考答案：LBS有基于瘦客户端/服务器的计算和基于服务器端的网格计算两种模式。

8. 参考答案：LBS的体系结构一般划分为表示层、定位层、传输层、功能层和数据层。表示层负责移动终端上图文信息的显示、操作、多媒体接口等；定位层主要是关于移动终端的定位技术、用户定位隐私保护方法等；传输层定义了数据通信的逻辑路径、标准、格式、带宽等；数据层负责数据存储、管理、挖掘、分析等；功能层为LBS的核心层次，提供空间信息服务功能。

9. 参考答案：LBS的核心技术为空间定位技术、GIS技术以及网络通信技术。定位技术主要有基于移动终端的定位、基于移动网络的定位和混合定位。GIS是将地理信息的采集、存储、管理分析和显示集合为一体的信息系统。LBS中的无线网络目前以GPRS和CDMA为主，3G网络和移动无线互联网也正在快速发展。

10. 参考答案：LBS漫游中异地定位问题一般通过屏蔽终端定位技术的差异进行解决，其在网络定位系统中增加了定位数据融合和位置应用程序接口两层功能。

11. 参考答案：目前从全球范围来看，LBS应用及业务类型按应用对象可分为个人应用和行业应用。个人应用包括个人旅行导航、游戏、社交等；行业应用包括车辆、港口、船舶监控和物流管理等。个人应用还具体分为以位置分享为主要手段的社交应用，基于位置信息的生活导航应用、娱乐休闲应用和用户环境上下文感知及信息服务以及基于位置围栏的信息通告及信息发布。其中以位置分享为主要手段的社交应用和基于位置信息的生活导航应用目前比较热门。比如腾讯公司2011年推出的微信业务，其除了免费发送短/彩信外，还可利用GPS定位周围1000m内同样使用微信的陌生人，从而无形之中整合了具备地域特点的群体传播功能。某大学迎接新生时就使用微信推出了“上微信，学长在找你”的活动，只要新生的微信功能在线，在一定区域范围内修改其状态签名，接站人就可以主动寻找他们，从而避免了传统接站方式中新生找不到接站人的困扰。LBS的应用在国外也是数不胜数，比如2009年底美国推出的Foursquare社交定位网站，结合手机的GPS定位将用户所在的地理位置发送到Foursquare服务器，然后进行定位跟踪处理，是一个基于地理位置并融合社交网络、商家点评的新型移动网络。

第6章 传感器

1. 参考答案：传感器是指能够感受规定的被测量，并按照一定的规律将被测量转换成相应电信号的器件和装置。通常由敏感元件、转换元件和转换电路构成。

敏感元件是指能够直接感受被测量，并直接对被测量产生响应输出的部分。

转换元件是指将敏感元件的输出信息再转换成适合于传输或后续电路处理使用的电信号的部分。

转换电路是指将转换元件输出的电信号量转换成便于测量的电量的部分。

2. 参考答案：自源型、辅助能源型和外源型。

3. 参考答案：传感器的静态特性有线性度、灵敏度、迟滞、重复性、漂移等。

4. 参考答案：阻抗型传感器是利用电子元件的电阻、电容或电感作为感知环境变化的被测量，从而达到监测效果的一类传感器。按照敏感元件的不同可分为电阻式传感器、电容式传感器和电感式传感器。

5. 参考答案：电阻式传感器主要分为电位器式传感器和电阻应变式传感器。

6. 参考答案：应变电阻效应指的是导体或半导体材料在受到外界力（压力或拉力）作用时产生机械形变，从而导致其阻值发生变化的现象。由金属或半导体制成的应变-电阻转换元件称为电阻应变片，简称应变片，它是电阻应变式传感器中的传感元件。

7. 参考答案：压电效应指的是某些电介质当沿着一定方向对其施加外力而使其变形时，介质内部就产生极化现象，同时在它的两个相对面上产生相反符号的电荷，当去掉外力后又重新恢复不带电的状态，当作用力的方向改变时，电荷的极性也随之相应的改变的现象。

常见的压电材料可以分为 3 种类型：压电晶体（单晶），压电陶瓷（多晶半导瓷），新型压电材料。

8. 答案提示：热电效应就是两种导体（或半导体）A 和 B 的两端分别焊接或绞接在一起，形成一个闭合的回路，如果两个结合点处于不同的温度，回路中就会产生电动势（也称为热电势），因而在回路中形成电流，通过电流表 A 可以测得的现象。

9. 参考答案：光电效应指的是物质由于吸收光子而产生电的现象，在光的照射下，某些物质内部的电子会被光子激发出来而形成电流，即光生电。常见的光电传感器的类型主要包含有透射式、反射式、辐射式、遮挡式以及开关式等类型。

10. 参考答案：霍尔效应指的是将半导体薄片放置在磁场中，当有电流流过时，在垂直于电流和磁场的方向上将产生电动势的现象。基于霍尔效应实现的传感器的应用很多，比较常见的主要有霍尔电流传感器、霍尔位移传感器和霍尔位置传感器等。

11. 参考答案：磁电传感器又称为磁电感应式传感器，是利用电磁感应原理将被测量（如振动、位移、转速等）转换成电信号的一种传感器。磁电传感器可主要被设计成变磁通式和恒磁通式传感器两种结构模式。

12. 参考答案：气体传感器的主要特点有响应速度比较慢、具有交叉灵敏性等，并且在其应用环境中，只有当被测气体浓度达到一定的条件下，传感器的输出才能达到比较好的平稳状态。

13. 参考答案：多功能传感器是指能够感受两个或两个以上被测物理量，并将其转换成可以用来输出的电信号的传感器。传统传感器只能检测某一种特定的物理量，多功能传感器可检测两种以上的物理量，并且能够将多种检测量信号区分出来。

14. 参考答案：MEMS 是以微电子、微机械及材料科学为基础，研究、设计、制造具有特定功能的微型装置，包括微型传感器、微型执行器和相应的处理电路等，也被称作微机械、微构造或微电子机械系统。MEMS 的主要特点有微型化、批量生产、集成化、方便扩展和多学科交叉 5 个方面。

15. 答案要点：MEMS 传感器是 MEMS 技术应用于多功能传感器的结果，是将多功能传感器刻制在硅片上实现的体积微小、高度集成的传感器，同时增加了微执行器和微系统电路部分。

16. 参考答案：智能传感器是一种具有单一或多种敏感功能，可以感测一种或多种外部物理量并将其转换为电信号，能够完成信号探测、变换处理、逻辑判断、数据存储、功能计算、数据双向通信，内部可以实现自检、自校、自补偿、自诊断，体积微小、高度集成的器件。

智能传感器的主要特点如下。

1）具有模拟信号到数字信号转换的 A/D 模块，能在程序控制下设置 A/D 转换的精度。

2）具有数据运算处理、逻辑判断功能，并具有自己的指令系统。

3）具有自我诊断功能。

4）具有自己的数据总线和双向数据通信功能。

5）具有数据储存功能。

6）有些智能传感器还带有自动补偿功能。

7）有些智能传感器还带有自校准功能。

8）一些新型的智能传感器还带有安全识别功能和超限报警功能。

MEMS 传感器是指采用微电子和微机械加工技术制造出来的、特征尺寸至微米/纳米级、具有将感受量转换为电信号的器件和系统。智能传感器同 MEMS 传感器相比具有微处理器的数据计算处理、存储功能以及各种总线所提供的多种协议支持的通信功能等。MEMS 传感器往往做成单一物理量的感测器件，而智能传感器不仅具有多种外界物理量同时感测的功能，而且在结构中增加了智能微处理器模块以及存储器和各种总线模块等部分，相当于为 MEMS 传感器增加了用于数据处理的大脑，此外智能传感器还具有支持用户编程的能力。

智能传感器吸收了 MEMS 技术，但不一定是 MEMS，智能传感器得益于 MEMS 技术的应用，吸收了 MEMS 技术的高度集成化（IC，集成电路）制作模式以及体积微小、低功耗、低成本等优点，在结构上还继承了 MEMS 结构中的微传感器、微执行器和信号处理电路等部分，同时智能传感器还满足了多种外界物理量同时感测的需求，在性能上更加稳定、可靠，具有很高的综合精度和响应速度。更重要的是，智能传感器增加了智能微处理模块，以及存储器和各种总线模块等部分，使得智能传感器除具有一般的 MEMS 功能之外还可以对信号进行计算和处理以及支持用户编程控制，实现同单片机、DSP 等信息处理平台协同工作等功能。

嵌入式系统是一种实施控制、监视以及对机器或者工厂运作进行辅助的设备。它通常执行特定的功能，以微处理器与周边构成核心，具有严格的时序和稳定度的要求，可以自行运行并循环操作。智能传感器是由一般的传感器敏感元件、信号处理模块、微处理器模块、输出接口电路等部分组成，智能传感器属于嵌入式系统，是嵌入式系统的一个子集。

第 7 章　传感器网络

1. 参考答案：物联网的发展与互联网是分不开的，这包含两个层面的含义：首先，物联网的核心和基础仍然是互联网，它是在互联网基础上的延伸和扩展；其次，物联网是比互联网更为庞大的网络，其网络连接延伸到了任意的物品和物品之间，这些物品可以通过信息传感设备与互联网络连接在一起，进行更为复杂的信息交换和通信。

从技术上看，物联网是各类传感器和现有的互联网相互衔接的一种新技术，它现在不仅仅只与网络信息技术有关，同时还涉及了现代控制领域的相关技术。一个物联网的构成融合了网络、信息技术、传感器、控制技术等各个方面的知识和应用。在一定程度上，可以认为物联网的一个最大特点就是引入了各种各样的传感器，在已有互联网的基础上构成了一个庞大的传感网。

2. 参考答案：无线宽带网络包括 GPRS、CDMA 1X、3G、4G、WLAN（Wi－Fi）等分别从传统电信网络和计算机网络衍生发展出来的网络技术，这些网络的规划、部署、配置、管理、维护和运营一般需要管理员干预来完成。WSN 是一种 Ad Hoc 网络，即自组织网络，这种网络组网快捷灵活，基本不需要人的干预，大部分工作是以自组织的方式完成的。

也有研究者认为 WSN 有不同于 Ad Hoc 网络的技术要求和特征，这些不同不仅表现在应用相关的表面层次上，而且涉及内部的网络核心技术。这方面最具代表性的论据是关于“以数据为中心”的网络体系结构和协议研究必要性的阐述。以数据属性作为节点标识提出了“定向扩散”路由协议，虽然协议本身没有在WSN中得以广泛应用，但其学术价值和影响却是深远的。

无线宽带网络优化设计的首要技术指标是带宽，尽管功耗也相当重要，但只能是次要目标。在WSN和Ad Hoc中，因为需要网络长时间工作在特殊环境下，替换电池不可能，可再生能源技术又不成熟，因此通过优化系统功耗来延长网络生命周期是唯一可行的技术途径。另外，大多数自组织网络的应用偏重于文件或数据的交换，没有广泛涉及音频、视频等数据密集型应用，因此对于高带宽的需求不如无线带宽网络那么强烈。所以，追求低功耗的自组织网络设计，而非单纯的提高网络带宽是WSN和Ad Hoc研究的共同点。

事实上，早期的WSN研究也确实借用了Ad Hoc网络中较成熟的自组织路由协议，但随着研究的不断深入，人们逐渐认识到：WSN与Ad Hoc虽同属自组织网络，但网络拓扑结构和工作模式却各不相同。一般而言，Ad Hoc网络中的节点具有强烈的移动性，相应的网络拓扑结构自然是动态变化的，这无疑给路由技术带来了很大的障碍。在这点上，Ad Hoc网络与某些无线宽带网络（如GSM和CDMA等）有相似性。而WSN中的节点在部署完成后大部分不会再移动，因此网络拓扑结构是静态的，虽然部分节点会因调度机制、失效等原因改变网络的拓扑结构，但依然可以认为WSN的拓扑结构是准静态的，因为上述原因导致的变化具有明显的周期性和间歇性。所以，WSN和Ad Hoc网络中路由技术的难易程度不言而喻。WSN的一般工作模式是网络中所有节点将数据汇聚到Sink节点，即多对一通信，节点之间几乎不会发生消息交换。对于Ad Hoc网络，网络中任意两个节点之间都有通信的可能。因此，相应的路由技术自然要比WSN复杂。所以，在WSN中使用Ad Hoc路由技术并非最佳选择，WSN需要寻找适合其自身工作模式的低开销低功耗路由协议。

从本质上讲，Ad Hoc网络和某些无线宽带网络（如Wi－Fi和WiMax）继承了Internet体系结构的核心思想，网络中间节点不实现任何与分组内容相关的功能，只是简单地采用存储/转发的模式为用户传送分组。对于WSN而言，在多数应用中，网络仅仅实现分组传输功能是不够的，有时特别需要“网内数据处理”的支持，比如：多个节点可能同时观测到了同一事件的发生，它们分别产生数据分组并向Sink节点发送。Sink节点只需收到它们中的一个分组即可，其余分组的传输完全是多余的。如果能在中间节点上进行一定的聚合、过滤或压缩，会有效减小频繁传送分组造成的能量开销。WSN的这种工作模式与传统网络中的组播正好相反。组播是将源产生的分组在中间节点上简单复制多份后转发到多个接收节点上，而WSN的分组过滤技术需要将多个源产生的表示同一事件的多个数据分组聚合为单个分组传送给Sink节点。因为过滤是要基于分组内容进行的，也就意味着中间节点需要实现一定的与内容相关的功能。

3. 答案提示：无线传感器网络的协议栈可分为物理层、数据链路层、网络层、传输层和应用层。物理层负责信号的调制和数据的收发。数据链路层负责数据成帧、帧监测、媒介访问和差错控制。网络层负责路由发现和维护。传输层主要负责数据流的传输控制，主要通过汇聚节点采集传感器网络内的数据，并使用卫星、移动通信网络、Internet或者其他的链路与外部网络通信，是保证通信服务质量的重要部分。应用层则是包括一系列基于监测任务的应用层软件。

4. 答案提示：无线传感器网络协议包括物理层、数据链路层、网络层、传输层和应用层上的协议。物理层的研究主要涉及无线传感器网络采用的物理媒介、频段选择以及调制方式。数据链路层用于建立可靠的点到点或点到多点的通信链路，主要涉及媒介访问控制（MAC）协议。网络层协议负责使各个独立的节点形成一个收集数据并传输的网络，在网络层相关技术研究的同时，经常将网络拓扑设计以及网络层协议和数据链路层协议结合起来考虑进行研究。传输层中的传输控制研究主要集中于错误恢复机制，如何在拓扑结构、信道质量动态变化的条件下，为上层应用提供节能、可靠、实时性高的数据传输服务是研究的重点。应用层与具体应用场合和环境密切相关，必须针对具体应用需求进行设计。而应用层的主要任务是获取数据并进行初步处理。

5. 答案提示：无线传感器网络的 MAC 协议设计根据应用需求需要考虑一下网络性能指标：能量有效性、可扩展性、冲突避免、信道利用率、延迟、吞吐量、公平性。

根据 MAC 协议分配信道的方式可以将 MAC 协议分为竞争型、调度型以及混合型。基于竞争的 MAC 协议的基本思想是：当无线节点需要发送数据时，通过竞争方式使用无线信道，若发送的数据产生冲突，就需要按照某种策略重发数据，直到发送成功或放弃发送为止。调度型协议的基本思想是：采用某种调度算法将时槽/频率/正交码映射为节点，导致一个调度决定一个节点只能使用其特定的时槽/频率/正交码无冲突访问信道。竞争型 MAC 协议能很好地适应网络规模和网络数据流量的变化，能灵活地适应网络拓扑结构的变化，无需精确的时钟同步机制，实现简单，但是能量效率较低。而调度型 MAC 协议将信道资源按时隙、频段或码段分为多个子信道，信道之间无冲突和干扰，所以数据传输过程中不存在冲突重传，能量效率相对较高，但是需要网络中的节点形成簇，对网络拓扑结构变化的适应能力不强。混合型 MAC 协议包含了以上两类协议的设计要素，取长避短。当时空域或某种网络条件改变时，混合型 MAC 协议仍表现以某类协议为主，其他协议为辅的特性。

6. 答案提示：传感器网络路由协议涉及的首要目标是高效节能，延长整个网络的生命周期。路由协议的任务是在传感器节点和 Sink 节点之间建立路由，从而为用户可靠地传递数据。

无线传感器路由协议可以分为 4 类：以数据为中心的路由协议，对感知到的数据按照属性命名，对相同属性的数据在传输过程中进行融合操作，减少网络中冗余数据的传输；基于集群结构的路由协议，重点考虑路由算法的可扩展性，将传感器节点按照特定规则划分为多个集群，通过该集群的头节点汇集集群内感知数据或者转发其他集群头节点的数据；基于地理信息的路由协议，传感器节点能够知道自身地理位置或者通过基于部分标定的节点的地理位置信息计算自身地理位置。基于 QoS 的路由协议，是线路有发现和维护的同时，力求满足网络的 QoS 需求，一些协议在建立路由路径的同时，还考虑节点的剩余电量、每个数据包的优先级、估计端到端的时延，从而为数据包选择一条最合适的发送路线。

7. 答案提示：除了书中的 ZigBee 协议栈图外，ZigBee协议框架图也可参考附图 5。

物理层采用直接序列扩频（Direct Sequence Spread Spectrum，DSSS）技术，定义了 3 种能量等级。

数据链路层分为媒介访问控制子层（MAC）以及逻辑链路控制子层（LLC）。其中，MAC 子层通过 SSCS（Service - Secific Convergence Sublayer）协议可以支持 LLC 标准，建立、维护和拆除设备间的无线链路，确认模式的帧传送与接收，信道接入控制、帧校验、预留时

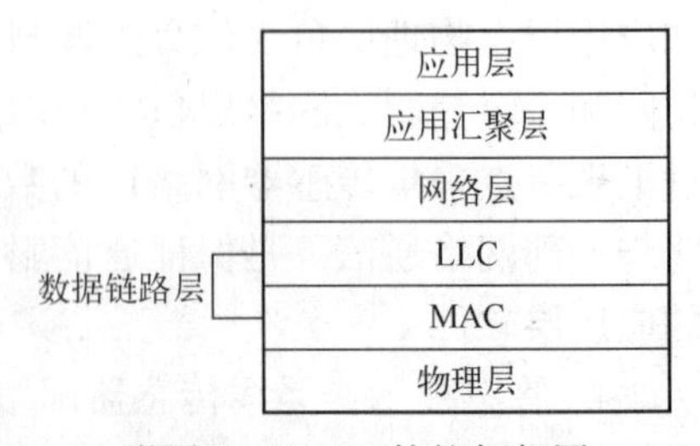

附图 5 ZigBee 协议框架图

隙管理以及广播信息管理；而 LLC 子层的功能则是保障传输可靠性、数据包的分段与重组、数据包的顺序传输。网络层的功能有拓扑管理、MAC 管理、路由管理和安全管理。

应用汇聚层是把不同的应用映射到 ZigBee 的网络层上，包括安全与鉴权、多业务数据流的汇聚、设备发现与业务发现。

应用层定义了各种类型的应用业务，是协议栈的最上层。

8. 答案提示：IEEE 802. 15. 4 标准为 LR – WPAN 网络制定了物理层和 MAC 子层协议的标准，而 ZigBee 规范建立在 IEEE 802. 15. 4 标准之上，在此基础上扩展了网络层（Network Layer，NWK）和应用层框架，其中包括应用支持子层（Application Support Sub layer，APS）、ZigBee 设备对象（ZigBee Device Object，ZDO）以及设备商自定义的应用组件。

9. 答案提示：在保证网络的覆盖度和连通性的前提下，设置或调整节点的发射功率，并按照一定的原则选择合适的节点作为骨干节点参与网络中数据的处理和传输，达到优化网络拓扑结构的目的是拓扑控制研究的主要问题。

10. 答案提示：功率控制机制调整网络中每个节点的发射功率，保证网络连通，均衡节点的直接邻居数目的同时，降低节点之间的通信干扰。层次拓扑控制是利用分簇思想，依据一定的原则使网络中的部分节点处于激活状态，称为簇头节点，由这些簇头节点构建一个连通的网络来处理和传输网络中的数据；其他节点均处于非激活状态，关闭其通信模块以降低能量消耗，并且定期或不定期地重新选择簇头节点以均衡网络中节点的能量消耗。

11. 答案提示：时间同步消息从发送节点到接收节点之间的关键路径上的传输延迟可以分为 4 个部分。发送时间，发送节点用来构造时间同步信息所用的时间；访问时间，发送节点等待占用传输信道的时间；传播时间，时间同步消息在离开发送节点那一刻起，从发送节点传输到接收节点所需要的时间；接收时间，接收节点的网络接口从新到接收消息和通知主机消息到达事件所需要的时间。其中，访问时间和传播时间变化相对较大，对时间同步的影响也最大。

12. 答案提示：数据融合是指将多份数据或信息进行处理，组合出更有效、更符合用户需求的数据的过程。数据融合的作用主要体现在以下几个方面。节省能量，数据融合对冗余数据进行网内处理，即中间节点转发传感器数据前，先对数据进行综合，去掉冗余信息，在满足应用需求的前提下将需要传输的数据量最小化；获得更准确的信息，通过对监测同一对象的多个传感器所采集的数据进行综合，从而有效地提高所获得信息的精度和可信度；提高数据收集效率，数据融合减少了需要传输的数据量，可以减轻网络的传输拥塞，降低数据的传输延迟；即使有效数据量并未减少，但通过对多个数据分组进行合并减少了数据分组个数，可以减少传输中的冲突碰撞现象，也能提高无线信道的利用率。

13. 答案提示：无线传感器网络的操作系统是运行在每个传感器节点上的基础核心软件，它能够有效地管理硬件资源和任务的执行，并且使应用程序的开发更为方便。它必须对监测环境中发生的事件快速实时地进行响应，并迅速执行相关的处理任务；必须有效地管理能量资源、计算资源、存储资源、通信资源，并且高效地管理多个并发任务的执行，从而使应用程序能够快速地切换并执行频繁发生的多个并发任务；必须能够使多个节点高效地协作完成监测任务；应该提供方便的编程方法；必须通过可靠传输技术对大量的节点发布代码，而且能够对大量的节点进行在线动态重新编程。

14. 答案提示：现场总线是应用在生产现场、在微机化测量控制设备之间实现双向串行多节点数字通信的系统，也被称为开放式、数字化、多点通信的底层控制网络。目前国际上流行且较有影响的现场总线有 FF、LonWorks、Profibus、HART 和 CAN 等。

15. 答案提示：CAN 总线的分层可以分为物理层和数据链路层（包括逻辑链路控制子层 LLC 和媒介访问控制子层 MAC）两层。

CAN 总线是一种共享传输媒介，因此需要 MAC 方法，对总线来说，就是总线仲裁方法。

CAN 总线采用 CSMA/CD（载波侦听多路访问/冲突检测）的总线仲裁方式访问总线。当总线上有多个节点同时发送时，必须通过“无损的逐位仲裁”方法来使用最高优先权的报文优先发送。在 CAN 总线上发送的每一条报文都具有唯一的一个 11 位或 29 位数字的 ID。CAN 总线状态取决于二进制数“0”而不是“1”，所以 ID 号越小，该报文就具有越高的优先权。因此一个为全“0”标识符的报文具有总线上的最高级优先权。这样，在消息冲突的位置，一个节点发送 0 而另外的节点发送 1，那么发送 0 的节点将取得总线的控制权，并且能够成功地发送出它的消息。实际上，CAN 总线的 CSMA/CD 与以太网的 CSMA/CD 还是稍有区别的。以太网不采用优先权方式，而是采用二进制退避算法，即冲突后随机回退若干时隙再试，退避时隙数按二进制指数增加。

第 8 章　物联网的接入和承载

1. 参考答案：WSN 网关主要实现了无线传感器网络与外部网络的通信互联。网关具体分为两个模块，即网关与汇聚节点通信模块和网关与外部网络通信模块。网关与汇聚节点间的通信主要是读取汇聚节点数据，网关与外部网络通信主要是指将 WSN 网关转换完成后的数据进行转发的过程。

2. 参考答案：CAN 与以太网的数据交换的原理是对接收的数据进行协议转换。如果发送 TCP 数据，微控制器取出真正的数据后，需要对其进行存储，然后对数据进行相应分析，并按照 CAN 网络的发送模式进行发送。反过来微控制器将收到的 CAN 数据存入另一数据缓存区，去掉不必要的字段后按照 TCP/IP 进行封装发送。

3. 参考答案：从下到上分为物理层、MAC 层、协议适配层和多媒体协议层。

4. 参考答案：蓝牙是一种支持设备短距离通信的无线通信技术。利用蓝牙技术，能够有效地简化移动通信终端设备之间的通信，也能够成功地简化设备与因特网之间的通信，从而使数据传输变得更加迅速高效，为无线通信拓宽道路。

5. 参考答案：射频 RF、基带层 BB、链路管理层 LM、逻辑链路控制和适配协议 L2CAP、服务发现协议 SDP、串口仿真协议 RFCOMM 和电话通信协议 TCS。

6. 答案提示：Wi－Fi 无线局域网的组网方式有两种，一种是无需任何网络设备的分布式的 Ad Hoc 网络（自组网络）；另一种是中心制的接入点（Access Point，AP）网络。

7. 参考答案：NFC 与红外、蓝牙、ZigBee、Wi－Fi 和 UWB 等几种近距离无线通信技术的性能比较参见附表 4。

8. 参考答案：GPRS 是从 GSM 升级得到的，CDMA 1X 是对 CDMA 移动网络的升级。

9. 参考答案：与 GPRS 相比，CDMA 1X 具有移动性能更强、数据传输速度更快、安全更有保证等优点。

附表 4　ZigBee、蓝牙、UWB、Wi－Fi 和 NFC 的性能比较

	Zigbee	蓝牙	UWB	Wi－Fi	NFC
价格	芯片组约 4 美元	芯片组约 5 美元	芯片组约 20 美元	芯片组约 25 美元	芯片组约 2.4～4 美元
安全性	中等	高	高	低	极高
传输速度	10～250 kbit/s	1 Mbit/s	53.3～480 Mbit/s	54 Mbit/s	424 kbit/s
通信距离	10～75 m	0～10 m	0～10 m	0～100 m	0～10 cm
频段	2.4 GHz 866 MHz（欧洲） 915 MHz（美国）	2.4 GHz	3.1～10.6 GHz	2.4 GHz	13.56 MHz

10. 答案提示：相对 VOFDM、WOFDM 而言，Flash－OFDM 系统是基于 IP 的分组交换网络，能服务于所有的宽带数据用户和移动话音用户，是一种针对广域网设计的移动宽带接入 Internet 的解决方案。

11. 答案提示：MBWA 继承并改进了 Flash－OFDM。因为 Flash－OFDM 的物理层把 OFDM 的基本原理与快跳频技术相结合，把可利用的频谱划分为许多带宽相等的频带，并通过在这些频带上快速跳频构成扩频蜂窝技术，将数据打包，并在一个很宽的频带范围内传输，然后拆开数据包得到数据。

12. 参考答案：移动台（MS）、网络子系统（NSS）、基站子系统（BSS）和操作子系统（OSS）4 部分。其中，NSS 包含的功能实体有移动业务交换中心（MSC）、拜访位置寄存器（VLR）、归属位置寄存器（HLR）、鉴权中心（AUC）和移动设备识别寄存器（EIR），BSS 包含的功能实体有基站收发信台（BTS）和基站控制器（BSC）。

13. 参考答案：在 GSM 系统中，由若干个小区构成一个区群，区群内不能使用相同的频道，同频道距离保持相等，每个小区含有多个载频，每个载频上含有 8 个时隙，即每个载频有 8 个物理信道，因此，GSM 系统是时分多址的接入方式。

14. 参考答案：3G 标准包括 WCDMA、TD－SCDMA、CDMA2000 和 WiMAX（IEEE802.16e）。中国提出的标准是 TD－SCDMA。实际部署 3G 网络时，中国移动的 3G 网络采用 TD－SCDMA，中国联通采用 W－CDMA，中国电信采用 CDMA2000。

15. 答案提示：3.5G 技术有 HSPA，包括 HSDPA 和 HSUPA，3.75G 技术有 HSPA＋，3.9G 技术有 LTE。

16. 答案提示：应具有更高的传输速率和容量、更好的业务质量（QoS）、更高的安全性、更高的智能性、更高的传输质量和更高的灵活性；应能支持非对称性业务，并支持多种业务；应当是全 IP 网络，应体现出移动与无线接入网和 IP 网络不断融合的发展趋势。

17. 答案提示：NGN 包含了 4G，只是目前工作组研究的重点不同。4G 关注的是空中接口，NGN 关注的是核心网络和业务提供。

第 9 章　互联网

1. 参考答案：目前所采用的是 TCP/IP 模型，可分为 4 层，分别为网络接入层、网络互联层、传输层和应用层。各层协议遵循因特网工程工作组（IETF）制定的标准。

2. 参考答案：IPv6 协议并不是作为 IPv4 协议的简单演进，IPv6 的主要特点体现在具有

新的协议报头格式、改进的扩展报头、巨大的地址空间、全新的地址管理方案、有效分级的寻址和路由结构、内置的安全特性、对移动性的支持以及对 Qos 的改进。IPv6 协议报头在 IPv4 的基础上进行了简化，最大程度地减少开销，节省了网络带宽，将非根本或选择性的字段移动到了 IPv6 的扩展报头，使得基本报头为 40 字节，在中间路由器处理时速更快，效率更高。同时报头中的流标号字段区分不同业务的优先级，使路由器通过流标号可以对属于一个流的数据进行识别和提供特殊处理，因而对 Qos 提供更好的支持。

3. 参考答案：ICMPv6 报文的控制类型主要划分为差错报文与信息报文两种。差错报文主要用于报告 IPv6 分组在传输过程中出现的错误，常用的类型有目的不可达、分组过大、超时与参数问题。信息报文主要用于提供网络诊断功能与附加的主机功能，主要类型有组播监听发现和邻节点发现两种。

4. 参考答案：三次握手中通信双方主要完成两个工作。一是使每一方都确认对方的存在，通知对方准备就绪；二是要确认双方的初始传输序号，以进行同步，同步序号需要在握手过程中被发送与确认。

5. 参考要点：DNS 用于域名解析，从网址得到 IP 地址。ONS 用于 EPC 系统的对象名解析，从电子标签的 EPC 编码得到存放物品信息的网址。

6. 参考答案：在移动 IPv4 中，为移动节点定义了两种地址，分别为家乡地址和转交地址。当移动主机在互联网上移动时，家乡网络为每个移动节点均分配一个长期有效的 IP 地址，并在通信过程中保持不变。转交地址是移动主机接入到一个外地网络时，被分配的一个临时的 IP 地址，在主机移动到不同网络中时可以发生改变。

7. 答案要点：不一样。互联网的传输层解决的是端到端的通信问题，应用层为应用程序提供支持。物联网的传输层包括整个互联网各个层次，应用层相当于应用程序，只不过更关注应用系统。

8. 答案提示：各层协议只解析本层协议格式的头部部分，数据部分（即上层协议的协议数据单元）交付给上层协议解析。

9. 参考答案：不重传。路由器发现 IP 数据报出错后，就直接丢弃，发送方的 IP 协议实体实际上根本就不知道 IP 数据报已经出错了，这也是 IP 协议不可靠、无连接、尽力而为服务的特征。差错问题是由 TCP 或应用程序解决的。

10. 答案要点：FTP 协议使用 TCP 传输文件，但由于 TCP 的效率远不如 UDP，目前很多下载软件用的是 UDP，文件的可靠性由下载软件自己来解决，一般采用 MD5 方法对文件的完整性进行校验。鉴于目前很多应用关乎多媒体，UDP 大有取代 TCP 的趋势。

11. 答案提示：发包速率是每秒发送的数据包个数。传输速率是每秒传输的比特数。在一条链路上，传输速率是固定的，而发包速率则是随机过程。TCP 根据重传计时器超时、收到重复确认等判断网络发生了拥塞。

12. 答案提示：都是基于 802. 15. 4 的两种 WSN 组网技术。

13. 答案提示：移动 IP 技术既可以用于移动互联网，也可以用于固定互联网。

14. 答案提示：HTTP 对应于 WAP 的会话层和事务层。WAP 协议栈可看做是一种轻量级的 TCP/IP 协议栈，是为处理能力低下的手机而定制的。随着手机性能和无线链路带宽的提高，目前手机已经可以运行 TCP/IP，而 WAP 2. 0 仅仅是在 TCP/IP 协议栈上加了一些移动特性而已，完全可以被 WJMS（无线 Java 信息服务）等所取代。

第 10 章　物联网的数据处理

1. 答案提示：数据中心由支撑系统、计算设备和业务信息系统这 3 个逻辑部分组成。支撑系统主要包括建筑、电力设备、环境调节设备、照明设备和监控设备，是保证上层计算设备正常、安全运转的必要条件。计算设备主要包括服务器、存储设备、网络设备、通信设备等，计算设备支撑着上层的业务信息系统。业务信息系统是为企业或公众提供特定信息服务的软件系统，信息服务的质量依赖于底层支撑系统和计算机设备的服务能力。

2. 答案提示：美国标准 TIA－942《数据中心的通信基础设施标准》主要是根据数据中心基础设施的“可用性（Availability）”、“稳定性（Stability）”和“安全性（Security）”将数据中心分为 4 个等级：TierⅠ、TierⅡ、TierⅢ和 TierⅣ。

3. 答案提示：数据中心是物联网应用的基础平台，数据中心能够对物联网应用中产生的海量数据进行计算、存储等。例如很多智能楼宇都要有专门的企业级数据中心作为配套工程，同时数据在物联网上的流通还要依托互联网数据中心来处理。

4. 答案提示：网状数据库、层次数据库和关系数据库 3 类。

5. 答案提示：关系模型由关系数据结构、关系操作集合、关系完整性约束 3 部分组成。

6. 答案提示：数据准备、数据选取、数据预处理和数据变换。

7. 参考答案：统计分析方法、决策树法、人工神经网络法、遗传算法、粗糙集法和联机分析处理技术等。

8. 答案提示：能处理异构数据，能进行分布式挖掘。

9. 答案提示：在抓取网页的时候，网络蜘蛛一般有广度优先和深度优先两种策略。广度优先是指网络蜘蛛会先抓取起始网页中链接的所有网页，然后再选择其中的一个链接网页，继续抓取在此网页中链接的所有网页。这是最常用的方式，因为这个方法可以让网络蜘蛛并行处理，提高其抓取速度。深度优先是指网络蜘蛛会从起始页开始，一个链接一个链接地跟踪下去，处理完这条线路之后再转入下一个起始页，继续跟踪链接。这个方法的优点是网络蜘蛛在设计的时候比较容易。

10. 答案提示：覆盖面太小；检索功能不完善；检索效果不理想等。

11. 答案提示：面向物联网搜索的 4 个基本要素分别为物理世界实体；与实体相连感知其状态的传感器；用户提出的对实体状态或指定状态实体的查询；接收查询、处理并返回查询状态或与查询相符实体的搜索引擎。其实现过程依附于各实体的传感器对其状态进行实时感知、信息收集，当用户向搜索引擎发出查询要求后，搜索引擎与传感器交互，处理收集到的信息，并将结果返回用户。

12. 答案提示：网络存储技术的类型根据存储介质不同可分为磁带存储技术、磁盘存储技术和光盘存储技术，根据存储体系结构不同可分为以服务器为中心的直连附加存储技术、以存储网络为中心的网络附加存储技术、以网络为中心的存储区域网络、IP 存储技术、基于对象的存储技术、存储集群系统、网格存储技术、虚拟存储技术等，根据存储接口技术不同可分为光纤通道 FC（Fiber Channel）技术、分布式网络存储、iSCSI 和 Infiniband 技术等。

13. 答案提示：Web2.0、Web3.0 及宽带网络，集群技术、网格技术和分布式文件系统，CDN 内容分发、P2P、数据压缩技术以及存储虚拟化技术。

14. 答案提示：主要有基础设施即服务（IaaS）、平台即服务（PaaS）和软件即服务

(SaaS）三类。

15. 答案提示：物理资源层、资源池层、中间管理层和 SOA（Service Oriented Architecture，面向服务的体系结构）层。

16. 答案提示：由计算服务、存储服务和 Fabric 控制器 3 个模块构成。

17. 答案提示：主机计算模式、桌面计算模式、网络计算模式、普适计算。

18. 答案提示：人机接口技术、上下文感知计算、服务的组合、自适应技术。

19. 参考答案：从联系上讲，普适计算常与泛在网一同提起，云计算常与物联网一同提起。从概念上讲，普适计算和云计算是处理信息的两种计算模式，两者都属于分布式计算，只不过云计算对外集中，对内分布。从应用上讲，普适计算和物联网是并列发展的本质相同的技术。从实现上讲，物联网和泛在网目前在组网技术上相同。从趋势上讲，依据循环演进的规律，物联网和泛在网将趋同。

普适计算和物联网都是实现信息世界与物理世界的融合，其最终目标完全一致，只是研究角度不同。普适计算注重人的感受，让人在现实世界中处于一种智能环境中，各种嵌入式设备通过泛在网联系在一起，智能地感知周围世界。物联网注重物体的自动识别和通信，更依靠云计算对物品信息进行智能处理。

第 11 章　物联网的安全与管理

1. 答案提示：物联网是一个多网异构网络且设备数量庞大。

2. 参考答案：物理网安全的核心是感知信息的采集安全、传输安全、处理安全、应用安全和整个网络的物理安全。

3. 参考答案：末端节点的安全威胁、传输威胁、拒绝服务、路由攻击等。

4. 参考答案：对操作用户的身份认证、访问控制，对行业敏感信息的信源加密及完整性保护、证书及 PKI 应用实现身份鉴别、数字签名及抗抵赖、安全审计等。

5. 参考答案：密钥管理是处理密钥自产生到最终销毁的整个过程的所有问题，包括系统的初始化，密钥的产生、存储、备份/装入、分配、保护、更新、控制、丢失、吊销和销毁等。

6. 参考答案：隧道技术、加解密技术、密钥管理技术以及使用者和设备身份认证技术。

7. 参考答案：误报率低、漏报率高。对于已知的攻击，它可以详细、准确地报告出攻击类型，但是对未知攻击却效果有限，而且特征库必须不断更新。

8. 答案提示：可从物联网中涉及大量用户隐私信息，保护难度高、侵权形式多样、后果复杂等方面作答。

9. 答案提示：从网络管理功能出发，指出网络管理的五大功能，并就物联网的特点，介绍物联网网络管理内容的特殊之处。

10. 答案提示：分布式物联网网络管理模型由网管服务器、分布式网络代理和网关设备组成。请读者依此自行绘出模型图。

11. 答案提示：分布式网络代理的功能有网络性能检测与控制、安全接入与认证管理、业务分类与计费管理等。

12. 答案提示：网络管理一般采用管理者 - 代理模型。

第 12 章 物联网应用

1. 答案提示：四网主要指互联网、有线电视网、电信网和电力传输网。传统的电力线互联网接入通过电力线调制解调器接入互联网，智能电网通过智能电表接入互联网。

2. 参考答案：传统电网与智能电网的主要区别如附表 5 所示。

附表 5 传统电网和智能电网的对比

特 征	传 统 电 网	智 能 电 网
通信技术	电网与用户之间没有通信或者只有电网向用户传达的控制信息，两者之间没有交互信息	电网与用户之间采用双向通信，两者之间进行实时的信息交互
测量技术	机电式，采用电磁表计及其读取系统，供电网络采用辐射状	数字式，采用可以双向通信的智能固态表计，供电网络采用网状
设备技术	设备运行管理采用人工校核；设备出现故障后，将造成电力中断；供电恢复时需要人工干预	设备运行管理采用远方监视；设备出现故障后，自适应保护和孤岛化；供电恢复自愈化
控制技术	功率控制方式采用集中发电方式；潮流控制方式单一，由发电侧流向供电侧	功率控制方式采用集中和分布式发电并存的方式；潮流控制方式有许多种
决策支持技术	运行人员依据经验分析、处理电网紧急问题	通过动画、动态着色、虚拟现实等数据展示技术，帮助运行人员分析和处理紧急问题
用户互动性	电价不透明，缺少实时电价，用户选择很少	充分的电价信息，实时定价，有许多方案和电价可供选择
发电/储能	集中发电占优，少量的分布式发电、储能或可再生能源	大量即插即用的分布式发电，微电网，补助集中发电，高效/节能/环保
电力市场	有限的趸售市场，集成不够好	成熟、健壮、集成很好的趸售市场
电能质量	关注停运，不关心电能质量	电能质量有保证，有各种质量/价格方案可选择
资产优化	很少涉及资产管理	电网的智能化与资产优化管理深度集成
自愈性	扰动发生时保护资产（继电保护）	防止断电，减少对用户的影响
抵御攻击	对自然灾害和恐怖袭击脆弱	具有快速恢复能力
网络结构	辐射状	网状

3. 答案提示：传感器技术、RFID 技术、无线通信技术、数据处理技术、网络技术、自动控制技术、视频检测识别技术、GPS 技术、信息发布技术等。

4. 答案提示：基于磁频感知技术、波频感知技术或视频感知技术的固定传感器的交通流量采集，基于卫星定位的交通流量采集，基于蜂窝网络的交通流量采集，地理感知技术和标识技术等。

5. 答案提示：智能物流是基于物联网广泛应用的基础上，利用先进的信息采集、信息处理、信息流通和管理技术，完成包括仓储运输、包装、装卸、配送等多项基本活动的货物从供应者向需求者移动的整个过程，为供方提供最大化利润，为需方提供最佳服务，同时消耗最少的自然资源和社会资源，最大限度地保护好生态环境的整个智能社会物流管理体系。与传统物流相比，智能物流更加方便、高效、快捷、透明和便于管理。

6. 答案提示：感知层有条形码、RFID、传感器、自动识别等。传输层有互联网技术、无线通信等。处理层有云计算、海计算等。应用层有管理技术、决策技术、调度技术等。

7. 答案要点：食品溯源、智能闸口自动化管理、智能 CFS（集装箱货运站）仓库管理等。

8. 答案要点：理想化的智能物流应该是建立在智能交通基础之上的以电子商务运作的物流服务体系。智能交通系统提供实时的信息采集，智能物流系统在物流作业的各个环节中分析和处理这些信息，为物流管理者提供详尽的决策信息，为用户提供周到的咨询服务。

9. 参考答案：核心技术是全球定位系统（GPS）技术、农田遥感系统（RS）技术、农田地理信息系统（GIS）技术。

10. 参考答案：精细灌溉系统由无线传感节点、无线路由节点、无线网关、监控中心 4 大部分组成。

11. 答案提示：精细土壤测试、精细种子工程、精细平衡施肥、精细播种、作物动态监测、精细收获等。

12. 答案提示：现有的无线传输技术都不适合水中长距离的数据传输，有线组网成本和维护费用都比较高。可考虑使用水下声学调制解调器进行长距离数据传输。

13. 答案提示：智能家居是物联网技术应用的一部分，物联网强调的是宏观的物物交流与信息互通，而智能家居强调的是家庭内部的物物相连，实现家电设备的信息交流与智能管理。智能家居系统与传统家居系统最大区别在于传统家居系统不需要一个平台的支撑，接入的用户都是单一的，是一对一的控制方式；而智能家居系统需要一个支撑平台，需要建立服务器，需要跟运营商合作，是面向更为广阔的客户群体，可以一对多进行统计管理，数据可以保存，管理更为方便。

14. 参考答案：传感器技术、网络通信技术、自动控制技术、安全防范技术等。

15. 答案提示：智能空调、智能电视、智能电饭煲、智能洗衣机等。

16. 答案提示：家庭安防系统包含 3 个子系统：闭路电视监控子系统、门禁子系统和防盗报警子系统。

17. 答案提示：血糖仪、心电图、脑电传感器等。

18. 参考答案：BAN 是在 WSN 基础上发展起来的，二者区别如附表 6 所示。

附表 6　WSN 和 BAN 的区别

	WSN	BAN
规模	广域覆盖（长达数公里）	局限于人体周围
节点数量	大量节点覆盖	有限
精度	冗余补偿	每个节点都要求精度测量
故障	节点通常是一次性的	植入节点很难替换
能源	太阳能或者风能	运动或者体热

19. 参考答案：了解智慧医疗，可以想象一下未来场景。空间站的宇航员在吃饭前，他的智能腕表给他做例行体检，语音报出他们的体温、血压、血糖、心率以及营养分析报告等信息。同时这些生命体征数据送入太空舱中心处理器，中心处理器根据这些生命体征数据，自动调整太空舱内的温度、湿度、氧气浓度，并且对饭菜做合理的营养搭配，保证宇航员的

身体健康。一旦生命体征数据出现异常，例如血压过高，中心处理器会通过腕表给宇航员发出健康警报，同时开出电子处方，包括药品的名称、存放位置、服用说明。按时提醒宇航员服药，并且对生命体征数据进行实时监测……。

第 13 章　物联网标准及发展

1. 答案提示：可从标准的作用，制定标准对物联网发展的益处等方面作答。

2. 参考答案：物联网标准体系由感知层技术标准体系、传输层技术标准体系、处理层技术标准体系和应用层技术标准体系组成。其中感知层技术标准体系包括编码、自动识别、传感器等技术；传输层技术标准体系包括各种网络和接入网络技术；处理层技术标准体系包括信息管理、网络管理、数据储存等技术；应用层技术标准体系包括智能医疗、智能交通、智能电网、精细农业等。

3. 参考答案：国际电信联盟远程通信标准化组织（ITU－T）、欧洲电信标准化协会（ETSI）、国际标准化组织/国际电工委员会（ISO/IEC）、美国电气及电子工程师学会（IEEE）、Internet 工程任务组（IETF）、ZigBee 联盟、第三代合作伙伴计划（3GPP）和 EPC global 等。ITU－T 及 ETSI 在物联网总体框架方面的系统研究比较具有代表性。ITU－T 从传感网角度研究总体架构；ETSI 从 M2M 的角度研究总体架构；ISO/IEC、IEEE 则在感知技术（主要是对无线传感网的研究）方面的研究比较有代表性；IETF 在互联网方面具有代表性；ZigBee 联盟主要针对 ZigBee 技术的一些标准；3GPP 则在通信网络技术方面进行研究，主要从 M2M 业务对移动网络的需求方面进行研究，只限定在移动网络层面。

4. 答案提示：ETSI 目前下设了 27 个技术委员会及工作小组。

5. 参考答案：我国研究物联网标准的组织主要有传感器网络标准工作组（WGSN）、中国通信标准化协会（CCSA）、闪联标准工作组（IGRS）、电子标签标准工作组以及中国物联网标准联合工作组等。

6. 参考答案：条码技术的相关标准有 NF Z63－300－9 的 EAN/UPC 条码——编码规范、GB/T 15425 的 UCC/EAN 系统 128 条码、ISO/IEC 15420 的 EAN/UPC 条形码符号表示规范等。

RFID 技术的相关标准有 ISO/IEC 10536 的非接触集成电路卡、ISO/IEC 15693 的非接触集成电路卡近程卡（1～1.5 米）、ISO/IEC 14443 的非接触集成电路卡近程卡（0～8 厘米）等。

传感器技术的相关标准有 JB/T 9246 的涡轮流量传感器、JB/T 9256 的电感位移传感器、JB/T 9942 的光栅角位移传感器等。

7. 参考答案：支持 IPv6 的传感器网络标准有 IETF RFC4919（在低功耗网络中运行 IPv6 协议的假设、问题和目标）、IETF RFC4944（在 IEEE 802.15.4 上传输 IPv6 报文）、IETF RFC5826（低功耗网络中 IPv6 路由协议规范：家庭自动化应用）、IETF RFC5673（低功耗网络中 IPv6 路由协议规范：工业控制应用）、IETF RFC5548（低功耗网络中 IPv6 路由协议规范：城市应用）等。

8. 参考答案：ISO/IEC 在 2009 年成立了“云计算 IT 治理研究组”（JTC1/SC7）和“云计算研究组”（JTC1/SC38）；分布式管理任务组（DMTF）在 2009 年成立了“DMTF 开放式云标准孵化器”；ETSI 将其网络技术委员会的工作范围进行了更新，将云计算包含在其中。

9. 答案提示：可分为通信技术、交通电子地图（DB）技术与应用技术。

10. 参考答案：IEEE 1451 系列标准包括 IEEE 1451.1（智能传感器和驱动器接口标准：网络能力应用程序的信息模型）、IEEE 1451.2（智能传感器和驱动器接口：传感器与微处理器通信协议和智能传感器电子数据表格格式）、IEEE 1451.3（智能传感器和驱动器接口标准：分布式多点系统数字通信与智能传感器电子数据表格 TEDS 格式）、ANSI/IEEE 1451.4（智能传感器和驱动器接口标准：混合式通信协议和传感器电子数据表格 TEDS 格式）、ANSI/IEEE 1451.5（智能传感器和驱动器接口标准：无线通信协议和传感器电子数据表格 TEDS 格式）、IEEE 1451.6（CAN 开放式协议传感器网络接口）、ANSI/1451.7（智能传感器和驱动器标准：无线射频识别系统通信协议和传感器电子数据表格格式）、ANSI/IEEE 1451.0（智能传感器和驱动器标准：通用功能、通信协议和传感器电子数据表格格式）等。

11. 参考答案：Gen2 标准与第一代标准相比具有全面的框架结构和较强的功能，能够在高密度识读器的环境中工作，符合全球一致性规定，标签读取正确率较高，读取速度较快，安全性和隐私功能都有所加强。

12. 参考答案：ISO/IEC 15693 读写距离较远，而 ISO/IEC 14443 读写距离较近，但应用比较广泛。在防碰撞方面，与 ISO/IEC 14443 不同，ISO/IEC 15693 采用了轮寻机制、分时查询的方式完成防冲撞机制。

13. 参考答案：TYPE A 在读写器向卡传递信号时采用的是同步、改进的米勒编码方式，通过 100% ASK 传送；当卡向读写器传送信号时，通过调制载波传送信号，使用 847KHz 的副载波传送曼彻斯特编码。TYPE B 在读写器向卡传送信号时则采用了异步、NRZ - L 的编码方式，通过 10% ASK 传送；当卡向读写器传送信号时，则采用的是 BPSK 编码进行调制。ISO/IEC 144443 - 3 还规定了 TYPE A 和 TYPE B 的防冲撞机制，它们的原理不同，前者是基于位冲撞检测协议，后者则是通过系列命令序列完成防冲撞。

14. 答案提示：非官方与官方、高层协议与底层协议、解决方案与核心技术、产品与规范之间的关系。

参 考 文 献

[1] 马建．物联网技术概论［M］. 北京：机械工业出版社，2011.

[2] 刘海涛．物联网技术应用［M］. 北京：机械工业出版社，2011.

[3] 徐勇军．物联网实验教程［M］. 北京：机械工业出版社，2011.

[4] International Telecommunication Union（ITU）. ITU Internet Reports 2005：The Internet of Things［S］. Tunis：World Summit on the Information Society（WSIS），2005.

[5] Anthony Furness. RFID and the Inclusive Model for the Internet of Things：Final Reports［R］. CASAGRS，2010.

[6] Anthony Furness. RFID and The Internet of Things – Positioning Paper［R］. CASAGRS，2008.

[7] A Furness. Inclusive model for Internet of Things（IoT）and World Object Web［R］. CASAGRS，2008.

[8] 孙利民，沈杰，朱红松．从云计算到海计算：论物联网的体系结构［J］. 中兴通讯技术，2011（1）：3 – 7.

[9] 黄映辉，李冠宇．物联网：语义、性质与归类［J］. 计算机科学，2011，30（1）：31 – 33.

[10] O Vermesan，M Harrison，H Vogt，K Kalaboukas，M Tomasella et al. The Internet of Things – Strategic Research Roadmap［R］. Cluster of European Research Projects on the Internet of Things，CERP – IoT，2009.

[11] Harald Sundmaeker，Patrick Guillemin，Peter Friess，et al. Vision and Challenges for Realising the Internet of Things［R］. Cluster of European Research Projects on the Internet of Things，CERP – IoT，2010.

[12] Commission of the European Communities，Internet of Things in 2020［R］. EPoSS，2008.

[13] ITU – T，Recommendation Y. 2221. Requirements for support of Ubiquitous Sensor Network（USN）applications and services in NGN environment［S］. Geneva：ITU，2010.

[14] 韩毅刚．计算机网络技术［M］. 北京：机械工业出版社，2010.

[15] Telecommunications Industry Association. ANSI/TIA – 942 – 2005，Telecommunications Infrastructure Standard for Data Centers［S］. Arlington：Telecommunications Industry Association Standards and Technology Department，2005.

[16] Coordination and Support Action for Global RFID – Related Activities and Standardization［EB/OL］.［2008 – 01 – 01］. http://www. eeca – ict. eu/successstories/s13. pdf.

[17] 董曦京．图书馆行业 RFID – UID 编码标准化方案问题探讨［J］. 现代图书情报技术，2006（12）：62 – 66.

[18] 孔洪亮．殊途，同归否？ – EPCglobal 网络与 GDSN 的对比分析［J］. 条码与信息系统，2005（2）：26 – 29.

[19] 黄小林．解读商品条码管理新办法［J］. 企业标准化，2005（11）：33 – 36.

[20] 郭春雷，刘保锟．彩码技术及应用浅析［J］. 科学大众：科学教育，2010（8）：143.

[21] 刘悦，刘明业．QR code 二维条码数据编码的研究［J］. 北京理工大学学报，2005，25（4）：352 – 355.

[22] 刘敬．汉信码 – 二维条码技术的新突破［J］. 物流技术与应用，2007（11）：37 – 39.

[23] 立石俊三．EPC 标准以及 RFID 的应用［J］. 中国电子商情：RFID 技术与应用，2006（3）：28 – 37.

[24] 李秋霞．基于 RFID 的集装箱 EPC 编码研究［D］. 吉林：吉林大学，2007.

[25] 计库．二维条码与一维条码、RFID 比较［J］. 中国自动识别技术，2008（3）：47.

[26] 刘化君，刘传清．物联网技术［M］. 北京：电子工业出版社，2010.

[27] 万菁．二维条码的编解码及系统实现［D］. 上海：上海交通大学，2007.

[28] 任志宇，任沛然．物联网与 EPC/RFID 技术 [J]. 森林工程，2006，22 (1)：67 - 69.
[29] 王静．EPC 网络关键技术及其标准的研究与制定 [D]. 北京：北京工业大学，2006.
[30] 徐希炜．浅谈二维条码 QR 及其系统应用构想 [J]. 中国科技信息，2009 (15)：126 - 127.
[31] 张成海，张铎．物联网与产品电子代码（EPC）[M]. 武汉：武汉大学出版社，2010.
[32] 张得煜．二维条码技术、标准及应用 [J]. 信息技术与标准化，2007 (10)：18 - 22.
[33] 张霖．浅析二维条码 PDF417 码编码方式 [J]. 上海标准化，2004 (8)：42 - 44.
[34] 张旭．汉信码识读技术研究 [D]. 天津：天津工业大学，2007.
[35] 赵博．二维条码研究 [D]. 西安：西安电子科技大学，2008.
[36] 朱晓荣，齐丽娜，孙君，等．物联网与泛在通信技术 [M]. 北京：人民邮电出版社，2010.
[37] 中国物品编码中心．http://www.ancc.org.cn/.
[38] 中国物品编码中心，中国自动识别技术协会．自动识别技术导论 [M]. 武汉：武汉大学出版社，2007.
[39] 李灿军．语音识别技术应用研究 [J]. 湖南广播电视大学学报，2005 (2)：72 - 73，75.
[40] 李武军，王崇骏，张炜，等．人脸识别研究综述 [J]. 模式识别与人工智能，2006，19 (1)：58 - 66.
[41] 卢瑞文．自动识别技术 [M]. 北京：化学工业出版社，2005.
[42] 田捷，杨鑫．生物特征识别技术理论与应用 [M]. 北京：电子工业出版社，2005.
[43] 王炳锡，屈丹，彭煊．实用语音识别基础 [M]. 北京：国防工业出版社，2005.
[44] 韩毅刚．计算机通信技术 [M]. 北京：北京航空航天大学出版社，2007.
[45] 刘康．蓝牙技术简介 [J]. 江苏通信技术，2001，17 (2)：41 - 44.
[46] 王洪锋，贾志军，王曙光，等．蓝牙技术及其应用展望 [J]. 电力自动化设备，2002，22 (1)：75 - 77.
[47] 喻宗泉．蓝牙技术基础 [M]. 北京：机械工业出版社，2006.
[48] Nathan J Muller. 蓝牙揭秘 [M]. 周正，译．北京：人民邮电出版社，2001.
[49] 刘耀宇，张海林．一种基于 IP 的网络新技术：Flash - OFDM [J]. 山东通信技术，2006 (3)：23 - 26.
[50] 田怡．802.20 协议物理层关键技术 OFDM 和 Flash - OFDM [J]. 硅谷，2008 (21)：8.
[51] 李德胜，王东红，孙金玮，等．MEMS 技术及其应用 [M]. 哈尔滨：哈尔滨工业大学出版社，2002.
[52] 李晓维．无线传感器网络技术 [M]. 北京：北京理工大学出版社，2007.
[53] 林忠华，胡国清，刘文艳，等．微机电系统的发展及其应用 [J]. 纳米技术与精密工程，2004，2 (2)：118 - 122.
[54] 刘成刚．MEMS 传感器在各种消费类产品的应用 [J]. 济南职业学院学报，2009，75 (4)：110 - 111.
[55] 孟立凡，蓝金辉．传感器原理与应用 [M]. 北京：电子工业出版社，2007.
[56] 苏震．现代传感技术：原理、方法与接口电路 [M]. 北京：电子工业出版社，2011.
[57] 孙传友，张一．感测技术基础 [M]. 北京：电子工业出版社，2011.
[58] 唐露新．传感与检测技术 [M]. 北京：科学出版社，2006.
[59] 魏金銮．福建省发展 MEMS 传感器的思考 [J]. 甘肃科技纵横，2008，37 (5)：41 - 42.
[60] 杨帆，吴晗平，等．传感器技术及其应用 [M]. 北京：化学工业出版社，2010.
[61] 赵勇，胡涛．传感器与检测技术 [M]. 北京：机械工业出版社，2010.
[62] 孙利民，李建中，陈渝，等．无线传感器网络 [M]. 北京：清华大学出版社，2005.
[63] 王殊，阎毓杰，胡富平，等．无线传感器网络的理论及应用 [M]. 北京：北京航空航天大学出版社，2007.

[64] Bhaskar Krishnamachari. Networking Wireless Sensors [M]. New York: Cambridge University Press, 2005.
[65] 方颖松．增强现实技术在手持设备中的应用 [J]．网络财富，2010 (10)：156.
[66] 黄丁发，熊永良，袁林果．全球定位系统（GPS）：理论与实践 [M]．成都：西南交通大学出版社，2006.
[67] 李文仲，段朝玉．ZigBee2006 无线网络与无线定位实战 [M]．北京：北京航空航天大学出版社，2008.
[68] 梁元诚．基于无线局域网的室内定位技术研究与实现 [D]．成都：电子科技大学，2006.
[69] 柳林，张继贤，唐贤明，等．LBS 体系结构及关键技术的研究 [J]．测绘科学，2007，32 (5)：144－146.
[70] 刘学斌，程朋根，徐云和．基于位置服务的关键技术与应用 [J]．江西科学，2005，23 (1)：43－48.
[71] 刘宇，朱仲英．位置信息服务（LBS）体系机构及其关键技术 [J]．微型电脑应用，2003，19 (5)：5－7.
[72] 刘云浩．物联网导论 [M]．北京：科学出版社，2010.
[73] 倪巍，王宗欣．基于接收信号强度测量的室内定位算法 [J]．复旦学报：自然科学版，2004，43 (1)：72－76.
[74] 王子桢，孙亚夫．移动定位业务的开发 [J]．微计算机应用，2006，27 (1)：23－25.
[75] 肖扬．移动位置业务分析与研究 [D]．北京：北京邮电大学，2007.
[76] 谢展鹏，熊思民，徐志强．无线定位技术及其发展（上）[J]．现代通信，2004 (3)：7－9.
[77] 姚远．增强现实应用技术研究 [D]．浙江：浙江大学，2006.
[78] 余涛，余彬．位置服务 [M]．北京：机械工业出版社，2005.
[79] 翟明明．移动定位服务的现状与发展趋势 [J]．信息通信技术，2009 (2)：27－32.
[80] 张明华，张申生，曹健．无线局域网中基于信号强度的室内定位 [J]．计算机科学，2007 (6)：68－71.
[81] Timothy Pratt，Charles Bostian，Jeremy Allnutt. 卫星通信 [M]．甘良才，译．2 版．北京：电子工业出版社，2005.
[82] 陈连坤．嵌入式系统的设计与开发 [M]．北京：清华大学出版社，2005.
[83] 方彦军，刘经宇，李云娟．嵌入式系统原理与设计 [M]．北京：国防工业出版社，2010.
[84] 刘明，刘蓉，姚华雄．嵌入式单片机技术与实践 [M]．北京：清华大学出版社，2010.
[85] 马维华．嵌入式系统原理及应用 [M]．北京：北京邮电大学出版社，2006.
[86] 陈灿峰．宽带移动互联网 [M]．北京：北京邮电大学出版社，2005.
[87] 李晓辉，顾华玺，党岚君．移动 IP 技术与网络移动性 [M]．北京：国防工业出版社，2009.
[88] Behrouz A. Forouzan，Sophia Chung Fegan. 数据通信与网络 [M]．吴时霖，吴永辉，吴永艳，译．北京：机械工业出版社，2008.
[89] Miikka Poikselka，Georg Mayer，Hisham Khartabil，Aki Niemi. IMS：移动领域的 IP 多媒体概念和服务 [M]．赵鹏，周胜，望玉梅，译．北京：机械工业出版社，2005.
[90] 孟凡超，高志强，王春璞．智能电网关键技术及其与传统电网的比较 [J]．河北电力技术，2009，28 (增刊)：4－5.
[91] John Lamb. 走向绿色 IT [M]．韩毅刚，王欢，李亚娜，等译．北京：人民邮电出版社，2010.
[92] 宋菁，唐静，肖峰．国内外智能电网的发展现状与分析 [J]．电工电气，2010 (3)：1－4.
[93] 吴俊勇．“智能电网综述”技术讲座——第一讲 智能电网的核心内涵和技术框架 [J]．电力电子，2010 (1)：54－59.
[94] 张文亮，刘壮志，王明俊，等．智能电网的研究进展及发展趋势 [J]．电网技术，2009，33 (13)：

1 - 11.
[95] 孙叶，姚祖兴．智能交通系统发展建设模式探讨［J］．交通科技，2003（3）：87 - 88.
[96] 杨兆升．智能运输系统概论［M］．北京：人民交通出版社，2002.
[97] 张国华，黎明，王静霞．智能公共交通系统在中国城市的应用及发展趋势［J］．交通运输系统工程与信息，2007（5）：24 - 30.
[98] John C. Miles，陈干．智能交通系统手册［M］．王笑京，译．北京：人民交通出版社，2007.
[99] 叶年发，沈海燕，冯云梅．基于 RFID 及智能优化的物流配送方法和技术的研究［J］．交通运输系统工程与信息，2008，8（2）：131 - 135.
[100] Paul Honeine，Farah Mourad，Maya Kallas，Hichem Snoussi，Hassan Amoud，Clovis Francis. WIRELESS SENSOR NETWORKS IN BIOMEDICAL：BODY AREA NETWORKS［C/OL］. 7th International Workshop on Systems，Signal Processing and their Applications，May 9 - 11，2011：388 - 391.
[101] 管继刚．物联网技术在智能农业中的应用［J］．通信管理与技术，2010（3）：24 - 27，42.
[102] 孙玉文，沈明霞．精准农业及“3S”技术概述［J］．甘肃农业科技，2008（12）：39 - 42.
[103] 汪懋华．“精细农业”发展与工程技术创新［J］．农业工程学报，1999，15（1）：1 - 8.
[104] 徐刚，陈丽平，张瑞瑞，等．基于精准灌溉的农业物联网应用研究［J］．计算机研究与发展，2010，47（增刊）：333 - 337.
[105] 张瑞玲，张银丽．信息技术在精细农业中的应用［J］．安徽农业科学，2007，35（6）：1877 - 1878.
[106] 黎刚．环境遥感监测技术进展［J］．环境监测管理与技术，2007，19（1）：8 - 11.
[107] 田铁红，程赓，毛松，谭虎．面向环境保护的物联网发展探讨［J］．信息通信技术，2010（5）：31 - 36.
[108] 杨子江，林宣雄，陆励群．物联网时代和环保信息化的梯次推进［J］．世界地理研究，2010，19（1）：157 - 165.
[109] 李岩，马斌，陆平．蓝牙技术在智能家居中的应用［J］．数字社区 & 智能家居，2008（5）：33 - 36.
[110] 骆秀芳，夏洪文．基于蓝牙技术的无线个域网（WPAN）［J］．中国有线电视，2004（7）：22 - 24.
[111] 杨利平，龚卫国，李伟红，等．基于网络技术的远程智能家居系统［J］．仪器仪表学报，2004，25（4 增刊）：308 - 311.
[112] 张亚，周悦，唐季民，等．基于 LonWorks 技术的智能照度控制器设计［J］．沈阳建筑大学学报（自然科学版），2008，24（1）：168 - 172.
[113] 毕俊蕾，任新会，郭拯危．无线传感器网络路由协议分类研究［J］．计算机技术与发展，2008，18（5）：131 - 134，137.
[114] 崔戴．WSN 的构成和应用［J］．中国电子商情：RFID 技术与应用，2009（5）：41 - 44.
[115] 崔莉，鞠海玲，苗勇，等．无线传感器网络研究进展［J］．计算机研究与发展，2005，42（1）：163 - 174.
[116] 代航阳，徐红兵．无线传感器网络（WSN）安全综述［J］．计算机应用研究，2006，23（7）：12 - 17，22.
[117] 韩鸿泉，朱红松，孟军．无线传感器网络技术［J］．计算机系统应用，2005（2）：38 - 41.
[118] 李艳波，于德海，杨俊成．无线传感网络的结构分析与运用研究［J］．计算机与信息技术，2008（11）：43 - 44，47.
[119] 王文光，刘士兴，谢武军．无线传感器网络概述［J］．合肥工业大学学报：自然科学版，2010，33（9）：1416 - 1419，1437.
[120] 徐文龙，李立宏，杨永田．无线传感器网络 MAC 层协议的对比研究［J］．信息技术，2005，29（9）：88 - 90.
[121] 曾迎之，苏金树，夏艳，等．无线传感器网络安全认证技术综述［J］．计算机应用与软件，2009，

26 (3): 55 - 58.
[122] 周贤伟. 无线传感器网络与安全 [M]. 北京: 国防工业出版社, 2007: 11 - 13.
[123] 郭莉, 严波, 沈延. 物联网安全系统架构研究 [J]. 信息安全与通信保密, 2010 (12): 73 - 75.
[124] 李志清. 物联网安全构架与关键技术 [J]. 微型机与应用, 2011, 30 (9): 54 - 56.
[125] 刘宴兵, 胡文平. 物联网安全模型及关键技术 [J]. 数字通信, 2010 (4): 28 - 33.
[126] 彭春燕. 基于物联网的安全架构 [J]. 网络安全技术与应用, 2011 (5): 13 - 14.
[127] 宋永国. 浅谈物联网安全 [J]. 电脑知识与技术, 2011, 7 (11): 2528 - 2530, 2534.
[128] 王继林, 伍前红, 陈德人, 等. 匿名技术的研究进展 [J]. 通信学报, 2005, 26 (2): 112 - 118.
[129] 王利, 贺静, 张晖. 物联网的安全威胁及需求分析 [J]. 信息技术与标准化, 2011 (5): 45 - 49.
[130] 王堃. 物联网中安全管理技术研究 [J]. 电信快报, 2010 (11): 9 - 12.
[131] 杨庚, 许建, 陈伟, 等. 物联网安全特征与关键技术 [J]. 南京邮电大学学报: 自然科学版, 2010, 30 (4): 20 - 29.
[132] 张成山, 石磊. 入侵检测技术研究概况 [J]. 信息技术与信息化, 2011 (4): 45 - 47.
[133] 张强华. 物联网的安全问题与对策 [J]. 软件导刊, 2011, 10 (7): 147 - 148.
[134] 张顺颐, 宁向延. 物联网管理技术的研究和开发 [J]. 南京邮电大学学报: 自然科学版, 2010, 30 (4): 30 - 35.
[135] 张引兵, 刘楠楠, 张力. 身份认证技术综述 [J]. 电脑知识与技术, 2011, 7 (9): 2014 - 2016.
[136] Qin Yifang, Shen Qiang, et al. Cognitive Network Management in Internet of Things [J]. China Communications, 2011 (1): 1 - 7.
[137] 标准网, http://www.standardcn.com/.
[138] 曹振, 邓辉, 段晓东. 物联网感知层的 IPv6 协议标准化动态 [J]. 电信网技术, 2010 (7): 17 - 22.
[139] 杜寒, 张曹, 韩树文. 物联网标准体系浅谈 [J]. 条码与信息系统, 2010 (4): 16 - 18.
[140] 高猛. 网络管理的标准化 [J]. 信息与电脑 (理论版), 2011 (5): 107, 109.
[141] 国际电信联盟. http://www.itu.int/.
[142] 胡春江, 张永祥, 王艳红. 基于 IEC 61850 标准的电子式互感器合并单元的建模与实现 [J]. 山东电力高等专科学校学报, 2009, 12 (2): 64 - 67.
[143] 胡巨, 马京源, 梁晓兵, 等. 基于 IEC 61850 标准的变电站自动化系统的探讨 [J]. 广东电力, 2006 (4): 28 - 31.
[144] 林伟俊. 物联网标准发展现状概述 [J]. 福建电脑, 2010 (5): 40, 48.
[145] 刘龙, 陶利民, 陈仲生. 智能传感器标准 IEEE1451 解析 [J]. 兵工自动化, 2007, 26 (8): 48 - 49.
[146] 潘峰. 一个有特色的标准化组织 - ETSI [J]. 世界电信, 1997, 10 (4): 30 - 32, 35.
[147] 汪滨. 欧洲电信标准学会 (ETSI) 简介 [J]. 世界标准化与质量管理, 2000 (5): 37 - 39.
[148] 俞阳. IETF—互联网技术规范制定机构 [N]. 计算机世界, 2002.
[149] 张晖. 物联网标准体系研究与产业发展策略 [J]. 信息化与标准化. 2010 (8): 18 - 21.
[150] 中国电子技术标准化研究所. 云计算标准研究报告 [R]. 北京: 中国电子技术标准化研究所, 2010.
[151] 诸瑾文. 物联网技术及其标准 [J]. 中兴通讯技术, 2011, 17 (1): 27 - 31.
[152] 朱杨荷, 刘海啸. RFID 标准体系建议和重点研究问题 [J]. 中国电子商情: RFID 技术与应用, 2006 (3): 44 - 48.
[153] EPCglobal China. http://www.epcglobal.org.cn/.
[154] International Electrotechnical Commission. http://www.iec.ch/.
[155] International Organization for Standardization. http://www.iso.org/.
[156] IEEE 中国. http: //cn.ieee.org/.

[157] The Internet Engineering Task Force. http://www. ietf. org/.
[158] 陈岚岚，杨彼，李旭霞．数据挖掘技术及其发展方向［J］．武警工程学院学报，2002，18（4）：13－15.
[159] 范新华，陈宏兵，许满武．基于 MPEG－7 的多媒体搜索引擎构建［J］．计算机应用研究，2004（11）：187－190.
[160] 雷音，彭友霖．网络存储技术浅析［J］．商场现代化，2008（26）：136－137.
[161] 李芬．下一代计算模式：普适计算［J］．硅谷，2011（15）：171，187.
[162] 李昭原．数据库技术新进展［M］．2 版．北京：清华大学出版社，2007.
[163] 刘鹏．云计算［M］．北京：电子工业出版社，2011.
[164] 毛国君，段立娟，王实，等．数据挖掘原理与算法［M］．北京：清华大学出版社，2005.
[165] 彭建荣．网络存储技术及其发展趋势［J］．计算机与现代化，2006，（7）：66－68.
[166] 钱雪忠，王燕玲，林挺．数据库原理及技术［M］．北京：清华大学出版社，2011.
[167] 石桂玲．普适计算概况与经验［J］．科技信息，2009（5）：68－69.
[168] 宋春阳，金可音．Web 搜索引擎技术综述［J］．现代计算机，2008，16（5）：82－85.
[169] 汤庸，叶小平，汤娜．数据库理论及应用基础［M］．北京：清华大学出版社，2004.
[170] 仲红．数据挖掘技术的深入研究［J］．淮南工业学院学报，2002，22（2）：42－45.
[171] 贾卓生．网络存储技术的研究与应用［J］．计算机技术与发展，2006，16（6）：107－109.
[172] 邢长敏，刘行芳．普适计算发展概述［J］．中小学电教，2010（5）：29－34.
[173] 虚拟化与云计算小组．云计算宝典：技术与实践［M］．北京：电子工业出版社，2011.
[174] 许亦飞．网络存储技术研究［J］．现代企业文化，2008（23）：74－75.
[175] 余慧．普适计算［J］．湖北第二师范学院学报，2010，27（2）：75－79.
[176] 赵立刚．搜索引擎的研究与实现［D］．长春：吉林大学，2005.
[177] 中华人民共和国信息产业部．YD/T5003－2005，电信专用房屋设计规范［S］．北京：北京邮电大学出版社：2006.
[178] Greg Schulz. 绿色虚拟数据中心［M］．韩毅刚，李亚娜，王欢，译．北京：人民邮电出版社，2010.
[179] Gavin Powell. 数据库设计入门经典［M］．沈洁，王洪波，赵恒，译．北京：清华大学出版社，2007.
[180] Jiawei Han，Micheline Kamber. 数据挖掘概念与技术［M］．范明，孟小峰，等译．北京：机械工业出版社，2006.